园林病虫害识别

彩图3—1　丽绿刺蛾

彩图3—2　褐边绿刺蛾

彩图3—3　扁刺蛾

彩图3—4　杨大卷叶螟

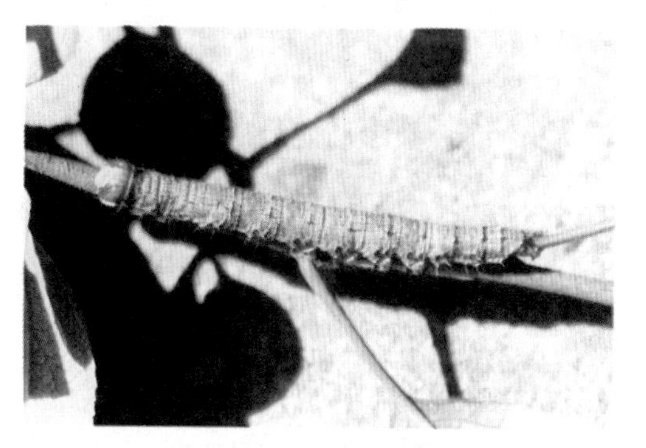

彩图3—5　变色夜蛾

彩图3—6　淡剑夜蛾

彩图3—7　茶蓑蛾

彩图3—8　大蓑蛾

彩图3—9　小蓑蛾

彩图3—10　丝绵木金星尺蛾

彩图3—11　杨扇舟蛾

彩图3—12　杨二尾舟蛾

彩图3—13　大叶黄杨斑蛾

彩图3—14　竹小斑蛾

彩图3—15　咖啡透翅天蛾

彩图3—16　雀纹天蛾

彩图3—17　黄尾毒蛾

彩图3—18　茶黄毒蛾

彩图3—19　柳蓝叶甲

彩图3—20　樟叶蜂

彩图3—21　蔷薇叶蜂

彩图3—22　杜鹃叶蜂

彩图3—23　曲纹紫灰蝶

彩图3—24　曲纹紫灰蝶幼虫

彩图3—25　柑桔凤蝶

彩图3—26　短额负蝗

彩图3—27　铜绿丽金龟

彩图3—28　暗黑鳃金龟

彩图3—29　海桐蚜

彩图3—30　紫藤蚜

彩图3—31　草履蚧

彩图3—32　白蜡蚧

彩图3—33　吹绵蚧

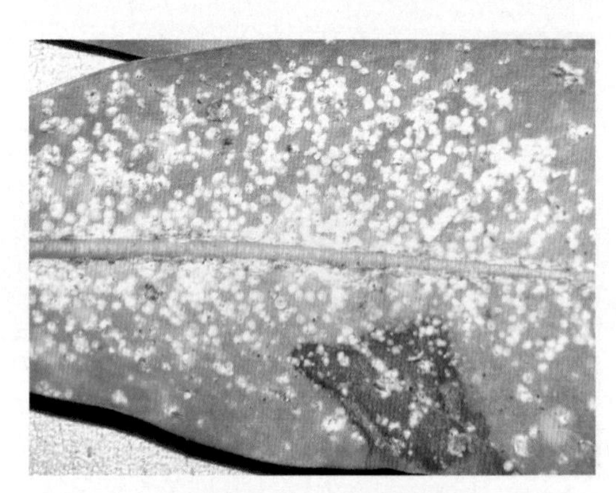

彩图3—34　桑白盾蚧

彩图3—35　紫薇绒蚧

彩图3—36　纽绵蚧

彩图3—37 绿绵蚧

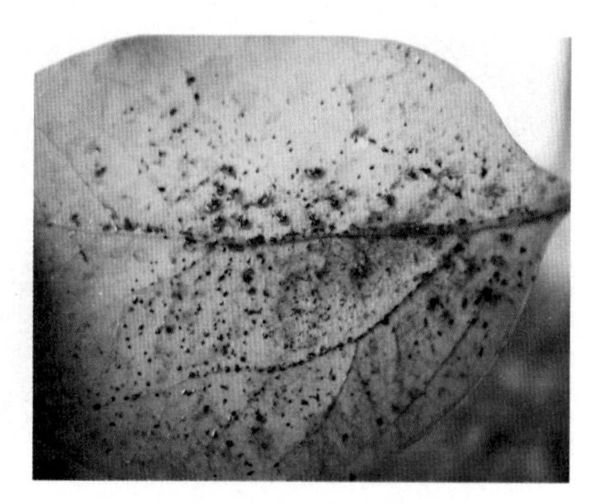

彩图3—38 樟脊网蝽

彩图3—39 樟颈曼盲蝽

彩图3—40 石楠盘粉虱

彩图3—41 黑刺粉虱

彩图3—42 白粉虱

彩图3—43　合欢羞木虱

彩图3—44　海桐木虱

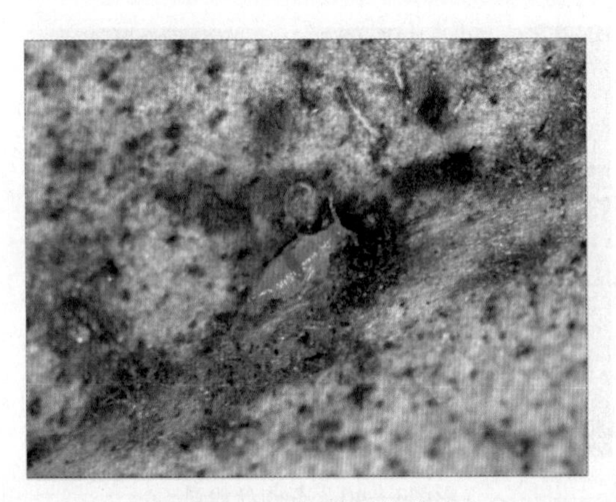

彩图3—45　红带网纹蓟马

彩图3—46　黑蚱蝉

彩图3—47　红花酢浆草如叶螨

彩图3—48　柑橘全爪螨

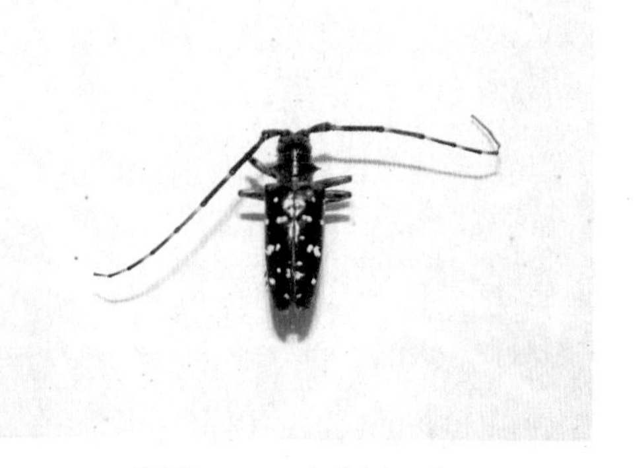

彩图3—49　光肩星天牛

彩图3—50　薄翅锯天牛

彩图3—51　桑天牛

彩图3—52　臭椿沟眶象

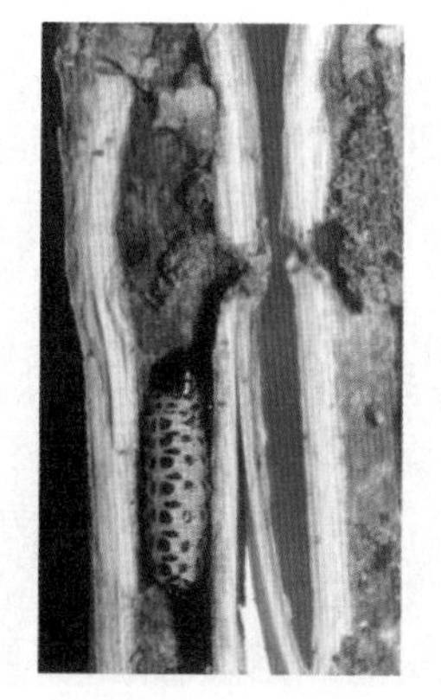

彩图3—53　楸螟

彩图3—54　蛴螬

彩图3—55　白粉病

彩图3—56　草坪锈病

彩图3—57　月季黑斑病

彩图3—58　竹丛枝病

彩图3—59　泡桐丛枝病

彩图3—60　桃叶细菌性穿孔病

彩图3—61　菟丝子

彩图3—62　美国白蛾

彩图3—63　红棕象甲

彩图3—64　橘小实蝇

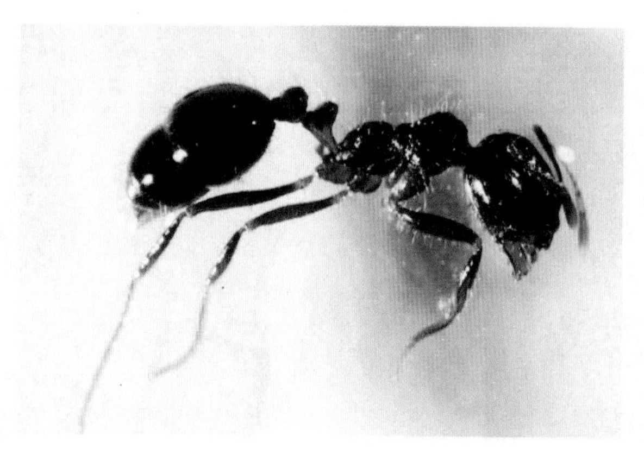

彩图3—65　红火蚁

园林树木识别

彩图4—1　苏铁

彩图4—2　冷杉

彩图4—3　水松

彩图4—4　墨西哥落羽杉

彩图4—5　日本扁柏

彩图4—6　刺柏

彩图4—7　竹柏

彩图4—8　粗榧

彩图4—9　红豆杉

彩图4—10　榧树

彩图4—11　木麻黄

彩图4—12　加杨

彩图4—13　旱柳

彩图4—14　杨梅

彩图4—15　胡桃

彩图4—16　板栗

彩图4—17　苦槠

彩图4—18　青冈栎

彩图4—19　麻栎

彩图4—20　白栎

彩图4—21　榔榆

彩图4—22　大果榆

彩图4—23　裂叶榆

彩图4—24　无花果

彩图4—25　日本小檗

彩图4—26　豪猪刺

彩图4—27　阔叶十大功劳

彩图4—28　木兰

彩图4—29　厚朴

彩图4—30　深山含笑

彩图4—31　月桂

彩图4—32　杜仲

彩图4—33　笑靥花

彩图4—34　粉花绣线菊

彩图4—35　平枝栒子

彩图4—36　木瓜

彩图4—37　木瓜海棠

彩图4—38　贴梗海棠

彩图4—39　西府海棠

彩图4—40　榆叶梅

彩图4—41　梅

彩图4—42　郁李

彩图4—43　黄檀

彩图4—44　紫穗槐

彩图4—45　国槐

彩图4—46　锦鸡儿

彩图4—47　枸橘

彩图4—48　香椿

彩图4—49　雀舌黄杨

彩图4—50　黄连木

彩图4—51　冬青

彩图4—52　大叶冬青

彩图4—53　扶芳藤

彩图4—54　丝棉木

彩图4—55　南蛇藤

彩图4—56　鸡爪槭

彩图4—57　元宝枫

彩图4—58　飞蛾槭

彩图4—59　枣树

彩图4—60　雀梅藤

彩图4—61　马甲子

彩图4—62　葡萄

彩图4—63　五叶地锦

彩图4—64　木芙蓉

彩图4—65　油茶

彩图4—66　木荷

彩图4—67　厚皮香

彩图4—68　金丝梅

彩图4—69　胡颓子

彩图4—70　红千层

彩图4—71　常春藤

彩图4—72　熊掌木

彩图4—73　桃叶珊瑚

彩图4—74　红瑞木

彩图4—75　灯台树

彩图4—76　柿树

彩图4—77　探春花

彩图4—78　小蜡

彩图4—79　连翘

彩图4—80　丁香

彩图4—81　白蜡

彩图4—82　大叶醉鱼草

彩图4—83　络石

彩图4—84　黄荆

彩图4—85　凌霄

彩图4—86　六月雪

彩图4—87　木本绣球

彩图4—88　金银花

彩图4—89　金银木

彩图4—90　郁香忍冬

彩图4—91　菲白竹

彩图4—92　棕竹

彩图4—93　蒲葵

彩图4—94　丝葵

彩图4—95　布迪椰子

彩图4—96　长叶刺葵

彩图4—97　丝兰

园林花卉识别

彩图5—1　雁来红

彩图5—2　天人菊

彩图5—3　波斯菊

彩图5—4　麦秆菊

彩图5—5　牵牛花

彩图5—6　含羞草

彩图5—7　毛地黄

彩图5—8　大花金鸡菊

彩图5—9　黑心菊

彩图5—10　紫罗兰

彩图5—11　香雪球

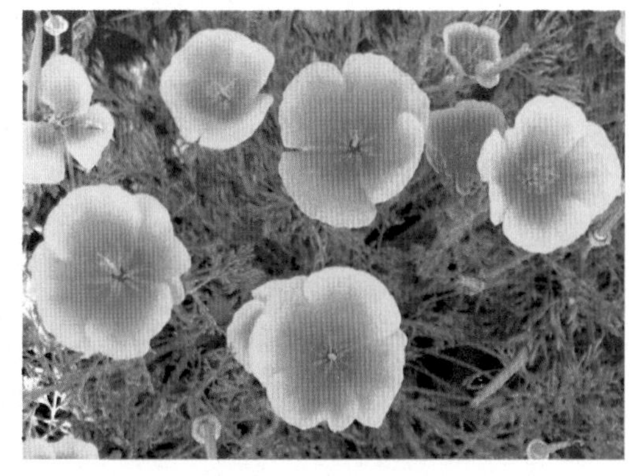

彩图5—12　花菱草

彩图5—13　松果菊

彩图5—14　黄金菊

彩图5—15　勋章菊

彩图5—16　细叶美女樱

彩图5—17　火炬花

彩图5—18　耧斗菜

彩图5—19　东方丽春花

彩图5—20　紫娇花

彩图5—21　花毛茛

彩图5—22　蛇鞭菊

彩图5—23　黄菖蒲

彩图5—24　香蒲

彩图5—25　千屈菜

彩图5—26　马蹄金

彩图5—27　白花三叶草

彩图5—28　白芨

彩图5—29　大吴凤草

彩图5—30　金线蒲

彩图5—31　新几内亚凤仙

彩图5—32　大花君子兰

彩图5—33　朱顶红

彩图5—34　扶桑

彩图5—35　花烛

彩图5—36　棕竹

彩图5—37　龟背竹

彩图5—38　橡皮树

彩图5—39　旱伞草

彩图5—40　朱蕉

彩图5—41　鹅掌柴

彩图5—42　一叶兰

彩图5—43　羽裂蔓绿绒

彩图5—44　花叶万年青

彩图5—45　金边凤梨

彩图5—46　昙花

彩图5—47　长寿花

彩图5—48　虎尾兰

彩图5—49　木立芦荟

彩图5—50　花坛

彩图5—51　花境

彩图5—52　插花

1+X 职业技术 · 职业资格培训教材

绿化工

四级

编审委员会

主　任　马云安

副主任　崔丽萍　方　岩

委　员（以姓氏笔画为序）

许东新　严永康　李　莉　何国庆

徐文发　龚厚荣　傅徽楠　戴咏梅

编审人员

主　编　傅徽楠

副主编　严　巍

编　者　（以姓氏笔画为序）

朱苗青　朱春刚　汤珧华　严　晓

李向茂　钱　军　韩　敏　潘建萍

主　审　戴咏梅

中国劳动社会保障出版社

图书在版编目（CIP）数据

绿化工．四级/上海市职业技能鉴定中心组织编写．—北京：中国劳动社会保障出版社，2012

1＋X 职业技术·职业资格培训教材

ISBN 978－7－5045－9981－0

Ⅰ．①绿…　Ⅱ．①上…　Ⅲ．①园林-绿化-技术培训-教材　Ⅳ．①S73

中国版本图书馆 CIP 数据核字（2012）第 246219 号

中国劳动社会保障出版社出版发行

（北京市惠新东街 1 号　邮政编码：100029）

出 版 人：张梦欣

*

三河市华骏印务包装有限公司印刷装订　新华书店经销

787 毫米×1092 毫米　16 开本　24.25 印张　2.25 彩色印张　504 千字

2012 年 10 月第 1 版　2022 年 2 月第 5 次印刷

定价：58.00 元

读者服务部电话：（010）64929211/84209101/64921644

营销中心电话：（010）64962347

出版社网址：http://www.class.com.cn

内容简介

本教材由人力资源和社会保障部教材办公室、中国就业培训技术指导中心上海分中心、上海市职业技能鉴定中心依据上海绿化工职业技能鉴定细目组织编写。教材从强化培养操作技能，掌握实用技术的角度出发，较好地体现了当前最新的实用知识与操作技术，对于提高从业人员基本素质，掌握四级绿化工的核心知识与技能有直接的帮助和指导作用。

本教材在编写中根据本职业的工作特点，以能力培养为根本出发点，采用模块化的编写方式。全书共分为7章，内容包括植物、园林土壤和肥料、园林病虫害、园林树木、园林花卉、园林规划设计、种植施工和养护等。

本教材可作为绿化工职业技能培训与鉴定考核教材，也可供全国中、高等职业院校相关专业师生参考使用，以及本职业从业人员培训使用。

前　言

职业培训制度的积极推进，尤其是职业资格证书制度的推行，为广大劳动者系统地学习相关职业的知识和技能，提高就业能力、工作能力和职业转换能力提供了可能，同时也为企业选择适应生产需要的合格劳动者提供了依据。

随着我国科学技术的飞速发展和产业结构的不断调整，各种新兴职业应运而生，传统职业中也越来越多、越来越快地融进了各种新知识、新技术和新工艺。因此，加快培养合格的、适应现代化建设要求的高技能人才就显得尤为迫切。近年来，上海市在加快高技能人才建设方面进行了有益的探索，积累了丰富而宝贵的经验。为优化人力资源结构，加快高技能人才队伍建设，上海市人力资源和社会保障局在提升职业标准、完善技能鉴定方面做了积极的探索和尝试，推出了1+X培训与鉴定模式。1+X中的1代表国家职业标准，X是为适应上海市经济发展的需要，对职业的部分知识和技能要求进行的扩充和更新。随着经济发展和技术进步，X将不断被赋予新的内涵，不断得到深化和提升。

上海市1+X培训与鉴定模式，得到了国家人力资源和社会保障部的支持和肯定。为配合上海市开展的1+X培训与鉴定的需要，人力资源和社会保障部教材办公室、中国就业培训技术指导中心上海分中心、上海市职业技能鉴定中心联合组织有关方面的专家、技术人员共同编写了职业技术·职业资格培训系列教材。

职业技术·职业资格培训教材严格按照1+X鉴定考核细目进行编写，教材内容充分反映了当前从事职业活动所需要的核心知识与技能，较好地体现了适用性、先进性与前瞻性。聘请编写1+X鉴定考核细目的专家，以及相关行业的专家参与教材的编审工作，保证了教材内容的科学性及与鉴定考核细目以及题库的紧密衔接。

职业技术·职业资格培训教材突出了适应职业技能培训的特色，使读者通过学习与培训，不仅有助于通过鉴定考核，而且能够有针对性地进行系统学习，真正掌握本职业的核心技术与操作技能，从而实现从懂得了什么到会做什么的飞跃。

职业技术·职业资格培训教材立足于国家职业标准，也可为全国其他省市开展新职业、新技术职业培训和鉴定考核，以及高技能人才培养提供借鉴或参考。

新教材的编写是一项探索性工作，由于时间紧迫，不足之处在所难免，欢迎各使用单位及个人对教材提出宝贵意见和建议，以便教材修订时补充更正。

人力资源和社会保障部教材办公室
中国就业培训技术指导中心上海分中心
上海市职业技能鉴定中心

目　录

第1章　植物

第1节　植物细胞、组织和器官 …………………… 2
第2节　植物的根 …………………… 5
第3节　植物的茎 …………………… 10
第4节　植物的叶 …………………… 14
第5节　植物的花 …………………… 16
第6节　植物的果实和种子 …………………… 25
第7节　植物的分类 …………………… 30
　学习单元1　植物分类的基础知识 …………………… 30
　学习单元2　裸子植物概述及其代表属 …………………… 32
　学习单元3　被子植物概述及其代表属 …………………… 36
思考题 …………………… 37

第2章　园林土壤和肥料

第1节　土壤的物理化学性质 …………………… 40
第2节　土壤水、气、热及养分状况 …………………… 46
第3节　园林土壤 …………………… 52
第4节　肥料概述 …………………… 56
第5节　无机肥料 …………………… 60
第6节　有机肥料 …………………… 67
思考题 …………………… 72

第3章　园林病虫害

第1节　害虫基础知识 …………………… 74

学习单元1　基本概念 …… 74
学习单元2　害虫类别 …… 76
第2节　食叶性害虫 …… 79
第3节　刺吸性害虫 …… 93
第4节　蛀干性害虫 …… 104
第5节　地下害虫 …… 108
第6节　病害基础知识 …… 109
第7节　绿化植物常见侵染性病害 …… 112
第8节　绿化植物常见非侵染性病害 …… 116
第9节　检疫性、危险性病虫害的识别 …… 118
第10节　病虫害防治技术 …… 121
思考题 …… 125

第4章　园林树木

第1节　裸子植物主要科及代表树种 …… 128
第2节　被子植物主要科及代表树种 …… 135
学习单元1　双子叶植物主要树种的形态、习性及栽培、应用 …… 135
学习单元2　单子叶植物主要树种的形态、习性及栽培、应用 …… 180
思考题 …… 185

第5章　园林花卉

第1节　花卉基础 …… 188
学习单元1　花卉概述 …… 188

学习单元 2 常见园林花卉的识别 …………………… 190
第 2 节 花卉的繁殖技术 ………………………………… 211
学习单元 1 花卉有性繁殖技术 ………………………… 211
学习单元 2 花卉无性繁殖技术 ………………………… 217
第 3 节 花卉的栽培与养护 ……………………………… 229
学习单元 1 花卉的生长发育与环境因子之间的关系 …………………………………………………… 229
学习单元 2 花卉栽培与养护中常用的工具和机具 …………………………………………………… 235
学习单元 3 花卉栽培与养护管理技术 ……………… 241
学习单元 4 草坪与地被的养护管理技术 …………… 251
第 4 节 花卉的装饰应用技术 …………………………… 257
学习单元 1 露地花卉装饰应用技术 ………………… 257
学习单元 2 温室花卉装饰应用技术 ………………… 260
思考题 ……………………………………………………… 264

第 6 章 园林规划设计

第 1 节 园林绿地的功能与园林绿地系统 …………… 266
第 2 节 园林绿地规划设计基础知识 ………………… 269
第 3 节 园林绿地种植设计原则 ……………………… 281
第 4 节 城市园林绿地种植设计 ……………………… 300
思考题 ……………………………………………………… 317

第 7 章 种植施工和养护

第 1 节 种植施工和养护概述 ………………………… 320
第 2 节 植物的生长发育 ……………………………… 322
学习单元 1 植物各器官的生长发育 ………………… 322

学习单元2　树木年周期和生命周期 ………………… 324
第3节　植树工程 ………………………………………… 325
学习单元1　植树工程概述 ……………………………… 325
学习单元2　植树工程施工准备 ………………………… 328
学习单元3　植树工程的施工 …………………………… 331
学习单元4　植树工程的栽后养护 ……………………… 341
第4节　花坛、花境施工及养护 ………………………… 344
学习单元1　花坛、花境概述 …………………………… 344
学习单元2　花坛、花境施工 …………………………… 345
学习单元3　花坛、花境栽后养护 ……………………… 349
第5节　草坪施工及养护 ………………………………… 351
学习单元1　草坪分类 …………………………………… 351
学习单元2　草坪建植 …………………………………… 352
学习单元3　草坪养护 …………………………………… 356
第6节　园林绿地日常养护 ……………………………… 359
学习单元1　园林绿地养护概述 ………………………… 359
学习单元2　灌溉和排涝 ………………………………… 360
学习单元3　中耕除草 …………………………………… 362
学习单元4　施肥 ………………………………………… 362
学习单元5　修剪 ………………………………………… 365
学习单元6　防寒 ………………………………………… 372
学习单元7　防台 ………………………………………… 373
学习单元8　损伤维护 …………………………………… 375
思考题 ………………………………………………………… 376

参考文献 ……………………………………………………… 377

第1章

植物

第1节　植物细胞、组织和器官　/2
第2节　植物的根　/5
第3节　植物的茎　/10
第4节　植物的叶　/14
第5节　植物的花　/16
第6节　植物的果实和种子　/25
第7节　植物的分类　/30

第 1 节　植物细胞、组织和器官

学习目标

➢了解细胞的结构、类型、繁殖方式

➢了解组织的概念、类型

➢了解器官的概念、类型

➢能够区别植物的营养器官和繁殖器官

知识要求

一、植物细胞

1. 植物细胞的形状和大小

植物细胞的形状变化很大。常见的形状有球形或近球形、不规则多面体、长筒形、长梭形、星形、长纺锤形、长柱形等，如图 1—1 所示。

一般来讲，植物细胞的体积很小，多数细胞的直径为 10 ~ 100 μm，肉眼难以辨别。有些植物的细胞较大，如苏铁、梨肉、苎麻等细胞的直径大于 1 mm。

2. 植物细胞的一般结构

植物细胞虽然大小不一、形状多样，但其结构基本相同。植物细胞由原生质体和细胞壁两部分组成。

（1）原生质体的结构。原生质体由细胞质、细胞核、质体三部分组成。

（2）细胞壁。细胞壁是原生质体生命活动过程中向外分泌的多种物质复合而成的结构，为植物细胞所特有，动物细胞没有细胞壁。细胞壁支撑和保护植物细胞，与维持原生质体的膨压和植物组织的吸收、蒸腾、运输和分泌等方面的生理活动有很大的关系。

3. 细胞的繁殖

植物细胞是通过分裂进行繁殖的，分裂是细胞形成新个体的过程。植物细胞的分裂有有丝分裂、减数分裂等不同方式。有丝分裂是一种最普遍且常见的细胞分裂方式，一般发生在植物的根尖、茎尖等分生组织中。

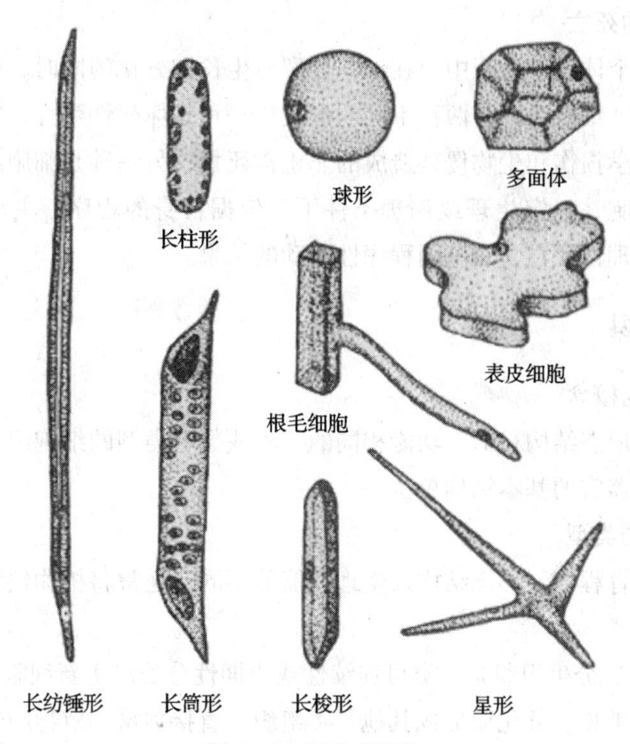

图 1—1 细胞的形状

减数分裂是与繁殖有关的一种特殊的细胞分裂方式。减数分裂是有性生殖的前提，是物种稳定性、变异性和进化适应性的基础。

4. 植物细胞的生长与分化

（1）细胞的生长。细胞通过分裂所产生的子细胞，有的进入下一个细胞周期，再进行分裂；有的不再分裂，而朝着生长和分化的方向发展。

细胞进行生长时，活跃地合成大量的新原生质，同时在细胞内也出现许多中间产物和一些废物，从而使细胞的体积不断地增大，重量也相应地增加。因此，细胞的生长是细胞体积和重量增加的过程。

（2）植物细胞分化和脱分化。植物个体发育过程中，细胞在形态、结构和功能上发生改变的过程称为细胞分化。通过细胞分裂和分化，形成形态、结构和功能各异的细胞类型。

已分化的细胞在一定因素作用下可恢复分裂机能，重新具有分生组织细胞的特性，这个过程称为脱分化。脱分化后产生的新细胞可以再分化成不同的组织。在植物形态形成过程中，不定根、不定芽和周皮等都是通过脱分化后再分化形成的。

5. 植物细胞的死亡

多细胞生物的个体发育过程中，在细胞分裂、生长和分化的同时，也不断地发生着有选择性的细胞死亡。细胞死亡有两种不同的形式，一种是坏死性死亡，它是由于某些外界因素，如物理、化学损伤和生物侵袭造成的非正常死亡；另一种是细胞编程性死亡，或称细胞凋亡，它是细胞在一定生理或病理条件下，依据自身的程序，主动结束其生命的过程，这是正常的生理性死亡，是基因程序性活动的结果。

二、植物组织

1. 植物组织的概念

植物组织是由形态结构相似、功能相同的一种或数种类型的细胞组成的结构和功能单位，也是组成植物器官的基本结构单位。

2. 植物组织的类型

根据组织的发育程度、形态结构及生理功能的不同，通常将植物组织分为分生组织和成熟组织两大类。

（1）分生组织。分生组织是一类可连续性或周期性分裂产生新细胞的组织。分生组织的细胞经过分裂、生长、分化而形成其他各类组织，直接关系到植物的生长和发育。

根据分生组织的发育来源和在植物体中的分布位置，可将分生组织分为原分生组织、初生分生组织、次生分生组织等。

（2）成熟组织。成熟组织是由分生组织分裂所产生的细胞，经过生长、分化和特化而形成的组织。成熟组织在形态、结构和生理功能上已经稳定，一般不表现分裂活性。某些成熟组织在一定条件下，通过脱分化可转变为次生（或侧生）分生组织。成熟组织可分为基本组织（又可分为吸收组织、同化组织、储藏组织、通气组织）、机械组织（又可分为厚角组织、厚壁组织）、输导组织（导管、管胞、筛管、筛胞）、保护组织（又可分为表皮、气孔器、周皮）、分泌组织（腺毛、腺鳞、盐腺、蜜腺和排水器，分泌囊、分泌道和乳汁管）等。

三、植物的器官

被子植物的植物体由根、茎、叶及花和果实等不同的器官组成。

器官是由形态、结构和生理功能互不相同的组织有机复合而成的结构，是组成植物体的结构和功能单位。

被子植物的种子在适宜的条件下萌发生长，形成了在形态、结构和功能上各不相同的根、茎、叶等结构，它们是与植株的营养生长有关的器官，因而称之为营养器官。随着植

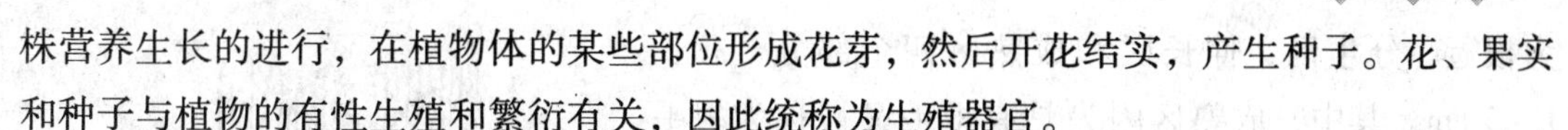

株营养生长的进行，在植物体的某些部位形成花芽，然后开花结实，产生种子。花、果实和种子与植物的有性生殖和繁衍有关，因此统称为生殖器官。

在植物体的生长发育过程中，各器官的形态结构、所担负的生理功能以及各器官与环境间既相互独立、相互影响，又相互协调统一，充分体现了植物体的整体性和对环境的适应性。这种整体性与适应性表现为各器官内不同类型组织的发育、分化及其生理功能，在适应环境过程中不断地变化与特化，彼此间相互联系，相互作用。因此，研究植物的营养器官和生殖器官的形态结构及环境与植物的相互作用规律，对于认识和调控植物的生长发育和繁殖，提高作物的品质，都有极其重要的理论和实践意义。

第2节　植物的根

学习目标

➢了解根的构造及各部生理功能

➢了解根瘤及菌根

➢了解根的生理作用

➢掌握根的形态和根系的类型

➢掌握根的变态类型和代表植物

➢能够根据根的外部形态正确识别根系类型

知识要求

一、根的构造

1. 根尖与根尖分区

（1）根尖的概念。根尖是指从根的顶端到着生根毛的部分。无论主根、侧根和不定根都具有根尖，它是根的生命活动中最活跃的部分，是根实现吸收、合成、分泌等功能的主要部位。根的伸长、根系的形成以及根内组织的分化都是在根尖进行的，因此，根尖的损伤会直接影响根的发育。

（2）根尖分区（见图1—2）。一般人为地将根尖分为四个区。从根尖顶端起，依次分为根冠、分生区、伸长区和成熟区四个部分，总长 1 ~ 5 cm。其中，成熟区因为具有根毛又被称为根毛区，从分生区到根毛区，各区的细胞逐渐分化成熟，形态结构和生理功能各不相同，除根冠外，其他各区的细胞特征逐渐过渡，无严格界限。

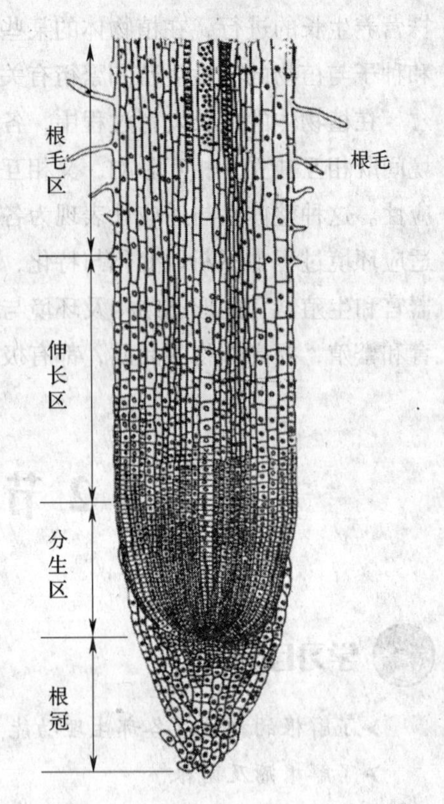

图 1—2　根尖的分区

1）根冠。根冠是位于根尖顶端的帽状结构，由许多薄壁细胞组成，其作用主要是保护根尖的分生区细胞。根冠细胞不规则，外围细胞大、排列疏松，内部（近分生区）细胞小、排列紧密。根冠外壁常有多糖类物质的黏液，可润滑根冠表面，减少根在土壤颗粒间穿行的摩擦阻力，利于根的伸长生长。

2）分生区。分生区位于根冠内侧，由顶端分生组织组成，整体形状如圆锥，故又名生长锥，长度为 1 ~ 3 mm，主要功能是分裂产生新细胞，以促进根尖生长，所以也称为生长点。分生区细胞小、近于等径型、排列紧密，无细胞间隙，细胞壁薄、核大、质浓、液泡很小，分化程度低，具有很强的分裂能力，外观呈褐黄色。

3）伸长区。伸长区位于分生区的后方。此区细胞愈远离分生区，细胞分裂活动愈弱，并逐渐停止。伸长区细胞的伸长生长是根尖不断向土壤深处推进的动力，这样根能不断到达新的土壤环境，便于吸取更多的营养物质，建立庞大的根系。

4）成熟区。成熟区位于伸长区的后方，是伸长区细胞进一步分化形成的。该区的各部分细胞已停止生长，并分化出各种成熟组织。其表面一般密被根毛，因而又称根毛区。根毛是表皮细胞外壁向外凸出形成的顶端封闭的管状结构，成熟的根毛长 0.5 ~ 10 mm，直径 5 ~ 17 μm。

2. 双子叶植物根的初生构造

根尖顶端分生组织细胞分裂后，产生的新细胞经生长和分化，形成根毛区各层次成熟结构的过程称为根的初生生长。根初生生长过程中形成的各种组织属于初生组织，由初生组织复合而成的结构，称为根的初生结构。

横切双子叶植物根的成熟区，自外而内可分为表皮、皮层、维管柱（中柱）等三部分。

（1）表皮。表皮是由位于成熟区最外一层的细胞组成，细胞排列紧密，具吸收能力，部分细胞向外延伸成为根毛。

（2）皮层。皮层位于表皮与维管柱之间，由基本分生组织分化而来的多层薄壁细胞组成，在根中占有很大比例。皮层一般又可分为外皮层、皮层薄壁细胞和内皮层三部分。

（3）维管柱（中柱）。维管柱位于内皮层以内的中央部位，其所占比例较小，由初生分生组织的原形成层分化而来，是根进行上下物质运输的主要部位。

3. 双子叶植物根的次生生长和次生结构

大多数双子叶植物和裸子植物，特别是多年生木本植物的根，在初生生长的基础上，产生了次生分生组织——维管形成层（可简称形成层）和木栓形成层。次生分生组织的细胞分裂、生长和分化的过程，称为次生生长。次生生长产生的组织是次生成熟组织，由次生成熟组织所复合的结构称为次生结构。根的次生生长是根的增粗生长过程，根的不断增粗是根的维管形成层和木栓形成层共同作用的结果。一般一年生草本的根无次生增粗生长。

根的维管形成层和木栓形成层活动的结果形成了根的次生结构：自外向内依次为周皮（木栓层、木栓形成层、栓内层）、初生韧皮部（常被挤毁）、次生韧皮部（含韧皮射线）、形成层、次生木质部（含木射线）和辐射状的初生木质部。除少数草本植物根中有髓外，多数双子叶植物根中无髓。

二、根的变态

很多植物的根受生长环境影响，在长期发展过程中，其形态和功能发生了很大变化，这种因适应环境而发生的变化称为根的变态。根据变态根的生理功能可以分为储藏根、气生根和寄生根。

1. 储藏根

储藏根可储存养料，一般在形态上表现为肥厚多汁，形状多样，常见于二年生或多年生的草本双子叶植物。储藏根是越冬植物环境适应性的表现，所储藏的养料可满足来年生长发育的需要。根据来源，可分为肉质直根和块根两大类。

肉质直根：主要由主根发育而成，一般一株上只有一个肉质直根，并包括下胚轴和节间极短的茎。肥大的主根构成了肉质直根的主体，例如萝卜、胡萝卜和甜菜的肉质根。

块根：主要是由不定根或侧根发育而成，在一株上可能形成多个块根，例如山芋、木薯等。

2. 气生根

气生根是生长在地面以上空气中的根。常见的有 3 种：

（1）支柱根。如玉米茎节上生出的一些不定根，可以增强植物整体支持力量的辅助根系。

（2）攀缘根。如常春藤、络石、凌霄等的茎细长柔弱，不能直立，其上着生不定根，以固着在其他物体表面攀缘上升。

（3）呼吸根。如红树等的支根，内有发达的通气组织，有利于通气和储存气体。

3. 寄生根

植物不定根发育为吸器，可以钻入寄主的茎内，以吸取寄主的营养为生。如菟丝子，它以茎紧密地回旋缠绕在寄主茎上，以突起状的根伸入寄主茎的组织内，彼此的维管组织相通，以吸取寄主体内的养料和水分。

三、根瘤和菌根

1. 根瘤

自然界许多植物可以形成根瘤，其形状、大小因植物种类而异，土壤中的根瘤细菌、放线菌和某些线虫都能入侵根部，形成根状共生结构，即为根瘤。其中豆科植物的根瘤最为常见。

在自然界，除豆科植物外，还有一百多种植物，如早熟禾属、看麦娘属、胡颓子属、木麻黄属等植物的根，都可以结瘤固氮，与非豆科植物共生的固氮菌多为放线菌类。

2. 菌根

植物的根与土壤中的真菌结合而形成的共生体，称为菌根。根据菌丝在根中生长分布的部位不同，可将菌根分为外生菌根、内生菌根和内外生菌根三类。

（1）外生菌根。真菌菌丝大部分包被在植物幼根的表面，形成白色丝状物覆盖层，只有少数菌丝伸入根的表皮、皮层细胞的胞间隙中，但不侵入细胞之中。菌丝具有根毛的功能，增加了根的吸收面积，具有外生菌根的根尖通常略变粗。如马尾松、云杉、山毛榉等木本植物的根上常有外生菌根。

（2）内生菌根。真菌的菌丝通过细胞壁大部分侵入到幼根皮层的活细胞内，呈盘旋状态。在显微镜下，可以看到表皮细胞和皮层细胞内散布着菌丝。如柑橘、核桃、桑、葡萄、李及兰科等植物的根内，都有内生菌根。

（3）内外生菌根。它们是外生和内生菌根的混合型。在这种菌根中，真菌的菌丝不仅从外面包围根尖，而且还伸入到皮层细胞间隙和细胞腔内，如苹果、草莓等植物具有这种菌根。

当真菌和种子植物共生时，真菌不仅可从宿主中吸取自身生长发育所需要的养分，同时真菌代谢的分泌物可促进土壤中无机养分的释放，并可将菌丝自身吸收的水分、无机盐等供给绿色植物使用，利于植物的生长。此外，真菌产生的激素、维生素等物质可刺激根系的发育，促进植物生长。

有些具有菌根的树种，如松、栎等如果缺乏菌根，就会生长不良。所以，在荒山造林或播种时，常预先在土壤内接种需要的真菌，或事先用真菌拌种，以利这些植物的菌根发育，保证树木生长良好。但真菌生长过旺会使根的营养消耗过多，树木生长不良。

四、根的生理作用

俗话说，根深叶茂，要想使植物生长良好，必须有一个发育良好的根系。其主要功能可归纳为以下 4 点：

1. 吸收和输导

植物体内所需要的营养物质，除一部分由叶或幼嫩茎自空气中吸收外，大部分自土壤中取得。根最主要的功能是从土壤中吸收水分、溶解在水中的二氧化碳、无机盐等。这主要靠根尖部位的根毛和幼嫩的表皮来完成。至于根尖以上的部分，常因表皮或外皮层细胞的栓质化或木栓层的形成，而失去吸收功能。

根具有吸收作用的同时还有输导作用，由根毛和表皮细胞吸收的水分和无机盐，通过根的维管组织输送到茎、叶，而叶所制造的有机养料经过茎输送到根，再经过根的维管组织输送到根的各部分，以维持根的生长。

2. 固着和支持

根的另一个主要功能是固着和支持作用。多年生木本植物一般均具有庞大的地上部分，因为植株如果没有反复分支、深入土壤的庞大根系与土壤紧密接触，以及根内牢固的机械组织和维管组织的共同作用，就不能经受风雨和其他机械力量的袭击而挺立于地上。

3. 合成

根不仅有吸收运输和固着支持作用，还进行着许多复杂的生物化学反应，合成多种生物活性物质来调节植物的生长发育。放射性同位素跟踪实验证明，在根中能合成多种必需氨基酸、植物激素（细胞分裂素类）和植物碱等，对植物地上部的生长发育具有重要的调控作用。

4. 储藏与繁殖

有些植物的根常肉质化，储藏大量营养物质，如萝卜、胡萝卜、甜菜及甘薯等。有些植物的根还有特殊的繁殖功能，能产生不定芽，如枣的根。

第3节 植物的茎

学习目标

➢了解茎的基本构造及各部生理功能

➢掌握茎的变态类型和代表植物

➢能够根据茎的外部特征正确识别变态茎

知识要求

一、茎的构造

1. 茎尖及其分区

茎的顶端叫做茎尖，是由叶芽（顶芽）活动形成的。顶芽活动时，生长锥的原分生组织分裂，向下产生初生分生组织，初生分生组织经初生生长形成初生结构，从而形成茎尖。茎尖与根尖一样具有一定的形态结构特征，可人为地划分为分生区、伸长区和成熟区三个部分。茎尖细胞不断进行分裂、生长和分化，使茎不断伸长并不断产生新的枝叶。茎尖的生长分化过程与根尖基本相似，但由于茎尖所处的环境以及所担负的生理功能不同，其形态结构也有所不同：茎尖没有类似根冠的结构，分生区的基部次第形成了一些叶原基（有时有腋芽原基）和幼叶，以及未发育成的节和节间，增加了茎尖结构的复杂性。

2. 双子叶植物茎节间的初生结构

双子叶植物茎节间的初生结构可分为表皮、皮层和维管柱三部分。

（1）表皮。表皮是幼茎最外面的一层细胞，是由初生分生组织的原表皮发育而来的初生保护组织。表皮包括表皮细胞、气孔器、各种表皮毛。表皮细胞形状较规则，排列紧密、相互嵌合，细胞一般不含叶绿体，有的含有花色素苷；细胞外壁厚、有角质层，有的还有蜡被，可起保护和控制蒸腾，防止水分过度散失的作用，其有利于幼茎内的绿色组织进行光合作用，如蓖麻、油菜等。表皮毛有单细胞和多细胞之分，形状多样，具有加强保护的功能，有的表皮有腺毛或异细胞，如番茄等。这是植物对环境适应性的表现。

（2）皮层。皮层位于表皮与中柱之间，是由基本分生组织的部分细胞分化而成的结构，皮层所占茎横切面比例远较根小。根据皮层薄壁细胞的特征，可将其分为外皮层、中皮层和内皮层。

1）外皮层。位于表皮下方，由一至几层厚角组织细胞所组成，协助表皮保护和支持幼茎，其细胞含叶绿体，能进行光合作用。

2）中皮层或皮层薄壁细胞。中皮层或皮层薄壁细胞由体积较大、排列疏松的薄壁细胞所组成，通常含叶绿体，所以幼茎常为绿色。有些植物幼茎的皮层有分泌道，如棉花、向日葵；或有乳汁管，如甘薯；或有其他分泌结构的分化。有些植物也常含有各种晶体和丹宁等的异细胞，如花生、桃等。水生植物的茎，一般缺乏机械组织，细胞间隙发达，常有通气组织。

3）内皮层。内皮层通常为幼茎皮层的最内一层细胞，少数植物的内皮层可分化产生凯氏带，如千里光属、益母草属的一些植物。有些植物的内皮层富含淀粉粒，称为淀粉鞘，如大豆等。某些木本植物茎的内皮层往往有石细胞群。

（3）维管柱。维管柱是皮层以内的中轴部分，是由原形成层和部分基本分生组织发育而来的结构。它包括维管束、髓和髓射线三部分。大多数植物的幼茎内没有维管鞘，或不明显。

3. 双子叶植物茎节间的次生结构

双子叶植物茎由于维管形成层和木栓形成层的不断活动，使茎进行次生生长，形成次生结构。现以棉茎为例，以横切面由外至内简单说明形成第一次周皮时茎的次生结构。棉茎结构由外向内分为以下几个部分：

（1）周皮。位于茎的最外方，由木栓层、木栓形成层、栓内层构成。周皮上通常有皮孔，是老茎进行气体交换的通道。

（2）皮层。位于周皮的内方，含有少量的薄壁细胞，棉皮层中有分泌腔分布，有些植物有异细胞。

（3）初生韧皮纤维。位于皮层内方，呈束状分布。初生韧皮部由于受到内部的挤压，除发达的初生韧皮纤维外，其余全被挤毁。

（4）次生韧皮部。位于初生韧皮纤维内方，常与呈三角形或喇叭形的韧皮射线相间隔。由韧皮薄壁细胞、筛管、伴胞、韧皮纤维组成，其韧皮纤维发达。具有输送有机养分和机械支持作用，是次生维管组织的重要组成部分。

（5）维管形成层。位于次生韧皮部内方，由纺锤状原始细胞和射线原始细胞组成。在横切面上，细胞呈扁平长方形或正方形。

（6）次生木质部。位于形成层内方，由导管、管胞、木薄壁细胞、木纤维组成，木纤维发达。它起输送水分、矿物质和机械支持作用，是次生维管组织的重要组成部分。

（7）初生木质部。位于次生木质部内方，为内始式，是初生结构保留下来的相对完整的结构部分。

（8）髓。位于茎的中央，由薄壁细胞组成。常含有淀粉粒等储藏物质。有的髓边缘常有环状的髓带。

（9）维管射线。包括木射线和韧皮射线。位于次生木质部中的射线称为木射线，位于次生韧皮部中的射线称为韧皮射线，均由薄壁细胞组成，呈径向排列，是横向的输导和储藏组织。

二、茎的变态

变态茎是由功能改变引起的形态和结构都发生变化的茎。茎的变态是一种可以稳定遗传的变异。变态茎仍保留着茎所特有的特征，如有节和节间的区别，节上生叶和芽，或节上能开花结果。可分为地上变态茎和地下变态茎两大类：

1. 地上变态茎（见图 1—3）

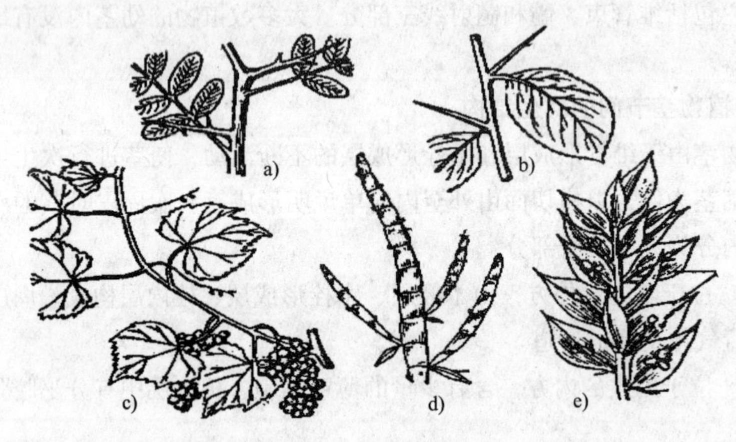

图 1—3　地上变态茎

a)，b）枝刺　c）茎卷须　d)，e）叶状枝

（1）叶状枝。茎扁化变态成的绿色叶状体。叶完全退化或不发达，而由叶状枝进行光合作用。如昙花、令箭、文竹、天门冬、假叶树和竹节蓼等的茎，外形很像叶，但其上具节，节上能生叶和开花。

（2）枝刺。由茎变态为具有保护功能的刺。如山楂和皂荚茎上的刺，都着生于叶腋，相当于侧枝发生的部位。

（3）茎卷须。由茎变态成的具有攀缘功能的卷须。如黄瓜和南瓜的茎卷须发生于叶腋，相当于腋芽的位置，而葡萄的茎卷须是由顶芽转变来的，在生长后期常发生位置的扭转，其腋芽代替顶芽继续发育，向上生长，而使茎卷须长在叶和腋芽位置的对面，使整个茎成为合轴式分枝。

2．地下变态茎（见图1—4）

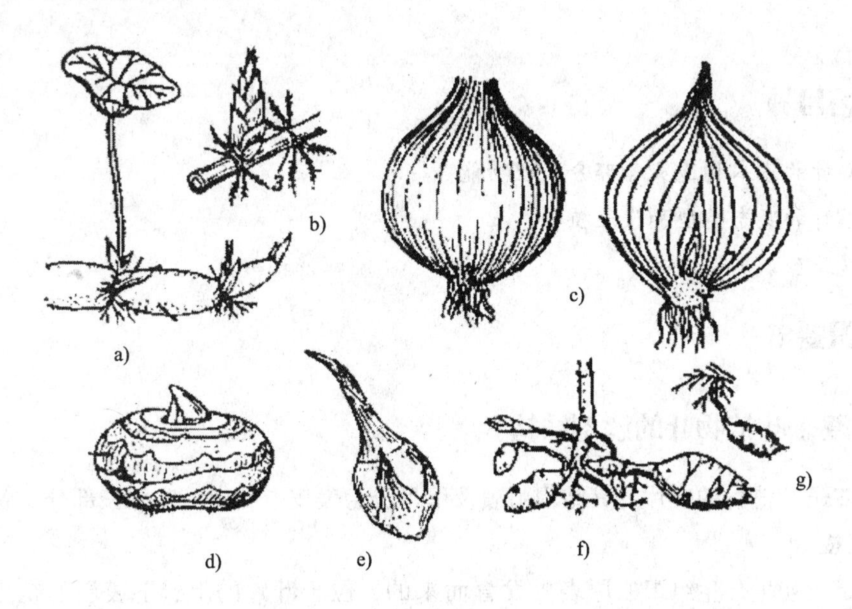

图1—4　地下变态茎

a)，b）根状茎　c）鳞茎　d)，e）球茎　f)，g）块茎

（1）根状茎。由多年生植物的茎变态形成，横卧于地下、形状似根的地下茎。根状茎上具有明显的节和节间，具有顶芽和腋芽，节上往往还有退化的鳞片状叶，呈膜状，同时节上还有不定根，营养繁殖能力很强，如竹类、鸢尾、白茅和蓟等。

（2）块茎。由茎的侧枝变态成的短粗的肉质地下茎。呈球形、椭圆形或不规则的块状，储藏组织特别发达，内储丰富的营养物质。除马铃薯外，菊芋（洋姜）、甘露子（草石蚕）等也有块茎。

（3）球茎。由植物主茎基部膨大形成的球状、扁球形或长圆形的变态茎。观赏植物唐菖蒲和药用植物番红花具比较典型的球茎。球茎内都储有大量的营养物质，供营养繁殖之用。

（4）鳞茎。扁平或圆盘状的地下变态茎。其枝（包括茎和叶）变态为肉质的地下枝，茎的节间极度缩短为鳞茎盘，顶端有一个顶芽。鳞茎盘上着生多层肉质鳞片叶，如水仙、百合和洋葱等。

第4节　植物的叶

学习目标

➢了解叶的基本构造及各部分生理功能

➢掌握叶的变态类型和代表植物

➢能够正确识别变态叶

知识要求

一、双子叶植物叶的解剖结构

横切双子叶植物的叶片，其结构由表及里可分为表皮、叶肉、叶脉三部分。

1. 表皮

表皮是由初生分生组织的原表皮发育而来的，位于叶片的上、下表层的初生保护组织。构成表皮的细胞由表皮细胞、气孔器和表皮附属物等组成。

表皮一般为一层细胞，但少数植物的表皮可为多层细胞，称为复表皮，如印度橡皮树、夹竹桃等植物的叶，其复表皮由3~4层细胞组成。

在大多数双子叶植物叶表皮上都有气孔器的分布。气孔器通常由2个保卫细胞及其细胞间的气孔组成。气孔可开闭，其开闭与调节水分蒸腾有关。当保卫细胞含水分较多时，细胞鼓胀外凸，气孔张开；当失水较多时，细胞横向瘪缩，气孔关闭。多数植物的气孔白天开放，干热的中午及夜晚关闭。

表皮上还有一些形态不同的表皮附属物，由表皮细胞向外凸出分裂形成。表皮附属物可反射强光，分泌黏性物质，限制叶表面的空气流动，使干热风不致直入气孔，减缓蒸腾作用，使表皮的保护作用得以加强。

2. 叶肉

叶肉由含大量叶绿体的薄壁细胞组成，是叶进行光合作用的主要部位。根据细胞形态的不同，叶肉可分为栅栏组织、海绵组织。

（1）栅栏组织。栅栏组织是紧贴上表皮的一至数层长圆柱状薄壁细胞，长轴垂直于表皮，排列紧密如栅栏状，细胞内富含叶绿体，光合作用强。

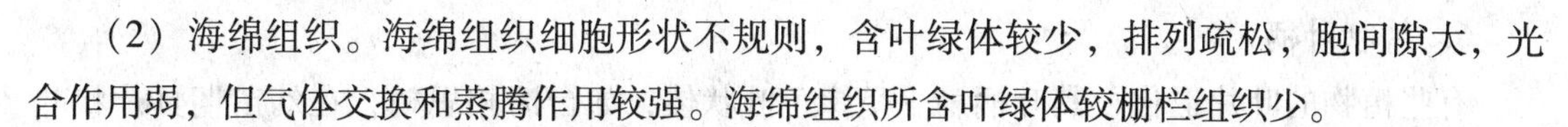

（2）海绵组织。海绵组织细胞形状不规则，含叶绿体较少，排列疏松，胞间隙大，光合作用弱，但气体交换和蒸腾作用较强。海绵组织所含叶绿体较栅栏组织少。

3. 叶脉

叶脉是叶片中贯穿于叶肉组织间的脉纹结构。叶脉分布如茎枝系统，有粗细和主侧脉之分。位于叶片中央最粗大的叶脉称为主脉（中脉），主脉的分支为侧脉，侧脉的分支称为细脉或小脉，细脉仍可再分支，细脉的末端称为脉梢。叶脉的分布方式叫做脉序。

二、叶的变态

叶为适应外部环境变化而发生的形态结构和功能上的变化称为叶的变态。叶的变态器官类型主要有鳞叶、叶卷须、叶刺、捕虫叶、苞片和片状叶柄等。

1. 鳞叶

叶特化或退化成鳞片状，一般不呈绿色。可分为3种，革质鳞叶、肉质鳞叶和膜质鳞叶。革质鳞叶硬，常覆盖于冬芽外，呈褐色，保护着幼芽，又叫芽鳞片。肉质鳞叶肥厚，储藏大量的营养物质，如百合、洋葱等鳞茎上的鳞叶。膜质鳞叶薄，如蓼科植物的托叶，姜、荸荠等地下茎上的鳞片叶等。

侧柏等裸子植物的叶为绿色，主要功能为光合作用，也被描述为鳞叶，但是指其叶形类似鳞片，不含变态意义。

2. 叶卷须

叶全部或一部分变为卷须状，如豌豆羽状复叶的上端部分小叶呈卷须状，菝葜的托叶变成卷须等，用以攀缘生长。

3. 叶刺

有些植物的叶或托叶变态成刺状，如仙人掌科植物肉质茎上的刺和小蘖属茎上的刺，以及刺槐叶柄两侧的托叶刺等。虽然叶刺的来源不同，但它们都是叶的变态。

4. 捕虫叶

食虫植物的叶，其叶片形成囊状、盘状或瓶状的捕虫器结构，其中有许多能分泌消化液的腺毛或腺体，并有感应性，当昆虫触及时，立即自动闭合，将昆虫捕获，如圆叶茅膏菜、猪笼草。猪笼草叶柄的一部分变态成捕虫囊，当昆虫进入捕虫囊后，其叶片将捕虫囊的口部盖住，囊基部的表皮细胞分泌消化液将昆虫消化分解。

5. 苞片

被子植物的花序或花柄下面的变态叶，苞片可有多种形状和色泽，即使是绿色，其形态也有别于正常的营养叶，如马蹄莲花序下的总苞片呈佛焰苞状，一品红花序下的苞片呈叶状等。

6. 片状叶柄

有些植物的叶片退化，其叶柄扁平呈绿色叶状体，如台湾相思树，在幼苗期具片状叶柄且叶柄上着生有正常的二回羽状复叶，以后小叶片退化，仅存叶状柄。

第5节　植物的花

学习目标

➢了解花的形态与组成

➢了解花的雌雄蕊及其分类

➢了解花程式、花图式

➢掌握花冠的类型及其特征

➢掌握花序类型和特征

➢能够根据植物花的特征正确识别其花序类型

知识要求

一、花的组成

地球上的被子植物约有30万种，其花的变化巨大，它们的形态、大小、颜色和组成数目因种而异、各不相同。根据其结构组成，可将被子植物的花分为完全花和不完全花两类。完全花通常由花梗（花柄）、花萼、花冠、雄蕊（群）和雌蕊（群）等几个部分组成，例如桃花、蚕豆花等；不完全花是指缺少完全花组成的一部分或几部分的花，如南瓜、玉米等植物的单性花。

花是适应于生殖、极度缩短且不分枝的变态枝。花柄是枝条的一部分，花托通常是花柄顶端呈不同方式膨大的部分，是花器官其他组分（如花萼、花冠、雄蕊群和雌蕊群）着生的地方。花萼常为绿色，像很小的叶片。花冠虽有各种颜色和多种形态，但其形态和结构均类似于叶，有的甚至就呈绿色（如绿牡丹）。雄蕊是适应于生殖的变态叶，虽然雄蕊与叶的差异较大，但在较早的被子植物（如睡莲）的外轮雄蕊和内轮花瓣间存在过渡形态，此外，有的植物（如梅、桃等）经过培育，雄蕊可以形成花瓣。雌蕊也是由叶变态形成的心皮卷合而成的，如蚕豆、梧桐等。因此，通常称花萼、花冠为不育的变态叶，雄蕊、雌蕊为可育的变态叶。

1．花柄和花托

花柄也称花梗，呈圆柱形，是连接花和茎的柄状结构，其基本构造与茎相似。既是营养物质由茎向花输送的通道，又能支持着花，使其向各方展布。花梗的长短，常随植物种类而不同，如梨、垂丝海棠的花柄很长，有的则很短或无花柄，如贴梗海棠。果实形成时，花柄发育成果柄。

花托位于花柄的顶端，是花器官其他各组成部分着生的部位。花托的形态常因植物种类而异，有些植物的花托伸长，呈圆柱状，如木兰科植物等；有的呈圆锥状，如草莓等的花；有的凹陷呈杯状，如桃等；有的花托呈壶状，且与花萼、花冠、雄蕊、雌蕊的一部分贴在一起，形成下位子房，如苹果等；有的呈倒圆锥形，如莲的花；有的在雌蕊基部或雄蕊与花冠之间，扩大形成扁平状或垫状的盘状体，称为花盘，如柑橘、葡萄等；有的在雌蕊（子房）基部形成短柄状，传粉受精后，能迅速伸长，将子房插入土中结实，如花生，这种花托称为雌蕊柄或子房柄。

2．花萼

花萼是花的最外一轮变态叶，由一定数目的萼片组成，常呈绿色，可进行光合作用，为花芽提供营养；但也有一些植物的花萼呈花瓣状，有利于昆虫的传粉，如紫茉莉等。根据萼片间分离或联合关系，花萼有离萼和合萼两种。

（1）离萼。各萼片之间完全分离，如油菜、桑、茶等。

（2）合萼。各萼片之间彼此联合，合生部位称为萼筒，未合生部位称为萼齿或萼裂片，如茄、棉花等。萼筒具有多样性，如杯状和筒状等；有些植物的萼筒一边伸长或管状突出为距，如凤仙花；有些植物的花萼形态发生变化，如菊科植物的花萼常呈毛状称为冠毛，有助于传播果实；有的花萼变成干膜质，如鸡冠花等。

花萼常只有一轮，而有的植物在花萼外侧还有一轮绿色的瓣片，称为副萼，如棉花、草莓等的花。棉花的副萼为 3 片大型的叶状苞片。

一般植物开花以后萼片即落，但也有在其果实成熟时，花萼依然存在，这种花萼称为宿存萼，如茄、茶、桑、柿等的花。

3．花冠

花冠位于花萼的上方或内侧，由若干花瓣组成，可排列为一轮或多轮。花冠常具有各种鲜艳的颜色，这是细胞中的有色体，或液泡中的花色素，或二者均有所致；花瓣或花冠都具有多种形态，如钟状、蝶状、唇状等；花瓣或花冠具有多种功能，有的花瓣基部有分泌结构，可释放挥发油类和分泌蜜汁，可吸引昆虫，有利传粉，人类常用它提取精油或用于保健；花冠还有保护雌、雄蕊的作用。花色、花形、花味的多样性不仅吸引昆虫，而且也美化了环境，美化了人的生活。但也有些植物的花无花瓣或花冠，如紫柳、玉米等，它们依赖风媒传粉。

花瓣彼此分离的花为离瓣花，如油菜、桃等；花瓣彼此联合的花为合瓣花，联合的部位称为花冠筒，分离的部位称为花冠裂片，有的则花瓣全部联合。

花冠内花瓣的数目常随植物的种类而异。由于花瓣的形态、大小和结构的差异，花冠类型、花冠的对称性和作用均因种而异，花冠的形态多种多样。由于花瓣的离合、花冠筒的长短、花冠裂片的形状和深浅等不同，形成各种类型的花冠，常见的花冠如图 1—5 所示。

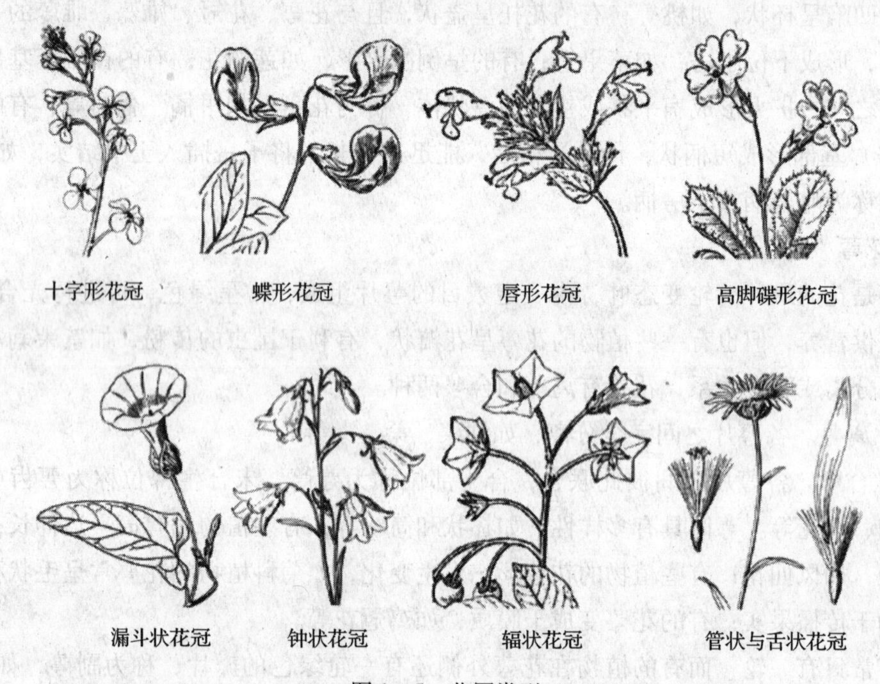

图 1—5　花冠类型

（1）十字形。由四个分离的花瓣排列成十字形，如油菜、白菜、萝卜等。

（2）蝶形。花瓣五片，排列成蝶形，最上一瓣叫旗瓣；两侧的两瓣叫翼瓣，为旗瓣所覆盖，且较旗瓣小；最下两瓣位于翼瓣之间，其下缘常稍合生，叫龙骨瓣，如豌豆等。

（3）唇形。花冠基部筒状，上部略呈二唇形，如芝麻等。

（4）高脚碟形。花冠筒短，裂片由基部向四周扩展，状如车轮，如番茄等。

（5）漏斗状。花冠下部呈筒状，并由基部逐渐向上扩大呈漏斗状，如甘薯等。

（6）钟状。花冠筒宽而短，上部扩大呈钟形，如南瓜、桔梗等。

（7）管状与舌状。花冠大部分合成管状或圆筒状，花冠裂片向上伸展，如向日葵的盘花等。

（8）辐状。如蔷薇科植物花冠，其花有多种花托类型，花萼、花冠、雄蕊和雌蕊的着生位置差别较大，但其花萼、花冠的形态、大小、数目及其相互关系又基本一致，均为五基数、相互分离，且彼此覆瓦状排列等，如图 1—6 所示。

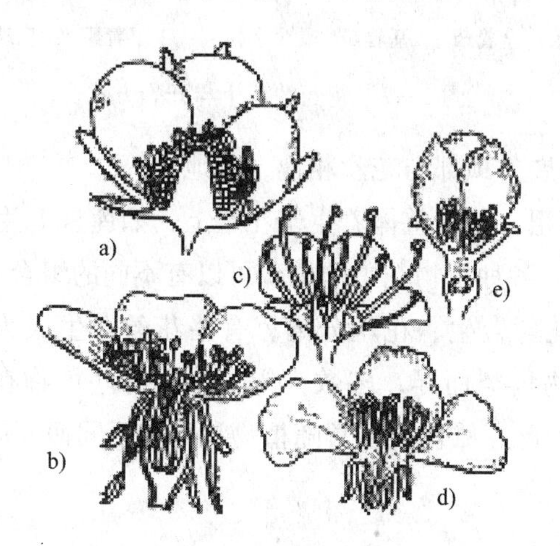

图 1—6　辐状花冠

a）草莓　b）蔷薇　c）绣线菊　d）桃　e）苹果

管状与舌状、漏斗状、钟状以及十字形花冠，各花瓣的形状、大小基本一致，常为辐射对称。蝶形、唇形，各花瓣的形状、大小不一致，常呈两侧对称。也有一些植物的花是不对称的，如美人蕉的花冠位于花萼的上方或内轮，由若干花瓣组成，排列为一轮或多轮。

4. 雄蕊（群）

（1）雄蕊的形态与组成。一朵花内所有的雄蕊总称为雄蕊群。雄蕊着生在花冠的内方，是花的重要组成部分之一，花中雄蕊的数目常随植物种类而不同，如小麦、大麦的花有 3 枚雄蕊，油菜、洋葱有 6 枚雄蕊，棉花、茶、桃等的花具有多数雄蕊。

每个雄蕊常由花药和花丝两部分组成。花药是花丝顶端膨大成囊状的部分，内部有花粉囊，可产生大量的花粉粒。花丝常细长，基部着生在花托或贴生在花冠基部，有的花丝扁平如带状（如莲），或完全消失（如栀子），或成为花瓣状（如大花美人蕉）。花药在花丝上的着生方式也有几种不同情况，如图 1—7 所示。

1）基着药。花药仅基部着生于花丝的顶端，如望江南、唐菖蒲等。

2）背着药。花药背部着生于花丝上，如苹果、油菜等。

3）丁字着药。花药背部的中部与花丝相连，如小麦、百合等。

4）个字药。花药张开时呈“个”字形，如凌霄等。

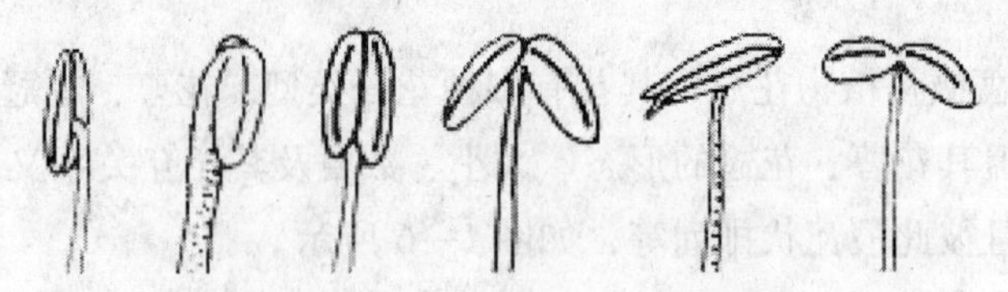

图 1—7　花药的着生与开裂方式

5）广歧药。花药平展，顶部与花丝相连，如地黄等。

6）全着药。花丝短粗，花药整体着生于花丝上，如莲、玉兰等。

（2）雄蕊群的类型。各种植物花中的雄蕊可以有不同的组合。多数植物的雄蕊彼此分离，但有些植物雄蕊的花药合生、花丝分离，有些花丝合生成为不同的束数，而花药分离。花丝的长短也因植物种类而异，多数为等长，但有些植物在一朵花中的花丝长短不等，如油菜、薄荷等。因此，雄蕊类型常随植物种类的不同而不同，雄蕊的类型如图 1—8 所示。

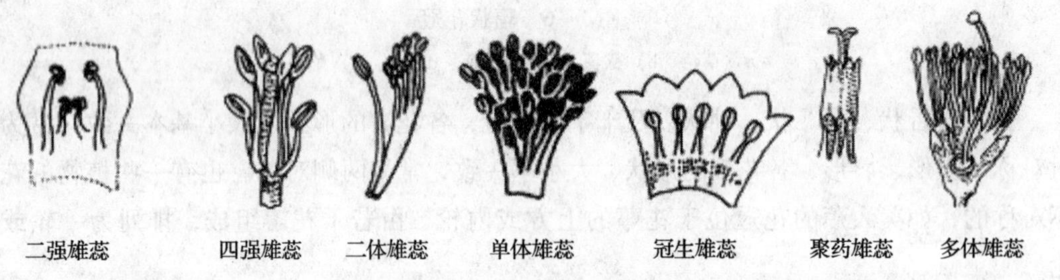

图 1—8　雄蕊的类型

1）二强雄蕊。雄蕊 4 个，2 个长，2 个短，如唇形科植物等。

2）四强雄蕊。雄蕊 6 个，4 个长，2 个短，如十字花科植物。

3）二体雄蕊。9 个雄蕊的花丝联合，另一个雄蕊单生，呈二束，如蚕豆等。

4）单体雄蕊。雄蕊花丝联合成一体，花药分离，如棉等。

5）冠生雄蕊。花中雄蕊着生各花冠上，如茄、紫草等。

6）聚药雄蕊。花药合生，花丝分离，如菊科植物等。

7）多体雄蕊。雄蕊的花丝联合成多组，如金丝桃等。

5. 雌蕊（群）

（1）雌蕊的形态与组成。一朵花内所有的雌蕊总称为雌蕊群，是花的另一个重要的组成部分。雌蕊位于花的中央，多数植物的花只有一个雌蕊。雌蕊由变态的叶（心皮）组成。在形成雌蕊时，常分化出柱头、花柱和子房三部分。

柱头位于雌蕊的上部，是承受花粉粒的地方，常常扩展成各种形状。风媒花的柱头多呈羽毛状，增加柱头接受花粉粒的表面积。多数植物的柱头常能分泌水分、脂类、酚类、激素和酶等物质，有的能分泌糖类和蛋白质，有助于花粉粒的附着和萌发。

花柱位于柱头和子房之间，其长短因植物种类而不同，它是花粉萌发后，花粉管进入子房的通道。花柱提供花粉管生长的营养物质，花粉管进入胚囊是有选择性的。

子房是雌蕊基部膨大的部分，外为子房壁，内为一至多数子房室。胚珠着生在子房室内。受精后，整个子房发育为果实，子房壁成为果皮，胚珠发育为种子。

（2）雌蕊（群）的类型。由于组成雌蕊的心皮数目和结合情况的不同，雌蕊常分为若干类型。

1）单雌蕊。一朵花中只有一个心皮构成的雌蕊叫单雌蕊，如大豆、桃等。

2）离生单雌蕊。一朵花中有多个彼此分离的单雌蕊，如八角、玉兰、草莓、毛茛等，如图 1—9 所示。

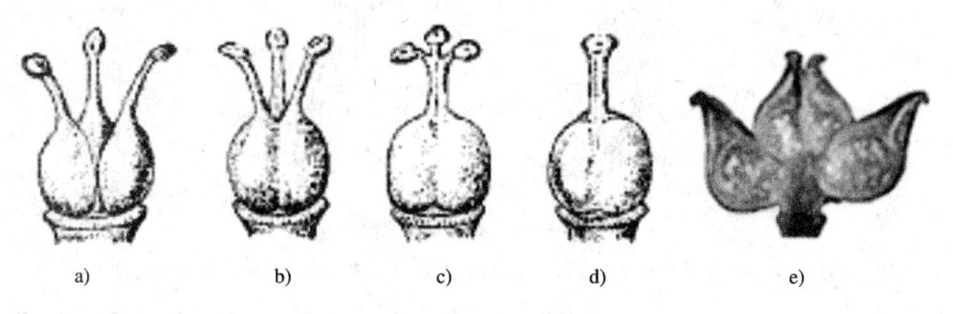

图 1—9　雌蕊的类型

a)，e）离生单雌蕊　b)，c)，d）复雌蕊

（3）复雌蕊。一朵花中只有一个由两个以上心皮合生成的雌蕊叫复雌蕊，如油菜、茄、棉花等。复雌蕊中，有的子房合生，花柱、柱头分离，如梨等；有的子房、花柱合生，柱头分离，如向日葵等；也有的子房、花柱、柱头全部合生，柱头呈头状，如油菜等。一个复雌蕊的心皮数目，常和花柱、柱头、子房室呈正相关，可借此判断复雌蕊的心皮数目。

二、花序的类型和特征

1. 有限花序

有限花序或离心花序也叫聚伞花序，花序顶端或中心的花先开，渐及下边或周围，顶花先开，限制了花序轴的继续伸长。常见的有限花序类型有 4 种，如图 1—10 所示。

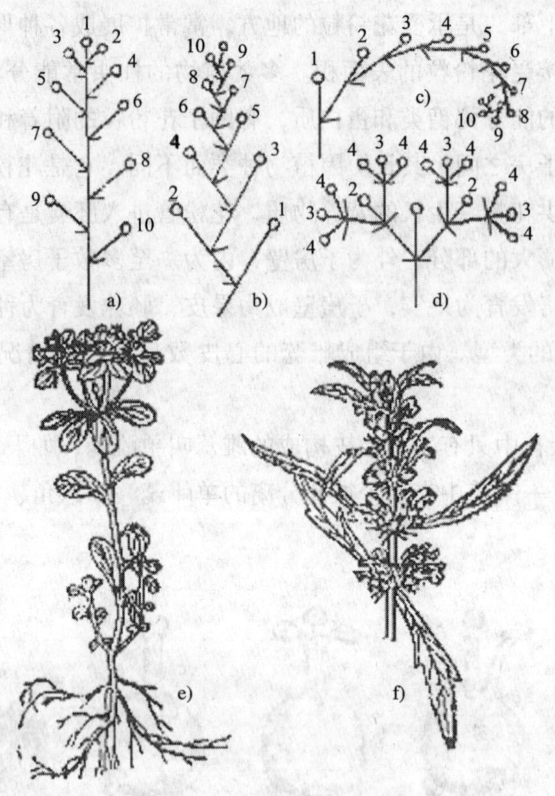

图 1—10　有限花序类型

a)，b)，c) 单歧聚伞花序　d) 二歧聚伞花序　e) 多歧聚伞花序　f) 轮伞花序

（1）单歧聚伞花序。花序主轴顶端先生一花，然后在顶花下的一侧形成侧枝，继而侧枝的顶端又生一花，如此依次生花、开花，形成合轴分枝的花序。这样的花序有蝎尾状聚伞花序，各分枝为左右间隔生长，如唐菖蒲、美人蕉等；卷伞花序，各分枝朝一个方向，如聚合草、附地菜等。

（2）二歧聚伞花序。在某些具有对生叶序的植物中，顶花下的花序主轴向两侧各生一枝，枝的顶花下再生出两个分枝，如此反复分枝，且均为顶花先开的花序，如繁缕等。

（3）多歧聚伞花序。花序轴的顶端发育出一朵花后，紧接其下的主轴再分出 3 个以上的分枝，且各个分枝又如此发育出顶花和分枝的花序，如泽漆等。

（4）轮伞花序。在唇形花植物中，对生叶序的叶腋内各生出 3 朵以上的花所共同组成的花序，如益母草等。

2. 无限花序

无限花序或向心花序也叫总状类花序，其开花的顺序是花轴下部的花先开，渐及上部，或边缘的花先开，渐及中心，如图 1—11 所示。

图 1—11　无限花序类型

（1）总状花序。花有梗，排列在一个不分枝且较长的花轴上，花轴能继续增长，如珍珠菜等。

（2）穗状花序。和总状花序相似，只是花无梗，如车前、大麦。穗状花序轴膨大，较肉穗花序，基部常有总苞，如玉米的雌花序和红掌等。

（3）葇荑花序。若干单性花排列于一细长、柔软的花轴上，花序通常下垂，开花后整个花序或连果实一起脱落，如杨、柳等。

（4）圆锥花序。花序轴上生有多个总状或穗状花序，形似圆锥，为复合的总状或穗状花序，如水稻或玉米的雄花序等。

（5）伞房花序。花有梗，排列在花轴的近顶部，下边的花梗较长，向上渐短，花位于一近似的平面上，如麻叶绣球、山楂等。几个伞房花序排列在花序总轴的近顶部者叫复伞房花序，如华北绣线菊。

（6）伞形花序。花梗近等长或不等长，均生于花轴的顶端，状如张开的伞，如红瑞木等。几个伞形花序生于花序轴的顶端者叫复伞形花序，如胡萝卜。

（7）头状花序。花无梗，集生于一平坦或隆起的总花托（花序托）上，而成一头状体，如菊科植物。

（8）隐头花序。花集生于肉质囊状的总花托（花序托）的内壁上，并被总花托所包围，如无花果等。

三、开花、传粉

1. 开花

一朵花中雄蕊和雌蕊（或二者之一）发育成熟，花萼和花冠开放，露出雄蕊和雌蕊，这种现象或过程称为开花。在开花过程中，雄蕊花丝迅速伸长并挺立，雌蕊柱头或分泌柱头液，或柱头裂片张开，或羽毛状的柱头的毛状物突起等，以利于接受花粉。

因此，研究掌握植物的开花规律，不仅有利于栽培上采取相应的措施以提高产量和品质，而且便于进行人工有性杂交，创育新品种。

2. 传粉

传粉或授粉是指花药中花粉散出，借助外力传到雌蕊柱头上的过程。植物的传粉有自花传粉和异花传粉两种方式。自花传粉是一朵花中成熟的花粉粒传到同一朵花的雌蕊柱头上的过程，如大豆等植物是自花传粉植物。异花传粉，在严格意义上讲，是指不同花之间的传粉过程。

（1）自花传粉。自花传粉是物种在不利条件下繁衍种群的一种特性，具有繁殖保障效应，它能减少和稳定种群内的遗传变异，增加种群间的遗传分化，进一步降低自然选择的作用强度，加快新物种形成的进程。实际上，在自然界中，没有一种植物是绝对自花传粉的，它们总会有部分植株或部分花朵进行异花传粉。最典型的自花传粉为闭花传粉和闭花受精，如豌豆和大麦等，它们与开花受精不同，开花前，其成熟花粉粒可直接在花粉囊里萌发，产生花粉管，穿过花粉囊的壁进入雌蕊完成传粉。

（2）异花传粉。异花传粉是指借助于生物的和非生物的媒介，将一朵花中的花粉粒传播到另一朵花的柱头上的过程。异花传粉是植物界最普遍的传粉方式，是植物多样化的重要基础。异花传粉可以发生在同一株植物的各朵花之间，也可发生在品种内、品种间，或植物的不同种群、不同物种的植株之间，油菜、向日葵、梨、苹果等，都是异花传粉植物。生产上，果树的异花传粉一般指不同品种之间的传粉，林业上指不同植株之间的传粉。

风媒花和虫媒花。植物进行异花传粉时，必须借助于各种外力才能把花粉传布到其他花的柱头上去。传送花粉的媒介主要有非生物（风和水等）和生物（昆虫、鸟、蝙蝠等）两类。非生物传粉，尤其是风媒传粉被认为是从动物传粉进化而来的。在被子植物中，有约 1/3 的植物种类属于风媒传粉，其余 2/3 是动物（尤其是昆虫）传粉。由于长期的演化，植物对各种传粉方式产生了与之适应的形态和结构。

第6节 植物的果实和种子

学习目标

➢了解果实的构造

➢了解种子的构造

➢了解果实和种子的传播

➢掌握单果、聚合果、复果的特征及其代表物种

➢能够正确识别物种的果实类型

知识要求

果实是被子植物有性生殖的产物和特有结构。一般而言，传粉、受精和种子发育等过程对果实的发育有着显著影响。受精后，花的各部分发生显著变化，花萼枯萎或宿存。花瓣和雄蕊凋谢，雌蕊的柱头、花柱枯萎，仅子房或子房外其他与之相连的部分一同生长发育膨大为果实。不同植物的果实具有不同的发育方式、形态色泽、结构和化学成分，人类对果实的利用方式也不同。果实的特征差异可作为物种分类的形态学依据。在被子植物中，果实包裹着种子，不仅起保护作用，还有助于传播种子。

一、果实类型

1. 根据果实的发育来源与组成分类

可将果实分为真果和假果两类。真果是直接由子房发育而成的果实，如小麦、玉米、棉花、花生、柑橘、桃、茶等的果实。假果是由子房、花托、花萼，甚至整个花序共同发育而成的结构，如梨、苹果、瓜类、石榴、菠萝和无花果等的果实。果实一般由果皮和其内所含的种子所组成。

2. 根据参与果实形成的类型分类

（1）单果。由一朵花中的一个单雌蕊或复雌蕊参与形成的果实叫单果，根据果实成熟时的质地和结构，可将果实分为肉质果和干果两类。

（2）聚合果（见图1—12）。聚合果是指一朵花中的许多离生单雌蕊聚集生于花托，并与花托共同发育成的果实。每一离生雌蕊各发育成一个单果（小果），根据单果的种类可将其分为聚合瘦果（如草莓）、聚合核果（如悬钩子）、聚合坚果（如莲）和聚合蓇葖果（如八角、芍药）等。

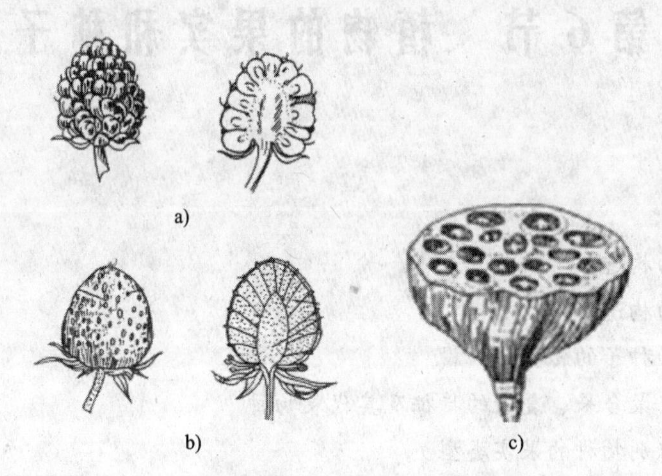

图 1—12　聚合果

a）悬钩子　b）草莓　c）莲

（3）复果（见图 1—13）。复果或聚花果，是由整个花序发育成的果实。桑葚来源于一个雌花序，各花的子房发育成一小坚果，包藏于肥厚多汁的花萼内。菠萝的果实是由许多花聚生在肉质花轴上发育而成。无花果肉质花轴内陷成球囊状，囊的内壁上着生许多小坚果。

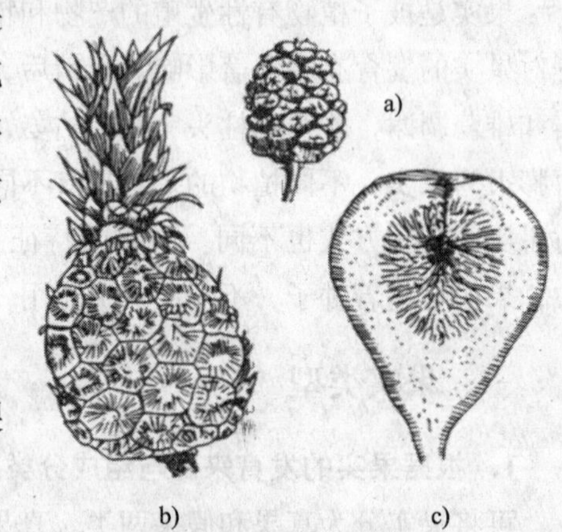

图 1—13　聚花果（复果）

a）桑葚　b）菠萝　c）无花果

3. 根据果皮分类

根据果皮的质地、成熟果皮是否开裂和开裂方式分为肉质果和干果两类。

（1）肉质果。肉质果肉厚多汁，常见的有：

1）浆果。由复雌蕊的上位子房或下位子房发育而来。外果皮薄，中果皮、内果皮和胎座均肉质化，浆汁丰富，含一至多粒种子。上位子房发育来的，如番茄、葡萄、柿等，下位子房形成的如香蕉、瓜类等。

2）核果。核果是具有坚硬果核的一类肉质果。由单雌蕊或复雌蕊的上位子房或下位子房发育而来，外果皮薄，中果皮厚，多肉质化，内果皮石质化，由石细胞构成硬核，含一粒种子，如桃、梅、李、杏等。核桃为二心皮下位子房发育成的核果。

3）柑果。柑橘类植物特有的一类肉质果。由复雌蕊具中轴胎座的上位子房发育而成。外果皮厚，外表革质，内部分布许多油囊；中果皮较疏松，具多分枝的维管束；内果皮膜质，其内表皮上生众多的囊状多浆的毛状体，为食用的部分。

4）梨果。由花筒和子房联合发育而成的假果。通常花筒形成果壁，外果皮、中果皮均肉质化，内果皮常革质，如苹果、梨等。

5）瓠果。由下位子房发育而成的假果，花托和外果皮发育成坚硬的果壁，中果皮、内果皮肉质，侧膜胎座常较发达，如葫芦科植物的果实。

（2）干果。干果成熟时果皮干燥。开裂的干果称裂果，不开裂的干果称闭果，主要有以下 8 种：

1）蒴果。由复雌蕊发育而来，子房室含多数种子的一类开裂干果。果实成熟时有几种开裂方式，常见的有室背开裂，即沿心皮的背缝线裂开，如棉、百合、鸢尾等；室间开裂，即沿心皮相接处的隔膜裂开，如烟草等；室轴开裂，即果皮外侧沿心皮的背缝线或腹缝线相接处裂开，但中央的部分隔膜仍与轴柱相连而残存，如牵牛、曼陀罗等；盖裂，即果实中上部环状横裂成盖状脱落，如马齿苋、车前等；孔裂，即果实成熟时，每一心皮顶端裂一小孔，以散发种子，如虞美人、金鱼草等。

2）瘦果。不裂干果（闭果）的一种。由 1 ~ 3 个心皮组成，上位子房或下位子房发育而来，内含 1 粒种子。成熟时，果皮革质或木质，容易与种子分离。一心皮构成的瘦果如白头翁，二心皮瘦果如向日葵，三心皮瘦果如荞麦。

3）颖果。禾本科植物特有的一类不裂干果。由 2 ~ 3 个心皮组成，含 1 粒种子，果皮和种皮愈合，不能分离，如小麦、水稻、玉米等的果实。

4）荚果。由单雌蕊发育成的果实。成熟时，果皮裂成两瓣，如大豆等。

5）角果。由 2 个心皮联合发育成，具假隔膜及侧膜胎座的果实。成熟时，果皮沿腹缝线处开裂，假隔膜留存，如十字花科植物的果实。

6）坚果。由复雌蕊的下位子房发育成的，含 1 粒种子且果皮坚厚的一种不裂干果。坚果外面常包有壳斗（原来花序的总苞），如板栗、栓皮栎等。

7）翅果。由单雌蕊或复雌蕊的上位子房形成的一种不裂干果。果皮的一部分向外扩延成翼翅，如枫杨、榆等的果实。

8）分果。由 2 个或 2 个以上心皮组成的复雌蕊的子房发育而成，具 2 个或数个子室。果实成熟时，子室分离成若干各含 1 粒种子的分果瓣，仍属不裂干果。胡萝卜、芹菜等的分果由 2 个心皮的下位子房发育而成，成熟时分离为 2 个分果瓣，分悬于中央果柄的上端，常称为双悬果，双悬果为伞形科植物的主要特征之一。苘麻等的果实由多个心皮组成，成熟时可分为多个分果瓣。

二、种子的发育

种子的结构包括种皮、胚、胚乳三部分。它们分别是由珠被、受精卵、受精极核发育来的。虽然种子的形状、大小构造有所不同，但形成的过程是一样的。

胚是由卵细胞受精后的合子发育而来的。

胚乳是被子植物种子储藏营养物质的部分，由 2 个极核经过受精后发育而成。但许多植物（大部分双子叶植物）的初生胚乳核在形成过程中，胚乳逐渐被胚吸收，营养物质储藏到子叶中去而形成无胚乳种子。

种皮是由珠被发育而成，包在胚和胚乳的外面，起保护作用。如胚珠 1 层珠被，则形成一层种皮；如胚珠 2 层珠被，则形成内种皮和外种皮。

三、果实与种子的传播

果实和种子成熟后迟早要脱离母体，散布较远的距离，以争取更多的生存空间，使种族繁衍。如果植物的果实和种子没有适当的传播方法，其后代就要拥挤在一起，这样种内个体间的生存竞争将会十分激烈，导致相当多的个体因生存竞争的失败而死亡；同时，后代聚集在一起，还迫使进行近亲交配，这很不利于植物的进化。因此，植物通过长期的自然选择，成熟果实和种子具备了适应于各种传播方式的结构和特性，以扩大后代个体的分布范围，使种族更加繁荣，如图 1—14 和图 1—15 所示。

有的果实或种子借助于风吹、水流、动物和人类的携带来散布，也有的形成某种特殊的弹射机构来散布。借助于风吹的果实一般质地轻而小，常生有毛状或翅状附属物，这类果实很容易为风力所吹播，如蒲公英的果实具有冠毛，榆树的果实具有翅等。借助于水流散布的果实常具有不透水的构造或充满空气的腔隙结构，借此漂浮在水面上，如莲蓬、椰子等的果实。有的果实靠刺状或钩状附属物钩附在动物的皮毛上随动物移动而传播，如苍耳等。有的肉质果常被动物取食，特别是鸟类所吞食，经过动物消化后改变了种皮的坚实性，更容易萌发。人类的生产活动、长距离的引种和运输等都有利于夹带或混杂的植物果实或种子的远距离传播，加速这类种群的扩散。还有些植物果实成熟时，靠自身发育的特殊结构，使果皮在失水干燥过程中扭曲或卷曲而将种子弹出（如大豆、绿豆等），也有的植物如喷瓜，当瓜成熟时，稍有触动此“瓜”便会从顶端将“瓜”内的种子连同黏液一起喷射出去，射程可达 5 m 以外，喷瓜也因此而得名。

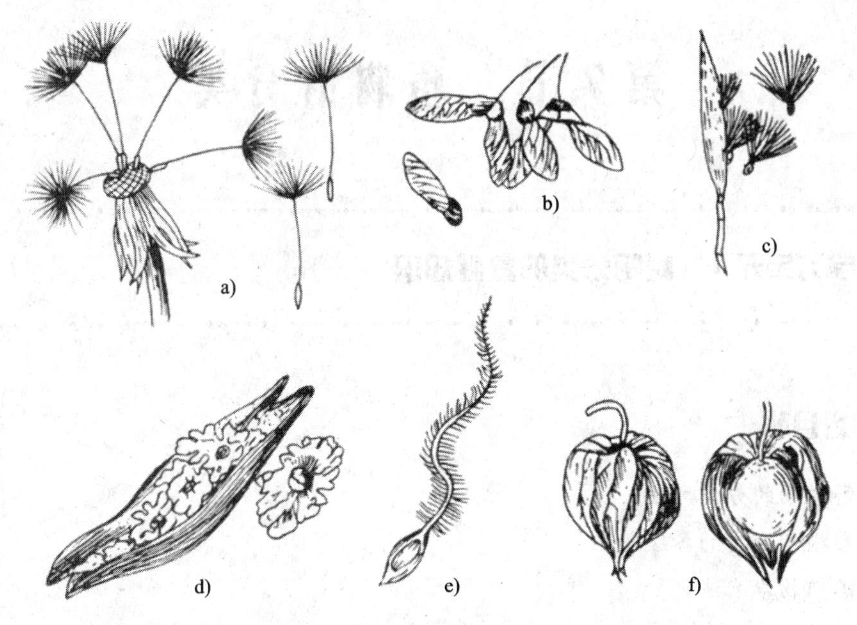

图 1—14 借风力传播的果实和种子

a）蒲公英的果实（顶端具冠毛） b）槭的果实（具翅） c）马利筋的种子（顶端有种毛）

d）紫薇的种子（四周具翅） e）铁线莲的种子（花柱残留呈羽状）

f）酸浆的果实（外包花萼成气囊）

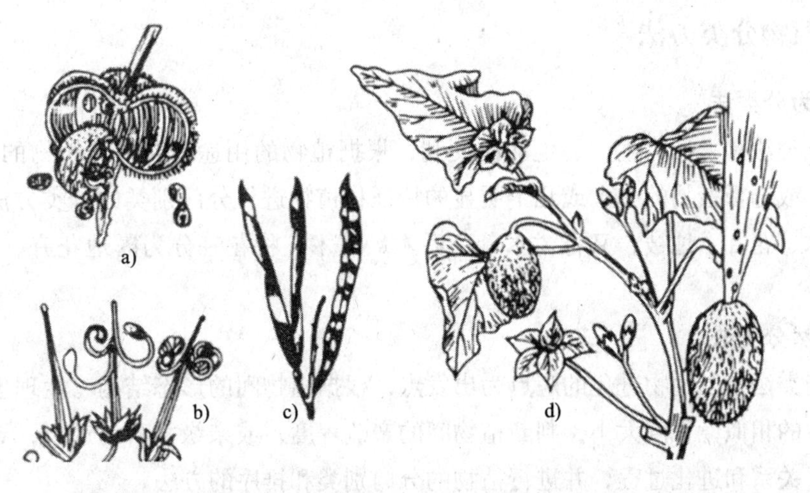

图 1—15 靠果实本身弹力散播的种子

a）凤仙花（果实自裂，散出种子） b）老鹳草（果皮粉翻卷，散发种子） c）菜豆（果皮扭转，散出种子）

d）喷瓜（果实成熟后，果实脱离果柄时，由断口处喷出浆液和种子）

第 7 节　植物的分类

学习单元 1　植物分类的基础知识

学习目标

➢了解植物的分类方法

➢熟悉植物分类的各级单位

➢熟悉植物命名法则

知识要求

植物种类繁多，形态、结构、生活习性等丰富多样。为了更好地认识、利用和保护植物，必须对它们进行分门别类。为此，我们要具备植物分类的基本知识。

一、植物分类方法

1. 人为分类法

人为分类法是人们为生产、生活的便利，根据植物的用途，或根据植物的形态结构、生活习性，或选择植物的一个或几个明显的特征将植物进行分门别类的分类方法。如把植物分为树木、花卉、地被，又将树木分为乔木、灌木，将花卉分为露地花卉、温室花卉、木本花卉等。

2. 自然分类法

自然分类法是以生物进化的观点为出发点，根据植物间的形态结构、生理生化和生态习性等特性的相似性程度大小，判断植物间的亲疏程度，或亲缘关系的远近，寻求分类群谱系的相互关系和进化过程，并进行植物的分门别类和排序的方法。

现代被子植物的主要分类系统有：恩格勒分类系统（Engler，1897 年）、哈钦松分类系统（J. Hutchinson，1962 年）、塔赫他间分类系统（A. Taxtaujqh，1942）和克朗奎斯特分类系统（Cronquist，1958 年）。这些系统从不同侧面反映了植物界的发展演化关系，各有其

优缺点。随着生产实践的发展和科学水平的提高，植物分类系统将会不断得到修正和完善。

二、植物分类的各级单位

为了便于有效地识别多样性的植物种类和系统地表示植物间的亲缘关系与系统发生的时序性，对全部植物进行分门别类，按照植物类群的等级所给予的一定名称，就是分类上的各级单位（或阶元）见表1—1。

表1—1　　植物分类的基本单位

中文	拉丁文	英文
界	Regnum	Kingdom
门	Divisio	Division
纲	Classis	Class
目	Ordo	Order
科	Familia	Family
属	Genus	Genus
种	Species	Species

各级单位根据需要可再分成亚级，即在各级单位之前，加上一个亚（sub－）字，如亚门、亚纲、亚目、亚科、亚属。种下面又分为亚种、变种和变型。

种是植物分类最基本单位。在栽培植物中，人们常以品种（cultivar）来评价或区分种内不同栽培群体类型。因此，品种是人类在栽培某一物种的过程中，基于经济意义和形态上的考虑而选择出来的变异群体类型。确立品种的指标主要有色、香、味、植株大小、产量高低等。如三色堇有不同花色的品种，紫薇有高、矮品种等。品种只用于栽培植物，不用于野生植物。实际上是栽培植物的变种或变型。

三、植物的命名法则

人们在生产和科学研究中，为了识别、掌握和利用植物，常常给不同种类的植物起不同的名称，借以区别它们，所以各国、各地区或各民族对某种植物都有自己的通俗称呼，即俗名。俗名地方通用，一说皆知，具有描述性、形象性。如七叶一枝花、人参、钻天杨、龙爪槐等。但俗名也有其局限性，存在同物异名，或异物同名的混乱现象，如马铃薯在南京叫洋山芋，在东北和华北多叫土豆，在西北则叫洋芋。同叫白头翁的植物多达16种，分属于4科16属，造成识别和利用植物及成果交流等方面的障碍。

为避免混乱，很早以前，植物学家就对制定国际通用的植物命名法做了很多努力。

1753 年瑞典植物学家林奈发表的《植物种志》一书系统规范应用了双名法。双名法是用两个拉丁单词作为一种植物的名称，第一个单词是属名，是名词，其第一个字母要大写，第二个单词为种名，形容词，后边再写上定名人的姓氏或姓氏缩写（第一个字母要大写），便于考证，这种国际上统一的名称，就是学名。如银杏的学名是 Ginkgo biloba L.，第一个单词是属名，是银杏中文名称的音译，是名词；第二个单词是种名，形容词，是二裂的意思；后边字母“L”，是定名人林奈姓名的首字母。

种以下的分类单位有亚种（subspecies）、变种（varietas）、变型（forma）等，这三个词的缩写为 subsp. 或 ssp.（亚种）、var.（变种）、f.（变型）。其命名方法是在原种的完整学名之后，加上拉丁文亚种或变种或变型的缩写，然后再加上亚种名、变种名或变型名，最后附以定名人姓氏或姓氏缩写，如蟠桃为桃的变种，白丁香为紫丁香的变种，龙爪槐是槐树的变型等。

植物的科名常根据本科中某一显著特征而来，或根据一科中最显著的某一属名而定，如茄科是由茄属而来。科及科以上各级单位的名称均为正体书写。

学习单元 2　裸子植物概述及其代表属

学习目标

➢了解裸子植物的基本特征

➢掌握银杏纲、松柏纲代表属种及其特征

➢能够正确识别银杏及松属主要代表种

知识要求

裸子植物是一群介于蕨类植物和被子植物之间的高等植物。它们既是最进化的颈卵器植物，又是较原始的种子植物。因其种子外面没有果皮包被，是裸露的，故称为裸子植物。

裸子植物多数种类为常绿乔木，有长枝和短枝之分；维管系统发达，网状中柱，无维管束，有形成层和次生结构。除买麻藤纲植物以外，木质部中只有管胞而无导管和纤维。韧皮部中有筛胞而无筛管和伴胞。叶针形、条形、披针形、鳞形，极少数呈带状；叶表面有较厚的角质层，气孔呈带状分布。

一、银杏纲

1. 基本特征

本纲特征同属种。本纲现仅存 1 目、1 科、1 属、1 种，为我国特有种，国内外栽培很广。

2. 代表属种

银杏（见图 1—16），中生代孑遗的稀有用材树种，又称为白果、公孙树，为落叶乔木，树干高大，枝分顶生营养性长枝和侧生生殖性短枝。年轮明显。各种器官内均有分泌腔。叶扇形，有柄，长枝上的叶大都是先端 2 裂，短枝上的叶常具波状缺刻，具分叉的脉序，在长枝上螺旋状散生，在短枝上簇生。

球花单性、异株。小孢子叶球呈葇荑花序状，生于短枝顶端的鳞片腋内。小孢子叶有 1 短柄，柄端常有由 2 个小孢子囊组成的悬垂的小孢子囊群，精子具多数鞭毛。种子近球形，核果状，熟时黄色，外被白粉。

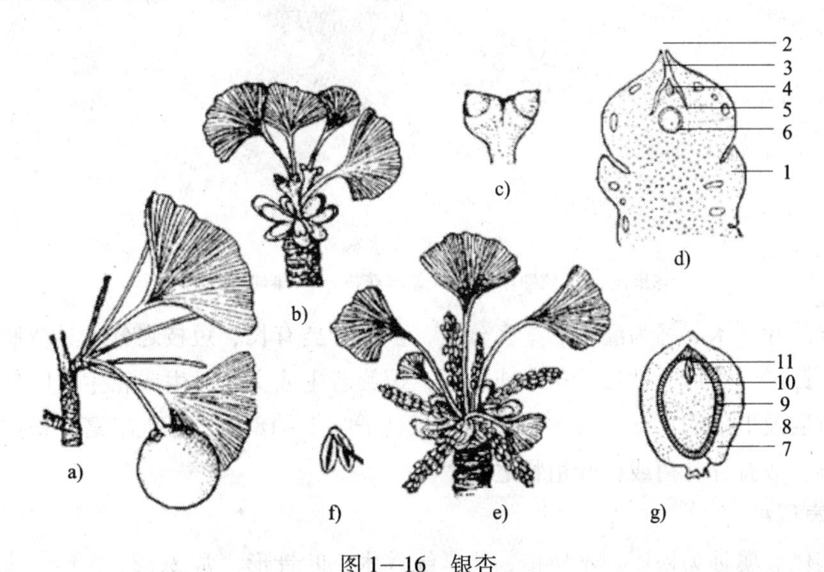

图 1—16　银杏

a）长、短枝及种子　b）生大孢子叶球的短枝　c）大孢子叶球　d）胚珠和珠领纵切面
e）生小孢子叶球的短枝　f）小孢子叶　g）种子纵切面
1—珠领　2—珠被　3—珠孔　4—花粉室　5—珠心　6—雌配子体
7—外种皮　8—中种皮　9—内种皮　10—胚乳　11—胚

银杏树形优美，春季叶色嫩绿，秋季鲜黄，颇美观，是行道树及园林绿化的珍贵树种。木材优良，可供建筑、雕刻、绘图板、家具等用材。种仁（白果）供食用（多食易中毒）及药用，入药有润肺、止咳等功效，叶供药用和制杀虫剂，树皮含单宁。

二、松柏纲

1. 基本特征（见图 1—17、图 1—18 和图 1—19）

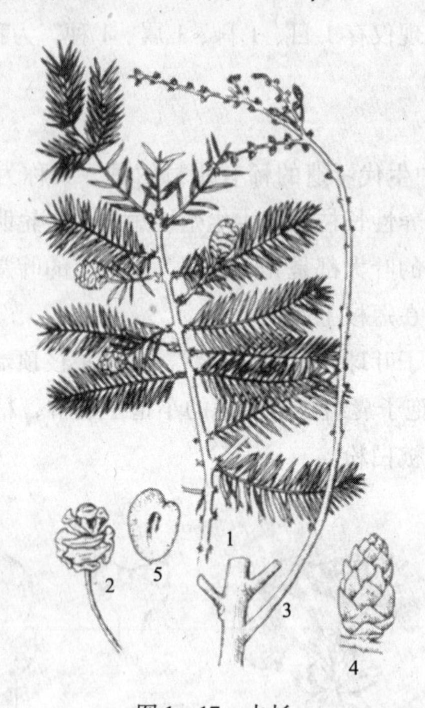

图 1—17　水杉

1—球果枝　2—成熟球果　3—雄球花枝　4—雄球花　5—种子

常绿或落叶乔木，稀为灌木。茎多分枝，多数种类有长、短枝之分，具树脂道。叶单生或成束，针形、鳞形、钻形、条形或刺形，螺旋着生或交互对生或轮生，叶的表皮常具较厚的角质层及下陷的气孔。种子核果状，胚具子叶 2 ~ 18 枚，胚乳丰富。松柏纲植物的叶多为针形，故有针叶树或针叶植物之称。

2. 代表属种

松柏纲代表属种为松属。本属植物为常绿乔木，叶针形，常 2，3，5 针一束，生于短枝顶端，基部全为膜质鳞片。雌（大孢子叶球）、雄（小孢子叶球）同株。

松属中常见的种类有：马尾松，2 叶一束，长而柔；油松，2 叶一束，较短而硬；白皮松，3 叶一束，树皮灰白色；红松，5 叶一束。

三、苏铁纲

1. 基本特征

常绿园林植物，茎干不分枝。羽状复叶。雌雄异株。精子具有鞭毛。

图 1—18　侧柏

1—枝条　2—具球果的枝条　3—小枝　4—小孢子叶球　5—小孢子叶两面观

6—大孢子叶球　7—大孢子叶内面观　8—球果　9—种子

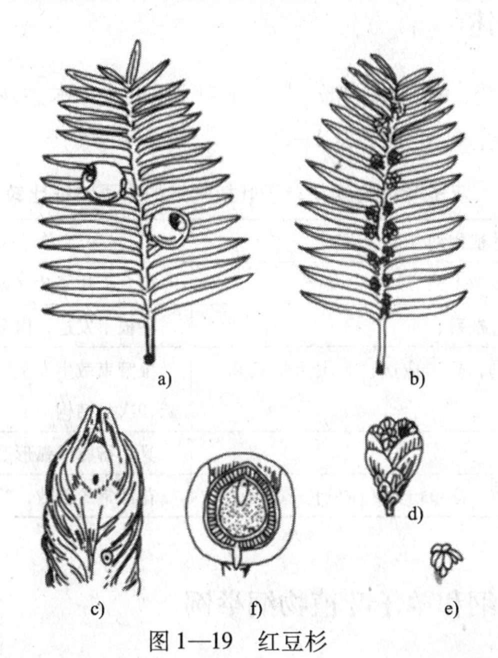

图 1—19　红豆杉

a）具大孢子叶球的枝　b）具小孢子叶球的枝　c）大孢子叶球纵切

d）小孢子叶球　e）小孢子叶　f）具假种皮的种子纵切

2. 代表属种

代表属种苏铁属。苏铁为雌雄异株，大小孢子叶球均集生茎顶。小孢子叶球长椭圆形，由鳞片状的小孢子叶螺旋状排列而成，每个小孢子叶的背面生有许多由 3 ~5 个小孢子囊组成的小孢子囊群。大孢子叶球球形，大孢子叶密被淡黄色绒毛，上部羽状分裂，下部为狭长的柄，柄的两侧生有 2 ~6 枚胚珠。

学习单元3 被子植物概述及其代表属

学习目标

- 了解双子叶植物纲的主要特征
- 掌握双子叶植物纲的代表科、属的主要特征及其代表种

知识要求

一、被子植物概述

按照克朗奎斯特系统，被子植物分为双子叶植物纲（木兰纲）和单子叶植物纲（百合纲）两个纲，它们的主要区别见表 1—2。

表 1—2　　双子叶植物纲与单子叶植物纲的主要特征比较

	双子叶植物纲（木兰纲）	单子叶植物纲（百合纲）
胚	具 2 片子叶（极少数 1，3 或 4）	仅含 1 片子叶（或有时胚不分化）
根	主根发达，多为直根系	主根不发达，由多数不定根形成须根系
茎	维管束作环状排列，具形成层，有次生生长和次生结构	维管束散生或呈环状排列，无形成层，无次生生长和次生结构
叶	具网状脉	具平行脉或弧形脉
花	花部常 5 或 4 基数，花粉粒具 3 萌发孔	花部常 3 基数，花粉粒具单个萌发孔

二、双子叶植物纲和单子叶植物纲举例

1. 木兰科

木兰科主要特征：木本；单叶互生，全缘，有托叶，早脱落，枝具环状托叶痕。花单

生；两性，辐射对称，常同被；雄蕊及雌蕊多数，分离，螺旋状排列于柱状花托上，子房上位。聚合蓇葖果穗状，稀为翅果。种子有胚乳。

木兰属托叶与叶柄联合。花大，顶生，花被多轮；蓇葖果，背缝开裂。常见的植物有：玉兰，落叶乔木，早春开花，先花后叶，花白色，原产我国中部，各地均有栽培供庭院观赏，花蕾药用；紫玉兰（辛夷），落叶小乔木，花紫色或紫红色，原产湖北，各地栽培供观赏；广玉兰（洋玉兰、荷花玉兰），叶常绿革质，下面密被锈色绒毛，花大，白色芳香，原产北美洲，为著名庭院观赏树种；厚朴，落叶乔木，叶大，顶端圆，集生枝顶，我国特产，分布于长江流域及华南，树皮、根皮、花、果及芽含厚朴酚可入药；凹叶厚朴，叶二裂，产我国东南各省，药用。

2. 百合科

百合科主要特征：多年生草本，具多种地下茎；单叶，花两性、整齐、3 基数，花被片 6 片，排列成两轮，雄蕊 6 枚，与之对生，子房上位，3 室；蒴果或浆果。

百合属具鳞茎，鳞瓣肉质多数，无鳞被；茎直立，常不分枝；花大，单生或成总状花序，花被漏斗状，雄蕊花药丁字形着生，中轴胎座；蒴果。该属约 80 种，产北温带，我国有六十多种。常见的卷丹、野百合及变种百合，野生或栽培作观赏，鳞茎供食用或药用。此外，麝香百合、王百合等皆为常见观赏植物。

思 考 题

1. 如何从外部形态区分植物的根和茎？
2. 如何区分鳞茎、球茎和块茎？
3. 果实常见的分类方式有哪些，各包括哪些主要类型，并举例说明。
4. 植物分类的各分级单位是什么？什么是植物命名双名法？
5. 裸子植物有哪些基本特征？
6. 木兰科植物的主要特征有哪些？
7. 炎炎夏日，植物为何会萎蔫？

第 2 章

园林土壤和肥料

第 1 节　土壤的物理化学性质　/40

第 2 节　土壤水、气、热及养分状况　/46

第 3 节　园林土壤　/52

第 4 节　肥料概述　/56

第 5 节　无机肥料　/60

第 6 节　有机肥料　/67

第1节 土壤的物理化学性质

学习目标

➤了解土壤的结构

➤了解土壤的三相比对植物生长的作用

➤了解土壤溶液的组成，能够区分土壤的酸碱性

➤了解土壤酸碱性对土壤肥力和植物生长的影响

➤掌握土壤胶体的类型，了解土壤胶体的性质

知识要求

一、土壤的物理性质

1. 土壤的结构和类型

土壤的结构是土壤的重要物理性质，它对土壤的水、肥、气、热的变化具有重要的作用。

自然界的土壤，通常不是以单粒的状态存在，而是相互团聚成大小、形状不一的土团，这种土团称为团聚体，土粒排列和组合的状况叫土壤结构。

不同土壤或同一种土壤的不同层次，其结构是很不一致的，它直接影响土壤的水、肥、气、热的供应能力。

土壤结构的主要类型有：单粒结构、团粒结构、块状结构、核状结构、柱状及棱状结构、片状结构等。

（1）单粒结构。土粒分散，互不胶结，漏水又漏肥。下雨易形成地面径流冲刷土壤，使土壤养分流失。缺乏有机质的沙土呈此结构。

（2）团粒结构。由单粒结构土粒胶结成复粒近球形的土团，称为团粒结构，直径0.25～10 mm不等。此种结构的土壤具有合理的非毛管孔隙和毛管孔隙比例，使土壤具有良好的水分、养分吸附、释放功能，对土壤的物理、化学特征都具有重要的影响。

团粒结构是植物生长的理想结构，团粒结构是土壤肥力的基础，有团粒结构的土壤，其通气、保水、保温和保肥性能良好，植物的耕性和扎根条件良好。改良土壤结构性就是指促进团粒结构的形成。

（3）块状结构。土粒胶结成块，无一定形状，直径大于 10 cm 的结构称为大块状结构，5～10 cm 的称为小块状结构。黏土、重黏土往往是块状结构，对植物生长不利。

（4）核状结构。土粒胶结成核状，外圆而硬，具明显棱角。干时结构间产生裂缝，漏水、漏肥。缺乏有机质的重黏土中多见。

（5）柱状及棱状结构。结构成柱状，俗称“立土”，这种结构的土壤通气性好，但漏水、漏肥。

（6）片状结构。土粒呈层状排列，结构体扁平，雨后地表的结壳呈鳞片状均属于片状结构。这类结构体土粒排列紧密，孔隙较少，通透性差。

2. 土壤的松紧度、比重、容重和孔隙度

（1）土壤松紧度（坚实度）。指土壤疏松和紧实的程度，由于土壤质地与结构的不同，土壤坚实度差异也很大。一般来说沙土疏松黏土紧实，团粒结构的土壤疏松，块状结构的土壤紧实，有机质含量多的疏松，反之则紧实。

（2）土壤比重。一定体积固体土粒的干重与同体积水重之比，称为土壤比重，无单位。土壤比重大小，决定于土壤本身的矿物质组成和腐殖质含量。一般耕作土壤的比重为 2.6～2.7，通常定为 2.65，不去实地测量。

（3）土壤容重。田间状态下单位体积的干土重（包括孔隙），称为土壤容重。单位为 g/cm^3。因为包括孔隙在内，所以土壤的容重恒小于其比重。现介绍土壤容重的测定方法。

工具为环刀（容重取土器）。环刀的容积通常是 100 cm^3。使用时，将环刀托扣进环刀的上端，然后将刀口水平压入要测定的土层里，把环刀周围的土刨开，取出装满土的环刀，除去刀托，并用小刀细心削去环刀周围多余的土壤后，盖上顶和底的盖子（底盘），便能取得一个固定容积（100 cm^3），包括有机土壤孔隙在内的土样。

将装有土样的环刀去盖后放在温度为 105℃ 左右的烘箱内烘干，然后称重，减去环刀本身的重量，就是一定体积环刀中土壤的干重（g）。单位体积内干土的重量，称为土壤的容重。其计算公式为：

$$VW = W/V$$

式中 VW——表示土壤的容重，g/cm^3；

W——表示环刀中干土的重量，g；

V——表示环刀的体积，通常为 100 cm^3。

土壤容重是一个十分重要的基本数据，在土壤工作中用途较广。如：

1）根据土壤容重和比重计算出土壤孔隙度。由土壤容重和比重的定义可知，容重/比重 ×100% = 单位体积土壤中固相土粒的容积百分率。

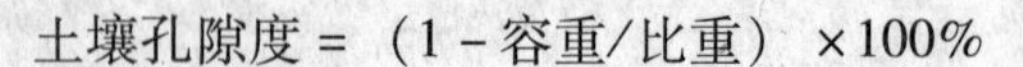

$$土壤孔隙度 = (1 - 容重/比重) \times 100\%$$

2）根据土壤容重判断土壤松紧程度，作为土壤肥力指标之一。疏松多孔的土壤容重小，坚实板结的土壤容重大，其关系见表2—1。

表2—1　　土壤容重和土壤松紧度、孔隙度的关系

土壤松紧程度	最松	松	适合	稍紧	紧
容重（g/cm^3）	<1.0	1.0~1.14	1.14~1.26	1.26~1.30	>1.30
总孔隙度（%）	>60.5	60~56	56~52	52~50	<50

不同的土壤，其容重不同，不同的植物，对容重的要求也不同。土层松紧合适，根系生长就良好。若土壤太松，则过于透风，水分蒸发过快，容易导致植物生长不良；若土壤太紧，则根系下扎时阻力太大，同样易导致植物生长不良。

（4）土壤孔隙度。在土壤中，单粒、土团和各结构单位之间，通过接触而形成许多大小不同的空隙，其彼此相连的弯弯曲曲的孔洞，称为土壤孔隙。它是土壤储存水分和空气的场所，它的大小、数量和分布状况对土壤肥力的调节影响较大。

1）土壤孔隙度。在自然状态下，土壤中的孔隙占土壤总体积的百分数，称为土壤孔隙度。

土壤孔隙度的大小，受土壤结构、质地、腐殖质等因素的影响。通常表土的孔隙度较高，随着深度的增加，孔隙度逐渐降低。

土壤的孔隙度一般可以通过土壤比重和土壤容重计算出来。土壤孔隙度和土壤容重能反映出土壤的疏松性，也是反映土壤结构好坏的一个指标。

2）孔隙的类型。根据孔隙的大小和作用分为以下几种：

①无效孔隙。孔径<0.001 mm，孔隙小，通透性差，根系不易穿透，影响根系生长发育。

②毛管孔隙。孔径为0.001~0.1 mm，有毛管上升作用，能供应植物吸水。

③非毛管孔隙。孔径>0.1 mm，无毛管上升作用，植物吸水困难，但通透性良好，是空气的储藏空间，又称通气孔隙。

3. 土壤的三相比

土壤的三相比是指土壤的固相、液相、气相比例。固相部分包括矿物质和有机质，液相就是土壤溶液，气相就是土壤空气。土壤的三相比对植物生长有很大的影响。

有机质含量不同的土壤有不同的三相比。含有机质丰富的沙壤土，其中固相比较小，而液相和气相较大，水分和空气容易协调，容易满足植物根系对水、肥、气、热的需要。含有机质较少的沙土，其中固相和气相比例较大，而液相比例小，土壤通气过于旺盛，有机质矿质化分解快，养分不易积累，且容易流失，由于水分较少，热容量小，故温差变化大。

黏土的固相比例较大，占50%以上，水分多而通气量少，因而影响植物根系的呼吸。

4. 土壤物理性质的改良

土壤的物理性质，直接关系到植物生长所需的水、肥、气、热的供应与平衡，尤其是土壤的结构，与土壤的孔隙度、容重和松紧度，都有密切的关系，因此，创造团粒结构的土壤具有十分重要的意义。

土壤结构的改良可从以下几方面着手：增加有机质，干湿交替，适时翻耕，调节土粒沙、黏比例。

二、土壤的化学性质

1. 土壤胶体

土壤胶体是土壤固体颗粒中最细小的部分（直径小于0.001 mm），也是物理性质和化学性质最活跃的部分。它是土壤保肥、供肥性能的物质基础。

（1）土壤胶体的种类。土壤胶体按成分和来源可分为无机胶体、有机胶体和有机无机复合胶体三种。

1）无机胶体。无机胶体比有机胶体在数量上可高数倍至数十倍，主要是岩石风化过程中的产物，是一些微细的矿物粒子。

2）有机胶体。主要是腐殖质。它是有机质腐殖化时的产物，对土壤的保肥性、供肥性影响很大。有机胶体易被微生物分解，不如无机胶体稳定。

3）有机无机复合胶体。土壤中的有机胶体和无机胶体很少单独存在，大部分互相紧密结合在一起形成有机无机复合胶体。土壤越肥沃，有机无机复合胶体结合越紧密。

（2）土壤胶体的性质。

1）巨大的表面能。表面能是由于物体表面分子与外界的液体（或气体）介质接触，内外两方面受分子引力的大小不同而引起的。内部分子所受到的引力大小相同，而在它与液体和气体接触的一面，液体或气体分子对它的引力小于胶体内部分子的引力，因而具有多余的自由能，能吸附其他物质。这种能量是由于表面的存在而产生的，故称表面能。一定重量的物体，颗粒越细，总表面积越大，表面能就越大。

2）带电性。土壤胶体在通常条件下一般以带负电荷为主，为阴性胶体。因此，它能吸收保持许多阳离子养分，避免淋失，可供植物吸收利用。

3）分散性和凝聚性。土壤胶体有两种不同的形态，一种是胶粒均匀分散在溶液中，呈高度分散的溶胶状态，另一种是胶粒彼此凝聚在一起，呈絮状的凝胶状态。溶胶和凝胶这两种状态，在一定程度上可以相互转化。由溶胶变成凝胶叫胶体的凝聚作用，由凝胶分散成溶胶叫胶体的分散作用。

由于土壤胶体具有以上这些性能，因而使土壤具有一定的结构状态和吸水吸肥、保水保肥及缓冲性能等性状。土壤胶体是土壤肥力的基础之一，土壤胶体性能越强，土壤保肥能力越高。

（3）土壤的吸收性能。粪肥入土，臭味会减轻或消失，一定量的污水通过土壤可变清，这说明土壤具有吸收物质的能力，这种能力称为土壤的吸收性能。土壤对不同形态的养分和物质，吸收和保持的方式是不同的。按照土壤吸收作用发生的方式，将它们分为以下5种类型：

1）机械吸收性能。土壤对进入土体的固体颗粒的机械阻留作用，称为机械吸收性能。

土壤孔道排列不整齐，有一端封闭或一些弯孔等，所以比其孔径小的颗粒也往往能被阻留。因此，施用有机肥，其中大小不等的颗粒均可被保留在土壤中。

2）物理吸收性能。土壤对分子态物质吸收、保持的能力，叫物理吸收性能，也叫分子吸收性能。其吸收、保肥机制是表面能所引起的。如粪肥入土后由于土粒吸附具有臭气的氨分子，可防止氨气的迅速散失。

3）化学吸收性能。土壤溶液中的某些成分经化学作用后，生成难溶性化合物而沉淀固定，保存于土壤中的现象，这种吸收是以化学反应为基础的，故称之为化学吸收。

4）物理化学吸收性能。这是土壤胶体所特有的吸附作用。扩散层中的离子与土壤溶液中的离子进行交换，并经常保持动态平衡，称为物理化学吸收性能，亦叫离子交换吸收作用。

如施入各种化肥，其中有大量的 K^+、NH_4^+ 等阳离子，均可被吸附保存，而交换出其他物质的量的离子如 Ca^{2+} 等。所以，它对土壤保肥、供肥等都有着极重要的意义，是吸收性能中的一种重要方式。

5）生物吸收作用。指土壤中的微生物、植物根系以及一些小动物的生命活动，把有效性养分积累保存在生物体中的作用。

这种吸收作用是生物有选择性的吸收，具有创造养分和集中积累养分等特点，它对土壤肥力的形成和发展起着主导作用。在实践中，人们常利用生物吸收的这些特点去改造、利用一些不适合植物生长的土壤，如种植先锋树种以活化土壤的性状等。

以上五种吸收性能，各自都有其独特的一面，生物吸收是最主要的一种，它决定着土壤肥力的高低，同时，五种吸收性能在土壤中同时存在，可进行综合作用。

2. 土壤溶液

（1）土壤溶液的定义。土壤水不是纯水，自然降水本身就溶有少量的二氧化碳、氧气、硝酸、亚硝酸以及微量的铵和其他化合物，进入土壤后即和土壤组成物质接触并发生作用，促使土壤中更多的可溶性物质溶解于水中。这种含有各种可溶性物质的土壤水，便是土壤溶液。

土壤溶液在土壤中不断地运动并改变着本身的成分和浓度，是土壤中最活跃的组成部分，直接参与土壤的形成过程。

(2) 土壤溶液的组成。土壤溶液中的成分比较复杂。其溶解物质形态多种多样，有离子态、分子态、胶体物质，有无机盐和有机盐。

土壤溶液中还溶有少量气体，主要是二氧化碳、氧气、氨气以及还原性气体甲烷、氢气、硫化氢等。还原性气体在淹水土壤中的存在会影响植物的生长发育。

(3) 土壤溶液的浓度。土壤溶液是非常稀薄的不饱和溶液，只有在盐土中有时可达到饱和。不同土壤及同一土壤不同部分，溶液的浓度是不同的，其总浓度一般为 200 ~ 1 000 ppm，很少超过 0.1%，以保证植物对水分和养料的正常吸收。但在盐碱土中，或在施肥量过大处，土壤溶液浓度会超过 0.1% 甚至更高，使土壤溶液的水势随之减小，当接近或低于植物根细胞的水势时，植物吸收水分和养料就会发生困难，乃至造成生理干旱而死亡。因此在施用肥料时，必须控制数量，在土壤较干时更应注意，切不可施肥过多，并注意通过灌溉、冲洗等来调节土壤溶液的浓度。

3. 土壤的酸碱度（土壤的 pH 值）

土壤的酸碱度是指土壤的酸性、碱性的程度，它是影响土壤肥力的一个重要因素。不同土壤的酸碱度是很不相同的，它对植物的生长、微生物的活动、土壤中发生的各种反应、养分的有效性及土壤的物理性质等方面都有很大影响。

(1) 土壤酸度和碱度的概念。土壤溶液中存在着少量的 H^+ 和 OH^-，其数量多少决定土壤溶液酸碱程度，如 H^+ 多于 OH^-，土壤呈酸性；OH^- 超过 H^+，则土壤呈碱性；两者相等时，土壤呈中性。土壤酸碱性的强弱，常常用酸碱度来衡量。用土壤溶液氢离子浓度的负对数 pH 值来表示，数值越小，酸性越大，数值越大，碱性越大。

我国土壤 pH 值一般在 4 ~ 9，常见的多在 4.5 ~ 8.5。土壤溶液的酸碱度对土壤的理化性质、植物生长、微生物的活动等有直接影响。

(2) 土壤酸碱的来源。土壤中的氢离子，主要和气候、母质、生物等因素以及人类生产实践有关。如果土壤矿物质中含铁、铝等矿物富集，这些化合物发生水解作用，并产生 H^+；如果是土壤矿物质中含磷酸钠、碳酸钙等盐类较多，这些化合物溶解于水中就产生 OH^-。土壤溶液中 H^+ 与 OH^- 的浓度决定了土壤溶液的酸碱性。

(3) 土壤酸碱性对土壤肥力和植物生长的影响

1) 对土壤养分有效性的影响。土壤中的大量和微量元素的有效性，均受土壤酸碱性变化的影响。氮素在pH值6.5~7.5时有效性最大，钙镁在pH值6~8时有效性最大，微量元素如铁、锰、硼等一般在酸性时有效度高，在石灰性土壤中微量元素易产生沉淀而降低其有效性。

总的来说，在pH值6.5~7.0时，各种养分的有效度都较高，对大多数植物的生长也比较适宜。

2）对土壤结构的影响。在酸性土壤中，H^+浓度大，容易把胶体中的Ca^{2+}交换出来淋失，不利于团粒结构的形成，这是酸性土容易板结的原因。碱性土壤中交换性Na^+多，土粒分散，形不成结构，通透性差，物理性质恶劣。中性土壤中，Ca^{2+}、Mg^{2+}多，土壤结构良好，通气性等都较好。

3）对植物生长的影响。不同种类的植物适应酸碱的范围不同。有些植物喜偏酸性，有些植物喜偏碱性，一般都适于中性。以下是几种树种的最适的pH值范围：

喜酸性（pH值5~6）：松树、杜鹃属、茶花、金橘、凤梨、油桐、杉木。

酸性-中性（pH值5~7）：樟科、木兰科、各种球根类花卉、悬铃木、金钟花、香椿等。

中性-碱性（pH值7~8）：胡枝子属、蔷薇属、紫荆属、白蜡属、女贞、丁香、梓树、桧柏、侧柏、榆树、朴树等。

（4）盐碱土的改良。盐碱土壤的表层含有大量的可溶性盐分，对园林植物的栽培是不利的。盐碱土对植物的危害，主要表现为大量的易溶性盐类会提高土壤溶液的浓度，这会影响植物水分和养分的吸收，造成植物生长不良甚至死亡。

对盐碱土，可采用水利改良、物理改良、生物改良和化学改良等方法进行土壤改良。目前，对园林土壤改良，若面积不大，可采取在种植点换土的方法，把种植点盐碱土挖出，换上植物需要的新土；若面积较大，可采用合理灌溉、开沟排水、冲洗盐分、多施有机肥料、改良土壤结构、深耕等方法，逐渐降低土壤的盐类。

第2节　土壤水、气、热及养分状况

学习目标

➢了解土壤水分的作用

➢掌握土壤水分的类型

➢了解土壤空气的组成

➢掌握土壤空气的特点

➢了解土壤的热性质

➢了解土壤养分的类型

知识要求

土壤水、气、热及养分状况，对土壤的形成、土壤性质及变化过程有决定性的影响。它们相互矛盾、相互影响和相互制约，对植物的生长发育产生直接影响，是土壤肥力因素的重要组成部分。

一、土壤水分

土壤水分是土壤的重要组成部分，是土壤肥力的重要因素，土壤水分在土壤的形成和发展、有机质的分解转化过程中，及植物生命活动的新陈代谢中，都有重要作用。

1. 土壤水分的作用、类型及性质

（1）土壤水分的作用

1）水分是植物的主要组成部分，植物体内含水量占其体重的60% ~90%，而这些水分主要来自土壤。

2）满足生长中的植物对水分的要求。植物的许多生命活动必须有水的参与，如植物的光合作用和呼吸作用，都必须有水的参与才能进行，而这些水分也主要来自土壤。

3）调节植物体和周围环境的温度。植物从土壤中吸收的水分，大部分都随着叶面的蒸腾作用而蒸发掉，这一过程可以调节植物体本身的温度，同时还可以降低周围环境的温度，保护植物在强阳光下不致灼伤。

（2）土壤水分的类型。土壤中的水分不是孤立地存在于土壤之中，它在土粒和空气之间构成一种复杂的相互联系的体系。水分进入土壤之后，受到各种力的作用，产生不同的存在方式和运动方式。因此，土壤水分有下列不同的种类：

1）吸湿水。它是土壤固体颗粒从大气或土壤空气中吸持的气态水。吸湿水所承受的吸持力相当强大，相当于1万~2万个大气压，很难移动，无溶解能力，完全不能被植物吸收，是一种无效的水分类型。土粒越细，其总面积越大，吸湿水也就越多。

2）膜状水。由土壤固体颗粒分子引力吸持在吸湿水外围的连续液态水膜，称为膜状水。由这种力所能吸持的水膜达最大限度时的土壤含水量，称为最大分子持水量。

膜状水所承受的吸持力一般在6.25~31个大气压，具有较大的密度和黏滞性，但能从土壤的水膜较厚处向另一土粒的较薄处移动，所以膜状水对植物是部分有效的水分类型。当植物因不能再吸收水分而发生永久凋萎，此时的土壤含水量，即称为凋萎系数或萎蔫系数。

3）毛管水。由毛管引力保持在毛管孔隙中的水，称为毛管水。土壤孔隙毛管作用的有无及强弱，取决于孔径的大小。一般认为，孔径小于 8 mm 的土壤孔隙才开始发生毛管作用；孔径为 0.001 ~ 0.1 mm 的孔隙，具有最强烈的毛管作用；小于 0.001 mm 的孔隙，因被膜状水所充满，而不具毛管作用。

毛管水是土壤所能保持的最理想的水分类型，它可以完全被植物吸收，成为最有效的水分。同时，毛管水也是植物养料的溶剂和携带者。毛管水又分为毛管悬着水和毛管上升水，前者为向下运行而不与地下水连接的毛管水，后者为自地下向上运行的毛管水。当毛管悬着水达到最大含量时的土壤含水量，称为田间持水量。土壤田间持水量的大小，是土壤孔隙状况的反映，和土壤质地密切相关，所以不同质地的土壤具有不同的田间持水量（见表 2—2）。

表 2—2　　不同质地土壤的田间持水量

土壤质地	沙土	沙壤土	轻壤土	中土壤	重壤土	黏土
田间持水量	10% ~14%	16% ~20%	20% ~24%	22% ~26%	24% ~28%	28% ~32%

4）重力水。暂时存在于空气孔隙，不被土壤所吸持，在重力作用下可向下渗漏的水称为重力水。

重力水是植物能够吸收利用的水，但其长时间的存留又不利于植物生长，所以也是多余的水分。

5）地下水。重力水不断向下运动，当到达不透水层，水分就停留在该层，成为地下水。地下水位过低，植物不能直接利用，而地下水位过高，就会使土壤表层出现沼泽化现象，植物容易受害。

（3）土壤水分的性质

1）土壤的保水性。土壤能保持水分的能力称为保水性。水分进入土壤后，能否在土壤中保持，则决定于土壤有无保水性。土壤有无保水性和保水性的大小，主要决定于下列 3 个因素：

①土壤质地。黏土较沙土保水力强。因为黏土表面积和表面能大，吸湿水和膜状水多，毛管孔隙多，毛管水也多。

②土壤结构。结构性好的土壤具有适宜的毛管孔隙，因此其保水性也强。

③腐殖质含量。腐殖质本身是胶体，表面积及表面可以吸附大量水分，因此腐殖质含量多，土壤保水力强。

2）土壤水分的移动。

①毛管水的上升。凡是毛管多而连续的土壤，毛管水上升能力强，上升快；反之，毛管被切断，毛管水上升能力弱，水分上升就差。植物播种后压土就是这个道理。压土使毛管增加连续性，毛管水上升快，有利于种子萌芽。雨后土壤板结，需要松土，切断表土毛细管，以减低蒸发而有利于土壤水分的保持。

②土壤的透水性。水分通过土层表面沿着土壤孔隙以重力水的方式渗透到土壤内部的性质，称为土壤的透水性或渗水性。

凡是沙质土、团粒结构好的或疏松的土壤，透水性就好；反之，黏质土、无团粒结构的或紧密的土壤透水性就差。

土壤的透水性对土壤肥力和植物生长有很大的关系。透水性差的土壤，水分不易排走，土壤便因缺乏空气而形成嫌气条件，给植物生长和有机质的分解造成影响。

3）土壤水分的蒸发、气态水的运动。土壤水分由液态转变成气态扩散到土壤外表的作用称为蒸发。黏粒多、结构差的紧密土壤，其蒸发作用较强。另外，在大风、高温、空气干燥的情况下，蒸发作用也强。

2. 土壤水分的调节

土壤水分是可以采用人为措施加以控制的。调节和改善土壤水分状况的途径有以下 4 个方面：

（1）中耕松土。在降水或灌溉之后进行中耕，可以切断毛管，减少蒸发，起到保水作用，所以有“锄头底下三分水”的说法。

（2）在地面加覆盖物或种植地被植物。

（3）清除杂草。杂草的生命力很强，消耗水分很多，应清除。

（4）深翻土地。深翻能使土壤的疏松层加厚，雨水容易进入和储存，但应注意季节，如夏季气温高，土壤水分蒸发快，不宜深翻。

另外，要注意按不同要求采取不同的浇水方法（如滴灌、喷灌、沙床吸水等）。

二、土壤空气

土壤在水分不饱和的情况下，由大气透进空气，并有一部分土壤化学过程所产生的气体与之混合形成土壤空气。土壤空气直接影响植物的根系发育、养分的转化，是土壤肥力的重要因素之一。

1. 土壤空气的组成、含量与特点

（1）土壤空气的组成和含量。土壤空气的大部分主要来源于大气，所以，土壤空气与大气的组成和含量既近似又有差异。一般越接近地面，土壤空气成分与大气越相似，随土层加深差异越大。

（2）土壤空气的特点

1）土壤空气中的氧气少于大气，而二氧化碳含量则大于大气。

2）土壤空气一般总是水汽饱和，而大气中水汽变化较大。

3）土壤空气组成是不均一的。土层越深氧气越少，二氧化碳越多。黏质土上下土层相差最大。

4）土壤空气的组成有明显的季节性变化。一般温暖湿润的季节氧气少，二氧化碳多，干旱寒冷季节氧气多，二氧化碳减少。

2. 土壤空气对植物生长和土壤肥力的影响

（1）对种子萌发和根系生长的影响。植物种子萌发和根系生长，都需要一定的土温、水分和氧气，进行呼吸作用，缺氧会影响种子萌发和根系生长。不同植物对缺氧的忍耐力不同，对氧的适应范围有很大差异。如柳树、水杉在积水的情况下仍能生长良好，而香樟若淹水1～2天不排水，叶子就会发黄。

（2）对土壤养分的影响。当土壤氧气充足时，好气性有益微生物活动旺盛，分解土壤有机质迅速，能释放较多的速效养分供植物利用。在缺氧情况下，微生物对有机质的分解缓慢。

三、土壤热量

土壤热量的具体表现形式和强度指标是土壤温度。它影响着土壤水分、空气的运动和变化，影响着土壤的各种化学和生物化学变化，影响着土壤中的植物和微生物的活动，是肥力因素之一。

1. 土壤温度的来源、性质和变化规律

（1）土壤热的来源和性质

1）土壤热的来源。土壤热的来源有太阳辐射能、地球的内热及生物热，主要是太阳辐射能。

2）土壤的热性质。土壤接受的热量是否能传至下层提高土温且土温升高多少，与土壤的热性质有关，尤其与土壤的热容量有关。

①土壤的热容量。一般用容积热容量来表示，指1 cm^3土壤，土温每增减1℃时，所吸收或放出的热量。土壤热容量的大小，主要决定于土壤中固体、液体和气体的三相比例。土壤水分多空气少时，热容量大，土温不易提高，也不易降低。因此，通过土壤水分管理，实行土温调节，常能得到明显的效果，如低洼地通过松土可以提高土温，相反，夏季灌水可以降低土温，冬季灌水可以保温防冻。

②土壤的导热性。土壤吸收一定热量后，土温升高，上下土层之间就产生了温差，热量就从温度高的地方流向温度低的地方，土壤这种有传导热量的性质称为土壤的导热性。干燥疏松含水量少的土壤，传导慢；紧实土壤含水多、空气少时，传导快。

沙土空气多，含水量少，单位容积的矿物质多，因此，沙土热容量小，导热性强，易增温，土温变化大。

黏土空气少，含水量大，因此，其热容量大，导热性弱，散热性大，土壤不易增温，俗称“冷土”。春播时土温升高慢。

（2）土壤温度变化的一般规律。土壤温度的变化有季节性变化、昼夜变化。

土壤温度季节性变化特点：表土和下层土壤温度都有周期性的变化。2～8 月为升温阶段，9 月至第二年 1 月为降温阶段。

昼夜变化特点：从日出开始土温逐渐升高，至下午 14 时左右达到最高峰，以后土温逐渐下降，最低温度出现在日出前。

对植物而言，春天要提高土温，以便提早播种有利于幼苗的生长和延长生长期，夏季要求土温适当，避免过高或过低，秋季则要求保持土温。

2．土壤温度对植物生长和土壤微生物的影响

（1）对种子萌发和根系生长的影响。植物种子萌发和根系生长都需要一定的土温，土温过高过低都会影响生长。不同植物栽培时要求适时播种，就是与土壤温度有关，过早则土壤温度太低，种子不能发芽，过晚则延误了播种期。一般说来，根系发育所需的温度比茎、叶生长所需的温度低，因此，当茎叶开始生长时，根系早已开始活动，为茎叶生长做好了准备。

（2）对土壤微生物活动的影响。土壤温度对土壤微生物活动影响很大，大多数以 20～30℃最合适。当土壤温度较高时，微生物活动旺盛，分解土壤有机质迅速，在温度较低时，微生物活动较弱，则有机质在土壤中积累，土壤中腐殖质的含量较高。

四、土壤养分状况

土壤是植物生长的介质，植物吸收的营养物质绝大部分来自土壤。因此，为满足植物生长对养分的需求，必须了解土壤养分的基本状况。

土壤中含有植物生长所需的各种养分，大体上可分为以下 5 种类型：

1．水溶性养分

水溶性养分是土壤溶液中的养分。这种养分对植物是高度有效的，很容易被植物吸收利用。

2. 代换性养分

代换性养分是土壤胶体上吸附的养分，主要是阳离子中 K^+、Mg^{2+}、NH^+ 等养分。代换性养分可以看做水溶性养分的直接补充来源。实际上，土壤中的代换性养分和水溶性养分之间是不断互相转化的。习惯上把代换性养分和水溶性养分合起来称为速效性养分。

3. 缓效性养分

缓效性养分是指某些土壤矿物中较易分解释放出来的养分。例如缓效性钾就包括水云母中的钾和一部分原生矿物黑云母中的钾，以及黏土矿物所固定的钾离子。

4. 难溶性养分

难溶性养分主要是土壤原生矿物（如白云母、磷灰石和正长石）中所含的养分，一般很难溶解，不易被植物吸收利用。但难溶性养分在养分总量中所占的比重很大，是植物养分的重要储存和基本来源。

5. 土壤有机质和微生物体中的养分

土壤有机质中的养分大部分需经微生物分解之后才能被植物吸收利用。土壤微生物在其生命活动过程中吸收一些土壤中的有效养分，这些养分暂时不能被植物所吸收利用，但随着微生物的死亡分解，养分很快被释放出来。

应当指出，上述几种类型的土壤养分之间并没有截然的界限，而是处于一种动态平衡之中，也就是说，这几种类型的养分是可以相互转化的。因此，使土壤中的养分发生转化，来满足植物的营养要求，就需要采取有效措施，使土壤中的难溶性矿物质和有机质逐渐转化为缓效性养分，进而转化为速效性养分，使之源源不断地满足植物对营养的需要。

第3节　园　林　土　壤

学习目标

➢了解园林土壤的特点

➢了解培养土的配制材料与方法

➢掌握培养土配制的原则

知识要求

园林土壤主要指城镇生长园林植物的绿化地块的土壤，如公园、街道绿地、住宅区绿地、单位附属绿地、行道树等。园林土壤历经了自然土壤—农田土壤或森林土壤—堆垫或回填—人踩车压—特殊种植管理及其他，与森林土壤、农田土壤有明显的差别。

一、园林土壤的形成与特点

园林土壤的形成与所在地原土地状况有关，很大程度上保留了原农田土的特征，但是随着城市建设的发展，土壤挖垫情况突出，底层僵硬生土，大量碎砖石头、建筑垃圾等物的混合，造成了其理化性状差异非常大。

园林土壤的特点主要为：

1. 有较大面积的堆垫回填现象

无论是公园、广场还是街道，此现象很普遍。影响深度几十厘米到十几米，堆垫物复杂，改变了原有的自然层次。

2. 有较大面积的地表压实

城市绿地、公园绿地及裸露地表压实是很严重的。一般地表形成一个压实层，影响水气通透，不利微生物及根系活动。

3. 市政地下管道多

园林绿地土壤内铺设各种市政设施，如通信、天然气、排水等地下构筑，这些构筑物隔断了土壤毛细管通道的整体联系，占据了树木的根系营养面积，影响树木根系的伸展，对树木生长有一定的影响。

4. 土壤养分大面积贫瘠且极不均衡

植物的枯枝落叶大部分被清除，很少回到土壤中。由于得不到外界补充，土壤中有机质含量较少，大多不足1%，而一些花园、苗圃，土壤养分又极丰富，非常不均衡。

5. 土壤有时会受到一定的污染

因城市人群密度高、活动频繁，土层扰动较多，土壤有时夹杂有大量建筑垃圾，因而有时会受到一定的污染。

园林土壤若不符合种植要求，可采取换土，施入有机质，归还植物残落物的方法改良或修复土壤。

二、培养土配制原则和方法

树木移植和园林花卉、盆景的主要栽培土壤采用培养土。由于受容器的限制，花卉盆景对水、肥、气、热的供应条件要求较高，因此对土壤的要求不同于一般的栽培土壤。培养土要求适宜的土壤结构、充足的水分，供应丰富的养料以及良好的通气性。所谓培养土，就是把几种材料混合后，按人工需要进行配制，这种混合以后的土壤叫培养土，或叫混合土。

1. 培养土的配制原则

（1）营养成分应该丰富。培养土主要用于花卉，盆栽内养分供应有限，一般采用迟效肥料，逐步释放，逐步供应吸收。同时应考虑肥料的成分与比例，特别应考虑对开花有利的磷肥。

（2）物理性质必须良好。培养土的物理性质必须是良好的。培养土的物理性质比营养成分更为重要。因为土壤的营养状况，通过施肥等措施还是能够调节的。但是土壤的物理性状，一旦土壤介质选定混合后，植物已经种上，要改变土壤物理特性，调节土壤通气和水分状况就很难进行了。因此，应根据植物对土壤的生态要求，保持适宜的通透性和持水性能，降低容重，保持良好的结构状态，提高总孔隙度。可采用持水强的材料作介质，有利于吸水和通气，土壤质地以壤土和沙土、粉沙壤土最好，近年来广泛采用有机介质，如苔藓泥炭、花生壳等和无机介质来提高土壤的通气性和持水量。

（3）良好的化学性质和适宜的 pH 值。应根据不同的植物，配制不同的培养土以适宜不同的植物和品种的需要。如八仙花，蓝色花系的品种以酸性培养土为好，桃红花系的品种以中性至微碱性培养土为好。对一些盆景来讲，培养土为碱性时，土壤中微量元素容易成为不溶性物质，造成某些微量元素的缺乏，因此盆景土壤多采用中性、微酸性，另外，由于盆栽土壤经常要浇水，易造成养分流失，故宜选用土壤胶体代换量高的土壤或介质，以保持养分的充足。

培养土配制的目的是要降低土壤容重，增加总孔隙度，增加腐殖质，调节 pH 值。现在，还可以利用营养液或介质培养苗木、花草，此种栽培技术称为无土栽培。

2. 常用的培养土材料

（1）园土。选用田间土壤做培养土材料，应注意选用土壤肥力较高的沙壤土或壤土，同时注意要无杂草种子，无病源菌微生物。

（2）珍珠岩。这是一种乳白色、孔隙多的天然材料。它是火山岩加热到 1 000℃以上时所形成的膨胀岩石，容重小，通气良好，无营养成分。

（3）沙和砾石。容重较大，持水量小，能改善土壤通气性，提高排水能力。

（4）蛭石。它是硅酸盐材料经加热形成的一种云母状物质。它的孔隙度大，吸水体积为蛭石体积的 2 ~ 4 倍，保水力强。使用新的蛭石时，不必消毒。

（5）泥炭。又称草炭、泥煤。由沼泽植物残体在空气不足和大量水分存在的条件下，经过不完全分解而成。我国泥炭资源极为丰富，风干后成褐色或黑褐色。其容重小，富弹性，孔隙多，有机质多，吸水性强，持水量高达 60% 以上，富含氮、磷、钾，微酸性到中性反应，是理想的培养基材料。

(6) 枯枝落叶（腐叶土）。植物枝叶经堆积腐烂而成，重量轻，疏松，通气好，含一定有机质，呈酸性反应。

(7) 稻壳。稻壳作盆栽介质有良好的排水通气性，对pH值、可溶性盐或有效营养无影响，并能抗分解，有较高的利用价值。使用前最好加入少量氮肥进行堆制。

(8) 陶粒。它是一种在高温下烧成的团粒状颗粒，具有粉红色的表面，从切面看内部为蜂窝状的孔隙构造。用于盆栽混合介质，能明显改善通气性。

(9) 酸渣。经高温处理，无病害、有毒物质，颗粒均匀，重量轻，疏松，通气好，呈酸性，是改良土壤物理性质和调节酸碱度的良好材料。

(10) 木炭。由木材炭化而成，清洁卫生，无病虫害，不易分解和散碎，同时它具有对不良气体的吸收作用，常混合在其他介质中，用于吸收介质中的有害气体。

(11) 砻糠灰。容重小，并含有钙、镁、钾等灰分元素和微量元素，能够一定程度上改善盆土疏松性能，缺点是碱性偏高，同时颗粒太细小，对盆土的通气性能改进不大。

(12) 煤渣。容重较轻，偏碱性，对喜酸性植物不宜使用。煤渣使用前要进行碾碎、过筛，使颗粒大小控制在3～5 mm。

(13) 岩棉。由石灰石、焦炭和其他材料，在高温下熔化、配制成纤维，固定，加吸水剂后制成。目前，许多花卉应用岩棉生长良好。如郁金香、风信子和藏红花在岩棉中能促成开花，香石竹在岩棉中种植不但产量高、质量好，还能提早收获。月季、菊花切花和大丁草在岩棉中种植都取得了良好的效果。

(14) 松针土。收集凋落的松针和枯枝落叶在地表的风化物，掺入沙壤土而制成的混合物。

3. 培养土的配制

由于园林植物种类繁多，因此必须根据植物种类和一定的发育阶段，参考原产地的生态条件进行合理配制。总的要求是降低土壤的容重，增加总孔隙度，增加水分、空气的含量，以满足植物对土壤肥力的要求。

例如，杜鹃、附生兰花，要求土壤的通气孔隙度大于20%，金鱼草、秋海棠、栀子、地生兰等，要求土壤的通气孔隙度在10%～20%，山茶、菊花、唐菖蒲、百合、一品红等，要求土壤的通气孔隙度在5%～10%，而康乃馨、常春藤、月季、紫罗兰等，所要求的通气孔隙度较小。

任何材料的配方，用量一般等于总量的30%，一般混合后的培养土，容重应当低于1.0，通气孔隙应当不小于10%为好。

下面介绍几种培养土的配方。一般采用材料的体积比来进行配制。

(1) 用于播种。泥炭和土（各1份）或壤土（2份）+泥炭（1份）+沙（1份）+

肥料（1.2 kg/m^3）或腐熟堆肥（1份）+沙壤土（3~4份）+珍珠岩（2~3份）+过磷酸钙（1.5 kg/m^3）。

（2）用于观花。腐熟堆肥+泥炭土+沙土（各1份）或松针土+泥炭+沙土（各1份）。

（3）盆栽用土。壤土（7份）+泥炭（3份）+沙土（2份）+过磷酸钙（1.2 kg/m^3）+硫酸钾（0.6 kg/m^3）+碲角粉（1.2 kg/m^3）。

随着科学的发展，近期已开始应用无土营养液培养花木和其他观赏植物，利用一定的介质或营养液代替培养土的支撑作用和营养作用。

温室土壤由于受保护设施影响，土壤含盐量往往过高，需要注意调节。

第4节　肥料概述

学习目标

➢了解植物生长所需要的营养元素

➢了解各种营养元素的主要生理作用

➢了解施肥的目的

➢了解施肥的技术要求

➢了解施肥的几种方式

知识要求

凡是施入土壤中或用于处理植物的地上部分，能够改善植物营养状况或环境条件的物质都称为肥料。

一、植物生长需要的营养元素及主要生理作用

1. 植物生长需要的营养条件

高等植物所必需的营养元素一共有16种。它们是碳、氢、氧、氮、磷、钾、钙、镁、硫、铁、硼、锰、铜、锌、钼和氯。

植物对它们的需要量是不相同的，根据要求量的多少可分大量元素和微量元素2组。

（1）大量元素。含量占植物干物质的百分之几十到千分之几。包括碳、氢、氧、磷、

钾、钙、镁、硫9种元素，植物对它们的需要量较大，在植物体内含量较高。

（2）微量元素。含量千分之几以下到十万分之几，甚至更低的元素。包括铁、硼、锰、铜、锌、钼和氯，植物对微量元素需要量少，体内含量也低，但都是不可缺少的。

各种必需营养元素对植物来说是同等重要的，尽管植物对必需营养元素的需要量有多有少。

碳、氢、氧，这三种元素在植物体中含量最多，通常占植物体总重量的90%以上。

一般一株植物体水分占75%，干物质占25%；在干物质中，碳占44%，氢占8%，氧占40%，合在一起总共占90%以上。其他13种营养元素占干物质的5%左右。

在13种营养元素中，树木吸收量较大而土壤中常感供应不足的元素是氮、磷、钾，用这三种元素的化合物作为肥料，通常能获得较好的效果，因此，氮、磷、钾又称为肥料三要素。

2. 主要生理作用

（1）氮。它是合成氨基酸和蛋白质所必需的元素。而氨基酸是构成植物细胞核的主要成分，它最主要的作用是促进植物营养器官的生长。如果氮素缺乏，则叶少而小，叶色黄绿，茎秆矮小纤弱，新梢发育不良，花、果、结实都少而小。

但氮素过多，也会产生不良后果，如使植物枝条产生徒长，组织幼嫩，延迟休眠，在秋末冬初易遭受冻害。对果树来说，氮素过多会造成落花、落果、产量降低，而且果实往往不耐储藏。

（2）磷。它是植物体内核蛋白、卵磷脂的重要组成部分，果实及种子中含量最多。由于磷能促进各种代谢作用，促进生长发育，因而磷肥充足时能促进植物早熟，特别是对开花结果更有重要的意义。

此外，磷肥能促进根系的发展，提高定植苗的成活率，加强抗寒、抗旱能力。如果磷素不足，则植物生长缓慢，延迟成熟，在形态上往往表现为发叶迟、落叶早，叶上常有红紫斑，新梢生长不良，根多不发达，开花迟而花朵柔弱，易落花、落果，果实成熟晚、形体小、味沉（含糖量少），抗寒、抗旱性降低，生理活动减弱等。植物需要磷素最多的时期是幼苗生长和开花结实期。

（3）钾。不直接组成到有机体化合物中，而是以离子状态存在，它的重要作用是促进植物的新陈代谢，使物质在植物体内运转。钾较多地存在于植物的茎叶里，尤其积集在幼芽、嫩芽、根尖等处，能促进植物体内导管、厚角组织、韧皮加厚变粗，促进基干木质化，还可促使水的进入和减少蒸发，所以钾可以使植物基干粗壮，增强抗寒、抗倒伏、抗旱、抗病虫害能力。

钾常分布在代谢旺盛的组织中，如幼根、幼芽和嫩叶中，在植物体内呈离子态或吸附态存在。其流动性大，往往随着植物生长向生命活动最旺盛的部位移动，所以钾、氮都是能再度利用的营养元素。

在钾素缺乏时，植物生长减弱，新梢细弱，叶面顶端和边缘常变为褐色而枯死，生长停止较早，易遭受真菌危害。

（4）铁。铁是植物体内氧化还原过程的触媒剂，与叶绿素的形成有极为密切的关系。如果缺乏铁，叶绿素便难以形成，叶呈黄白色，严重时会导致新梢死亡。缺铁现象在含钙较多的碱土中容易出现，在树木中，如香樟、广玉兰、栀子花等，对于缺乏铁反应最为敏感，此外，一些喜微酸性土壤的植物，如茶花、白兰花、杜鹃等的叶也会出现黄化的现象。一般常用“矾肥水”处理，效果较好。方法是：用水 50 kg（以雨水为好），厩肥干 0.25 ~0.35 kg（以猪粪最好），油籽饼 1.5 ~2 kg（以芝麻饼最好）与硫酸亚铁（即黑矾）0.5 kg 混合浸在缸中，放在阳光下暴晒，使它充分发酵成黑色液后，就可用来浇灌（浇时每次用缸中水约 1/2，加满第二天又可用），常用矾肥水浇灌喜酸性土的树木花卉，能促进叶色浓绿而有光泽。

二、合理施肥的技术要求

1. 施肥的目的

园林植物往往以人工栽培为主，而观赏花木大多是盆栽。因此，它们的生育环境受到较大的限制和影响，单靠土壤中的养分是不能满足花木的需要的，需要人为地通过施肥来补充养分。

施肥的主要目的是以营养元素来保证树木对矿质营养方面的要求，满足树木生长的要求。

施肥不仅可以直接供给树木营养，而且有机肥料和绿肥还能增加土壤的有机质。同时，施肥结合适当的其他措施，还可以改善土壤的结构性和孔隙状况，为树木的生长创造良好的土壤条件。此外，施肥还能改善土壤微生物的生活条件，增强它们对树木营养的吸收作用。磷肥和一些微量元素肥料对促进根瘤和菌根的发育有更为良好的效果。

2. 施肥的技术要求

根据不同植物的吸收特点，对植物进行有的放矢的合理施肥，收到预期的效果。对园林植物进行施肥，首先要了解树木花卉吸收养分的特点，确定施肥的原则，然后根据实际情况采用合适的施肥方法。

（1）营养吸收特点。园林植物主要以观赏树木和花卉为主，因此，对于植物的施肥，首先必须了解各种树木花卉吸收养分的特点，同时还应与土壤环境、栽培条件等相联系，

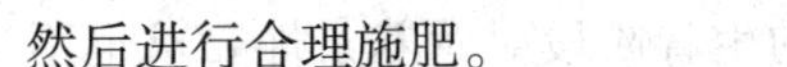

然后进行合理施肥。

1）同一植物在不同的生长发育阶段对各种营养成分要求的量和种类是不同的。在生长期，对氮肥的需要量较大，而在开花座果期，对磷、钾的需要量较大。另外，如果单纯地使用某一种肥料，植物也不一定能很好地吸收，而当与其他肥料混合使用时，它却能较顺利地吸收利用。

2）不同种类的花卉、树木对养分的需要也各不相同。不同种类的植物对于肥料种类的要求也不相同。如桂花、茶花、杜鹃花、米兰、茉莉、栀子花忌碱性肥料，球根类花卉，如百合、水仙、仙客来、唐菖蒲、大丽花等，对钾肥的需要量大于氮肥。以观果为主的花卉，则应在开花期适当控制肥水，而在壮果期施以较多的完全肥料。

因此，掌握植物吸收的特点，做到合理施肥，就是要最大限度地减少肥料的用量，减少对环境的污染，避免养分损失，从而提高肥料的有效性，达到提高土壤肥力及促进植物生长的最大效果。

（2）施肥原则

1）基肥为主，追肥为辅，基肥追肥兼施。多数园林植物要求在相当长的时期内，连续不断地供应丰富的养料和维持土壤的良好结构，基肥大多数采用迟效的有机肥料，因而具备以上两个作用。但是各种树木花卉在不同的发育阶段，对养分的需要量及种类是各不相同的，因而追肥也很重要。

2）"看天、看地、看植物"施肥。主要是说对施肥的时期、施肥量的多少及施用肥料的种类，要根据具体情况灵活掌握。

①看天。天气的变化会影响植物吸收养分的能力，也会影响到土壤的情况，如早春气温低、雨量少，少数微生物作用较弱，肥料分解缓慢，而幼苗又正需要养料，这时就应施充分腐熟的肥料或提早施下基肥，让它有充分腐熟的时间。

②看地。不同类型的土壤，它的肥瘠程度、结构、性质、肥效都不相同，因此施肥时要注意依据土壤的质地、肥沃程度、干湿状况、酸碱度、耕作方式以及前茬植物等不同情形施用。对土层深厚、保肥力强的肥沃土壤，施肥量和施肥次数就可适当减少。

③看植物。包括植物种类、品种、年龄、生长发育情况等。不同的园林树木和花卉，对营养元素有不同的要求，如一些豆科植物根部常有根瘤能固定氮素，所以氮肥的施用就可少些，而对磷、钾肥料需要较多。

（3）施肥的方法。施肥的效果与施肥的方法有密切关系，施肥方法应与植物根系分布特点相适应。特别是树木，要把肥料施在距根系集中分层稍深、稍远的地方，以利根系向纵横扩展形成强大的根系，扩大吸收面积，增强地上部分和根系的抗逆性。施肥的深度范围与树木花卉品种、生长势、土壤、肥料性质等也有密切关系。

许多植物的生长发育要经过相当长的时期，而不同的生育阶段对营养条件要求也不同，所以不是一次施肥能完成的，对大多数植物，施肥可分基肥、种肥和追肥等方式。

1）基肥。又称底肥，在植物播种育苗或移栽、种植前施用，一般结合土壤耕翻、整地、挖穴时用。基肥所用的肥料，有堆肥、基肥、厩肥、绿肥、塘泥和饼肥等，以含有机质多的迟效肥为主。配合用少量较速效性化学肥料，尤其是无机磷肥。施用基肥的方法有撒肥、穴施、条施、环施、辐射状施肥等。

2）种肥。种肥是在播种或幼苗扦插时施用的肥料，目的是供给幼苗初期生长发育对养分的需要。常常是采用微量元素或胡敏酸肥料的稀溶液，或在播种沟内、穴内施用熏土、泥肥、草木灰和有机颗粒磷肥等。此外，有些容易灼伤种子或幼苗的肥料，如尿素、碳酸氢铵、氯化铵等，都不宜作种肥。

3）追肥。追肥是在苗木或在树木生长发育期间施用的肥料，其目的是及时补给代谢旺盛时植物对肥分的大量需要。追肥以速效肥料为主，以便及时供应，同时避免肥分的大量固定或淋失。施用的方法有以下 4 种：

①撒肥。把肥料均匀撒在地面上，有时浅耙 1 ~2 次，以使它和表层土壤混合。

②条施。在行间或行列附近开沟，把肥料施入，然后盖土。

③浇灌。把肥料溶解在水中，全面浇在地面上，或在行间开沟注入后盖土，有时也可使肥料溶于灌溉水中渗入土内。

④叶面喷洒。根外追肥、尿素、硫酸铵、过磷酸钙、硫酸亚铁以及其他微量元素肥料，都可以采用这种方法。但是，由于叶面喷洒后肥料溶液或悬液容易干燥，浓度稍高就可能立即灼伤叶子，而且叶面也不能吸收同时带来的迟效性肥料，在施用技术方面也比较复杂，效果又不太稳定，所以目前根外追肥一般只是作为辅助的补肥措施，不能完全代替土壤施肥的作用。

第 5 节　无 机 肥 料

- 了解无机肥料的特点
- 了解无机肥料的种类
- 了解无机肥料的性质

➢了解无机肥料的施肥方法

➢了解肥料互相混合的原则

➢了解肥料保存的方法

知识要求

由无机物质组成的肥料称为无机肥料。一般人们将无机肥料直接称为化肥（化学肥料的简称），它是以矿物、空气、水等为原料，以化学及机械加工制成的肥料。这一类肥料大都是工业产品，除酰胺态化合物外，大部分均属于无机化合物，成分比较单纯，多为单一肥料，也有部分为复合肥料，但肥料要素含量一般都较高。

一、化学肥料特点

1. 养分含量高且肥效快

例如，0.5 kg 硫酸铵所含氮素相当人粪尿 15 ~ 20 kg；0.5 kg 过磷酸钙所含磷素相当于厩肥 30 ~ 40 kg 的含磷量，0.5 kg 硫酸钾所含的钾肥相当于草木灰 5 kg 左右。大部分化学肥料能很快溶解在水里，呈植物能直接吸收利用的状态。例如硫酸铵、过磷酸钙、尿素等速效性肥料，肥效快，可作追肥施用。

2. 养分比较单一

大多数化肥含 1 ~ 2 种肥料要素，不含有机质，因此又称不完全肥料。随着时代的发展，化肥趋向于多种营养元素。

3. 体积较小且便于运输

化肥养分含量较高，相对体积较小，便于运输和使用，但大多数化肥易潮解结块，养分易损失，因此储藏和运输应尽量避免受潮和养分流失。

4. 长期使用容易引起土壤板结

化肥长期大量使用，容易使土壤板结，使土壤物理、化学性质变差，因此应配合施用有机肥，以利肥力恢复。

二、化学肥料的种类、性质和施用

1. 化学肥料的种类

按其所含主要成分，可分为以下 5 种：

（1）氮肥。以含氮为主的无机肥料，如硫酸铵、碳酸氢铵、氯化铵、尿素、硝酸铵等。

（2）磷肥。以含磷为主的无机肥料，如过磷酸钙、钙镁磷肥、磷矿粉等。

（3）钾肥。以含钾为主的无机肥料，如硫酸钾、氯化钾等。

（4）复合肥料。两种以上营养元素化合制成的无机肥，如磷酸铵、硝酸钾等。

（5）微量元素肥料。以植物必需的微量元素（铁、硼、锰、锌、铜、钼等）为主体的肥料，如硫酸亚铁、硼酸、硫酸锌、钼酸铵等。

2. 化学肥料的性质和使用方法

（1）氮肥。含氮的化学肥料包括铵（或氨）态、硝态和酰铵态3大类型，主要品种见表2—3。

表2—3　　主要的氮素化肥

类型	肥料名称	含氮量	主要性状
铵（或氨）态	硫酸铵	20%～21%	白色结晶，易溶于水，生理酸性
	氯化铵	24%～25%	白色结晶，易溶于水，生理酸性
	碳酸氢铵	16%～18%	白色结晶，易溶于水，碱性反应，略带刺激性臭味，易潮解，易挥发
	氨水	12%～17%	含氨的水溶液，有刺激性臭味和腐蚀性，碱性反应，能灼伤植物
硝态（有的同时含有氨态）	硝酸钠	15%～16%	白色晶体，吸湿性强，易溶于水，生理碱性
	硝酸铵	33%～35%	白色晶体，吸湿性强，易溶于水，易潮解，有助燃性和爆炸性，有时加防湿剂如矿质油、石蜡、磷灰土等制成颗粒状
酰胺态	尿素	42%～45%	白色晶体，吸湿性强，水溶性。有的加防湿剂制成颗粒状

1）铵态（或氨）态氮肥。氮素以铵的状态存在，常用的铵态氮肥有碳铵、氨水、硫酸铵和氯化铵，最常用的为硫酸铵，俗称肥田粉。

硫酸铵，易溶于水，含氮20%～21%，树木根系可立即吸收利用，所以是速效氮肥。它施入土中以后，大部分铵离子就吸附在土壤胶体上，可免于淋失；也有一部分因硝化作用转化，存在于土壤溶液中，可被树木吸收或随渗水一起淋失。由于使用后使土壤趋向酸性，所以为生理酸性肥料。硫酸铵可作基肥，也可作追肥，但在湿润地方最好作追肥。长期施用硫酸铵会引起土壤板结，所以最好要同有机肥料配合使用。

氯化铵的性状与硫酸铵相似，含氮24%～25%，但它的氮损失比硫酸铵低。氯化铵对种子发芽和幼苗生长有不利影响，不宜作种肥。盐土施氯化铵，会加重盐害，故不宜施用。

碳酸氢铵简称碳铵，含氮16%～18%，易溶于水，是一种碱性肥料，也是速效氮肥，当温度升高或湿度增加时，会释放出氨气，使氮素损失。放出的氨气也会伤及茎叶和种子，所以碳铵一般不宜作种肥，以免影响种子发芽。作基肥和追肥时都要深施盖土。

液氨和氨水都是极易挥发的液体氮肥，液氨含氮 82%，氨水含氮 12% ~17%，性质近似于碳酸氢铵，可稀释或拌和在干土中施用。由于目前运输、储藏和使用时都要求高质量的设备，所以生产上应用还不广泛。

2）硝态氮肥。硝态氮肥是含硝酸根形态的氮肥，硝态氮肥都易溶于水，易吸湿，易助燃，并有爆炸性。常用的硝态氮肥有硝酸铵、硝酸钠、硝酸钙、硝酸铵钙和硫硝酸铵。具有以下共同点：

①易溶于水，能被植物直接吸收，肥效快，可作追肥使用。

②易随水流失，不宜作基肥使用。

③硝态氮肥在缺氧条件下会产生反硝化作用，成为亚硝酸，含亚硝酸的水食用后会造成食物中毒，当转化为氧化亚氮或游离氮时会逸出土壤外，造成肥分损失。

④具较强的吸湿性、助燃性和爆炸性，在储运过程中应注意安全。

硝酸铵简称硝铵，含氮 33% ~35%，是同时含有硝态氮和铵态氮的水溶性速效肥料，都能被植物吸收，无副成分，含氮量也较高，最大的缺点是极易吸湿结块，有助燃性和爆炸性，在高温下易分解。应注意防潮、防水，切忌与易燃物存放在一起，吸湿结块后忌用铁锤锤碎，只能用木棒打碎。硝铵宜作追肥，一般不作基肥，过量施用时会影响种子发芽，一般也不作种肥。

硝酸钠，含氮 15% ~16%，肥效较高，但较易淋失，使用后使土壤趋向碱性，所以为生理碱性肥料。一般仅用做追肥。

3）酰胺态氮肥。酰胺态氮肥是以酰胺（$-C—NH_2$）形态氮存在的氮肥，须在土壤中转化成铵后才能被植物吸收。这类肥料主要是尿素，还有石灰氮，这里只介绍尿素。

尿素是一种化学合成的有机酰胺态氮肥，含氮 42% ~45%。尿素含氮量高，是硫酸铵的一倍多，碳胺的近两倍，而且具有良好的物理性质，溶液呈中性，不带电荷，施用时可比硫酸铵少一半左右。尿素是人们最爱用的化学氮肥。

尿素适用于各种植物和土壤，可作基肥和追肥，特别适合作根外追肥，根外追肥的适应浓度为 0.5%。不管作基肥和追肥都应深施盖土，因为土壤吸收保存尿素的能力很弱，所以施后遇大雨或大水漫灌，容易流失。因尿素对种子有毒害作用，故不宜作种肥。

（2）磷肥。磷肥主要是由磷矿石加工而成。按溶解情况可分为水溶性磷肥、弱酸溶性磷肥和难溶性磷肥，主要品种见表 2—4。

表 2—4　　　　主要磷肥

类别	肥料名称	有效磷	主要性状
以水溶性为主	过磷酸钙	16% ~18%	白色到灰色粉末，大部分溶于水，酸性反应
	重过磷酸钙	40% ~50%	白色结晶粉末，易溶于水
以弱酸溶性为主	钙镁磷肥	8% ~20%	灰褐色至绿色粉末，不溶于水，溶于弱酸
	钢渣磷肥	8% ~14%	灰褐至黑色的炼钢炉渣，常磨成粉末，不溶于水，溶于弱酸
以难溶性为主	磷矿粉	3% ~5%	白色至灰褐粉末，不溶于水，小部分溶于弱酸

因磷肥的种类较多，现主要介绍过磷酸钙。

过磷酸钙简称普钙，是我国目前生产量最大的磷肥品种，为水溶性磷肥，酸性肥料，灰白色粉末，属速效磷肥，可作基肥、种肥和根外追肥。有吸湿性和腐蚀性，易吸湿结块，不宜久储，否则易形成难溶性磷酸盐，可与有机堆肥混合，促进溶解。

磷在土壤中的移动性较差，施用过磷酸钙必须靠近根系，才能发挥良好效果。也可以把过磷酸钙与腐熟的堆肥或厩肥混合施用，这样可提高肥效的 30% ~40%。

（3）钾肥。钾肥主要是各种钾盐矿及其加工制品，以及从盐湖咸水中提炼或含钾铝硅酸盐煅烧提取的钾盐。它们大都是水溶性的，施入土内后可直接为树木吸收利用。主要钾肥有氯化钾、硫酸钾和硝酸钾等，见表 2—5。

表 2—5　　　　主要钾肥

肥料名称	K_2O	N	P_2O_5	主要性状
氯化钾	50% ~60%	—	—	白色结晶，易溶于水
硫酸钾	48% ~52%	—	—	白色结晶，易溶于水
硝酸钾	44%	13%	—	白色结晶，易溶于水，有爆炸性
偏磷酸钾	40%	—	60%	白色结晶或颗粒状，不溶于水，溶于中性柠檬酸铵溶液

硫酸钾（K_2SO_4）：硫酸钾为白色或淡黄色结晶，含钾为 48% ~52%，易溶于水，吸湿性小，属于生理酸性的速效钾肥。硫酸钾溶于水后呈离子态，易被植物和土壤吸收。可作各种植物栽培的基肥和追肥，作基肥时应与有机肥混合使用，并酌加磷肥以提高土壤肥力和酸度，一般施在生长初期，有利于生长点生长，促进苗木健壮，每亩施肥15 ~20 kg，根外追肥浓度为 0.5% ~1%。硫酸钾尤其适用于忌氯植物。

氯化钾：氯化钾为白色结晶，含钾（K_2O）量为 50% ~60%，易溶于水，属生理酸性肥料，不宜用于忌氯植物，上海地区土壤中钾元素较丰富，一般情况下可不施钾肥。

施用方法上与硫酸钾相同，不宜作种肥，可作基肥追肥。

（4）复合肥料。含有氮磷钾三要素中两种以上的化学肥料称复合肥，也可称多元素肥料。

复合肥料有二元或三元的，如磷酸铵、硝酸钾、磷酸二氢钾等，磷酸二氢钾由于市场价格较贵，目前只作浸种和根外追肥用，浓度不宜过高，以0.1%～0.2%为宜，浸种时间18～20 h即可，三元的有氮磷钾复合型或混合型。

（5）微量元素肥料。微量元素如铁、锰、锌、硼等，这些元素只占植物干重的万分之几，但是植物不可缺少的。微量元素肥料主要是指含铁、锰、锌、铜、钼、硼等元素的无机化合物。

缺硼会造成花蕾脱落；缺钼则导致植株矮小，叶缺，叶色绿变黄；缺锌会引起缺绿症和早期落叶，并易感病害。

硫酸亚铁是一种较好的铁给源，可溶于水，易氧化，对于防治因缺铁引起的树木失绿症有一定效果。用它的0.2%～0.5%水溶液，略加少量黏着剂（如中性洗衣粉等）调和后，喷洒于黄化的叶子上，效果较好。土壤中施用硫酸亚铁的效果不稳定，若与有机肥料或绿肥拌和使用，或加入螯合剂，效果较显著。

其他微量元素，一般是用它们的水溶性化合物，如硼酸、硫酸锰、硫酸铜、硫酸锌、钼酸铵等，配成0.1%左右的水溶液（钼酸铵是0.003%左右），进行根外追肥。锰、铜、锌盐溶液最好同时加入0.15%～0.30%的石灰，以避免灼伤树叶，也可用0.01%～0.1%的水溶液浸种。

微量元素也可掺和在常用肥料中，此外，有些常用肥料本身就含有微量元素，例如碱性炉渣中含有铁、锰等元素，氯化钾、硝石和过磷酸钙都含有硼。

（6）间接肥料。改变土壤的物理性状和化学性质，并直接供给钙镁和硫养分，从而改善植物的营养状况，以利于植物的正常生长而使用的肥料，称为间接肥料。

常用的有石灰和石膏，石灰中和酸性能力强，多适用于强酸性土。

三、肥料互相混合的原则与保存

1. 肥料互相混合的原则

植物都需要多种养分，为满足植物营养的需要，往往需要同时施用几种化学肥料，或化学肥料和有机肥料混合起来施用，但是并非所有的肥料都能混合，凡是符合下述三点原则均可互相混合：混合时不致发生养分损失，混合后改善了肥料不良的物理性状，混合后有利肥效提高。

（1）宜于混合的。两种以上的肥料经混合后，不但养料没有损失，而且还能减少单独施用时对植物生长和土壤产生的副作用。例如腐熟的人粪尿、厩肥、堆肥可以加入适当的过磷酸钙，利用有机肥中有机酸结合，减少了土壤对磷的固定，提高了植物对磷的吸收、利用率，从而提高了肥效。

（2）可以暂时混合。有机肥料混合应立即施用，否则会引起肥效的损失和结块，如硫酸铵与人粪尿、堆肥、厩肥混合后不宜久存，有些有机肥料混合后养分虽没有减少，但时间长了会增加吸湿性，潮解后结块。

（3）不宜混合。混合后能引起养分的损失，如过磷酸钙与碱性的石灰、草木灰混合，常会引起有效磷酸变为难溶的钙盐，降低磷酸的有效性。

现将各种肥料能否混合列表2—6。

表2—6　　　　肥料混合表

+表示可以混合施用　△表示混合后不可久放　×表示不可混合施用

	硫酸铵	硝酸铵	氨水	碳酸氢铵	尿素	石灰氮	氯化铵	过磷酸钙	钙镁磷肥	磷矿粉	钾盐	磷酸铵	粪尿	堆（厩）肥
硫酸铵														
硝酸铵	△													
氨水	×	×												
碳酸氢铵	×	△												
尿素	+	△	×	×										
石灰氮	×	×	×	×	×									
氯化铵	+	△	×	×	+	×								
过磷硫钙	+	△	×	×	+	×	+							
钙镁磷肥	△	△	×	×	+	×	×	×						
磷矿粉	+	△	×	×	+	×	△	+	+					
钾盐	+	△	×	×	+	+	+	+	+	+				
磷酸铵	+	△	×	×	+	×	+	+	×	×	+			
草木灰	×	×	×	×	×	×	×	×	+	+	+	×		
粪尿	+	+	×	×	+	×	+	+	×	+	+	+	+	
堆（厩）肥	+	×	+	+	+	+	+	+	+	+	+	+	+	+

2. 肥料的保存

肥料的保存问题主要指化学肥料的保存，由于对化肥的性质了解不够，往往在储存过程中造成损失，降低肥效，不能充分发挥化肥的肥效。

化肥有吸湿性、挥发性、腐蚀性、爆炸性、毒性等特点，所以，在储存过程中和运输过程中应特别注意以下5点：

（1）密封运输，以减少挥发损失。运输时采用密封措施，降低挥发所造成的损失。

（2）干燥阴凉储存。如碳酸氢铵易吸湿潮解挥发，并随温度和含水量增加而加快分解速度，损失加剧。过磷酸钙吸湿结块而硬化，有效磷降低。

（3）按肥料品种分堆储存。各种肥料应分堆储存，以免互相间引起化学变化而促成养分损失或失去肥效，应在肥料袋、桶、缸上贴标签，注明品名，以免混杂。

（4）防火防爆炸。肥料储存场所须设置防火设备，室内严禁吸烟和积放易燃物品，如汽油、煤油、干草、纸张、棉花、毛竹、木材等。如硝酸铵肥料有助燃性和爆炸性，在搬运时不能与金属铁器等撞击和摩擦，也不能往高处远扔、翻滚，重锤，如结块，不能用金属猛力敲击，应用非金属物品轻轻敲碎或用于水溶化后施用。

（5）防腐蚀和中毒。有些肥料中含有腐蚀物质或有毒物质，储存时应特别注意，如氨水、石灰氮碱性很强，过磷酸钙含有游离酸，腐蚀作用很强，人的皮肤和衣服接触后易腐蚀损坏，储存器皿不能用金属制品；氨水还有强烈的刺激气味，会导致氨中毒；石灰氮含有氰氨化物，会毒害人体。这一类化肥储存、运输、施用时应戴口罩、手套，绝对不要与食品、种子放在一起。

第6节　有 机 肥 料

学习目标

➢了解有机肥料的特点

➢了解有机肥料的种类和性质

➢了解有机肥料的制作方法

➢掌握堆肥腐熟的目的和实质

知识要求

凡是施入土壤中或植物体上，能够供给植物养分或能改善土壤性质的物质，都称为肥料。肥料的种类很多，分类方法也多种多样，一般按肥料的性质将其分为无机肥料、有机肥料和微生物肥料等。

一、有机肥料的特点

有机肥料又被称为农家肥，主要来自农村、城市中可用做肥料的人粪尿、家畜粪尿、动植物残体、污泥、杂草等有机物。有机肥料成分复杂，含有机质及各种营养元素，是一种完全肥料，具有以下特点：

1. 种类多、来源广

有机肥料的种类很多，包括人畜粪尿、秸秆、绿肥、厩肥、堆肥、沤肥、饼肥、沼气池肥及腐殖酸类肥料等。种类非常多，来源也很广泛。

2. 养分完全、含量低

成分复杂，含有机质及各种营养元素，是一种完全肥料，但各种成分的含量较低。

3. 肥效迟缓，有改良土壤的作用

有机肥料中的营养元素呈有机态，必须经过分解转化后才能被利用，因而肥效迟缓。有机质在促进土壤团粒结构的形成，改善土壤的物理性状，协调土壤水、气比例，提高土壤的肥力水平等方面，有着非常大的作用。

二、有机肥料的种类和作用

1. 有机肥料的种类

有机肥料的来源和性质广泛而复杂，一般可分为以下几类：

（1）粪尿肥。粪尿肥是人粪尿、家畜尿及禽类尿等的总称，粪尿肥是重要肥源之一，其含氮量较高，而磷、钾含量较少，所以一般把它看做氮肥。常见的人粪尿成分见表2—7。

表2—7　　人粪尿的肥分（鲜物%）

类别	水分	有机物	N	P_2O_5	K_2O
人粪	70%以上	20%左右	1.0%	0.50%	0.37%
人尿	90%以上	3%左右	0.5%	0.13%	0.19%
人粪尿	80%左右	5%~10%	0.5%~0.8%	0.2%~0.4%	0.2%~0.3%

新鲜人粪是缓效性肥料，其中氮素需经短时期分解才能被植物吸收。腐熟后的人粪，部分转化为速效肥料，而人尿在原来新鲜时大部分就以尿素存在，所以是相当于尿素的速效肥料。

人粪尿经腐熟后才能使用，以改进其有效性和消灭传染病原。通常是在坑、窖中加水1~2倍，沤1~2周，至其变为暗绿色和混浊时使用。储存时要注意防止氨挥发。使用前要加水2～3倍稀释，开沟施入后立即盖土。人粪尿可作基肥或追肥施用，苗圃地将其用做追肥，效果也较好。此外，在堆肥时加入人粪尿，可促进腐熟和增加肥分。

（2）堆沤肥。堆肥是精制有机肥料的重要方法之一，即用蒿秆、落叶、草皮、杂草、刈割绿肥、垃圾、污水、肥土、人畜粪尿等材料，混合堆积，经过一系列转化过程，形成黑褐色的有机肥料。堆肥一般多作基肥用。

沤肥是将绿肥、杂草、垃圾、粪尿等掺入较多的水在厌氧条件下发酵制成。

堆肥和沤肥的共同特点是以植物枯秆为主，掺入少量人粪尿制成，它们主要区别在于堆肥是在堆积中以好气分解为主。沤肥是嫌气发酵为主，最终都要达到腐熟才能使用。

（3）绿肥。凡绿色植物的青嫩部分，经过刈割搬运，或者是直接耕翻埋入土中作为肥料的，均称为绿肥。常用的绿肥有黄豆、红花草、苜蓿、胡枝子、柴槐、羽扇豆、蚕豆等。

（4）饼肥。饼肥是油料种子榨油后剩余的残渣，一般含有机物为75%～85%，氮1%～7%，因为含氮量较高，通常也视为氮肥，但其中也含有一定数量的磷和钾，它们也有良好的肥效。

饼肥肥效的快慢，除与腐熟程度有关外，还受油渣饼本身含有氮量、粉碎程度的影响。含氮量高的饼肥分解速度较快，同样饼肥，粉碎程度高的，分解和发挥也较快。一般高氮饼肥大多不含毒质，分解容易，可直接用做基肥或追肥。施肥时只要不贴近种子，肥效显著而且没有很大副作用，如大豆饼、菜子饼等。低氮肥饼则较难分解，中间产物较多，而且有些饼肥含有皂素或其他有毒物质，故必须发酵后再施用，如棉子饼、菜子饼、桐子饼、乌桕子饼等。

（5）骨粉。骨粉是用动物骨骼制作成的肥料，其中以磷酸钙为主，通常把骨粉视为磷肥。

骨粉在酸性土壤上效果较好，在石灰土壤上见效慢，与有机物共同堆腐后施用可提高肥效。

（6）草木灰。草木灰是植物燃烧后的残灰，因植物种类、燃烧方法和时间不同而异，含有的成分也有差异。营养元素以钾、钙为主，磷次之，兼有其他营养元素如钙、镁等。

草木灰储存时应专门放置在灰仓内，以防被风吹散和可溶性钾盐被雨水淋失。草木灰含石灰和碳酸钾，呈碱性，不宜与人粪尿混合储存。在酸性、中性土壤中施用效果好。草木灰宜作基肥、追肥，可采用撒施、条施、穴施等方法。

（7）泥炭。泥炭也称草炭，它是植物的残体在水分过多、空气不足的条件下分解不充分，经过多年累积而自然形成的，是一层半分解的有机物。我国的泥炭一般含有机质40%～70%，除个别例外，一般多呈酸性或微酸性反应。

（8）泥土肥。种类多，包括河泥、塘泥、沟泥等泥肥以及墙土、坑土等土杂肥，施肥前应先暴晒风干，以促还原性物质的氧化和分解，以免它们对植物产生毒害。

沟、塘泥都是肥沃的淤泥，以质细色黑者为好，沟、塘泥一般都是迟效性肥料，宜配合牲畜粪尿、绿肥等作基肥。

2. 有机肥料的作用

（1）有机肥料是植物矿质营养的直接来源。有机肥料含有植物生长发育所必需的各种营养元素，经微生物分解后就可不断地释放出各种养分供植物吸收利用。

（2）有机肥料是改良土壤的重要物质。土壤中有机胶体很多，可避免或减轻化肥施用过多时，局部浓度过高对植物的影响，有机肥料分解后新合成的腐殖质是改良土壤的重要物质。

（3）有机肥料有提高难溶性磷酸盐有效性的作用。在分解过程中，会产生有机酸和碳酸，促使难溶性磷酸盐转化，提高磷的有效性。

三、有机肥料的制作方法

没腐熟的有机肥中，所含的养分形态多数是迟效的，植物不能直接吸收和利用。如把没有腐熟的有机肥料施到土壤中，会在土中发酵放热而灼伤植物。因而，有机肥料需完全腐熟后才能使用。现介绍堆肥的制作方法：

1. 堆肥的组成

堆肥的组成分为以下3类：

（1）不易分解的物质。包括杂草、庄稼秆、落叶和垃圾。在自然条件下，它们不易分解和腐烂。

（2）促进分解的物质。如各种粪便、污水、豆渣等，它们可促进微生物的活动，使有机质腐烂、分解和转化为植物生长所需的各种养分。

（3）吸收性物质。如细土、河泥等。它们吸收已经转化的各种养分，同时为微生物的活动提供生存场所。

2. 比例

一般为庄稼秆、杂草100份，马粪液1份，人粪尿10～20份。

3. 堆肥的制作过程

（1）将收集的垃圾过筛，弃去石块、铁器，把庄稼秆切成2～3 cm的碎块。

（2）将过筛后的垃圾在土地上铺15～20 cm的一层，四周围紧筑埂，修成粪坑。

（3）在粪坑内堆放各种垃圾和庄稼秆，适当压实后，倒入粪便或污水。

（4）压实粪坑四周，用土封顶，堆积发酵。不易腐烂的物质可适当浇几次水。

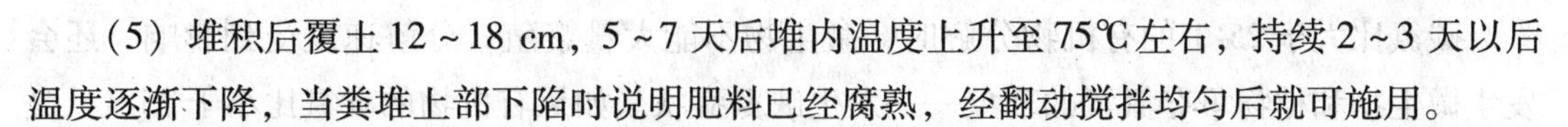

（5）堆积后覆土 12 ~ 18 cm，5 ~ 7 天后堆内温度上升至 75℃左右，持续 2 ~ 3 天以后温度逐渐下降，当粪堆上部下陷时说明肥料已经腐熟，经翻动搅拌均匀后就可施用。

4. 腐熟鉴定

（1）纤维全部粉碎，失水。

（2）颜色变浅，带土腥味。

（3）土和材料为一体，没明显区别。

5. 堆肥腐熟的技术条件

（1）腐熟的目的和实质。有机肥料腐熟的目的是为了释放养分，避免肥料在土壤中腐熟时对植物造成不良影响，如争夺水分、养分或局部高温、氨浓度过高造成烧苗等。

肥料的腐熟，实质上是微生物活动的过程。微生物的活动状况直接影响着肥料腐熟的过程，而微生物的活动是否旺盛又取决于微生物所处的肥料发酵环境条件。

（2）促进和控制腐熟的方法。要控制微生物的活动必须从外界条件入手，包括水分、空气、温度、碳氮比（C/N）、酸碱度（pH）值等五个方面。为满足这些条件，常采取各种措施，如泼水（调节水分），肥堆的捣翻（调节温度和空气），增加氮素（调节碳氮比），加石灰（调节 pH 值）等。

1）水分。微生物活动需要较多的水分，缺水时有机质就不能被分解，此外，水分还能调节堆肥的空气和温度。

调节堆肥水分的方法有：堆制前材料先浸泡，干、湿材料搭配。堆制过程中发现缺水时可泼浇清水或粪稀等，含水量一般控制在 60% ~70%（以手捏可滴出水为准）。

2）空气。堆肥中的通气状况会直接影响微生物活动。当通气条件良好时，好气微生物活动占优势，堆肥材料分解快，易腐熟；通气条件差时，嫌气微生物占优势，有机质分解慢，有效养分释放少，腐熟时所需的时间长。

调节堆肥内空气的方法有：在肥堆中做几个“通风塔”，肥堆底下挖通气沟或采取疏松堆积方法等。堆肥过程中采取翻捣的措施也可以调节通气状况，例如将玉米秸、高粱秸等捆成捆在堆制时放在堆肥中，能起到通气作用，在过粗的材料中加入适量的泥土也是调节空气的措施之一。

3）温度。应根据季节和堆内温度变化进行调节，如果需要增加温度，可在堆肥材料中增加马粪等热性肥料或者在温度上升后采用封土等措施减少热量的损失，如果需要降低温度，可采取翻堆或加水的办法来调节。

4）碳氮比。碳水化合物和氮素是微生物的营养源和能源，适合的碳氮比是加速堆肥腐熟、促进腐殖质合成的重要条件之一，一般调节到 25∶1 比较适宜，是土壤中多种微生物利用碳氮数量的适宜比值。

碳氮比大于25∶1的有机物分解时，微生物不能大量繁殖，分解速度受到影响，还会发生微生物和植物争夺氮素的现象——发生缺氮症状。如果有机物的碳氮比小于25∶1，微生物繁殖快，分解速度也快，也有利于腐殖质的形成，一般堆肥材料碳氮比都比较高，可加入稀粪或氮肥等补充氮素。不同有机材料的碳氮比见表2—8。

表2—8　　不同有机材料的碳氮比

材料种类	碳氮比（C/N）
野草	25～45∶1
植物枯秆	65～85∶1
大豆枯秆	37∶1
干稻草	67∶1
苜蓿和三叶草	20∶1
紫云英	10～17.3∶1
锯木屑	250∶1

5）酸碱度（pH值）。堆肥中大多数微生物适宜在中性至微碱性的环境中生长，最适宜的pH值是7.5，而有机质分解过程中会产生各种有机酸，使环境变酸，因此堆肥中需要加一些碱性物质，如石灰或草木灰等。

堆肥腐熟的标志是体积变小，秸秆变褐色或黑褐色，干时很脆，易碎。

堆肥的性质与施用和厩肥类似，是利用城市、农村的废料、垃圾、杂草等堆积制作的肥料。堆肥中所含养分比较全面，肥效持久，宜作基肥，适用于各种植物。

思考题

1. 土壤结构主要有哪些类型？哪种土壤结构是植物生长的理想结构？
2. 什么是土壤的三相比？
3. 松树、杜鹃、茶花是否都属于喜酸植物？
4. 植物生长所必需的营养元素有哪些？
5. 有机肥料的特点是什么？

第3章

园林病虫害

第1节　害虫基础知识　/74

第2节　食叶性害虫　/79

第3节　刺吸性害虫　/93

第4节　蛀干性害虫　/104

第5节　地下害虫　/108

第6节　病害基础知识　/109

第7节　绿化植物常见侵染性病害　/112

第8节　绿化植物常见非侵染性病害　/116

第9节　检疫性、危险性病虫害的识别　/118

第10节　病虫害防治技术　/121

第 1 节　害虫基础知识

学习单元 1　基本概念

学习目标

➢了解绿化植物害虫发育基本概念

➢了解昆虫世代、生活史的基本概念

➢了解昆虫常见习性

知识要求

绿化植物害虫绝大多数属昆虫。昆虫种类繁多、分布广泛，多数昆虫身体明显分为头、胸和腹 3 个体段，头部着生触角、眼、口器等器官，称为昆虫的取食和感觉中心；胸部着生有足和翅，称为昆虫的运动中心；腹部着生有产卵器等器官，称为昆虫的消化和生殖中心。

一、昆虫的发育

昆虫的发育为变态发育，其一生中的形态和身体构造要经过几次不同变化，这些变化称为变态。常见的有两种变态类型：完全变态和不完全变态。完全变态发育的昆虫一生需要经过卵、幼虫、蛹、成虫 4 个阶段，如鳞翅目的刺蛾、夜蛾、螟蛾等；不完全变态发育的昆虫一生经过卵、若虫、成虫 3 个阶段，如蚧虫、蚜虫等。

二、昆虫的世代和生活史

昆虫的发育大多从卵开始，昆虫的成虫完成由卵到成虫性成熟并开始繁殖时为止的个体发育周期，称为昆虫的世代。前一世代与后一世代个体重叠发生的现象，称世代重叠。

成虫从它的前一个虫态脱皮而出的过程，称为羽化。

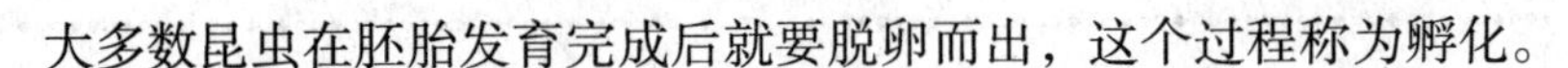

大多数昆虫在胚胎发育完成后就要脱卵而出，这个过程称为孵化。

昆虫自卵中孵出后，随着虫体的生长，经过一定的时间就要更新形成新表皮，而将旧表皮脱去，这种现象称为脱皮，脱下的旧表皮称为蜕。在相邻的两次脱皮之间所经历的时间，称为龄期。

昆虫在一年的发生过程中，在隆冬或盛夏季节，往往有一段或长或短的生长发育停滞时期，即通常所谓的越冬或越夏。

昆虫的生活史又称年生活史，是指昆虫由当年的越冬虫态开始活动起，到第二年越冬结束止的个体发育过程。对昆虫生活史的描述一般包括寄主、发生代数、发生期、危害期、危害虫态及各虫态的历期、越冬虫态、越冬场所等。明确害虫的生活史，对于制定综合防治措施具有重要作用。

不同种类的昆虫世代历期差别较大，有些昆虫数天即可完成1代，如蚜虫等，有些昆虫完成1代却需要数年的时间。1年发生1代的昆虫，其年生活史的含义与世代是相同的。1年多个世代的昆虫，其年生活史就包括几个世代。

三、昆虫的习性

1. 休眠

昆虫在发育过程中，常因低温、干燥及食物不足，有临时停止发育的现象，这种现象叫做休眠。昆虫在休眠时，不食不动，以休眠度过不良环境，如越冬或越夏。昆虫的卵、幼虫、蛹、成虫4个时期，都可以发生休眠现象。休眠时昆虫对外界不良条件抵抗力较强，但又是其生活中的薄弱环节，所以只要掌握害虫休眠场所，就可以人工集中歼灭。

2. 滞育

滞育是昆虫在系统发育过程中，本身生活方式与其外界生存因素间不断矛盾统一的结果，是一种遗传性表现。它可分为兼性滞育和专性滞育两种类型，光周期、温湿度条件、食物条件等对滞育的发生均能产生影响。

3. 拟态和保护色

昆虫的拟态及保护色是对环境适应的方式之一。拟态是指一种动物与其他动物或植物很相像，从而利用这种相似性保护自己；保护色是指某些昆虫具有与周围环境中的背景相似的颜色。昆虫的这些习性有利于保护自己躲避敌害。

4. 假死性

有些昆虫的成虫如金龟子、叶甲等，幼虫如尺蛾等，受到突然振动时会立即掉在地面上，即所谓“假死”，这种现象是昆虫对外来刺激的防御性反应，实践中可以利用害虫的假死性进行人工防治。

学习单元 2 害虫类别

学习目标

➢了解绿化植物上发生的害虫类别

➢掌握食叶性害虫的定义、特点、主要特征及常见症状

➢掌握刺吸性害虫的定义、特点、主要特征及常见症状

➢掌握蛀干性害虫的定义、特点、主要特征及常见症状

➢掌握地下害虫的定义、特点、主要特征及常见症状

知识要求

根据害虫取食特点和在寄主植物上的发生部位，常见绿化植物害虫分为食叶性害虫、刺吸性害虫、蛀干性害虫和地下害虫。

一、食叶性害虫

这是一类取食植物叶片、花、嫩芽和小枝条的害虫。有些可以取食整个叶片，有的取食叶脉之间的叶肉组织或将树叶吃个洞。一定程度的取食可促使植物萌发新叶，但严重取食会影响树木生长，有的害虫虫体还可危害人体健康。

1. 特点

食叶性害虫的成虫或幼虫一般具有咀嚼式口器，以固体状态的物质作为食物，在植物上危害时会直接将植物叶片吃掉；有些种类有周期性、暴发危害等特点，防治不当会导致害虫抗药性的产生。

2. 主要特征

（1）卵。卵多产于寄主叶片或树干表面，一般成块产卵，部分种类害虫的卵块表面用其他叶片或毛状物等进行覆盖。

（2）幼虫。大多为多足型，体表光滑或生有刚毛、毛簇或毛瘤，有些种类生有毒毛或毒刺；部分种类的低龄幼虫有群集危害的现象，虫龄稍大后才进行分散。

（3） 蛹。多为被蛹，有些种类化蛹前结茧或作蛹室，一般在隐蔽场所化蛹。

（4）成虫。常见的食叶性害虫多属鳞翅目、鞘翅目、膜翅目等类别，多为鳞翅、鞘翅或膜翅，飞行能力较强。

3. 危害症状

不同种类、不同虫龄、不同虫态的食叶性害虫危害后可形成不同的危害症状，熟悉这些危害症状可帮助判断发生程度和进行种类鉴别，常见的食叶性害虫危害症状一般包括以下7类：

（1）缺刻。害虫取食叶片造成部分叶片缺失的现象。

（2）透明斑。部分种类的初孵幼虫取食叶片表面的叶肉后仅剩叶表皮，形成透明的斑点，如刺蛾、叶甲等。

（3）虫巢。螟蛾类、巢蛾类等害虫危害时吐丝缀叶将植物叶片粘连在一起而形成的虫巢，虫体通常躲在巢内活动，如樟巢螟、合欢巢蛾等。

（4）网幕。害虫幼虫危害期会吐丝结网将枝条、叶片包裹在当中，虫体在内部取食危害，如美国白蛾等。

（5）空秃。害虫将寄主叶片全部食光后形成的症状。

（6）蛀道。潜蝇类、跳甲类或细蛾类害虫的初孵幼虫在叶片内部蛀食叶肉造成的症状，如樟细蛾等。

（7）叶瘿。部分害虫危害新叶后造成畸形而形成的虫瘿。

二、刺吸性害虫

刺吸性害虫是一类通过刺吸式口器刺吸树叶、花、果实等部位的汁液的害虫。这些危害可引起植物叶片褪色、扭曲、枯萎等现象。刺吸性害虫个体通常较小。常见的刺吸性害虫有蚜虫、蚧虫、木虱、粉虱、蓟马和螨类等。

1. 特点

刺吸性害虫成若虫具有刺吸式口器，可刺入植物组织内部吸食汁液，造成植物营养流失。这类害虫通常个体小，一片叶子上可群集数十头至数百头虫体危害，危害初期不易发现，其生殖方式多样，自然界中天敌种类丰富，天敌数量通常也比较多。

2. 主要特征

（1）卵。个体小，产于植物组织内部或表面。

（2）成虫。有翅或无翅，能飞或跳跃。

（3）若虫。翅芽有或无，能飞或跳跃。

（4）伪蛹。粉虱的4龄若虫称为伪蛹，一般呈椭圆形或亚椭圆形，边缘常有蜡丝，固着在寄主表面。

3. 危害症状

（1）畸形。刺吸性害虫危害后造成叶片卷曲、皱缩或形成虫瘿等症状。

（2）褪绿斑。寄主被刺吸性害虫危害后，叶片表面形成黄色或白色的褪绿斑点，一般危害初期呈点状分布，危害严重时连成片状，甚至造成整叶变色。

（3）污渍状排泄物。害虫危害过程中的排泄物粘在叶片上形成的褐色或黑色污渍。

（4）油状排泄物。害虫危害过程中排泄物飘落到叶片表面后形成的油状物质。

（5）煤污。虫体排泄物引起病菌滋生而导致叶片表面发黑的现象。

（6）分泌物。害虫危害过程中分泌的丝状、絮状或泡沫状物质。

三、蛀干性害虫

蛀干性害虫是一类通过树皮下虫道进入木质部危害的带咀嚼式口器的害虫。这些害虫影响树枝或主干。通过观察寄主受害部位的特征可以帮助判断害虫从哪儿进入及蛀道的路径，而且在洞口附近可能有虫的粪屑。蛀干性害虫咬食树皮内部、韧皮部和木质部，破坏植物从根部到顶部水分和营养的传输，小树和软质木材易受害。上海常见的蛀干性害虫有天牛类、象甲类、木蠹蛾类等。

1. 特点

在树干或植物枝条内部蛀食危害，造成植物组织破坏或枝条折断。该类害虫隐蔽危害，除成虫期外其他时期均在寄主内完成，防治难度较大，易造成植物死亡。

2. 主要特征

（1）卵。长椭圆形或扁椭圆形，不同种类的卵大小不等，颜色多样，如天牛的卵一般长 2 ~ 7 mm，白色、乳白色或淡黄色。

（2）幼虫。长条形，多为乳白色，不同种类幼虫个体大小差别较大，有些老熟幼虫体长最长的可达 110 mm 以上。

（3）蛹。多为裸蛹，乳白色、淡黄色或黄褐色。

（4）成虫。多为鞘翅或鳞翅，鞘翅目的成虫为咀嚼式口器，触角 11 节或 12 节。

3. 危害症状

天牛成虫产卵前常需啃食枝条或叶片来补充营养，产卵前还会在树皮表面咬一产卵疤，将卵产在皮下。

四、地下害虫

地下害虫是一类以取食植物根部为主的害虫。该类害虫取食植物的根或在植物根际周围活动，使得根部缺失或与根际土壤脱离不能正常吸收土壤中的养分，造成植物枯萎甚至死亡。常见的地下害虫有蛴螬（金龟子幼虫的通称）、蝼蛄、小地老虎等。

1. 特点

幼虫在地下咬食根部，是草坪、苗木、地被上的重要害虫，造成地上部分衰弱或枯死。防治应以预防为主，可通过成虫期防治来减少落卵量。

2. 主要特征

（1）蛴螬。体多呈乳白色，常弯曲呈“C”形，体软多皱，土栖性。

（2）蝼蛄。前足为开掘足，灰褐色，全身密被细毛。

3. 危害症状

蛴螬在地下咬食植物根部，造成草坪、地被等地上部分枯死；蝼蛄在根际周围土壤中活动导致吸收根和土壤分离，常造成地上部分萎蔫。

第 2 节　食叶性害虫

学习目标

➢掌握绿化植物常见食叶性害虫的寄主、识别特征及生活习惯

➢掌握绿化植物常见食叶性害虫的防治方法

知识要求

食叶性害虫是绿化植物上最常见的一类害虫，由于其危害特征明显而易受关注，危害后常造成叶片缺失、形成虫巢等典型症状。绿化常见食叶性害虫多属于鳞翅目中的部分类别，如刺蛾、螟蛾、毒蛾、尺蛾、舟蛾等，还包括了部分膜翅目、鞘翅目中的类别。食叶性害虫常见的天敌昆虫包括茧蜂、小蜂、寄蝇等。

一、刺蛾类害虫的识别和防治

刺蛾类害虫是鳞翅目、刺蛾科害虫的通称，俗称洋辣子、刺毛虫。大多危害阔叶树、多食性，是绿化植物上的常见害虫。幼虫体上有枝刺、丛刺和毒毛，触及皮肤后引起疼痛、红肿，影响人类健康和活动。上海市常见的种类包括黄刺蛾、丽绿刺蛾、褐边绿刺蛾、桑褐刺蛾、扁刺蛾等。

1. 丽绿刺蛾【*Latoia lepida* Cramer】（见彩图 3—1）

【别名和寄主】又名青刺蛾、绿刺蛾。主要危害的植物有悬铃木、海棠、石榴、梅树、樱花、桂花、枫香、枫杨、刺槐等。

【形态】成虫体长 14 ~ 18 mm，体褐色，胸背毛绿色，前翅翠绿色，前缘基部有一深褐色尖刀形斑纹，外缘带灰红色；卵椭圆形，扁平，米色；老熟幼虫体长 15 ~ 30 mm，体翠绿色，背中央有 3 条蓝紫色和暗绿色的线带，腹节背面的一对枝刺上刺毛中明显夹有 4 ~ 7 根橘红顶端钝圆的刺毛，腹部末端有四丛蓝黑色绒球毛丛，体侧有蓝灰色等色线组成的波状条纹；茧扁椭圆形，浅褐色。

【生活习性】上海市 1 年发生 2 代，老熟幼虫在树干上结茧。翌年 5 月上旬至 6 月上旬化蛹，羽化产卵，幼虫群聚啃食叶片，虫龄稍大后分散危害，严重时可将全叶食尽，影响树木长势，成虫夜间活动，有趋光性，第 1 代幼虫一般在 6 月中旬到 7 月上旬危害，第 2 代幼虫一般在 7 月下旬到 8 月上旬危害。

2. 褐边绿刺蛾【*Latoia consocia* Walker】（见彩图 3—2）

【别名和寄主】又名四点刺蛾。主要危害悬铃木、柳树、杨树、乌桕、喜树、珊瑚、海棠、梨树、白蜡、苹果、桃树、紫荆、榆树、樱花、红叶李等植物。

【形态】雌成虫翅展 33 mm 左右，头部、胸背部及前翅绿色，前翅基部有明显褐色斑纹，斑纹有两处凸出伸向翅的绿色部分，前翅前缘边褐色，外缘处一条宽黄色带；卵扁平椭圆形，黄绿色；老熟幼虫体长 26 mm 左右，翠绿或黄绿色，前胸背有两个小黑点，背线蓝色，后胸及腹背各节两侧各具大小均等的枝刺，腹部后部有 4 组黑色球形的刺毛丛；茧椭圆形，灰褐色。

【生活习性】上海市 1 年 2 代，少数 3 代，以老熟幼虫在树下土表层结茧越冬，翌年 4 月下旬至 5 月上旬化蛹，越冬代成虫 5 月下旬开始羽化产卵，1、2 龄幼虫取食叶肉，3 龄前群集危害，受害叶片常形成透明枯斑，幼虫 4 龄后分散并咬破叶表皮；成虫夜间活动，有趋光性，第 1 代幼虫一般在 6 月中下旬到 7 月中旬危害，第 2 代幼虫一般在 7 月底至 8 月初开始孵化危害。

3. 扁刺蛾【*Thosea sinensis* Walker】（见彩图 3—3）

【别名和寄主】又名黑刺蛾。寄主植物包括茶花、栀子花、紫藤、珊瑚、海棠、大叶黄杨、白玉兰、香樟、桂花、枫杨、柑橘、榕树等。

【形态】成虫体长 15 mm 左右，体褐色，前翅顶角处斜向一褐色线至后缘，前翅暗灰色，雄成虫体长 10 mm 左右，雄成虫中室外上角有一黑点，后翅灰褐色，前胸足各连接关节具一白斑，是辨别的重要特征；卵椭圆形，淡黄色；老熟幼虫体长 21 ~ 24 mm，较扁平，背部微隆起，形似龟甲，全身绿色或黄绿色，背线白色，体边缘两侧各有 10 个疣状突起，其上生有毛刺，第 4 节背面两侧各有一小红点；茧椭圆形，灰褐色。

【生活习性】长江以南地区 1 年发生 2 ~ 3 代。幼虫啃食叶片成洞孔，严重时残留叶柄和叶脉，影响树势与观赏；以老熟幼虫在土中结茧越冬，翌年5月中旬至6月上旬化蛹，羽化产卵，成虫夜间活动，第1代幼虫一般在6月下旬至8月上旬危害，第2代幼虫一般在8月中下旬到9月中旬危害。

刺蛾类害虫的防治方法：利用成虫的趋光性挂诱虫灯诱杀成虫；保护和利用天敌，如上海青蜂、绒茧蜂、赤眼蜂等；药剂防治可用灭蛾灵800～1 000倍液、灭幼脲3号2 000～2 500倍液、植物制剂0.36%百草一号、1.2%烟参碱800～1 000倍液；结合修剪及冬季翻耕，消灭越冬茧。

二、螟蛾类害虫的识别和防治

螟蛾类害虫属鳞翅目、螟蛾科，幼虫多食叶或钻蛀取食，虫体活跃，触碰后作孑孓状。绿化植物上常见的食叶性种类包括樟巢螟、黄杨绢野螟、杨大卷叶螟、竹织叶野螟等。

杨大卷叶螟【*Botyodes diniasalis* Walker】（见彩图3—4）

【别名和寄主】又名杨卷叶野螟、黄翅缀叶野螟。危害杨、柳。

【形态】成虫体长11～13 mm，体金黄色，前翅有褐色波状横纹，外缘有褐色宽带；卵扁圆形、乳白色，鱼鳞状排列成块；老熟幼虫体长约22 mm，黄绿色，头胸两侧有相连的黑褐色斑纹。

【生活习性】1年发生3代，以老熟幼虫在枯枝落叶和树皮缝隙内结茧越冬。6—10月为幼虫危害期，以8月最为严重；成虫有趋光性，卵成块产于叶背，幼虫吐丝缀叶呈饺子状，在内取食嫩叶危害。

【防治方法】虫口密度较高的区域于幼虫初孵期喷药防治。

三、夜蛾类害虫的识别和防治

夜蛾类害虫属鳞翅目、夜蛾科，是鳞翅目中最大的一个科，虫体中到大型；成虫夜间活动，趋光性强，很多种类对糖、醋、酒的混合液有较强的趋性；该科中常见绿化食叶性的种类包括斜纹夜蛾、葱兰夜蛾、臭椿皮蛾、变色夜蛾、淡剑袭夜蛾等。

1. 变色夜蛾【*Hypopyra vespertilio*（Fabricius）】（见彩图3—5）

【寄主】危害合欢、金合欢、紫藤、柑橘等。

【形态】成虫体长26～28 mm，头胸部褐色，腹部杏黄色，前翅淡褐色，肾纹黑棕色，后翅灰褐色，翅面斑纹变化大；老熟幼虫体长约60 mm，深灰色，体上有淡褐色斑纹；蛹深褐色。

【生活习性】1年发生2～4代，以蛹在根部周围土中越冬，成虫昼伏夜出，有趋光性；卵成块或条状产于树干或叶背，少数散产；幼虫白天栖息于树皮缝隙，夜晚爬上枝叶取食，阴天光线暗时可全天取食，老熟幼虫于树杈或叶丛结茧化蛹。7—9 月危害最为严重，10 月中旬后陆续入土化蛹越冬。

【防治方法】绿地、苗圃、林带等区域设置杀虫灯诱杀成虫；白天找到幼虫栖息处人工消灭幼虫；幼虫危害期进行药剂防治，可用烟参碱 1∶1 000 倍液喷雾。

2. 淡剑袭夜蛾【*Spodoptera depravata*（Butler）】（见彩图 3—6）

【别名和寄主】又名淡剑夜蛾、淡剑灰翅夜蛾、淡剑贪夜蛾。危害高羊茅等禾本科植物。

【形态】成虫体长约 12 mm，体淡灰褐色，前翅灰褐色，翅面有一近梯形的暗褐色区域，外缘有一列黑点，后翅淡灰褐色；卵馒头型，淡绿色至灰褐色，有纵条纹；老熟幼虫体长 13 ~ 15 mm，淡绿色，在亚背线上每节有半圆形黑斑。

【生活习性】上海地区 1 年发生 4 ~ 5 代，以老熟幼虫和蛹在土中越冬，成虫昼伏夜出，有强趋光性；卵成块产于寄主叶背，上覆灰黄色绒毛；初孵幼虫群集危害，2 龄后分散，早晚取食，老熟幼虫入土或在寄主植物上结薄茧化蛹；幼虫危害期在 5—10 月，7—9 月为危害高峰期，世代重叠现象明显。

【防治方法】加强监测，通过测报灯监测成虫、调查产卵量等方法，根据虫情动态及时防治；初孵幼虫用灭幼脲 3 号 1∶2 000 倍液或 1.2% 烟参碱 1∶1 000 倍液喷雾；幼虫进入 2 龄以后可用锐星可湿性粉剂 1∶1 500 倍液或虫瘟一号 1∶1 000 倍液喷雾防治；草坪面积大的区域，可于 5—10 月设置杀虫灯诱杀成虫。

四、蓑蛾类害虫的识别和防治

蓑蛾类害虫属鳞翅目、蓑蛾科。雌雄异型，雄成虫有翅，喙退化，翅略透明；雌成虫翅和足退化，蛆形，终生生活在护囊中；幼虫肥胖，胸足发达，能吐丝缀枝叶形成护囊，背负护囊行走。绿化植物上常见种类包括茶蓑娥、大蓑蛾、小蓑蛾、白囊蓑蛾等。

1. 茶蓑娥【*Clania minuscule* Butler】（见彩图 3—7）

【别名和寄主】又名茶袋蛾、小窠蓑蛾等。危害香樟、枫杨、榆、杨、柳、重阳木、三角枫、扁柏、石楠、樱花、木槿、石楠、梅花等。

【形态】成虫雌雄异型，雄成虫体长 10 ~ 15 mm，体翅暗褐色，前翅外缘有两个长方形透明斑，体密被鳞毛，雌成虫体长 15 ~ 20 mm，蛆形，米黄色，胸部有黄褐色斑，腹部肥大，第 4 ~ 7 节周围有黄色绒毛；卵椭圆形，淡黄色；幼虫黄褐色，胸部各节有 4 个黑褐色长形斑，排列成纵带；蛹雌性形似围蛹，雄性为被蛹；护囊外多纵向黏附约20 mm长短不一的枯叶柄，两端有叶屑粘着，囊颈松软。

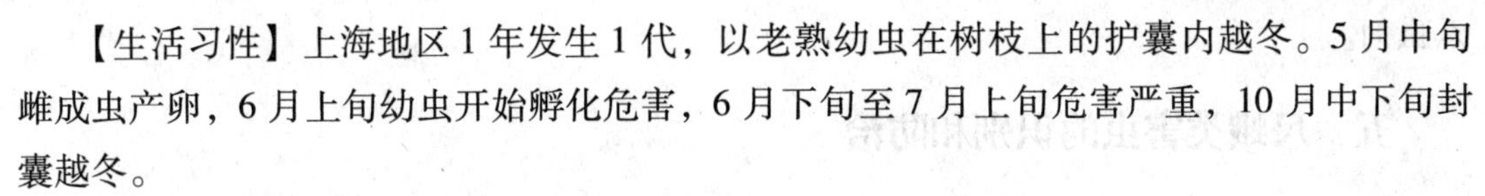

【生活习性】上海地区1年发生1代，以老熟幼虫在树枝上的护囊内越冬。5月中旬雌成虫产卵，6月上旬幼虫开始孵化危害，6月下旬至7月上旬危害严重，10月中下旬封囊越冬。

2. 大蓑蛾【*Clania variegate* Snellen】（见彩图3—8）

【别名和寄主】又名大袋蛾、大皮虫等。危害悬铃木、蔷薇、月季、玫瑰、海棠、山茶、桂花、石榴、紫薇、白榆、香樟、雪松、圆柏、刺槐、木芙蓉、广玉兰等植物。

【形态】雌雄异型。雌成虫纺锤形，无翅，体长23 mm，雄成虫有翅，体暗褐色，平均体长17 mm，翅展35 mm，触角羽状，前翅近外缘有4~5个透明斑；卵椭圆形，初为乳白色，后变为淡黄色，有光泽；幼虫体长18~38 mm，棕褐色，胸足发达，黑褐色，腹足退化呈盘状；护囊纺锤形，上有较大的叶片和小枝条不整齐排列，囊的上端有一柔软的颈圈。

【生活习性】1年发生1代，少数出现2代。以老熟幼虫在虫囊内悬挂在枝条上、屋檐下越冬。翌年5月上旬开始化蛹，5月中下旬成虫羽化，雄成虫羽化后飞向雌虫虫囊，与雌虫交尾，雌成虫羽化后仍在虫囊中，将头部露出囊外，待交尾后将卵产在虫囊的蛹壳内；6月中下旬幼虫开始孵化，初孵幼虫自护囊内爬出，吐丝下垂，随风飘动，遇有枝叶，即选择适当场所，咬取植物组织碎片造护囊护身，虫囊形成后开始取食危害；7—9月幼虫危害最为严重，幼虫11月开始封口越冬。

3. 小蓑蛾【*Acanthopsyche* sp.】（见彩图3—9）

【别名和寄主】又名小袋蛾、小皮虫。危害茶花、香樟、悬铃木、杨树、银杏、杜英等。

【形态】雌雄异型。雌成虫蛆形，体长6~8 mm。无翅，足退化，雄成虫长约4 mm，翅黑色，后翅淡茶褐色，后翅底面银灰色，有光泽；卵椭圆形，乳白色或乳黄色；老熟幼虫体长5.5~9 mm，乳白色，前胸背板咖啡色，中、后胸背面各有褐色斑纹4个；护囊长7~12 mm，囊外附有叶片和枝条的碎片。

蓑蛾类害虫发生规律：一年发生2代，以3~4龄幼虫在护囊内越冬。翌年3月开始活动取食，5月中旬开始化蛹，5月下旬至6月中旬越冬代成虫羽化，交尾产卵。6月中旬至8月中旬、8月下旬至9月下旬是第1~2代幼虫危害期；老熟幼虫化蛹前先吐丝粘牢在叶背或枝条上，虫囊垂在下面吐丝封闭囊口进行越冬，雌囊多在上部枝叶茂密处，雄囊多在下部。

蓑蛾类害虫的防治方法：人工摘除虫囊，可于危害期或冬季进行；设置杀虫灯诱杀雄成虫；幼虫危害初期喷洒无公害药剂防治，如灭幼脲3号1∶2 000倍液、1.2%烟参碱1∶1 000倍液；保护天敌，如鸟类、伞裙追寄蝇、姬蜂等；应减少或避免使用广谱性杀虫剂。

五、尺蛾类害虫的识别和防治

尺蛾类害虫属鳞翅目、尺蛾科，尺蛾又称尺蠖蛾，翅大而薄，静止时四翅平伸；幼虫又叫尺蠖、步曲、造桥虫，体形如树枝。绿化植物上常见种类包括丝绵木金星尺蛾、国槐尺蛾、大造桥虫、茶尺蛾、樟翠尺蛾等。

丝绵木金星尺蛾【*Calospilo ssuspecta* Warren】（见彩图 3—10）

【别名和寄主】又名大叶黄杨金星尺蛾。危害大叶黄杨、丝棉木、扶芳藤、卫矛等植物，是大叶黄杨上的主要食叶害虫，可将被害植株的叶片全部食光，严重影响植物生长。

【形态】成虫头部黑褐色，胸部背面黑色，腹面及侧面黄色；翅白色，上有淡灰色斑纹，前翅及翅基各有一块黄褐色花斑；后翅也有灰色斑纹，较稀疏；卵长圆形，灰绿色，表面呈网纹状；老熟幼虫体黑色，背线、亚背线、气门上线和亚腹线为青白色，气门线和腹线黄色、较宽，表现为胸、腹部背面和两侧各有 5 条黄白色纵纹，各节间有细横纹环绕虫体，使虫体上呈现许多长方形纹；蛹棕色，纺锤形，末端有一分叉的臀棘。

【生活习性】上海地区 1 年发生 3 ~ 4 代，以蛹在土中越冬。次年 3 月上中旬越冬代成虫羽化，卵成块产于寄主叶背枝干或附近的杂草上。第 1 代幼虫始见于 4 月中下旬，第 2 代幼虫始见于 6 月上中旬，第 3 代幼虫始见于 7 月中下旬，第 4 代幼虫始见于 9 月中下旬。幼虫可吐丝下垂，转移危害。幼虫老熟后，沿树干向下爬行至地面或吐丝下垂落地入土化蛹。

【防治方法】幼虫发生期用烟参碱 1∶1 000 倍液喷雾；利用该虫受惊后会吐丝下垂的习性，可人工振落捕杀；该虫幼虫期有绒茧蜂、寄生蝇发生，注意保护天敌。

六、舟蛾类害虫的识别和防治

舟蛾科又称天社蛾科，幼虫被惊动时，头、尾向上翘起，凝固不动，以身体中央的 4 对腹足支撑身体，故称“舟形毛虫”。主要危害杨树、柳树等植物，初孵幼虫常群集叶背啃食叶肉，被害叶片呈细密麻点状，虫龄稍大后分散危害，严重危害时仅剩植物叶脉。主要种类有杨扇舟蛾、杨小舟蛾、杨二尾舟蛾、杨分月扇舟蛾等。

1. 杨扇舟蛾【*Clostera anachoreta*（Fabricius）】（见彩图 3—11）

【别名和寄主】又名白杨天社蛾。危害杨、柳等。

【形态】雌成虫体长 15 ~ 20 mm，雄虫略小，体灰褐色，翅面有 4 条灰白色波状横纹，顶角有1个褐色扇形斑，外横线外方斑内有黄褐色带锈红色斑一排，约3~5个不等，扇形斑下方有1个较大的黑点；后翅呈灰褐色；卵半球形，初产出橙红色，近孵时呈紫褐色；幼虫体长32~40 mm，头部黑褐色，腹部灰白色，侧面墨绿色，体被白色细毛，腹部第1节至第8节各有环形橙红色瘤8个，其上着生白色细毛1束，腹部第1节和第8节背面中央有较大红黑色瘤；蛹体长13~18 mm，褐色，茧椭圆形，灰白色。

【生活习性】1年发生5~6代，以蛹越冬。翌年3－4月越冬代成虫羽化，成虫夜间活动，趋光性强，交配后当天即能产卵，每雌可产200~300粒，最多600粒；卵多单层平铺于叶背。初孵幼虫具群集性，在卵块附近啃食叶肉，2龄后缀叶成苞，在苞内啃食叶肉，3龄后分散取食全叶，严重时可将叶片全部吃光。10月陆续结茧化蛹越冬，越冬场所为地面枯叶、墙缝、树干旁、粗树皮下、地被物下或表土层。

【防治方法】根据幼龄群集的习性，可采取人工摘除的方法杀灭卵和初孵幼虫；幼虫期喷施BT、灭幼脲类或植物类百草1号、烟参碱等无公害农药；灯光诱杀成虫；尽量减少化学农药的使用，保护利用天敌，卵期天敌有舟蛾赤眼蜂、黑卵蜂，幼虫期有毛虫追寄蜂、绒茧蜂及颗粒体病毒，蛹期有广大腿小蜂。

2. 杨二尾舟蛾【*Cerura menciana* Moore】（见彩图3—12）

【别名和寄主】又名杨双尾舟蛾、双尾天社蛾。危害杨、柳等。

【形态】成虫体长28~30 mm，体灰白色，前后翅脉纹黑色或褐色，上有整齐的黑点和黑波纹；胸背面有对称排列的8个或10个黑点；前翅基部有2黑点，外缘排列有8个黑点，后翅白色，外缘排列有7个黑点；卵半球形，黄绿色；幼虫老熟时体长约50 mm，体色灰褐、灰绿色，微带紫色光泽，前胸背面有三角形直立肉瘤，1对臀足退化成尾状，体侧第4腹节后具有褐边的白色纵带1条；蛹赤褐色，近纺锤形。

【生活习性】上海1年发生2代，以蛹在树干的茧内越冬。越冬代成虫始见于4月下旬至5月中旬，第1~2代幼虫危害盛期分别在7月上旬、8月上中旬，9月开始以老熟幼虫结茧越冬；成虫有趋光性，卵散产在叶面上，每叶产1~3粒，每雌产卵132~403粒，初孵幼虫体黑色，非常活泼，幼虫受惊时尾突翻出红色管状物，并不断摇动，老熟时呈紫褐色或绿褐色，体较透明，爬到树干上（多半在干基部）咬破树皮和木质部吐丝结成坚实硬茧，紧贴树干，色与树皮相同，有保护色作用，结茧后，幼虫经3~10天化蛹越冬。

【防治方法】幼虫期喷施BT、灭幼脲类或植物类农药百草1号、烟参碱等无公害农药；灯光诱杀成虫；尽量减少化学农药的使用，保护利用天敌。

七、斑蛾类害虫的识别和防治

斑蛾科害虫寄主一般比较单一，绿化上常见种类包括大叶黄杨斑蛾、重阳木锦斑蛾、竹小斑蛾等。

1. 大叶黄杨斑蛾【*Pryeria sinica* Moore】（见彩图3—13）

【别名和寄主】又称大叶黄杨长毛斑蛾、冬青卫矛斑蛾。危害大叶黄杨、卫矛、扶芳藤、丝棉木等。

【形态】成虫头、复眼、触角、胸部、足、翅脉均为黑色；前翅略透明，淡灰黑色，基部1/3呈淡黄色，后翅大小为前翅的一半，色稍淡；卵椭圆形，卵块长条状，被少量毛；老熟幼虫体长1.5 cm左右，头部较小，黑色，体黄绿色，前胸背板有“∧”形黑斑，背线、亚背线、气门上线明显，体背呈7条青黑色纵线，其中亚背线较宽；蛹黄褐色，具不明显纵纹7条，有2枚三角形臀棘；茧灰白至淡黄褐色，丝质，围有白色或灰白色膜状裙边。

【生活习性】1年发生一代，以卵在寄主植物枝梢上越冬。次年3月底4月初越冬卵孵化，4月底5月初幼虫老熟，在浅土中结茧化蛹，以蛹越夏。11月上、中旬成虫羽化、交尾。幼虫有群集危害现象。

【防治方法】合理修剪，剪除产卵枝；成虫期使用黑光灯诱杀成虫；幼虫发生期以灭幼脲3号2 000倍液或烟参碱1 000倍液或米满1 500倍液喷雾。

2. 竹小斑蛾【*Artona funeralis* Butler】（见彩图3—14）

【别名和寄主】又名竹斑蛾。危害毛竹、刚竹、慈孝竹等竹类植物。

形态特征：成虫体长9～11 mm，体蓝黑色，有光泽；翅黑褐色，后翅中部和基部半透明；卵椭圆形，乳白色，有光泽；老熟幼虫体长14～30 mm，淡黄色，老熟时砖红色，每个体节横列4个毛瘤，瘤上长有成束黑短毛和白色长毛；蛹长10～12 mm，初期淡黄色，老熟时黄褐色至灰黑色，茧瓜子形，黄褐色，茧上被白粉。

【生活习性】1年发生3代，以老熟幼虫在石块、枯竹筒或竹壳及枯枝落叶等场所结茧越冬。翌年4月下旬至5月上旬化蛹，5月中下旬羽化、产卵，3代幼虫危害期分别为6月、8月、10月。

【防治方法】参照大叶黄杨斑蛾的防治。

八、天蛾类害虫的识别和防治

天蛾类害虫属大型蛾子。四翅狭长，身体粗壮，飞翔迅捷。成虫体花纹奇异，触角尖端弯曲有一小钩，很容易与其他蛾类区别。幼虫粗大，又名大青虫，体侧大都有斜纹一

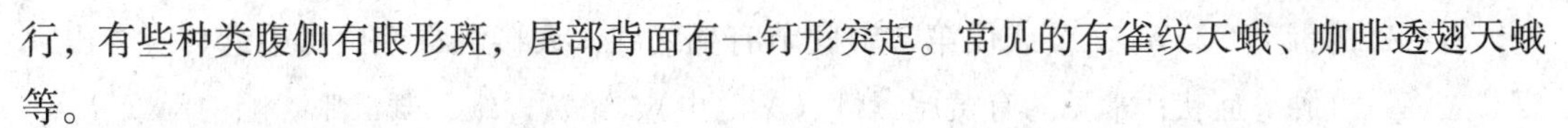

行，有些种类腹侧有眼形斑，尾部背面有一钉形突起。常见的有雀纹天蛾、咖啡透翅天蛾等。

1. 咖啡透翅天蛾【*Cephonodes hylas* Linnaens】（见彩图3—15）

【别名和寄主】又名黄枝花天蛾。主要危害栀子花、咖啡、大叶黄杨等植物。

【形态】雌成虫体长28～32 mm，体黄绿色，翅展58～62 mm；触角黑色，下唇须侧面有黑线，翅羽化时有鳞片，但不久后即脱落，变成透明；幼虫为黄绿至深绿色，体长60～65 mm；尾角黑褐色，有不显著的小颗粒；蛹初期头和胸部背面呈翠绿色，蛹后期全体呈褐色，末端具有叉状尾刺。

【生活习性】该虫在上海地区一年发生4代，以蛹在寄主根际附近土中结薄茧越冬，翌年4月下旬越冬成虫羽化，第2～4代成虫分别出现在6月、8月、10月；12月中旬幼虫入土化蛹；成虫多于夜间羽化，日间不太活动，多栖于叶丛间，傍晚开始飞行，交尾产卵。成虫有趋光性。

【防治方法】成虫发生期间可悬挂杀虫灯，诱杀成蛾；幼虫发生期间经常巡视，发现幼虫可进行人工捕捉；在幼虫危害期用烟参碱1 000倍液喷洒，或使用灭幼脲2 000倍液。

2. 雀纹天蛾【*Theretra japonica* Orza】（见彩图3—16）

【别名和寄主】又名爬山虎天蛾。危害爬山虎、常春藤、葡萄、麻叶绣球、大绣球等植物。

【形态】成虫体长38～40 mm，翅展68～72 mm，体翅褐色，前翅顶角至后缘基部有6条暗褐色斜条纹，后翅后角附近有橙灰色三角斑纹；老熟幼虫体长75～80 mm，头球形，褐绿色，颌面布满金黄色毛，身体黄绿色或褐色，前胸较细，中后胸逐渐膨大，腹部第2节后粗细近似，各节两侧有不甚明显的斜纹，第1～3腹节背侧各有黄色眼形斑1对，尾角细长，赤褐色，端部向上方弯曲；蛹长42～48 mm，淡棕色，腹部第8节以下黑褐色。

【生活习性】1年发生1～4代，代数因地区而异，各地均以蛹在深土层中越冬。在上海地区1年发生1代，幼虫发生期在6—8月，成虫具有趋光性。

【防治方法】成虫发生期间可悬挂杀虫灯，诱杀成蛾；幼虫发生期间经常巡视，发现幼虫可进行人工捕捉；幼虫危害期，可喷施灭幼脲3号1∶2 000倍液或杀铃脲1∶8 000倍液或烟参碱1∶1 000倍液喷雾防治。

九、毒蛾类害虫的识别和防治

毒蛾为中等至大型蛾类，多数种类体粗壮多毛，雌蛾腹端有肛毛簇，无单眼，口器退化，触角双栉齿形；幼虫体多被长短不一的毛，在瘤上形成毛束或毛刷，幼虫一般色彩鲜艳，有特殊的毒毛，第6，7节或仅第7节腹节有翻缩腺，人接触毒毛后可引起皮炎，出现皮肤瘙痒、红肿等症状；常见的有黄尾毒蛾（桑毛虫）、茶黄毒蛾、舞毒蛾、侧柏毒蛾等。

1. 黄尾毒蛾【*Euproctis similis* Fiieezssly】（见彩图3—17）

【别名和寄主】又名桑毛虫、盗毒蛾、金毛虫、白纹毒蛾。危害悬铃木、桑树、苹果、海棠、柳树、枣树、红叶李、枫杨等。

【形态】成虫体长15 mm左右，翅展30 mm左右，体白色，复眼黑色，前翅后缘有2个黑褐色斑纹，雌成虫触角栉齿状，腹部粗大，尾端有黄色毛丛，雄成虫触角羽毛状，体小，腹末黄色部分较少；卵扁圆，灰白色，半透明，卵块呈馒头状，上覆黄毛；老熟幼虫体长26~38 mm，黄色，背线，气门下线红色，亚背线、气门上线、气门线黑色，均断续不连，每节有毛瘤3对；蛹黄褐色。

【生活习性】1年发生代数因地区不同而有变化，从北到南1~4代，华南地区也有发生6代的，上海地区1年发生3代，以2~3龄幼虫在枝干裂缝或结疤处结茧越冬，翌年气温上升到16℃左右，嫩叶展叶时开始活动危害，幼虫取食叶片，危害盛期分别为4月上旬、6月中旬、7月下旬至8月上旬、9月中下旬，幼虫全身长满毒毛，大发生时，可诱发“桑毛虫皮炎”；成虫有趋光性。

【防治方法】人工防治，结合修剪，剪除枝上的越冬茧；利用成虫的趋光性挂诱虫灯诱杀成虫；灭幼脲3号1∶1 000~1 500倍液、植物制剂0.36%百草一号、1.2%烟参碱1∶800~1 000倍液。

2. 茶黄毒蛾【*Euproctis bipunctaex* Hampson】（见彩图3—18）

【寄主】危害悬铃木、枇杷、樱花、珊瑚、杨梅、柑橘、桑树、油茶等。

【形态】成虫黄褐色，体长12 mm左右，翅展35 mm左右，密生橙色绒毛，前翅顶角有1个黄色三角区，内有2个明显的小黑斑，前翅前缘臀角三角区，后翅外缘均为黄色；卵椭圆形，淡黄或淡绿色；老熟幼虫体长25~30 mm，后胸背面有1个红色凸瘤，上有白色毒毛；蛹纺锤形，棕色臀刺具沟刺。

【生活习性】1年发生2~3代，幼虫群集危害，3，4龄幼虫在树干基部粗皮、伤痕或树丫处结茧越冬，次年3月开始危害，第1代幼虫6月中旬危害，第2代幼虫8月中旬危害。幼虫毒毛触及皮肤引起红肿痛痒，危及人体健康。

【防治方法】利用幼虫群集越冬习性，结合冬季修剪进行防治；在幼虫期用灭幼脲3号1 000~1 500倍液、植物制剂0.36%百草一号、1.2%烟参碱800~1 000倍液喷洒。

十、叶甲类害虫的识别和防治

叶甲类害虫又名金花虫，以成虫和幼虫食叶危害，幼虫群集叶片，啃食叶肉，被害处呈灰白色透明网状，有的叶甲可造成叶部斑点及虫道。常见种类有柳蓝叶甲、榆绿叶甲等。

柳蓝叶甲【*Plagiodera versicolora* Laicharting】（见彩图 3—19）

【别名和寄主】又名柳蓝金花虫、柳圆叶甲、橙胸斜缘叶甲。危害垂柳、旱柳、杨树、泡桐、夹竹桃等。

【形态】成虫体长 3～5 mm，椭圆形，深蓝色，有强金属光泽；幼虫体长约 6 mm，体略扁平。蛹椭圆形，长 4 mm，腹部背面有 4 列黑斑。

【生活习性】分布于我国东北、华北、西北、西南、华东等地，在上海地区 1 年发生 4～5 代，以成虫在土缝内或落叶层下越冬。翌年 4 月上旬越冬成虫开始上树取食叶片，并在叶上产卵；卵常数十粒竖立成堆，每雌可产卵 500 粒，经 3～6 天孵化；幼虫有群集性，常数头至数十头群集啃食叶肉，被害处呈灰白网膜状，老熟幼虫最后 1 次脱皮以腹末粘附于叶片上化蛹；蛹期 3～4 天。该虫自第 2 代起有世代重叠现象，在同一叶片上，常可同时看到各种虫态。每年 7～9 月危害最严重。10～11 月成虫陆续下树越冬。成虫有假死性。

【防治方法】幼虫期喷施杀虫素、灭幼脲、BT 等无公害农药；尽量减少化学农药的使用，保护利用天敌。

十一、叶蜂类害虫的识别和防治

叶蜂类害虫属膜翅目、叶蜂科。成虫体小至中型，粗壮，触角有丝状等多种形状，雌蜂有锯状产卵器，卵产在植物组织内。幼虫多取食叶片，有的能蛀食种实或形成虫瘿，有的则吐丝结巢，有群集危害的习性。常见的有樟叶蜂、蔷薇叶蜂。

1．樟叶蜂【*Mesoneura rufonota* Rohwer】（见彩图 3—20）

【寄主】危害樟树。

【形态】成虫黑褐色，体长 6～10 mm，翅展 14～20 mm，头部黑色，有光泽，翅透明，翅痣、翅脉黑褐色；卵肾形，乳白色，长约 1 mm；幼虫体长 15～18 mm，淡绿色，头部黑色，体表布满黑色斑点，体多横列皱纹，腹部后半部弯曲，胸足 3 对，腹足 7 对；蛹体长 7～10 mm，初化蛹时淡黄色，后变为暗黄色；茧黑褐色，椭圆形，丝质。

【生活习性】主要以幼虫取食樟树叶片危害，取食后叶片呈缺刻或孔洞，严重时可将叶片全部吃光，影响樟树的生长。在江苏、浙江、上海等地 1 年发生 2～3 代，以老熟幼虫在土中结茧越冬。4 月成虫开始羽化出土，并进行交尾、产卵，卵产在叶表皮内。4 月下旬第 1 代幼虫开始危害，初孵幼虫群集叶背危害，虫龄稍大后分散取食。6 月上中旬第 2 代幼虫开始危害，该虫的幼虫及蛹均有滞育现象，因而世代重叠明显，由于有的幼虫要滞育到次年才化蛹，有的则当年正常化蛹，所以各代发生期很不整齐。

【防治方法】人工挖除越冬茧蛹；幼虫发生期可用无公害药剂杀虫素 2 000 倍液，或灭幼脲 3 号 1∶2 000 倍液，或 1.2% 烟参碱 1∶1 000 倍液喷雾防治。

2. 蔷薇叶蜂【*Arge pagana* Panzer】（见彩图 3—21）

【别名和寄主】又称蔷薇三节叶蜂、玫瑰三节叶蜂、月季叶蜂、黄腹蜂。危害蔷薇、月季、玫瑰等植物。

【形态】雌成虫体长 7～9 mm，翅展 16～20 mm，头、胸和足黑色，有光泽，翅蓝褐色；雄成虫特征与雌成虫相似，体长 6～8 mm，翅展 13～16 mm；卵黄白色，芭蕉形，一端稍大；幼虫初孵时为黄白色，后变暗褐色，取食后为绿色。1～4 龄幼虫头部黑褐色，体表毛瘤不明显，5 龄幼虫头部红褐色，体表毛瘤明显。

【生活习性】以幼虫取食植物嫩叶为害，发生严重时可将叶片吃光，仅剩主脉，严重影响植株开花和生长。1 年发生 5～6 代，以蛹在土中结茧越冬，越冬蛹一般在 3 月、4 月开始羽化。该虫发生期极不整齐，在各地发生均有明显世代重叠现象。成虫将卵产于嫩梢和幼枝的腹面皮下，少数产于叶柄内，卵块呈两行交错排列，外表可见线条状产卵疤。幼虫孵化后即到嫩叶上群集取食，将嫩叶全部吃光，仅残留主脉，随虫龄增大，开始分散取食，5 龄后，食量大增，取食量占幼虫期的 80%，幼虫老熟后入土结茧化蛹。

【防治方法】成虫产卵期间，人工剪除有卵枝；药剂防治可于幼虫孵化期用灭幼脲 3 号 2 000 倍液，或除虫脲 6 000～8 000 倍液，或 1.2% 烟参碱 1 000 倍液喷雾。

3. 杜鹃叶蜂【*Arge Similis* Vollenhoven】（见彩图 3—22）

【别名和寄主】又称杜鹃三节叶蜂。危害杜鹃花科植物。

【形态】成虫体蓝黑色，有光泽，长 7～10 mm，宽约 3 mm；翅淡褐色，身上密布褐色短毛；足蓝黑色，胸部腹面具细密白色短毛；卵淡绿色，透明；幼虫体嫩绿色，长 17～19 mm，宽 3～4 mm，体表有瘤状突起和长毛；蛹嫩黄色，茧丝质，淡褐色，椭圆形。

【生活习性】以幼虫取食植物叶片危害，1 年约发生 3 代，以老熟幼虫在浅土层或落叶层下越冬，幼虫危害期在 5—10 月，卵散产于叶背的表皮下。

【防治方法】冬季土壤翻耕，消灭越冬虫源；药剂防治可于幼虫孵化期用灭幼脲 3 号 2 000 倍液，或除虫脲 6 000～8 000 倍液，或 1.2% 烟参碱 1 000 倍液喷雾。

十二、蝶类害虫的识别和防治

蝶类害虫属鳞翅目昆虫。翅色艳丽，身体纤细，白天活动，静止时翅立于背；幼虫取食叶片造成缺刻或孔洞，3 龄后食量大增，可将叶片吃光。常见种类有曲纹紫灰蝶、柑橘凤蝶、樟青凤蝶、玉带凤蝶、茶褐樟蛱蝶等。

1. 曲纹紫灰蝶【*chilades pandava* Hordfield】（见彩图3—23和彩图3—24）

【别名和寄主】又名苏铁小灰蝶。危害苏铁。

【形态】成虫翅展22～25 mm，雄蝶翅正面呈蓝灰白色，外缘灰黑色；雌蝶呈灰黑色，前后翅反面外缘、中央及后翅中央稍内侧有纵列的灰黑色斑点，两侧有白色细纹，后翅近基部有4个及前缘中央有1个黑色圆斑；幼虫长约9 mm，身被短毛，体色黄色、褐色或红色。

【生活习性】以幼虫取食新抽羽叶的幼嫩部分，危害严重时也食老叶，一般每年发生6～7代，幼虫数量多，常将叶片吃光，仅剩干枯的叶柄和叶轴。

【防治方法】苏铁新叶生长期应加强监测，发现成虫飞舞及产卵时及时喷药进行防治，药剂可用灭幼脲3号1∶2 000倍液、1.2%烟参碱1∶1 000倍液、森得保1∶1 500倍液喷雾，喷洒药剂时应将叶背充分淋到。

2. 柑橘凤蝶【*papilio xuthus* Linnaeus】（见彩图3—25）

【别名和寄主】又名花椒凤蝶、凤子蝶、黄凤蝶。危害柑橘、花椒、柚子等。

【形态】成虫体长28～30 mm，翅上有许多黑斑纹，基部近前缘处有一束与前缘平行的黑线4条，顶端有黑色横斑2个，其黑带中有黄色新月形的斑8个，后翅臀角有橙黄色圆纹1个；卵圆柱形，紫灰色；低龄幼虫黄白色间绿褐色，老熟幼虫体表光滑，第1、第2腹节连接处有墨绿色环带在背中线处常汇合成“V”字形，第4～6腹节两侧各有蓝黑色斜纹；蛹深褐色或黄褐色，长20～26 mm。

【生活习性】1年发生3～6代，以蛹在枝条上越冬，翌年5月开始羽化，第2代、第3代分别于8月、9月出现，以老熟幼虫在枝梢上化蛹越冬。

【防治方法】

（1）人工防治可清除越冬蛹。

（2）保护利用天敌凤蝶赤眼蜂、凤蝶金小蜂等。

（3）药剂防治宜在幼虫危害初期进行，使用药剂参照“曲纹紫灰蝶”的防治。

十三、蝗虫类害虫的识别和防治

蝗虫类害虫属直翅目昆虫，初龄老虫喜群集叶部危害，造成被害叶片呈现网状，稍后即分散取食，造成叶片缺刻及孔洞，严重时将叶片吃光，仅留主脉。

短额负蝗【*Atractomorpha ambigua* Bolivar】（见彩图3—26）

【别名和寄主】又名尖头蚱蜢。危害菊花、一串红、百日草、羽衣甘蓝、月季、海棠等。

【形态】成虫体长21～31 mm，从淡绿色至褐色和浅黄色，并有杂色小斑，头部锥形，前翅绿色，后翅基部红色，端部绿色；卵乳白色，弧形，呈块状，卵块外有黄褐色分泌物封固；若虫初孵为淡绿色，布有白色斑点，前、中足有紫红色斑点，呈鲜明的红绿色彩。

【生活习性】长江流域1年发生2代，以卵在土中越冬，翌年5月上旬开始孵化，7月上旬第1代成虫开始产卵，9月中下旬至10月上旬为第2代老虫开始产卵，以卵在土中越冬。

【防治方法】宜在初龄老虫群集危害期防治，药剂可用1.2%烟参碱1∶1 000倍液、森得保1∶1 500倍液喷雾。

十四、金龟子类害虫的识别和防治

金龟子类害虫属鞘翅目金龟子科，幼虫统称为蛴螬，是园林植物主要的地下害虫。成虫具有假死性和趋光性，可危害植物的嫩叶、花、果实等。成虫取食叶片造成不规则的缺刻，严重时食尽叶片，仅剩叶柄，成虫食性杂、食量大，有群集取食习性，常将某一地段或某些单株树叶片吃光。主要种类有：铜绿丽金龟、暗黑鳃金龟、东北大黑鳃金龟、白星花金龟等。

1. 铜绿丽金龟【*Anomala corpulenta* Motschulsky】（见彩图3—27）

【别名和寄主】又名铜绿金龟子。成虫危害杨树、柳树、榆树、海棠、梅、桃、松、柏、樱花、女贞、蔷薇、梓树等，常聚集于树上取食叶片，致使叶片残缺不全，甚至仅留叶柄，严重影响园林植物的生长及景观。

【形态】成虫体椭圆形，体背为铜绿色，多发金属光泽，体长15～19 mm，额及前胸背板两侧边缘黄色，鞘翅铜绿色，虫体腹面及足均为黄褐色，足的胫节和跗节红褐色。

【生活习性】1年发生1代，以3龄幼虫在土中越冬，次年5月开始化蛹，6～7月成虫出土危害，7月中旬后逐渐减少，8月下旬终止。成虫多在傍晚6、7点钟出现，交尾产卵，晚上8点以后危害。凌晨3、4点又重新回到土中浮动潜伏。成虫喜栖息疏松、潮湿的土壤里，深度一般约7 cm。成虫具有较强的趋光性和假死性。成虫6月中旬开始产卵，卵多散产，喜产于疏松的土壤里，腐殖质较多的产卵亦较多，每次产卵20～30粒，卵期10天。7月出现第1代低龄虫（即蛴螬），取食寄主植物的根部，10月上中旬幼虫在土中开始越冬。

【防治方法】在成虫危害期，利用成虫的趋光性，用黑光灯诱杀；幼虫危害期进行土壤处理，用辛硫磷1∶1 000倍液浇灌。

2. 暗黑鳃金龟【*Holotrichia parallela* Motschulsky】(见彩图3—28)

【别名和寄主】又名暗黑齿爪鳃金龟、暗黑金龟子。危害杨树、柳树、樱花等。

【形态】成虫体长椭圆形，体长17 ~ 22 mm，红褐色或黑色，体被淡蓝色粉状闪光薄层。每鞘翅上有4条可辨识的隆起带，壳点粗大，散生于带间，肩瘤明显；卵初产时乳白色，长椭圆形；3龄幼虫体长5 ~ 6 mm，头部顶端毛每侧1根，位于冠缝侧，后顶毛每侧各1根；蛹体长18 ~ 25 mm，淡黄色或杏黄色。

【生活习性】1年发生1代，多数以3龄幼虫在深土层中越冬，少数以成虫越冬，翌年6月初见成虫，7月中下旬至8月上旬为产卵期，7月中旬至10月为幼虫危害期，10月中旬进入越冬期。

【防治方法】参照"铜绿丽金龟的防治方法"。

第3节 刺吸性害虫

学习目标

➢掌握绿化植物常见刺吸性害虫的识别特征

➢掌握绿化植物常见刺吸性害虫的防治方法

知识要求

刺吸性害虫是园林植物害虫中较大的一个群体。害虫刺吸植物汁液，常造成嫩梢幼叶卷曲、枝叶丛生等现象，部分害虫还引起煤污病的发生，影响树势，甚至导致整株枯死。植物受害状主要表现为叶片退色、发黄、营养不良，器官萎蔫、卷缩畸形等。

刺吸性害虫常见的为半翅目的蚧虫、蚜虫、粉虱、木虱、叶蝉、网蝽，缨翅目的蓟马，还有蛛形纲、蜱螨目中的叶螨、瘿螨等。

刺吸性害虫在自然界中也有很多天敌存在，如瓢虫、寄生蜂、草蛉、食蚜蝇、瘿蚊等，对自然界中的害虫种群能起到一定的抑制作用。

一、蚜虫类害虫的识别和防治

蚜虫具有种类多、繁殖能力强、生殖方式多样等特点。蚜虫生活周期比较复杂，同一种类在不同季节和环境中可出现不同的形态，在一年中可采取不同的生殖方式进行繁殖。

目前已知蚜虫两千余种，其寄主也十分广泛。

蚜虫虫体微小，椭圆形，柔软。刺吸性口器，触角为 3 ~ 7 节，腹部通常在第 6 节背面有一对腹管。同一种类中常有有翅型与无翅型个体，有翅型具有两对膜翅，胸部发达，体分节明显；无翅型个体较柔软，体表被白粉状蜡质。

蜜露是蚜虫的排泄物，透明而黏稠，散布在树枝和叶片上。积少成多，可将叶面气孔堵塞，使植物的正常生理功能受到影响，并诱发煤污病。蚜虫多的地方常招引蚂蚁前来，蚂蚁喜取食蚜虫蜜露，二者有共栖现象。

园林植物上常见的蚜虫有樟修尾蚜、海桐蚜、栾多态毛蚜、紫藤蚜、竹茎扁蚜、杭州新胸蚜等。

1. 海桐蚜【*Aphis citricola* Van der Goot】（见彩图 3—29）

【别名和寄主】又名绣线菊蚜、苹果黄蚜。危害海桐、绣线菊、石楠、垂丝海棠等。

【形态】无翅孤雌蚜体长卵形，金黄色或黄绿色，长约 1.7 mm，触角黑色有瓦纹，第 3 节有毛 4 ~ 6 根；腹部第 5、6 节节间斑黑色，腹管圆筒形、黑色，具瓦纹；有翅孤雌蚜体长卵形，长 1.7 mm，触角第 3 节有圆形次生感觉圈 5 ~ 10 个，单行排列，第 2 ~ 4 腹节均有大型绿斑，腹管和尾片黑色；卵椭圆形，漆黑色；若蚜鲜黄色，腹管黑色，很短，有翅若芽具翅蚜一对。

【生活习性】1 年发生 20 多代，以卵在枝条裂缝、芽苞附近越冬，翌年 3 月上旬越冬卵开始孵化为干母，10—11 月产生性母，产卵越冬。在海桐叶片刺吸危害时常造成叶片卷曲，严重时叶面布满油状蜜露，后期导致煤污病的滋生。

2. 紫藤蚜【*Aulacophoroides hoffmanni*（Takahashi）】（见彩图 3—30）

【寄主】危害紫藤。

【形态】无翅孤雌蚜体棕褐色，卵圆形，长约 3.3 mm，体毛粗糙，有不规则斑纹，腹管圆筒形；有翅孤雌蚜体卵圆形，头、胸黑色，腹部褐色有斑，大小与无翅孤雌蚜相似，触角第 3 节具感觉孔 7 ~ 10 个。

【生活习性】1 年发生 7 ~ 8 代，以卵越冬，翌年 4 月开始在紫藤上零星发生，5—6 月群集在新梢上，致使新梢枯萎，处于隐蔽处的紫藤受害严重，7 月虫口数开始下降，秋凉后虫口再次增多。

蚜虫类害虫的防治方法：

（1）保护天敌。蚜虫在自然界中的天敌很多，包括瓢虫、草蛉、食蚜蝇、食蚜瘿蚊、蚜小蜂等，应加以保护和利用。

（2）药剂防治。在蚜虫发生期用杀虫素 1∶1 000 倍液，或 10% 吡虫林 1∶1 000 倍液，或烟参碱 1∶1 000 倍液喷雾防治。

二、介壳虫类害虫的识别和防治

蚧虫为小型昆虫，体长0.5～7 mm，构造和习性变异很大；雌虫身体没有明显的头、胸、腹三部的区分，无翅，大多数被各种蜡质分泌物所遮盖，属渐变态，雄虫过渐变态，寿命短，交配后即死去；大多数蚧虫以雌虫和初孵若虫危害为主，多数种类营固定吸取植物汁液的生活方式，体表常覆有蚧壳或有粉状、绵状等蜡质分泌物。

蚧虫种类繁多，分布极广，能危害多种花木，是园林植物上又一类重要的害虫，常群集在植物的枝、叶及果实上。若虫和成虫用口针刺入寄主组织中吸取汁液，可导致枝、叶枯萎而死亡；同时，多数蚧虫能分泌蜜露，诱发煤污病。

蚧虫喜生活在阴湿、空气不大流通或阳光不能直射处，所以多寄生在叶背面或枝叶密生处。该虫传播主要靠风力、水流和动物（蚁类等）。人为的苗木调运、移植也是传播的主要方式。

1. 草履蚧【*Drosicha contrahens* Walker】（见彩图3—31）

【别名和寄主】又名草鞋蚧。危害珊瑚、八角金盘、樱花、罗汉松、广玉兰、枫杨、海棠、大叶黄杨等。

【形态】成虫雌雄异形，雌成虫体扁，椭圆形，紫褐色，被白色蜡粉，体长8 mm左右，宽5 mm左右，体节明显，体被有纵横皱褶，形似草鞋状，触角、足黑色；雄成虫紫红色，翅一对，紫黑色。卵长椭圆形，外被白色卵囊；若虫灰褐色，形似雌成虫；雄蛹褐色。

【生活习性】以成、若虫在寄主植物嫩芽、嫩梢、枝干等部位刺吸汁液危害。华东、华北一年发生1代，以卵在枯枝落叶下和土表下越夏越冬。江、浙、沪地区翌年1月卵开始孵化，孵化期可长达一个多月，上芽危害高峰期一般在2～3月，恰好是珊瑚叶芽开裂和展叶始期，这正是药剂防治的有利时机。5月上旬成虫交配，下树产卵。

【防治方法】保护和利用天敌昆虫：草履蚧的优势天敌昆虫有红环瓢虫、黑缘红瓢虫等，当益害之比达到1:10时，应充分利用天敌自然控制，不要使用化学药剂喷洒；注意物候观察，掌握在珊瑚叶芽开裂和展叶始期，用杀虫素1:1 000倍液或10%吡虫林1:1 000倍液。

2. 白蜡蚧【*Ericerus pela* Chavannes】（见彩图3—32）

【别名和寄主】又名白蜡虫。危害女贞属、白蜡属、冬青属、木槿属、漆树属的一些植物，如女贞、小叶女贞、白蜡树等。

【形态】雌成虫背部隆起，蚌壳状，黄褐色，散生不规则淡黑色斑点，腹面黄绿色；老熟雌成虫近球形，体壁较坚硬，暗红褐色，光亮，黑斑较大但不明显。雄成虫体长

2 mm 左右，黄褐色，触角丝状，前翅近透明，具虹彩光泽，腹部末端有 2 根白色长蜡丝。卵长卵圆形，长 0.4 mm 左右，雌卵红褐色，雄卵淡黄色。雌若虫卵形，淡黄褐色，背部微隆，中脊灰白色，腹末具 2 根与体长相等的白蜡丝；雄若虫宽卵圆形，淡黄褐色，体背中脊隆起，触角 7 节。仅雄虫有蛹，体黄褐色，眼点暗紫色，翅芽达第 5 腹节。

【生活习性】该虫以成、若虫寄生在植物枝条上刺吸汁液为生，危害严重时可使树势衰弱、枝条枯死，一年发生一代，以受精雌成虫在枝条上越冬。次年 3 月上中旬雌成虫虫体孕卵膨大，4 月上中旬雌成虫产卵，平均气温达 18℃左右时雌若虫先孵化，大约一周后雄若虫孵化。上海地区白蜡蚧若虫的孵化始、盛、末期基本上与小叶女贞开花的始、盛、末期相吻合。

【防治方法】结合修剪，剪去部分虫口较密集枝条；虫口数量较少时可用毛刷刷除虫体；根据物候，在小叶女贞花期喷施花保 1∶100 倍液，每周一次，细喷 3～4 次。

3. 吹绵蚧【*Icerya purchase* maskell】（见彩图 3—33）

【别名和寄主】又名澳洲吹绵蚧。危害海桐、柑橘、桂花、石榴、月季、梅花、广玉兰、牡丹、玫瑰、常春藤、菊花、山茶、蔷薇等 80 科 250 余种植物。

【形态】雌成虫椭圆形，橘红色或暗红色，体表有黑色短毛，长 5～7 mm。背面呈黄白色蜡粉和蜡丝，3 对足发达强劲，成熟雌成虫从腹部末端分泌蜡质，形成一银白色、椭圆形隆起的卵囊，长 4～8 mm，卵囊上有 14～16 条纵纹，卵产于卵囊内，产卵期可长达 1 个月；雄虫细长，长 2～3 mm，翅展 5～7 mm，胸部黑色，腹部橘红色，腹部末端有钩刺 3～4 个。卵长椭圆形，初产时橙黄色，后变为橘红色，长 0.7 mm，包藏在卵囊内。雌若虫 3 龄，雄若虫 2 龄，均为椭圆形，上覆盖有草黄色粉状蜡质，并散生有黑毛，能四处爬行。

【生活习性】成、若虫常群集于植物叶背和嫩枝吸汁为害，使受害植株叶片变黄脱落，植株生长势减弱，甚至可导致寄主植物死亡；同时分泌蜜露诱发煤污病，严重影响绿化观赏效果。吹绵蚧在上海 1 年发生多代，室外可以各种虫态越冬。各种虫态世代重叠，同时存在着卵、若虫、未产卵成虫、产卵的成虫、卵已开始孵化的成虫等各种虫态。

【防治方法】采用人工刮除的方法并结合修剪剪去有虫枝，保持植株生长通风透光，减少虫口密度；在若虫活动期喷施花保 1∶100 倍液或烟参碱 1∶1 000 倍液，特别要抓住第一代吹绵蚧孵化的相对高峰期进行适期防治；虫口密度高的可以采用喷施花保 1∶50 倍液进行冬防；生物防治：保护、利用天敌昆虫，如澳洲瓢虫、大红瓢虫、小红瓢虫、红环瓢虫等。

4. 桑白盾蚧【*Pseudaulacaspis pentagona*（Targioni－Tozzetti）】（见彩图 3—34）

【别名和寄主】又名桑白蚧、桑盾蚧。危害桃、樱花、洒金桃叶珊瑚、柑橘、棕榈、银杏、李、青桐等植物。

【形态】雌介壳圆形或近圆形，直径2～2.5 mm，白色，黄白或灰白色，背中央稍隆起，有螺旋纹，壳点2个，橙黄色，位于介壳边缘；雄蚧壳细长，白色，长约1 mm左右，背面有3条纵脊，壳点1个，橙黄色，位于壳的前端。

【生活习性】雌成虫、若虫群集枝干，吸取汁液，树木受害后生长严重不良，叶色发黄，枝梢枯萎，大量落叶，严重时可致整棵树死亡。上海1年发生3代，受精雌成虫在被害植物枝条上越冬，次年3月中下旬，母蚧开始产卵，卵产于介壳下，4月下旬第一代若虫出现，于雌蚧附近的枝干上群集固定，吸汁危害，并分泌白色蜡粉。

【防治方法】疏枝修剪，保持枝叶通风透光；若虫孵化期喷洒杀虫素1∶1 000倍液或10%吡虫林1∶1 000倍液；保护和利用天敌昆虫，如蚜小蜂、跳小蜂、瓢虫、草蛉等。

5．紫薇绒蚧【*Eriococcus lagerostroemiae* Kuwana】（见彩图3—35）

【别名和寄主】又名石榴绒蚧。危害紫薇、石榴。

【形态】雌成虫体暗紫红色，遍布微细短刚毛，背有白色蜡粉，外观略呈灰色，体背有少量白蜡丝，老熟时形成一个毡状、灰白色、长椭圆形蜡囊，虫体包被其中；雄虫紫褐色，体长约1 cm。前翅半透明，后翅呈小的棍棒状，腹部末端有一对暗灰色长毛。卵圆形，淡紫红色，0.3 mm左右。初孵若虫淡黄色，椭圆形，身体周围有刺突。蛹紫褐色，长椭圆形，触角、翅、足雏形。

【生活习性】在植物枝干、叶片、芽腋上刺吸汁液，易导致煤污病，并造成树势衰弱，生长不良，枝条干枯甚至整株死亡。上海地区1年发生3代，以受精雌成虫和若虫在枝干分杈及树皮裂缝处越冬，次年5月上中旬雌成虫开始产卵。第1代若虫始见于5月中下旬，第2代若虫于8月中下旬出现。此蚧发生不整齐，各种虫态同时并存，有世代重叠现象。

【防治方法】结合冬季修剪，剪除部分有虫枝条；用硬毛刷刷除枝条及枝干上的虫体；若虫孵化期以杀虫素1∶1 000倍液或10%吡虫林1∶1 000倍液喷雾，每周一次，喷2～3次；注意保护天敌红点唇瓢虫。

6．纽绵蚧【*Takahashia japonica*Cockerell】（见彩图3—36）

【别名和寄主】又名日本纽绵蚧。危害合欢、红叶李、桑、槐、重阳木、三角枫、枫香、榆、朴树等。

【形态】雌成虫体卵圆或圆形，长3～7 mm，活体红褐、深棕、浅灰褐或深褐近黑色，背面隆起，具黑褐色脊，不太硬化，缘蜇明显；触角短，7节；体缘锥刺密集体成1列；气门刺3根，同形同大，短于缘刺。卵卵圆形，可达0.4 mm，黄色，覆白色蜡粉，卵囊较长，可达17 mm，白色，棉絮状，质地密实，具纵行细线状沟纹，一端固着在植物体上，另一端固着在虫体腹部，中段悬空呈扭曲状。若虫长椭圆形，淡黄色，扁平。

【生活习性】1 年发生 1 代，以受精雌虫在枝条上越冬，越冬虫体较小。次年 3 月虫体开始活动，生长迅速，4 月上旬母体开始孕卵，4 月中旬开始产卵，卵期约 36 天。5 月上旬（合欢叶形成期和金丝桃花蕾吐色期）若虫开始孵化，5 月中下旬（合欢全叶期和金丝桃盛花期）为若虫盛孵期。

【防治方法】剪除虫囊，在盛孵期喷洒杀虫素 1∶1 000 倍液或 10% 吡虫林 1∶1 000 倍液。

7. 绿绵蚧【*Chloropulvinaria floccifera*（Westwood）】（见彩图 3—37）

【别名和寄主】又名油茶绿绵蚧。危害珊瑚、朴树、桑等。

【形态】雌成虫体长椭圆形或卵形，扁平，长约 3 mm，虫体绿色、黄绿色或褐色；雄成虫体黄色，长约 1.6 mm，腹末交尾器刺状，具白色长蜡丝 1 对。卵椭圆形，白色或淡橘红色，卵囊白色，棉絮状，狭长筒状，上有纵脊突。若虫初孵时长约 0.8 mm，淡黄色，腹末有蜡丝 2 条，2 龄若虫体背有绒毛状蜡丝，雌若虫背脊中间簇生白色短蜡丝。蛹长椭圆形，长约 2 mm，黄白色。

【生活习性】上海地区 1 年发生 1 代，以 2 龄若虫在寄主枝叶上越冬；4 月中旬开始雌雄分化，并开始出现雄蛹、雄成虫；雌成虫 5 月初开始产卵，若虫孵化期在 5 月中旬至 6 月上旬，孵化高峰期集中在 5 月底至 6 月初，11 月中旬起以 2 龄若虫越冬。

【防治方法】产卵期发现有卵囊附着的叶片可人工摘除；药剂防治可用杀虫素 1∶1 000 倍液或 10% 吡虫林 1∶2 000 倍液于若虫孵化期喷雾。

三、蝽类害虫的识别和防治

蝽类害虫属半翅目网蝽科、盲蝽科和蝽科等，以若虫和成虫刺吸寄主植物的叶、茎、花、果等，受害寄主叶色变黄、早落，长势衰退。该类害虫成虫具刺吸式口器，前翅半鞘翅、后翅膜翅，有些种类前胸背板与前翅呈网状。若虫经过 5 个龄期。有的种类有臭腺 1 ~ 3 个，分布于腹部背面第 4 ~ 6 节上。其天敌昆虫包括草蛉、蜘蛛、蚂蚁、螳螂、花蝽、瓢虫等。绿化植物上主要危害种类包括网蝽科的杜鹃冠网蝽、樟脊网蝽，盲蝽科的樟颈曼盲蝽，蝽科的麻皮蝽等。

1. 樟脊网蝽【*stephanitis macaona* Drake】（见彩图 3—38）

【别名和寄主】又称樟脊冠网蝽。危害香樟。

【形态】成虫体扁平，椭圆形，茶褐色，前翅膜质，白色透明，有网纹和金属光泽，前翅有许多颗粒状突起。卵长 0.32 ~ 0.36 mm，茄形，淡黄色。若虫长 1.2 ~ 1.8 mm，宽约 0.9 mm，椭圆形，触角 4 节，第 2 节极短，近圆形，第 4 节膨大，前胸背板向两侧延伸，触角处有一枝刺，中胸背板两侧各有一长刺，三角突近基部有 2 枚褐色短刺，腹部各节两侧具有长而粗的枝刺。

【生活习性】以成、若虫群集叶背刺吸汁液造成危害，受害叶片正面褪色，形成白色斑点，叶背出现黄褐色污斑为其排泄物。在上海地区1年发生4代，以卵在寄主叶片组织内越冬，翌年4月开始孵化，成、若虫均群集叶背吸食汁液危害。6月出现第1代成虫，成虫羽化后7~11天开始产卵，卵多产于叶背主脉第一分脉两侧的组织内，卵块疏散排列。9月下旬开始出现越冬卵，11月中旬成虫期结束。

【防治方法】加强养护管理，采取清除枯枝落叶、树干涂白等措施减少越冬虫口；受害严重的植株可于秋冬季在植物干部扎草把诱集越冬成虫；药剂防治可用杀虫素1∶2 000倍液，或必林1∶2 500倍液，或吡虫林1∶2 000倍液喷雾；保护利用蜘蛛、蚂蚁、草蛉等天敌。

2. 樟颈曼盲蝽【*Mansoniella cinnamomi* Zheng et Liu】（见彩图3—39）

【寄主】香樟。

【形态】成虫长椭圆形，有明显光泽，雌、雄非常相似，雄虫略小，头黄褐色，头顶中部有一隐约的浅红色横带，前端中央有一黑色大斑，复眼发达，黑色，颈黑褐色，喙淡黄褐色，末端黑褐色，背淡色毛，触角珊瑚色。若虫半透明，光亮，浅绿色，长形。卵产于叶柄、叶主脉及嫩梢皮层内，乳白色，光亮，半透明，长茄状，略弯。

【生活习性】以若虫和成虫，主要在叶背吸汁为害，为害后叶片两面形成褐色斑，少部分叶背有黑色的点状分泌物，可造成大量落叶，严重的整个枝条叶全落光成秃枝，仅剩果。在上海地区发生代数尚不明确，危害期为5~9月，部分区域若虫、成虫为害期可延长；以卵在樟叶柄、主脉及嫩枝皮层内越冬，5月上旬出现若虫，6月下旬出现第一代虫卵。

【防治方法】增强树势：应加强肥水管理，提高植物抗虫力，8~10月天气干旱的年份，加强肥水管理尤为重要；保护螳螂、花蝽、瓢虫、草蛉等天敌，以发挥自然控制作用；若虫期、成虫期可采用杀虫素1∶2 000倍液，或必林1∶2 500倍液，或吡虫林1∶2 000倍液喷雾防治。

四、粉虱类害虫的识别和防治

粉虱类害虫属半翅目、粉虱科，以成虫和老虫群集叶背吸吮汁液为害，导致叶片褪色、枯萎，影响景观和植物生长。粉虱成虫属小型种类，两性都有翅，表面被白色蜡粉；1龄老虫足发达、能活动，2龄起足与触角退化，固定不动，表皮变硬。成虫和老虫能分泌蜜露，诱发煤污病。绿化植物上危害种类包括石楠盘粉虱、黑刺粉虱、白粉虱等。

1. 石楠盘粉虱【*Aleurodicus photiniana* Yang】（见彩图 3—40）

【寄主】危害石楠。

【形态】成虫体乳黄色，雌体平均体长 1.73 mm，雄虫略小，翅边缘有翅结，上着生 2~3 根刚毛，越冬代成虫翅面常具有黑色斑纹；卵近香蕉形，平均长 0.2 mm，深埋在叶片背面组织内；若虫椭圆形，初为浅绿色，扁平透明，后期乳黄色，不透明，虫体增厚，预示即将蜕皮进入高 1 龄若虫。

【生活习性】上海地区 1 年发生 3 代，以蛹在石楠叶片背面越冬，成、若虫危害期在每年的 5—9 月；成虫产卵有趋嫩习性，喜产于叶背，各龄若虫均能分泌大量白色蜡粉。

【防治方法】合理疏枝，增强通风透光；人工剪除有虫叶片；保护和利用天敌昆虫，如草蛉、瓢虫、小蜂、捕食螨等；药剂防治用杀虫素 1∶2 000 倍液，或必林 1∶2 500 倍液，或吡虫林 1∶2 000 倍液喷雾。

2. 黑刺粉虱【*Aleurocanthus spiniferus* Quaintance】（见彩图 3—41）

【别名和寄主】又名橘刺粉虱。危害香樟、山茶、月季、桃、丁香等。

【形态】成虫头胸部黑褐色，胸部红褐色，前翅紫褐色，翅的边缘和翅面约有 8 个不规则白色斑纹；卵淡褐色，长卵形，长 0.2 mm，宽 0.1 mm，卵后端有一卵柄；若虫有 4 个龄期，背刺随龄期的增加而增加，分别是 3 对、10 对、13 对、29 对，各龄若虫体色均为黑色有光泽，体缘都分泌一圈白色蜡状物。

【生活习性】上海地区 1 年发生 3 代，主要以 4 龄若虫在叶片背面越冬，翌年 4 月中下旬羽化，成虫喜产卵于嫩叶背面；第 1 代发生期在 5 月上旬到 7 月，第 2 代 7 月到 8 月底，第 3 代 9 月下旬到 11 月，以后进入越冬期。

【防治方法】参照石楠盘粉虱防治方法。

3. 白粉虱【*Trialeurodes vaporariorum*（Westwood）】（见彩图 3—42）

【别名和寄主】又名温室白粉虱、小白蛾、白蝇。危害女贞、一串红、一品红、瓜叶菊、大丽花、倒挂金钟、月季、蔷薇、菊花等。

【形态】成虫体淡黄色，体长 1~1.5 mm，翅展 2.3 mm，全身背有白色蜡粉；卵长椭圆形，有短柄，长约 2.5 mm，初产时淡黄色，孵化前黑褐色；若虫体长椭圆形，体色随虫龄变化呈现浅绿色、浅灰绿色或乳黄色，体长 0.3~0.71 mm，宽 0.13~0.43 mm。

【生活习性】在温室中 1 年可发生 9~10 代，有世代重叠现象，冬季在室外不能存活，但可在温室内的花卉上继续危害和繁殖，翌年春天温度适宜时扩散危害。成虫喜产卵于嫩叶背面，若虫孵化后先在叶背爬行数小时，找到适宜的取食场所后便固定在叶背面吸汁危害。成虫对黄色有一定的趋性。

【防治方法】参照石楠盘粉虱防治方法。

五、木虱类害虫的识别和防治

木虱类害虫属半翅目、木虱科，小型昆虫，危害嫩枝和嫩叶，成虫外形似蝉科，多数危害木本植物。木虱以成、若虫吸食叶、芽、嫩梢汁液为害，受害叶片变成褐色枯斑，导致早期落叶，有的种类形成虫瘿，若虫危害时常在叶片上分泌大量蜜器和白色蜡毛，污染叶面并导致煤污病的产生。绿化植物上发生的种类包括合欢羞木虱、皂荚幽木虱、海桐木虱、樟个木虱、浙江朴盾木虱等。

1．合欢羞木虱【*Acizzia jamatonica*（Kuwayama）】（见彩图3—43）

【寄主】危害合欢、槐。

【形态】成虫2.2～2.7 mm，体绿色至黄绿色、黄色，越冬个体则变为褐色至深褐色；触角黄色至黄褐色；前胸背板长方形，侧缝伸至背板两侧缘中央；前翅长椭圆形，翅痣长三角形；卵长椭圆形，浅黄色或黄绿色；若虫初孵时黄色，复眼红色。

【生活习性】上海1年发生3～4代，以成虫越冬，开春后产卵于芽苞上，5月上旬至6月上旬为危害高峰；若虫孵化后群集在嫩梢和新叶背面刺吸危害，受害叶枯黄、早落，叶背面布满若虫分泌的白色蜡丝，影响景观；叶面和树下灌木易诱发煤污病，影响生长和开花，污染环境。

【防治方法】早春叶片萌发时或若虫孵化高峰期，喷洒吡虫林1∶2 000倍液、烟参碱1∶1 000倍液进行防治。

2．海桐木虱【*Porartioza* sp.】（见彩图3—44）

【寄主】危害海桐。

【形态】若虫浅绿至翠绿色，尾部有白色细蜡丝。

【生活习性】若虫刺吸植物新叶后导致叶片纵卷，虫体在内部危害，细蜡丝状分泌物黏附在受害叶片表面，危害严重的区域煤污病明显。新叶一般在6月上旬开始出现明显的受害症状。

【防治方法】若虫危害初期（叶片即将发生纵向卷曲时）用杀虫素1∶2 000倍液、吡虫林1∶2 000倍液、烟参碱1∶1 000倍液进行防治。

六、蓟马类害虫的识别和防治

蓟马类害虫属缨翅目、蓟马科，以成、若虫锉吸新梢嫩叶的汁液造成危害，使叶片出现褪绿变灰白现象，受害叶上产卵点表皮隆起，危害严重时梢叶变褐、枯焦，大量落叶，影响树势和开花结果。蓟马类害虫虫体较小，体长一般1～2 mm，锉吸式口器，翅膜质狭长，翅脉退化，翅缘上有缨毛长而密。绿化植物上主要危害种类为红带网纹蓟马。

红带网纹蓟马【*Selenothrips rubrocinctus*（Giard）】（见彩图 3—45）

【别名和寄主】又名红带滑胸针蓟马、荔枝网纹蓟马、红腰带蓟马。危害珊瑚、合欢、杜鹃、海棠、悬铃木、水杉等。

【形态】成虫体长 1.0 ~ 1.4 mm，体黑褐色，体表密布网状花纹，前胸宽矩形，表面密布扁菱形花纹；前翅灰褐色，翅面密布长度近似的微毛，缘毛极长；腹部背板第 1 ~ 8 节前缘及两侧具网状刻纹，中后部平滑，第 8 节后缘栉毛发达；若虫体长0.4 ~ 1.2 mm，初孵时无色透明，老熟时橙黄色，腹部背面前半部有一条十分明显的红色横带，腹部末端具有长毛 3 根，有时会分泌球形气泡聚于腹端。

【生活习性】上海 1 年发生 5 ~ 6 代，以成虫、卵越冬，翌年 5 月开始活动，世代重叠，5—11 月均可见各种虫态，7 月下旬至 8 月下旬为危害高峰期，卵产于叶肉内，产卵处稍隆起，有时有褐色水状物覆盖，干后呈鳞片状；寄主受害后叶面枯黄、失去光泽或畸形，还有许多黑色、褐色排泄物，引起落叶，影响生长；干旱季节或年份发生严重，郁闭度大、通风透光欠佳时受害严重。

【防治方法】药剂防治可用杀虫素 1∶2 000 倍液、吡虫林 1∶2 000 倍液喷雾。

七、蝉类害虫的识别和防治

蝉类害虫属半翅目、蝉科，主要以幼虫在土中危害根部、刺吸汁液为害，雌成虫以锋利的产卵器割破枝梢的皮层呈现锯齿状排列的小槽，产卵于其中，常导致小枝枯萎，影响开花和结果。蝉类雄成虫腹部第一节有发音器，多能发音，成虫前翅膜质，有很粗的翅脉。常见种类有黑蚱蝉。

黑蚱蝉【*Cryptotympana atrata*（Fabricius）】（见彩图 3—46）

【别名和寄主】俗称“知了”。危害悬铃木、香樟、桂花、水杉、海棠、银杏、珊瑚等。

【形态】成虫体长 38 ~ 48 mm，体色漆黑，有光泽，背金色绒毛，中胸背板宽大，中央有黄褐色“X”形隆起，前翅前缘淡黄褐色，基部 1/3 黑色，后翅基部 2/5 黑色，翅脉淡黄色兼暗褐色；卵长椭圆形，稍弯曲，长约 3.5 mm，乳白色，有光泽；若虫长约 35 mm，黄白色，后变为黄色，老熟时变为黄褐色，形态略似成虫，翅芽发育完好，前足为开掘足。

【生活习性】数年发生 1 代，以若虫在土中或以卵在寄主植物枝干内越冬，翌年越冬卵孵化后立即钻入土中，吸食植物根际汁液，入冬后土中越冬；若虫可在土中生活多年，每年 6 月上旬起老熟幼虫钻出土表，爬上树干蜕皮羽化；成虫 7—8 月出现，具有群居性、群迁性、趋光性，雄成虫具有鸣叫的特点；雌成虫产卵于树梢、细枝条内，产卵时用产卵

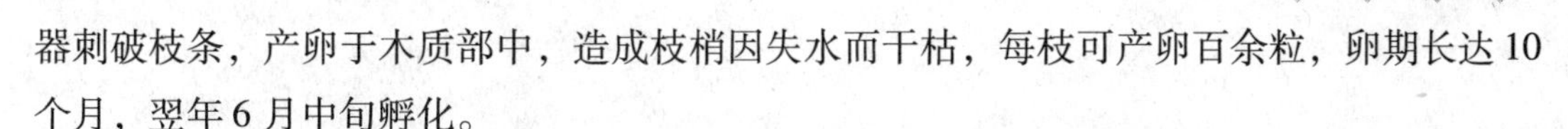

器刺破枝条，产卵于木质部中，造成枝梢因失水而干枯，每枝可产卵百余粒，卵期长达 10 个月，翌年 6 月中旬孵化。

【防治方法】人工剪除有虫枝并集中销毁，成虫羽化期进行诱捕。

八、螨类害虫的识别和防治

螨类属蛛形纲、蜱螨目，不属昆虫范畴，不具备昆虫的一般特征，是一类体形极微小的生物，体长在 1 mm 以下，圆形或卵圆形，雄虫腹部尖削；通常为红色、暗红色，有时为黄色或暗绿色；口器刺吸式，口针在针鞘内；大多数成螨、若螨具 4 对足，幼螨仅 3 对足。绿化植物上常见的叶螨种类包括红花酢浆草如叶螨、柑橘全爪螨等。

1. 红花酢浆草如叶螨【*Petrobia harti*（Ewing）】（见彩图 3—47）

【别名和寄主】又称岩螨。危害酢浆草属植物，尤以红花酢浆草受害严重。

【形态】雌成螨椭圆形，体长约 0.62 mm，深红色，背毛 26 根，有锯齿着生在粗大的突起上，第一对足细长，约为体长的 2 倍，雄螨稍小，橘黄色，体背两侧有黑斑，第一对足长近 3 倍于体长；卵圆球形，红色；幼螨体圆形，红色，背部稍显黑斑，足 4 对，橘黄色。

【生活习性】上海 1 年发生 10 代以上，高温干燥气候易暴发成灾，螨体在叶片正面和背面都有，以叶背面为多；危害初期叶片上出现白色斑点，渐变为灰白色；严重时造成整片枯黄；以春、秋两季危害最重，上海地区 5 月中旬即开始显露危害症状。

【防治方法】螨害发生初期用蛾螨灵 1∶1 000 ~ 1 500 倍液或杀虫素 1∶1 500 ~ 2 000 倍液喷雾防治，保护利用天敌。

2. 柑橘全爪螨【*Panonychus citri*（McGregor）】（见彩图 3—48）

【寄主】危害柑橘、桂花等。

【形态】雌成螨暗红色，体长 0.3 ~ 0.4 mm，椭圆形，背面隆起，背部及背侧有瘤状突起，上身白色刚毛 26 根，足 4 对黄色；雄螨体长 0.35 mm，体宽 0.7 mm，红色，后端较狭，呈楔形；卵球形，略扁，红色且有光泽；幼螨体长 0.2 mm，初孵时淡红色，足 3 对；若螨与成螨相似，体较小，经 3 次蜕皮后成为成螨。

【生活习性】1 年发生 10 代以上，世代重叠，多以卵或部分成螨或若螨在枝条缝隙或叶背越冬，卵多产在当年生枝和叶背主脉两侧；春秋两季发生最为严重，导致叶片出现许多白色褪绿小点，严重时整张叶片发白，继而枯黄早落；4—5 月和 9—10 月为发生高峰期。

【防治方法】参照红花酢浆草如叶螨的防治方法。

第 4 节　蛀干性害虫

学习目标

➢掌握绿化植物常见蛀干性害虫的识别特征

➢掌握绿化植物常见蛀干性害虫的防治方法

知识要求

蛀干性害虫是一类通过树皮下虫道进入木质部危害的咀嚼式口器的害虫。这些害虫影响树枝或主干。寻找树枝或树干上小的孔洞可以知道害虫的入口处，而且在洞口附近可能有虫屑。蛀干性害虫咬食树皮内部、韧皮部和木质部，破坏植物从根部到顶部水分和营养的传输。小树和软质木材易受害。上海常见的蛀干性害虫有天牛类、象甲类、木蠹蛾类、螟蛾类、白蚁类、吉丁虫类、小蠹虫类等。

一、天牛类害虫的识别和防治

1. 天牛类害虫的发生特点

（1）成虫。体型中至大型，鞘翅，虫体长筒形，触角长、鞭状、刚劲；成虫飞翔能力弱，羽化后啃食树皮或叶片补充营养，可导致小枝枯死；多数种类产卵前通常在树皮表面咬一伤疤，将卵产于伤疤处的皮下；成虫羽化时常在树干表面形成羽化孔。

（2）卵。多数种类卵单产，长椭圆形，乳白色。

（3）幼虫。在韧皮部或木质部钻蛀危害，幼虫期长，是对植物危害最严重的虫态，危害时树干表面常形成孔洞，将虫体排泄物及碎木屑排到树干外面。

2. 天牛类害虫防治技术

（1）幼虫期防治技术。人工挖除或勾除幼虫，孵化初期的幼虫在韧皮部为害时是人工挖除的最佳时机，当幼虫钻入木质部为害时可采用人工勾除、药剂灌注、药棉堵塞熏蒸等方法进行杀灭。

（2）成虫期防治技术。利用成虫飞翔能力差的特点进行人工捉除，也可在成虫集中发生高峰期用“绿色威雷”微胶囊水悬剂进行防治。

（3）卵期防治技术。在成虫产卵盛期，对产卵部位较低、产卵疤明显的个体采取人工

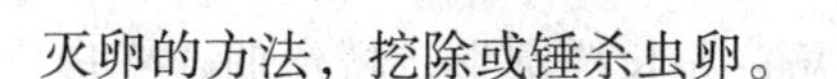

灭卵的方法，挖除或锤杀虫卵。

（4）天敌防治技术。保护和利用天牛的优势天敌，如花绒寄甲、管氏肿腿蜂、蒲螨等。

3. 绿化植物天牛类别

（1）光肩星天牛【*Anoplophora glabripennis* Motschulsky】（见彩图 3—49）

【寄主】主要危害垂柳、杨、榆、枫杨、苦楝、桑、悬铃木、樱花、西府海棠、薄壳山核桃、苹果、李、梨、糖槭等。以幼虫钻入树干为害。一般 1 个孔道 1 头虫，排出木屑堆集在树干基部，受害树木轻者枯梢，风折枝，重者幼株死亡。

【形态】成虫体长 20 ~ 35 mm，宽 8 ~ 12 mm，体黑色，有光泽，触角鞭状，12 节，前胸两侧各有刺突 1 个，鞘翅上有大小不同、排列不整齐的白色绒斑约 20 个，鞘翅基部光滑无瘤粒，体腹突生蓝灰绒毛；卵乳白色，长椭圆形，长 6 ~ 7 mm，两端略弯曲。幼虫老熟时体长 50 mm，白色；前胸背板后半部色深呈凸字形斑，斑前缘全无深褐色细边，前胸腹板后方腹片褶骨化程度不显著，前缘无明显纵脊纹。蛹纺锤形，乳白色至黄白色，长 30 ~ 37 mm。

【生活习性】1 年 1 代，少数 2 年 1 代，卵、幼虫、蛹均能越冬。越冬的老熟幼虫翌年直接化蛹，蛹期平均 20 天，幼虫于 3 月下旬开始危害。成虫羽化后，在蛹室内停留 7 天左右才能从干内飞出，羽化孔均在侵入孔上方。蛀道深达树干中部，弯曲无序，褐色粪便及蛀屑从产卵孔排出，成虫寿命 3 ~ 66 天，平均 31 天，每雌虫产卵 30 粒，每刻槽产卵 1 粒，卵期 10 ~ 25 天，9—10 月产卵到翌年才能孵化。林内危害轻，林缘及行道树被害重，混交林被害轻，纯林被害重；健康木被害轻，衰弱木被害重。

（2）薄翅锯天牛【*Megopis sinina* White】（见彩图 3—50）

【寄主】主要危害悬铃木、海棠、柳、榆、杨、桑、白蜡等植物。

【形态】成虫体长 45 mm 左右，宽 12 mm 左右，赤褐色或暗褐色。鞘翅质薄如皮革质，表面呈微细颗粒刻点，基部粗糙，鞘翅上有明显的纵脊各 2 ~ 3 条。老熟幼虫体长 65 mm 左右，乳白色。前胸背板有一大而圆的硬皮片，后缘色较深，中央有一纵线，后方各有两条线纹。

【生活习性】1 ~ 2 年发生 1 代，以幼虫在寄主蛀道内越冬。成虫 6 月出现危害树皮，补充营养后，产卵于树木凹处的腐朽处，卵期 20 多天，孵化后的幼虫先在腐朽处危害，随后蛀入木质部危害。翌年 5 月化蛹。

（3）桑天牛【*Apriona germar* Hope】（见彩图 3—51）

【寄主】主要危害杨树、桑树等。

【形态】成虫体黑色，密生暗黄色绒毛；触角鞭状，第 1、第 2 节黑色，其余各节基部灰白色，端部黑色；鞘翅基部有黑瘤，肩角有黑刺1角；卵长椭圆形，稍弯曲，乳白色。老熟幼虫体乳白色，头部黄褐色，前胸背板密生黄褐色短毛和赤褐色刻点。蛹为裸蛹，初为淡黄色，后变黄褐色。

【生活习性】华东地区两年发生1代，以幼虫在树干内越冬。幼虫期长达2年，老熟幼虫5月化蛹，6—7月出现成虫，6月中旬至7月上旬为盛期。成虫有假死性，交配后多将1年生皮层咬成“川”形刻槽，卵单产，多于夜间产，每虫可产100粒，卵约经15天孵化，并逐渐从表皮至韧皮部再至木质部危害。

二、象甲类害虫的识别和防治

1. 象甲类害虫的发生特点

象甲类害虫属鞘翅目，又称为象鼻虫。绿化植物上常见的蛀干性象甲类害虫包括长足大竹象、红棕象甲、臭椿沟眶象等，害虫多以幼虫在寄主树干内蛀食危害，具有较强的隐蔽性。

2. 象甲类害虫防治技术

象甲类蛀干性害虫的危害具有较强的隐蔽性，缺少十分有效的防控措施，常用措施包括：

（1）加强检疫，严禁带虫苗木的引进和外调。

（2）加强管理，及时清除被害株并销毁。

（3）药剂防治，用绿色威雷微胶囊剂在成虫活动及产卵部位喷雾防治成虫，幼虫危害期用药剂喷洒或注射的方式进行防治。

（4）人工捉除成虫。

3. 象甲类害虫类别

臭椿沟眶象【*Eucryptorrhynchus brandti* Harold】（见彩图3—52）

【寄主】属鞘翅目象甲科，主要危害千头椿、臭椿。

【形态】成虫体长约11 mm，黑色，鞘翅坚厚，基部白色，刻点粗大而密，鞘翅前端两侧各有一个刺突，前胸背板几乎全部白色，头部刻点小而浅，白色；卵长圆形，黄白色。幼虫长约15 mm，乳白色。

【生活习性】1年发生2代，以幼虫或成虫在树干内和土内越冬。翌年5月越冬幼虫化蛹，6—7月成虫羽化，7月为羽化盛期，以成虫在树干周围土层内越冬，虫体出现较早，4月下旬开始危害，4月下旬至5月中旬和7月末至8月中旬分别为第1、2代盛发期，至10月都可见成虫，虫态很不整齐。成虫有假死性，产卵前取食嫩梢、叶片和叶柄等补充营养。危害1个月便开始产卵。卵期8天，孵化幼虫咬食皮层，稍长大后即钻入木质部

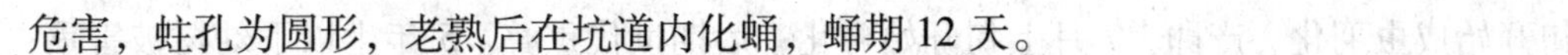

危害，蛀孔为圆形，老熟后在坑道内化蛹，蛹期 12 天。

【防治方法】严格检疫，勿调运和栽植带虫的苗木；及时伐除受害严重的植株，减少虫源；利用成虫多在树干上活动而不善于飞翔和假死等习性，捕捉成虫；幼虫初孵期，向被害处注入“果树宝”等内吸性药剂。

三、白蚁类害虫的识别和防治

白蚁是等翅目昆虫的通称，是农林业、建筑、水利、家具的重要害虫。白蚁体型小至中型，属社会性昆虫，蚁群内部有明确的分工和分化，蚁群中通常包括蚁王、蚁后、工蚁、兵蚁等，不同类别的个体分工不同，各司其职，形成有机的群体。绿化植物上发生的白蚁通常包括家白蚁、散白蚁及黑翅土白蚁等。

白蚁类害虫以木纤维为食物，常将树木的内部完全蛀空，可导致植物的死亡。蚁后通常居于隐蔽的蚁巢中专司产卵，不进行觅食等活动，工蚁、兵蚁负责觅食和守卫等，特定季节进行分群扩散。

白蚁种群发生具有隐蔽性、畏光性、喂食性、敏感性等特点，这些特点对于调查、研究和防控具有重要意义。

白蚁类害虫的防治包括诱杀法、物理防治、化学防治等。

四、螟蛾类害虫的识别和防治

楸螟【*Omphisa plagialis* Wileman】（见彩图 3—53）

【别名和寄主】又名楸蠹野螟。主要危害楸树、梓树。

【形态】成虫体长约 15 mm，翅展约 36 mm，体灰白色，头和胸、腹各节边缘处略带褐色；翅白色，前翅基黑褐色锯齿状二重线，内横线黑褐色，中室及外缘端各有黑斑 1 个，下方有近于方形的黑色大斑 1 个，外缘有黑波纹 2 条；后翅有黑横线 3 条。卵椭圆形，长约 1 mm，初乳白色，后赭红色，透明，表面密布小凹刻。幼虫老熟时长约 22 mm，灰白色；前胸背板黑褐色，2 分块，体节上毛片赭褐色，蛹纺锤形，长约 15 mm，黄褐色。

【生活习性】以幼虫钻蛀嫩梢、树枝、幼树干，被害部呈瘤状虫瘿，造成枯梢、风折、断头及干形弯曲。1 年发生 2 代，以老熟幼虫在枝梢内越冬。翌年 3 月下旬开始活动，4 月上旬开始化蛹，蛹期 6 ~ 38 天，4 月中旬开始羽化，成虫飞翔能力强，有趋光性，单粒或 2 ~ 4 粒产卵于嫩枝上端叶芽或叶柄基部隐蔽处，产卵量 60 ~ 140 粒，卵约 9 天孵化，5 月上旬为孵化盛期，幼虫始终在嫩梢内蛀食，髓心及大部分木质部蛀空，蛀道长 150 ~ 200 mm，外侧形成长圆形虫瘿，并从蛀孔排出虫粪及蛀屑，约经 1 个月后于 6 月中旬开始化蛹，6

月下旬开始成虫羽化、产卵，7 月上旬开始孵化，后期世代重叠。5 年生以下幼树被害重；上部枝条被害重，下部轻。

【防治方法】严格检疫，勿调运和栽植带虫的苗木；灯光诱杀成虫；冬季修剪，修除虫瘿烧毁；幼虫初孵期，向被害处注入“果树宝”等内吸剂。

第 5 节　地 下 害 虫

学习目标

➢掌握绿化植物常见地下害虫的识别特征

➢掌握绿化植物常见地下害虫的防治方法

知识要求

一、地下害虫的危害特点

咬断或取食草坪、地被、灌木等植物的根部，造成植物不能从土壤中正常吸收营养而死亡，也可危害绿化植物刚发芽的种子或植物幼茎，危害绿化的主要种类包括地老虎、蝼蛄、蛴螬等。

二、地下害虫防治技术

1. 诱杀防治

诱虫灯诱杀成虫；糖醋酒液诱蛾；性信息素诱捕等。

2. 化学防治

幼虫在根部取食时，用药剂浇灌法进行防治。

三、地下害虫类别

蛴螬（见彩图 3—54）

【别名及种类】蛴螬是金龟子科幼虫的通称，又名地蚕；上海市常见金龟子种类有铜绿丽金龟、暗黑鳃金龟、东北大黑鳃金龟、黑绒鳃金龟等。

【形态】体色多为乳白色，头部赤褐色，体长因种类而有所不同，一般为 5 ~ 30 mm；

体弯曲，多褶皱，胸足 3 对。

【生活习性】多数 1 年发生 1 代，少数 2 年发生 1 代，个别种需要 3 ~4 年完成 1 个世代，以幼虫或者成虫在土中越冬；3—4 月土温回升后蛴螬开始活动，当土温达到 15℃时，蛴螬可到 8 ~10 cm 表土层活动、取食，危害种子、幼苗、草坪等，8—9 月为严重危害期；成虫喜将卵产在牲口粪便、腐烂的有机物、土壤较湿润的松土上背风向阳的地方，幼虫咬食根部可造成草坪及地被植物大面积死亡。

【防治方法】杀虫灯诱杀成虫，幼虫在土表危害期用辛硫磷 1∶800 ~1 000 倍液浇灌。

第 6 节　病害基础知识

学习目标

➢掌握绿化植物常见病害的基础知识

知识要求

一、植物病害的类别

1. 侵染性病害

由病原物的侵染引起的损害，病原物有病毒、细菌、真菌、线虫和寄生性种子植物等，其中以真菌和病毒病为多。

2. 非侵染性病害

由寒冻、日灼、干旱、缺肥、缺素及环境污染等非生物因素引起的损害，也叫生理性病害。

二、植物病害的诊断

一般来说，根据症状可以确定植物是否生病，并且可以作出初步诊断，但是病害的症状并不是固定不变的。同一种寄生病原物在不同的植物上或在同一植物不同的发育时期，以及受到环境条件的影响，都可表现出不同症状。相反，不同的病原物也可能引起相同的症状。因此单纯地根据症状作出判断，并不完全可靠，必须进一步分析发病的原因或鉴定病原物，才能作出正确的诊断。

1. 侵染性病害的诊断

（1）真菌病害。真菌病害是植物病害中种类最多、危害最严重的一类病害。真菌病害主要根据病菌的形态鉴定，大多数真菌都能在受害组织上产生孢子或其他子实体，如粉状物、锈状物、子囊、子座等，由此可以诊断出是真菌引起的病害。通常将这类病害标本用清水洗净，放于培养皿中进行培养，以进一步鉴定。但有些真菌采用简单的方法不能培养，较难鉴定。严格地说，分离到病菌后还要再做接种试验，产生同样的症状，并能再次分离到相同的病菌时，才能作出较可靠的鉴定结论。

（2）细菌病害。一般细菌危害植物后，在病斑部可以看到一些水渍状的症状，将病部切片镜检时，一般都可以看到大量的细菌从内部溢出（俗称菌溢），在一般情况下，根据菌溢的情况，结合症状观察，可以诊断细菌病害。

（3）病毒病害。首选现场观察方式。一般来说，感染病毒的植物在现场多数是分散分布的，往往在病株的周围可以发现完全健康的植株，而非传染性病害通常成片发生。当然通过接触传染或活动力很弱的昆虫传染的病毒株在现场也较为集中。在症状上，病株往往表现为某一类型的变色、褪色或器官变态。除现场观察症状外，还可用简单的化学检测方式，如植株感染病毒后，组织内往往有淀粉积累，可用碘酒或碘化钾溶液测定其显现的深蓝色的淀粉斑。另外，接种指示植物，观察发病情况，最后还要进行系统检查，找出病毒粒子。

2. 非侵染性病害的诊断

又称为生理性病害。植物的非侵染性病害没有病原物的侵染，互相之间不能传染。有些非侵染性病害，可以根据典型症状作出诊断。但是，有些非侵染性病害的症状常与植物受到侵染表现很相似。因此，应以能否相互传染来确定。一般来说，许多非侵染性病害往往是大面积同时发生的，不像传染性病害那样逐渐蔓延；同时，病株或病叶表现症状的部位有一定的规律性，如叶片的日灼症状始终表现在叶尖或叶缘。

三、病害的发生条件（见图3—1）

病害的发生需要满足3个条件：适宜的环境条件、感病寄主和病原菌。对其中任一条件进行管理，都可降低病害的发生与危害。城市绿化环境条件下，人为因素的影响也是影响病害发生的重要因素之一。

在环境条件中，温湿度是病害流行的关键因子，湿度使大多数病原菌更具有活力，并有助于病原菌的传播。每个病原菌的生长发育都有一个最佳的温度范围。病原菌主要靠风、雨水、动物、昆虫和工具等途径进行传播。

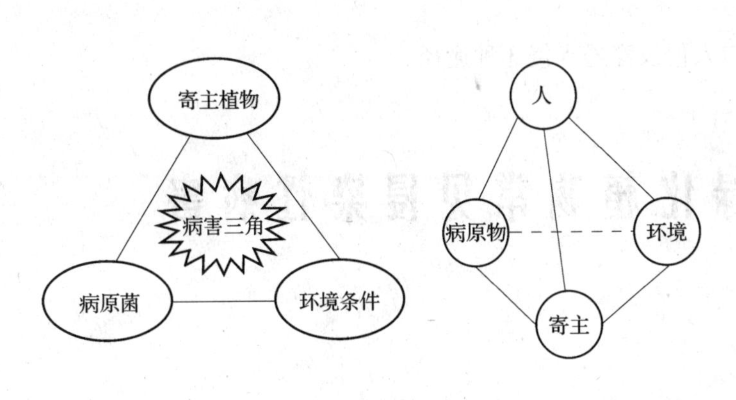

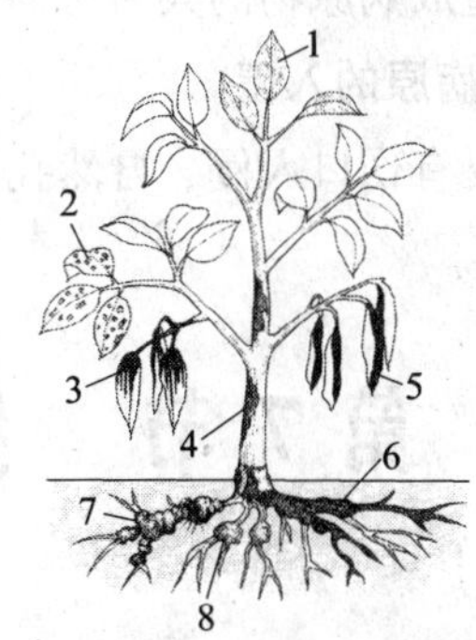

病害危害部位与症状（模式图）
病害症状通过植物的各个部位反映出来，了解各种症状有利于对病因进行判断。
1. 白粉病；2. 叶斑病；3. 枯萎病；4. 溃疡病；5. 青枯病；6. 根腐病；7. 根癌病；8. 根结线虫病

图 3—1　病害的发生条件

四、病害的危害部位与症状

尽管大多数明显的症状出现在叶部，但植物对侵染性病害可作出多种反应，常表现为变色、坏死（叶斑、穿孔等）、腐烂、萎蔫、畸形等症状。大多数叶部病害由真菌引起，真菌在春季侵染新芽和叶片，引起褐变甚至死亡；危害老叶时，引起叶片提早落叶。病原菌在落叶和病残体上越冬。

白粉病、锈病、叶斑病、炭疽病通常发生在叶片上。白粉病菌在叶片上产生灰白色、白色圆斑，然后扩大甚至布满整个叶片，严重时还会导致叶片皱缩、纵卷，新梢扭曲、萎缩。炭疽病常发生于叶片和枝干上，大多数炭疽病由真菌引起。修剪染病枝条可降低病害的危害性。

根部病害通常较难防治，常见的根部病害有樱花根癌病、白绢病、丝核菌综合症等。

五、植物侵染性病害的传播和蔓延

1. 病原物的来源

主要是指寄主被侵染以前病原存在的场所，主要为病株、种子、土壤以及肥料。

2. 病原物的传播

主要为风力、水力及昆虫的活动，其中人也是重要的因素之一，如苗木的远距离运输。常造成病原物的人为传播。

3. 病原的入侵

主要有伤口入侵、自然孔口入侵及穿透入侵3种途径。

第7节　绿化植物常见侵染性病害

学习目标

➢掌握绿化植物常见侵染性病害的识别特征

➢掌握绿化植物常见侵染性病害的防控技术

知识要求

一、白粉病的识别和防治（见彩图3—55）

【寄主及危害】白粉病是绿化植物中常见的一类植物真菌性病害，在上海市主要危害狭叶十大功劳、大叶黄杨、悬铃木、石楠、紫薇、紫叶小檗等植物。

【危害症状】发病初期，在受害叶片表面产生白粉小圆斑，为真菌菌丝，随着菌丝的生长，病斑逐渐扩大，有时可覆盖整个叶片，使多数叶片呈白色；严重时可导致叶片皱缩、卷曲，甚至造成新梢扭曲。

【发病规律】病菌以菌丝体、闭囊壳等在寄主的病芽、枝和落叶处越冬，春季气温回升后病菌开始萌发，病原菌一般从叶片气孔、幼嫩组织侵入植物体，气温15℃时就可开始发病，17～25℃为最适温度，特别是在春天温暖潮湿的天气条件下发病最为迅速。上海地区4—6月和9—10月通常为发病盛期。

【防治方法】注意通风，对通风不良的植株要进行修剪；药剂防治以预防为主，早春温度转暖、新叶萌发后，喷洒力克菌1∶2 000倍液或睛菌唑1∶1 500～2 000倍液，每7～10天喷药1次，喷洒3～4次。

二、草坪锈病的识别和防治（见彩图3—56）

【寄主及危害】锈病属植物真菌性病害，寄生在绿色维管束植物上，专性寄生；该菌侵染植物后常产生黄色或褐色粉状孢子堆，似生铁锈状，故称锈菌引起的病害为锈病。草坪锈病在冷季型和暖季型草坪草上均有发生，上海地区常见受害寄主包括高羊茅、黑麦草、百慕达、结缕草等。

【危害症状】主要危害叶片和叶鞘，发病初期，感病叶片上出现黄色小点，慢慢扩大成长圆形；成熟病斑突起，内生夏孢子堆，成熟后表面破裂散出橘黄色至黄褐色粉状的夏孢子，发生严重时，感病植株易干枯死亡，秋冬季在感病叶片上可见褐黑色冬孢子堆。

【发病规律】锈菌以菌丝和夏孢子在寄主病部越冬，该病主要在春秋两季发生，侵染适温范围一般在 20～30℃，侵入寄主后 6～10 天显症，10～14 天后产生夏孢子，继续再侵染；上海地区病害发生期一般在 4—10 月，夏孢子可随气流进行远距离传播，草坪密度高、排水不畅、低洼积水均有利于发病。

【防治方法】种植抗病草种或品种；增施磷、钾肥，适量施用氮肥；合理灌水，雨后尽快排水，减低田间湿度；发病后适时剪草，减少菌源数量；适时用药，可在发病前期用力克菌 1∶2 000 倍液或粉锈宁 1∶1 500 倍液喷雾防治。

三、叶斑病的识别和防治

月季黑斑病【*Dipolcarpon rosae* Wolf】（见彩图 3—57）

【寄主及危害】危害月季、蔷薇、玫瑰等，病菌侵染植物叶片造成危害。

【危害症状】月季叶片、嫩枝和花梗均可受害。病斑起初为紫褐色小点，后扩展并变为黑色或深褐色，常有黄色晕圈包围，严重时整株下、中部叶片全部脱落，个别枝条死亡。

【发病规律】病株以菌丝在病枝、病叶或病落叶上越冬，翌年早春借风雨等传播，多次重复侵染，整个生长季节均可发病，夏末以后最重。植株弱时容易发病。

【防治方法】随时清除病叶；冬季对重病株进行重度修剪，保持通风良好；药剂防治以预防为主，喷洒力克菌 1∶2 000 倍液。

四、竹丛枝病的识别和防治

1. 竹丛枝病【植原体 *Phytoplasma* sp.】（见彩图 3—58）

【寄主及危害】又名竹扫帚病。危害多种竹类，如毛竹、刚竹、淡竹、苦竹、麻竹等，发病严重的竹林明显生长衰退，发笋减少，竹质变劣。

【危害症状】危害枝或全株，初期少数枝条发病，病枝春天不断延伸成多节细弱的枝蔓，枝上有鳞片状小叶；病枝节间短，侧枝丛生成鸟巢状，或成团下垂；病竹生长衰退，发笋减少，重病植株逐渐枯死，严重发病的竹林常因此衰败。

【发病规律】病菌初侵染源为越冬病枝春梢产生的分生孢子，借雨水传播，风雨大有利于分生孢子扩散传播；病株常以个别枝条开始发病，最后到全株发病，竹林内发病常由点到片，上海地区发病盛期在4月中下旬至5月上旬。

【防治方法】新建竹园时防止带入有病母株；结合冬季清园，在4月底前彻底清除病丛枝；按时伐除老株，保持适当密度，保持竹子生长健壮。

2. 泡桐丛枝病【*Balansia take*（Miyake）Hara】（见彩图3—59）

【寄主及危害】泡桐。

【危害症状】枝、根、花器、叶都会产生症状，以丛枝症状最为显著，腋芽大量萌发，枝条上反复产生侧枝；有时也表现为枝条变细，呈扫帚状，叶小，变黄；根部发病时导致根系丛生，变细；或表现为花器变形，花瓣变成叶片状。

【发病规律】病原通过嫁接、昆虫、病苗、病根传染，菟丝子也可传染；远距离传播方式主要是带病苗病根传染。

【防治方法】不种植带病植株，人工剪除发病的丛枝。

五、细菌性穿孔病的识别和防治

桃叶细菌性穿孔病【*Xanthomanas campestris* pv. *Pruni*（Smith）Dowson】，属细菌黄单孢杆菌属（见彩图3—60）

【寄主及危害】危害桃、梅、李、红叶李、樱桃等。

【危害症状】该病主要危害叶片，枝梢和果实也能受害；叶片感病后出现水渍状小点，淡褐色，逐渐扩大成圆形，近圆形斑，直径2～5 mm，褐色或紫褐色，外有黄色晕圈；数个病斑可相互连成不规则斑，后期病斑周围产生裂纹，病斑脱落后形成穿孔斑，穿孔斑边缘常残留病斑组织，叶片病斑多时叶片变黄，提早脱落。

【发病规律】病菌主要在病梢上越冬，第二年病斑出现菌脓，经风雨或昆虫传播，一般4月中旬展叶后就可发病，5—6月梅雨季节和8—9月台风季节为发病高峰期；此时若连续阴雨、绿地种植密度高、枝叶茂密、树势差、排水不良等都会引起病害严重流行。

【防治方法】冬季修剪带病枯枝；及时排水，清除杂草，增施有机肥等来提高树势；萌芽前用龙克菌1∶500～700倍液喷洒。

六、植物病毒病害的识别和防治

【寄主及危害】侵染植物并在植物体内寄生和危害的称为植物病毒。多数植物病毒的寄主范围很窄，只能侵染一种寄主，少数可侵染多种寄主。绿化植物常见病毒病害包括月季花叶病、美人蕉花叶病等。

【危害症状】植物受到病毒侵染后，经过一定的潜育期，可能在外部表现出病变，常见植物病毒病害的症状包括花或叶变色、坏死、枯萎、畸形 4 种；有的病毒侵染后只引起一种症状，有的可引起多种症状；有些非侵染性病害，如缺素症、药害、遗传性或生理性病害症状相似，容易混淆。

【发病规律】植物病毒不会主动侵入植物，一般由机械力或介体的传带而进入植物细胞，前者通过带有病毒的工具或植物材料而扩散，后者通过媒介动物、媒介植物等进行传播扩散；病毒病害在野外的扩散受寄主、介体、园艺管理等因素影响；初侵染源主要是带病毒的植物材料，如种子、苗木和病毒介体昆虫等。

病毒病害的识别与诊断有时非常困难，常用的诊断方法通常分两个阶段，一是进行初步检查和经验诊断，包括症状、发生条件、植物生境、园艺操作情况等；二是作进一步的试验诊断，包括显微镜下的观察和分子生物学鉴定等方法。

【防治方法】加强检疫，伐除病株；选用抗病或耐病植物品种；治虫防病。

七、植物线虫病害的识别和防治

【危害】植物线虫是一类低等动物，属无脊椎动物中的线形动物门、线虫纲，在自然界分布广泛，凡是有土和水的地方都可能存在；寄生在植物上的线虫比病原真菌、细菌、病毒等，更有主动侵袭植物的能力和自行转移危害的特点；线虫在吮吸植物养分和对植物组织造成机械损伤的同时，其分泌物可引起植物产生一系列的病理变化，常与许多生理病、病毒病的症状相似，因此常将其危害等同植物病害对待。绿化植物常见线虫病害包括松材线虫萎蔫病、根结线虫病等。

【危害症状】寄主植物受到线虫的取食和破坏，在不同部位表现出不同的症状；地下部受害后常呈现根坏死、短缩根、根结、根瘿等症状，地上部受害后表现的症状有芽枯、茎叶卷曲、枯斑、种瘿、叶瘿等。

【发病规律】线虫吸取寄主汁液，损伤寄主组织，或使植株死亡，或病部因遭线虫分泌物的刺激生长过度，局部形成瘤肿或虫瘿等畸形；植物线虫绝大多数是专性寄生的，多营两性生殖，生活史的长短随种类而异，有的只需几周，有的则需更长时间完成 1 代，通常只要有寄主植物存在，外界条件有利，线虫可不断进行生长繁殖。

【防治方法】选育和推广抗病品种；种苗发现危害后进行药剂处理；利用杀线剂进行土壤处理。

八、寄生性种子植物的识别和防治

营寄生生活的植物大多是高等植物中的双子叶植物，能开花结籽，俗称寄生性高等植物或寄生性种子植物。绿化植物上常见的种类包括菟丝子等。寄生植物从寄主植物上获得生活物质的方式和成分各有不同，按寄生物对寄主的依赖程度或获取寄主营养成分的不同可分为全寄生和半寄生两类。从寄主植物上夺取自身所需要的所有生活物质的寄生方式称为全寄生，如菟丝子等；有些寄生植物茎叶内有叶绿素，能吸收光能来合成碳水化合物，但根系退化，以吸根的导管与寄主维管束相连，吸取寄主植物的水分和无机盐，寄生物对寄主的寄生关系只是水分的依赖关系，这种寄生方式称为半寄生，俗称“水寄生”。不同种类的寄生性种子植物都以种子传播，被动传播大多数可依靠风力或鸟类进行，有的与寄主种子随调运而传播，主动传播则依靠种子弹射等方式进行。

菟丝子【Cuscuta spp.】（见彩图 3—61）

【寄主及危害】为全寄生类型的寄生性种子植物，危害木本及草本植物，可引起植物死亡。

【危害症状】菟丝子无根、藤本，无叶或退化成鳞片，茎细长，分枝多，缠绕在寄主植物茎、叶上，细茎与幼嫩的组织或嫩树皮接触后产生吸器，大量细茎缠绕后植物不能伸展，生长不良，甚至死亡；菟丝子细茎颜色因种类不同，有黄色、黄白色、红褐色等。

【发病规律】种子在土壤中越冬，春末夏初萌芽，胚茎伸长，遇寄主植物缠绕而上，在寄主植物幼嫩组织上形成吸器，吸取养分和水分，细茎不断伸长，产生分枝，形成吸器向四周蔓延，覆盖全株植物和四周植物；菟丝子后期开花结果，果实成熟后自行开裂，种子散落，休眠越冬；菟丝子寄主广泛、种子寿命长、繁殖能力强，一旦发生不易根除。

【防治方法】发生危害的区域，冬季深翻，将菟丝子种子深埋使其不能萌发出土；春末夏初检查时一旦发现，立即铲除。

第 8 节　绿化植物常见非侵染性病害

➢掌握绿化植物常见非侵染性病害的识别特征

➢掌握绿化植物常见非侵染性病害的防治技术

知识要求

一、药害

农药施用浓度过高、用量过大以及几种农药混用不当时，植物会出现急性或慢性药害，急性药害常在施药后2～5天，幼嫩组织首先出现症状，如叶畸形、变黄、脱落或形成焦斑，慢性药害引起植物生长缓慢、叶片黄化脱落等症状。

二、盐害

沿海滩涂与内陆盐渍地区，土壤中的可溶性氯化钠、硫酸钠、氯化钙和氯化镁等中性盐类含量过高，致使土壤溶液的浓度和渗透压升高，影响根系对土壤水分和养分的正常吸收，甚至根部细胞内水分外渗，出现植株生理干旱现象。

三、缺素症

缺素症又称植物营养不良，当土壤中缺少某些营养物质，可以引起植物失绿、变色和组织死亡等症状。各种营养物质中，氮、磷、钾三要素最重要，缺氮的主要症状是失绿，缺磷引起植物变色，缺钾可使组织枯死。此外缺铁会引起失绿或黄化，缺锰、硼、锌等也可发生变色、畸形等症状。

四、水分失调引起的病害

土壤干旱，有效水的总含量长期不能弥补植物蒸腾所丧失的水分或低于植物正常生长发育所需的水分，导致植物光合作用降低、呼吸作用增强和原生质脱水等，植株生长发育受阻，引起萎蔫、落花、落果、整株枯萎直至死亡，坡地、薄土层或沙土地表现更严重。土壤长期积水，供氧不足，植物根系浅细，根细胞窒息、变色、溃解，地上部分枯黄、落叶、落花直至植株死亡。

五、环境污染引起的病害

工矿企业或垃圾处理过程中产生多种有害物质，释放到大气层中或排放在污水中流入土壤内，此类有害物质超过了空气和土壤的自净能力限度时，则造成环境污染，污染物通过植物根系或叶片进入植物体内后，导致植物生长或生理表现出异常。

六、光照引起的病害

弱光会阻碍阳性植物的叶绿素形成和节间的生长，出现叶色和叶片大小异常、不开展等；耐阴性植物种植于强光照环境，则会导致叶片枯焦等日灼症状。

七、温度不适宜引起的病害

高温伴随干旱的情况下，易导致植物蒸腾作用增大，大量失水，表现为青枯或长势衰弱；低温导致植物细胞间隙和细胞内的水结成冰，引起细胞死亡，造成植物冻伤。

八、氧供应不足引起的病害

土壤缺氧，致使土壤通气不良，导致植株长势衰弱甚至死亡。这主要与长期积水、土壤板结、人为施工等因素有关。

第 9 节　检疫性、危险性病虫害的识别

学习目标

- ➢了解绿化植物检疫性、危险性病虫害的识别特征
- ➢了解绿化植物检疫性、危险性病虫害的发生情况

知识要求

检疫性、危险性病虫害引起危害的严重性和危险性引起了更多的关注，该类病虫害的发生蔓延严重影响经济、生态、社会等方面的安全，造成巨大损失，因此，在绿化植物保护工作中，做好检疫性、危险性病虫害的监测和防控具有重要意义。绿化林业上常见的种类包括美国白蛾、红棕象甲、橘小实蝇、红火蚁、松材线虫萎蔫病等。

一、美国白蛾【*Hyphantria cunea*（Drury）】（见彩图 3—62）

【别名和寄主】又名秋幕毛虫。危害樱花、红叶李、悬铃木、杨、柳、臭椿、喜树、桑树等。

【形态】成虫体长 9～12 mm，纯白色，雄虫触角双栉齿状，多数前翅散生不同数量的黑褐色斑点，雄虫前翅为纯白色，触角锯齿状；卵直径 0.5 mm，绿色，表面密布规则凹陷刻纹；幼虫老熟时体长 28～35 mm，体色黄绿色至灰黑色，背上方有 1 条灰褐色宽纵带；蛹长 8～15 mm，暗红褐色。

【生活习性】1 年发生 2 ~ 3 代，以蛹越冬，翌年 4 月中下旬越冬代蛹开始羽化，第 1 代幼虫发生在 5—6 月，第 2、3 代幼虫危害期分别在 9 月、10 月。幼虫孵化后营群居生活，吐丝结网，形成网幕，幼虫在内部取食，5 龄后网幕破裂，分散取食。

【防治方法】加强成虫监测，特别是越冬代成虫的发生期是确定防治时间的关键；加强巡查，幼虫分散危害前人工剪除网幕；药剂防治用烟参碱 1∶1 000 倍液，或灭幼脲 3 号 1∶2 000倍液，或杀铃脲 1∶8 000 倍液喷雾。

二、红棕象甲【*Rhynchophorus ferrugineus* Fabricius】（见彩图 3—63）

【别名和寄主】又名锈色棕榈象，危害加那利海藻、椰树等。

【形态】成虫体长 28 ~ 35 mm，棕红色，头部前段延伸成喙，前胸背上有 6 个小黑斑排列前后 2 行，前行 3 个较小，后行 3 个较大，前后行居中的一个较大，鞘翅较腹部短，具褐色天鹅绒光泽，每一鞘翅上有 6 条纵沟，腹部末端外露；卵乳白色，长椭圆形，表面光滑，平均长 2. 6 mm，宽 1. 1 mm，孵化前略膨大；幼虫乳白色，无足，呈弯曲状，老熟幼虫体长 40 ~ 45 mm，黄白色，头部暗红褐色，体肥胖，纺锤形，胸足退化，腹部末端扁平，周缘具刚毛；蛹长椭圆形，平均长 35 mm，化蛹后初呈乳白色，以后逐渐变褐色，喙长达前足胫节，触角及复眼显著突出，茧由树干纤维构成，长 50 ~ 95 mm。

【生活习性】幼虫在寄主树干内钻蛀危害，取食树干内柔软组织，树干纤维被咬断且残留在虫道内，严重时可使树干成为空壳；当幼虫蛀食生长点时，初期造成新叶残缺不全，最终造成植株死亡；老熟幼虫用纤维筑茧，并在其中化蛹，待羽化时咬破茧的一端爬出；成虫白天不活跃，通常隐蔽在树腋下，只有取食和交配时才飞出。

【防治方法】加强检疫，预防该虫随苗木引进；及时清除被害株。

三、橘小实蝇【*Bactrocera dorsalis*（Hendel）】（见彩图 3—64）

【别名和寄主】又名柑橘小实蝇、东方果实蝇、橘寡鬃实蝇、黄苍蝇、果蛆、柑蛆和针蜂等。绿地内危害桃、梨、柑橘、枣、木瓜、香橼、枇杷、葡萄等植物的果实。

【形态】成虫体长 6 ~ 8 mm，宽 2 ~ 3 mm，复眼为分眼式，且大，红褐色具蓝色的光泽，单眼 3 枚，中胸背面前盾片、后盾片大部分为黑色，黑色斑组合成“古”字形，前翅翅斑较浅，前缘带和臀斑烟褐色，余透明，腹部背面棕褐色或淡红色；卵梭形，乳白色，表面光亮，长约 1 mm，宽约 0. 17 mm，一端稍尖，另一端钝圆，腹面平直或稍弯，背面略弓突或弧弯；幼虫蛆形，黄白色或乳白色，光滑，无刚毛，前端小而尖，后端宽圆，11 节，其中前 3 节为胸部，后 8 节为腹部；蛹椭圆形，长 0. 45 ~ 0. 55 mm，宽 0. 20 ~

0.22 mm，蛹初期浅黄色，羽化前期黑色。

【生活习性】以幼虫在寄主果实内蛀食为害，造成寄主果实早落和腐烂；1 年发生 6 ~ 7 代，以蛹在土壤中越冬，5 月上中旬成虫开始羽化，7—9 月为种群发生高峰期，常导致寄主果实大量脱落；种群可随绿地内不同寄主的轮换进行寄主更替，成虫喜在趋于成熟的寄主果实上产卵。

【防治方法】用橘小实蝇信息素诱捕成虫，及时拾除落果并集中作灭虫处理。

四、红火蚁【*Solenopsis invicta* Buren】（见彩图 3—65）

【别名和危害】又名入侵红火蚁、外来红火蚁、赤外来火蚁。主要以螯针刺伤动物、人体，人体被叮咬后会有火灼伤般疼痛感，其后出现灼伤般水泡，并化脓形成脓包，如遭遇大量红火蚁叮咬，除受害部位立即产生破坏性伤害与剧痛外，毒液往往造成被攻击者产生过敏而休克，甚至有死亡的危险。

【形态】红火蚁蚁巢为地栖型蚁巢，成熟蚁巢用土堆成高 10 ~ 30 cm、直径 30 ~ 50 cm 的蚁丘，有时为大面积蜂窝状，内部结构呈蜂窝状。

【防治方法】加强检疫，防止人为传播；物理防治可用沸水处理、水淹法等；化学防治用药剂浇灌蚁巢的方法杀灭巢内蚁群。

五、松材线虫萎蔫病【*Bursaphelenchus xylophilus*（Steiner *et* Buhrer）】

【发病症状】初夏感染的松树外表看似健康，但至夏末即枯死，针叶呈红棕色。因此，被害植株的迅速枯死为该病最显著的特征。其发展过程可分为以下 4 个阶段：

（1）松脂分泌减少、停止。病害发展的最初阶段表现为在树干上人为造成的伤口上无松脂分泌。这个病症大约出现在 7 月中旬。松树在染病后的 6 ~ 20 天内即停止分泌松脂。

（2）针叶转为红棕色，整株枯死。一般在 8 月下旬至 10 月即被危害后 30 ~ 40 天，病树迅速枯死，红棕色的针叶不易脱落。

（3）针叶萎蔫、黄化。蒸腾作用的下降使松针逐渐萎蔫，边材含水迅速下降、木质干枯是此阶段的主要特征。

（4）蒸腾作用下降。一般在受害后 20 ~ 30 天内出现蒸腾作用下降，此时尚未出现外部症状。

在合适的发病条件下，绝大多数病树从针叶开始变色至整株死亡约一个月时间。

【发病规律】松材线虫病的病原——松材线虫属线形动物门、线虫纲。松墨天牛是我国松材线虫最主要的传播媒介。病树中的松材线虫幼虫不断向天牛蛹室靠近，等到天牛羽化时，即进入蛹室与刚羽化的天牛成虫结合。据研究，线虫向天牛蛹室聚集与蛹室内的某些化学物质及天牛呼吸所产生的二氧化碳有一定的关系。

【松材线虫的传播】松墨天牛传播线虫主要有两个时期，分别为天牛补充营养期和产卵期，其中以补充营养期为最主要的传播时期。一旦带虫天牛在染病寄主上补充营养，松树常常由于线虫的侵入而枯死。

【防治方法】松材线虫萎蔫病是由介体天牛将松材线虫传入松树，在适合环境下发生和流行的一种内寄生线虫病，在发病区可采用针对一个或多个发病因素的综合措施，控制其发生和流行。

(1) 检疫措施。该病在自然界是由天牛传播的，距离有限，但在病木中同时存在的天牛幼虫和松材线虫可随人为运输而远程扩散，因此实施检疫措施是保护无病区的关键。

(2) 化学防治。针对天牛或松材线虫的化学措施，可通过减少介体虫口密度，保护单株健树。喷洒杀虫剂可以降低天牛虫口密度而减少松材线虫的侵染，处理病木可喷洒有渗透作用的药液或用药剂熏蒸杀死其中的天牛幼虫。

(3) 物理防治。物理防治主要用于病材的处理，用以杀灭病材中的介体昆虫和松材线虫，措施有热处理、水浸或将病材切成薄板，但不能杀死其中的全部天牛，如水浸 100 天，天牛死亡率为 80%。火烧是较常用的一种措施，将木材表面碳化 0.5 ~1 cm，杀虫率可达 100%。

(4) 更新林种，栽植抗病树种。

第 10 节　病虫害防治技术

学习目标

➤了解常用绿化植物病虫害防治技术

知识要求

当前，保护环境、维持生态平衡的观念已引起广泛关注。城市绿地病虫害治理的基本方向是：充分发挥绿地独特的生态群落中各种有利的因素，对病虫害达到控制的目的。

城市绿地植物保护策略和定位是：以人与自然和谐为管理原则，以保护城市生态环境和城市绿地可持续发展为目标，达到有虫无害、自然调控，生物多样、相互制约，人为调控，以生物因素为主。

一、常见的植物保护措施

1. 检疫检疫

检疫检疫是一个国家或一个地方行政机构利用法规措施，禁止或限制危险性病害、虫害和杂草人为地从境外或省、市区外传入或传出，或者在传入以后，限制其传播扩散的重要措施。这种措施在发现有新的病虫出现时显得尤为重要。

2. 园艺措施

这是植物保护的一项基本措施。栽培中既要注意遮阳，又要保证有足够的光照；既要合理施肥、浇水，又要注意植物本身的徒长，以及各类病虫的侵染、突发等。种植前最好对土壤进行消毒，并经高温消毒（可在伏天把培养土摊在水泥地上暴晒 2～3 天）或药剂消毒，以杀死病菌、虫卵或繁殖体。

3. 生物防治

生物防治是利用一种（有益）生物来控制另一种（有害）生物。生物防治见效虽较缓慢，但对园林植物、生态环境安全。常用的方法有以虫治虫、以菌治虫（细菌、真菌、病毒和线虫）。上海地区生物防治也有很多成功的范例，如利用红环瓢虫防治草履蚧，利用线虫防治天牛幼虫和草坪害虫，利用周氏啮小蜂防治美国白蛾等。防治刺蛾类的 Bt 乳剂就是昆虫细菌（苏云金杆菌）商品化生产的成功范例。

4. 物理防治

常用的方法是利用光、色诱杀害虫。光诱杀通常采用频振式杀虫灯诱杀害虫成虫。色诱杀是采用黄色粘胶板，放置在花卉栽培地或温室内，可诱粘到大量的有翅蚜虫粉虱等；另外，还可采用银白锡纸反光拒栖迁飞蚜虫等。

5. 植物性药物防治

最大优点是安全和无药害，尤其对花卉施用后不影响花色。例如除虫菊浸出膏、烟草制剂（硫酸烟精等）、鱼藤制剂（鱼藤精等）、菜子饼水等。

6. 化学药剂防治

化学药剂防治是指用化学药剂防治园林害虫、病害、螨类、杂草及其他有害动物的方法，在病虫害防治中有很重要的作用。化学防治具有杀虫快、效果好、使用方便，受季节限制小，适于大面积防治猖獗成灾害虫，能起急救作用等优点。缺点是使用不当会引起人畜中毒，污染环境，杀伤昆虫天敌，使某些害虫产生抗药性等。目前，各国正在寻求发展高效、低毒、经济、安全的农药品种。

7. 简易防治法

这是就地取材、行之有效的一些简单易行的控制病虫害方法。例如：

（1）菜子饼水。其对很多土壤害虫，如蛴螬、地老虎、蝼蛄、金针虫等，都有良好的效果。只要将制备好的菜子饼水浇入根部，有害生物就会“脱土而出”，死于土面。菜子饼和水的配制比例为1∶15。

（2）烟灰水。烟草含有烟碱（又称“尼古丁”），对害虫的毒力很强，对蚜虫、蓟马、叶蝉、叶甲和蚂蟥等都有效。制备方法：用烟灰缸内的烟头50～100只，连同烟灰加水200～300 mL，浸泡一昼夜后，反复捣烂，用稀纱布滤去渣滓后喷施。

（3）肥皂水。肥皂对害虫的防治作用，主要是堵塞害虫的呼吸器官（气孔），使害虫窒息而死。另外因肥皂水表面张力小，容易黏附各种虫体，因此对多种细小害虫，如蚜虫、蚧虫等均有防效。肥皂和水的配制比例为1∶50。

二、农药基础知识

1. 药剂种类

（1）杀虫剂。可分为触杀剂、胃毒剂、内吸剂、熏蒸剂等。

（2）杀菌剂。可分为无机杀菌剂、有机杀菌剂、抗菌素类杀菌剂等。

（3）除草剂。可分为灭生性除草剂和选择性除草剂。

2. 农药剂型

（1）乳油（EC）。用水稀释后形成乳状液的均一液体制剂。

（2）粉剂（DP）。适用于喷粉或撒布的自由流动的均匀粉状制剂。

（3）颗粒剂（GR）。有效成分均匀吸附或分散在颗粒中，或附着在颗粒表面，具有一定粒径范围，可直接使用的自由流动的粒状制剂。

（4）可湿性粉剂（WP）。可分散于水中形成稳定悬浮液的粉状制剂。

（5）水剂（AS）。有效成分及助剂为水溶液的制剂。

（6）悬浮剂（SC）。非水溶性的固体有效成分与相关助剂，在水中形成高分散度的黏稠悬浮液制剂，用水稀释后使用。

（7）缓释剂（BR）。控制有效成分从介质中缓慢释放的制剂。

3. 常用农药种类

一种农药往往可以加工成多个有效成分的药剂，剂型也有不同。由于有效成分的含量影响农药的使用浓度，因此为准确起见，特将本书中提及的农药列出，见表3—1。

表 3—1　　本书涉及的农药品种及剂型

序号	药剂名称	序号	药剂名称
1	灭蛾灵悬浮剂	13	1.8%阿维菌素乳剂
2	苏力保悬浮剂	14	森得保可湿性粉剂
3	虫瘟一号	15	10%吡虫啉可湿性粉剂
4	0.36%百草一号水剂	16	10%氯氰菊酯乳油
5	0.45%百草三号微乳剂	17	12.5%力克菌可湿性粉剂
6	花保乳剂	18	70%甲基硫菌灵可湿性粉剂
7	25%敌力脱乳油	19	80%大生可湿性粉剂
8	1.2%苦·烟乳油	20	粉锈宁
9	绿色威雷水剂	21	25%阿米西达水剂
10	20%杀铃脲悬浮剂	22	蜗克星颗粒剂
11	25%灭幼脲3号悬浮剂	23	奥力克乳剂
12	30%蛾螨灵可湿性粉剂	24	树虫一针净

4. 科学使用药剂防治病虫害

农药能防治病虫害及杂草，保护园林植物免受侵害，但如果使用不当或滥用农药，不仅收不到应有效果，反而会引起一系列副作用，如污染环境，产生药害，引起病虫产生抗药性，造成人畜中毒等。因此，在使用农药以前须了解农药的相关知识，做到安全用药、科学用药。

（1）安全用药。在药剂的储藏、搬运及使用过程中应注意人身安全，以防农药中毒及药害的发生。

具体应注意以下几个方面：

1）防护措施。喷药前应做好个人的防护工作，工作人员应佩戴手套、口罩、眼镜等保护设备，作业人员在喷洒农药时应尽可能站在上风头，以免皮肤等器官接触到药剂引起中毒。

2）用药方式。使用农药时，首先必须了解农药的性能、使用方法及防治对象，严格按照要求进行操作，以免引起药害。另外应根据害虫的发生特点和发生种类，选用合适的药剂和最佳的防治时期，做到对症下药，以达到事半功倍的效果。

3）用药时间。喷药时应避开高温时段，以免引起农药中毒或产生药害，一般来说，早晨或傍晚为喷药最佳时间。

4）急救措施。如果农药不慎接触到皮肤或进入眼睛，应及时用清水冲洗，必要时应到医院就医。

5）包装物回收并统一处理。装过农药的包装瓶或包装袋，应及时统一收集，并统一进行处理，不得随便丢弃，以防污染环境及造成安全事故。

6）使用机械车辆喷洒农药。应确保作业人员站立和操作的安全，并且和车辆驾驶员有一个密切的配合，车辆驾驶员应避免紧急刹车，以确保作业人员的安全。

7）药剂储存。适量储存所需药剂，及时检查标签生产日期，防止过期；储存场所应远离人口密集处及水源，防止药剂危害人体健康和污染环境。

（2）科学用药。杀虫剂能杀死害虫，但害虫通过自然选择会产生一定的抗药性，导致药剂防治效果降低。为了防止和延缓害虫产生抗药性，可以采取以下措施：

1）轮换使用农药。在一地区连续使用单一的杀虫剂是导致害虫产生抗性的主要原因，因此，应注意轮换使用农药，选择作用机制不同或同一类制剂中无交互抗性的农药轮换、交替使用，避免长期使用单一农药。

2）正确掌握农药的使用浓度和防治次数。随意提高农药的防治浓度和增加防治次数，是加速害虫产生抗药性的另一个主要原因，因而要避免为求高效盲目用药的现象，做到严格按照要求配药，不轻易增加用药次数。

3）对有抗药性的害虫换用没有交互抗性的农药。如斜纹夜蛾对有机磷药剂产生抗性后，应换用灭幼脲、烟参碱等不同作用机理的农药。

4）节制用药。在病虫害的防治过程中应克服“农药万能”思想，采取综合防治措施。

思 考 题

1. 食叶性害虫、刺吸性害虫、蛀干性害虫、地下性害虫各有哪些主要危害特点？其危害后主要症状分别是什么？

2. 简述介壳虫的防治要点。

3. 简述植物病害的类别及常见种类。

4. 影响植物病害发生、传播和蔓延的条件有哪些？

5. 传染性病害的防治技术要点有哪些？

6. 关于绿化植物病虫害防治安全用药方面有哪些需要注意的事项？

第4章

园林树木

第1节 裸子植物主要科及代表树种 /128

第2节 被子植物主要科及代表树种 /135

第1节　裸子植物主要科及代表树种

学习目标

➢了解常见裸子植物的习性

➢了解常见裸子植物的栽培技术

➢掌握常见裸子植物的形态特征

➢掌握常见裸子植物的园林应用

➢能够进行常见裸子植物主要科及代表树种形态特征的辨识

知识要求

裸子植物（GYMNOSPERMAE）多为乔木，少为灌木，罕为藤本。叶多为针形、鳞片形、线形、椭圆形、披针形，罕为扁形。花单性，罕两性，胚珠裸露，不为子房所包被。种子有胚乳，胚直生，子叶一至多数。

裸子植物多为高大的乔木，广布于北半球温带至寒带地区以及亚热带的高山地区。全世界共有12科、72属，约800种；中国有11科、41属、243种，包括自国外引种栽培的1科、8属、51种。

一、苏铁（铁树）【*Cycas revoluta* Thunb.】（见彩图4—1）

【科属】苏铁科、苏铁属。

【分布】原产我国南部，在福建、台湾、广东各省均有。日本、印度及菲律宾亦有分布。

【形态】常绿棕榈状木本植物。叶羽状，长达0.5～2.4 m，厚革质而坚硬，羽片条形，长达18 cm；雄球花长圆柱形，小孢子叶密被黄褐色绒毛；雌球花略呈扁球形，大孢子叶宽卵形，有羽状裂，密被黄褐色棉毛。花期6—8月，种子10月成熟，熟时红色。

【习性】喜暖热湿润气候，不耐寒，在温度低于0℃时易受害。生长速度缓慢，寿命可达二百余年。俗传“铁树60年开一次花”，实则十余年以上的植株在南方每年均可开花。

【繁殖栽培】可用播种、分蘖、埋插等法繁殖。因苏铁性喜暖热，冬季气温较低时，易致叶色变黄凋萎。可用稻草将茎叶全体自下向上方扎缚，至春暖解缚后，待新叶萌发时乃将枯叶剪除。盆栽时忌用黏质土壤，亦忌浇水过多，否则易烂根。一搬不需施肥，但如欲使叶色浓绿而有光泽，则可施用油籽饼。移植以在5月以后气温较暖时为宜。

【观赏特性和园林用途】苏铁树形优美，有反映热带风光的观赏效果，常布置于花坛的中心或盆栽布置于大型会场内供装饰用。苏铁可食，茎内淀粉可以加工食用（称“西米”）。

二、冷杉【*Abies fabri*（Mast.）Craib】（见彩图4—2）

【科属】松科、冷杉属。

【分布】分布于我国四川西部高海拔地。为耐阴性很强的树种，喜冷凉且空气湿润。

【形态】常绿乔木。树冠尖塔形。一年生枝淡褐黄、淡灰黄或淡褐色，凹槽疏生短毛或无毛。冬芽有树脂，叶长1.5~3.0 cm，宽2.0~2.5 mm，先端微凹或钝，叶缘反卷或微反卷，下面有2条白色气孔带。球果卵状圆柱形，熟时暗蓝黑色。花期4月下旬至5月，果当年10月成熟。

【习性】喜光耐阴，喜中性及微酸性土壤。根系浅，生长繁茂。

【繁殖栽培】播种法。常见病虫害有冷杉毒蛾、树干小尖红腐病等。

【观赏特性和园林用途】树冠优美，宜丛植、群植用。现城市园林中应用较少。

三、云杉【*Picea asperata* Mast.】（见图4—1）

【科属】松科、云杉属。

【分布】产于我国四川、陕西、甘肃等地。

【形态】常绿乔木。树冠圆锥形。小枝近光滑或疏生至密生短柔毛，一年生枝淡黄。芽圆锥形，有树脂。叶长1~2 cm，先端尖，横切面菱形，上面有5~8条气孔线，下面4~6条。球果圆柱状长圆形，成熟时灰褐或栗褐色。花期4月，果当年10月成熟。

【习性】有一定耐阴性，喜冷凉湿润气候，浅根性，要求排水良好，喜微酸性深厚土壤，生长速度较快。

【繁殖栽培】种子繁殖。

【观赏特性和园林用途】树冠尖塔形，苍翠壮丽，上海地区时有引种。

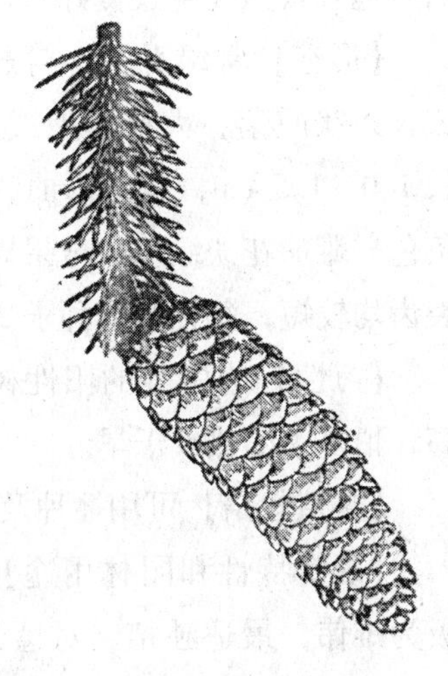

图4—1　云杉

四、金钱松【*Pseudolarix kaempferi* Gord.】（见图 4—2）

【科属】松科、金钱松属。

【分布】产于中国，在西天目山、庐山有分布。

【形态】落叶乔木。树冠阔圆锥形。叶条形，在长枝上互生，在短枝上 15 ~ 30 枚轮状簇生，叶长 2 ~ 5.5 cm。球果卵形或倒卵形，当年成熟。花期 4—5 月，果 10—11 月上旬成熟。

【习性】性喜光，幼时稍耐阴，喜温凉湿润气候和深厚肥沃、排水良好且适当湿润的中性或酸性沙质壤土。金钱松属于有真菌共生的树种，菌根多则对生长有利。

【繁殖栽培】播种法繁殖。

【观赏特性和园林用途】本树为珍贵的观赏树木之一，与南洋杉、雪松、日本金松和巨杉合称为世界五大公园树。金钱松体形高大，树干端直，入秋叶变为金黄色极为美丽。可孤植或丛植形成美丽的自然风景。

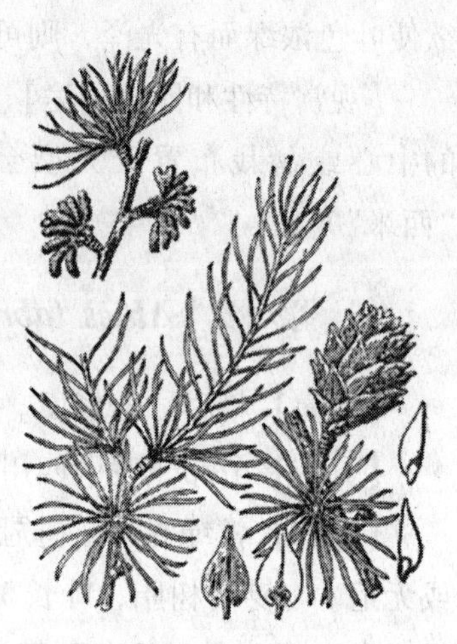

图 4—2　金钱松

五、柳杉（长叶柳杉）【*Cryptomeria fortunei* Hooibenk ex Otto et Dietr.】（见图 4—3）

【科属】杉科、柳杉属。

【分布】产于我国浙江天目山、福建和江西庐山等处，浙江、四川、云南、湖南及广西等地有栽培，生长良好。

【形态】常绿乔木。树冠塔圆锥形，树皮赤棕色，纤维状裂成长条状脱落，大枝斜展或平展，小枝常下垂，绿色。叶钻形，长 1.0 ~ 1.5 cm，微向内曲，先端内曲，四面有气孔线。雄球花黄色，雌球花淡绿色。球果熟时深褐色，苞鳞尖头与种鳞先端之裂齿均较短，每种鳞有种子 2 个。花期 4 月，果 10—11 月成熟。

【习性】为中等的阳性树，略耐阴，亦略耐寒。喜空气湿度高，怕夏季酷热或干旱。

【繁殖栽培】可用播种及扦插法繁殖。

【观赏特性和园林用途】柳杉树形圆整而高大，树干粗壮，极为雄伟，最适独植、对植，亦宜丛植或群植。在江南习俗中，自古以来常用做墓道树，亦宜作风景林栽植。

图 4—3　柳杉

六、水松【*Glyptostrobus pensilis*（Staunt.）Koch】（见彩图4—3）

【科属】杉科、水松属。

【分布】产于我国长江流域以南等地，园林中常有栽培。

【形态】落叶乔木。树冠圆锥形。树皮呈扭状长条浅裂，干基部膨大，有膝状呼吸根。枝条稀疏，大枝平伸或斜展，小枝绿色。叶互生，有三种类型，鳞形叶长约2 mm，宿存，螺旋状着生主枝上，有条状钻形叶及条形叶，长0.4～3.0 cm，常排成2～3列之假羽状，冬季均与小枝同落；雄球花圆锥形，雌球花卵圆形；球果倒卵形。花期1—2月，果10—11月成熟。

【习性】强阳性树，喜暖热多湿气候，不耐低温。喜多湿土壤，根系发达，在沼泽地则呼吸根发达。性强健，对土壤适应性较强。

【繁殖栽培】用种子及扦插法繁殖。

【观赏特性和园林用途】树形美丽，最宜湖畔绿化用，根系强大，可作防风护堤树。

七、墨西哥落羽杉【*Taxodium mucronatum*】（见彩图4—4）

【科属】杉科、落羽杉属。

【分布】原产墨西哥及美国西南部。近几年，在我国长三角地区绿化中极受推崇，除湿地盐碱地绿化外，在其他绿地中也表现良好。

【形态】半常绿或常绿乔木。树皮裂成长条片，大枝水平开展，侧生短枝螺旋状散生，叶扁线形，紧密排成羽状二列。常年青翠，耐干旱、涝渍、瘠薄和盐碱，抗台风，少病虫害。树冠高大雄伟，枝叶繁茂，冠形秀丽，绿叶期长，落叶迟。

【习性】强阳性树，喜暖热多湿气候，极耐水湿。根系发达，在沼泽地则呼吸根发达。性强健，土壤以湿润富含腐殖质者佳。

【繁殖栽培】可用播种及扦插法繁殖。引种到我国后，开花结实不正常，目前实生种苗靠进口。

【观赏特性和园林用途】落叶期短，生长快，树形高大挺拔，是优良的绿地树种，宜丛植和群植，也可种于河边、宅旁或作行道树，还是海滩涂地、盐碱地的特宜树种。可维护森林自然保护区生物链，起到保护水土流失、涵养水源的作用。

八、日本扁柏（扁柏）【*Chamaecyaris obtuse* Endl.】（见彩图4—5）

【科属】柏科、扁柏属。

【分布】原产日本。我国多地均有栽培。

【形态】常绿乔木。树冠尖塔形。生叶的小枝扁平，鳞叶尖端较钝。球果球形。花期4月，球果10—11月成熟。

【习性】对阳光要求中等而略耐阴，喜凉爽而温暖湿润气候。

【繁殖栽培】常用播种法，品种用扦插法繁殖。

【观赏特性和园林用途】树形及枝叶均美丽可观，常用于庭园配植。可作园景树、行道树、树丛、风景林及绿篱用。

九、日本花柏（花柏）【*Chamaecyparis pisifera* Endl.】（见图4—4）

【科属】柏科、扁柏属。

【分布】原产日本。中国城市园林中有栽培。

【形态】常绿乔木。树冠圆锥形。叶表亮绿色，下面有白色线纹，鳞叶端锐尖，略开展，侧面之前较中间之叶稍长。球果圆球形。

【习性】对阳光的要求属中性而略耐阴，喜温凉湿润气候；喜湿润土壤，不喜干燥土地。

【繁殖栽培】可用播种及扦插法繁殖，有些品种可用扦插、压条或嫁接法繁殖。

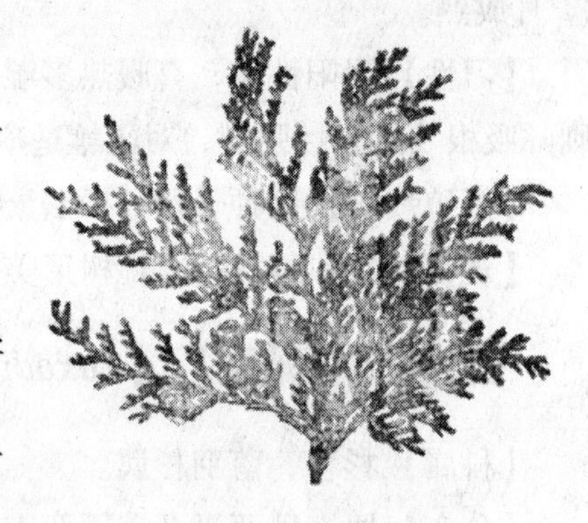

图4—4　日本花柏

【观赏特性和园林用途】在园林中可孤植、丛植或作绿篱用。枝叶纤细优美秀丽，特别是许多品种具有独特的姿态，观赏价值较高。

相关介绍：

线柏［cv. Filifera］：常绿灌木或小乔木，小枝细长而下垂，华北多盆栽观赏，江南有露地栽培者。用侧柏行砧木行嫁接法繁殖。

绒柏［cv. Squarrosa］：树冠塔形，大枝近平展，小枝不规则着生，非扁形，呈苔状；小乔木，高5 m，叶条状刺形，柔软，长6～8 mm，下面有2条白色气孔线。

十、刺柏（缨络柏）【*Juniperus formosana* Hayata（J. taxifolia Parl）】（见彩图4—6）

【科属】柏科、刺柏属。

【分布】产于我国各地及高山区，常出现于石灰岩上或石灰质土壤中。

【形态】常绿乔木。树冠狭圆形，小枝下垂。叶全刺形，长 2 ~ 3 cm，表面略凹，有 2 条白色气孔带或在尖端处合二为一，叶基不下延。球果球形或卵状球形。

【习性】性喜光，耐寒性强，在自然界常散见于海拔 1 300 ~ 3 400 m 地区，但不形成大片森林。

【繁殖栽培】用种子或嫁接法繁殖，以侧柏为砧木。

【观赏特性和园林用途】宜在园林中观赏其长而下垂枝条，体形甚是秀丽。

十一、竹柏【*Podocarpus nagi*】（见彩图 4—7）

【科属】罗汉松科、罗汉松属。

【分布】产于我国浙江、四川、广西、湖南等省。

【形态】常绿乔木。树冠圆锥形。叶对生，革质，形态与大小似竹叶，故名；叶长，无明显中脉。种子球形，10 月成熟，熟时紫黑色，外被白粉，种托不膨大，木质。花期 3—5 月。

【习性】性喜温热湿润气候。竹柏对土壤要求较严，在排水好而湿润富含腐质的深厚酸性沙壤或轻黏壤上生长良好。

【繁殖栽培】用播种及扦插法繁殖。

【观赏特性和园林用途】竹柏的枝叶青翠而有光泽，树冠浓郁，树形美观，上海市主要习见于居家、会场盆栽。

十二、三尖杉【*Cephalotaxu fortunei* Hook. f.】（见图 4—5）

【科属】三尖杉科、三尖杉属。

【分布】产于我国广大地区。

【形态】常绿乔木。小枝对生，基部有宿存芽鳞。叶在小枝上排列较稀疏，螺旋状着生成两列状，线状披针形，长 4 ~ 13 cm，微弯曲，叶端尖，叶基楔形，叶背有两条白色气孔线。种子椭圆状卵形，长约 2.5 cm，成熟时外种皮紫色或紫红色。

【习性】性喜温暖湿润气候，耐阴，不耐寒。

【繁殖栽培】用种子及扦插法繁殖。

【观赏特性和园林用途】可作园林绿化树用。

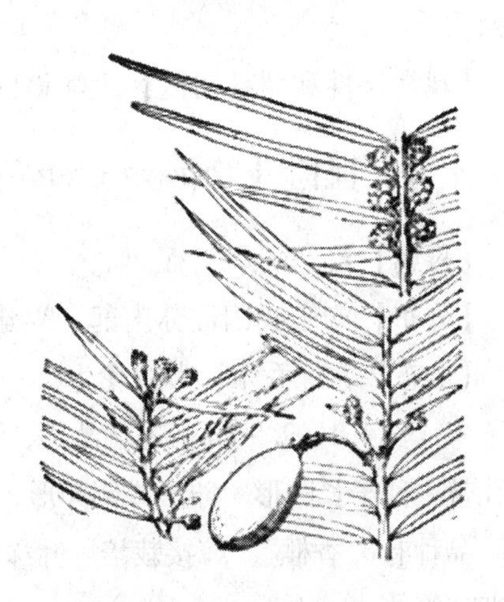

图 4—5　三尖杉

十三、粗榧【*Cephalotaxus sinensis*（Rehd. r Eils.）Li】（见彩图4—8）

【科属】三尖杉科、三尖杉属。

【分布】为我国特有树种。

【形态】灌木或小乔木。叶条形，通常直形，很少微弯，端渐尖，长2 cm，宽约3 cm,先端有微急尖或渐尖的短尖头，基部近圆或广楔形，几无柄，上面绿色，下面气孔带白色，较绿色边带约宽3～4倍，4月开花；种子次年10月成熟，卵圆或椭圆状卵形。

【习性】阳性树，较喜温暖，喜生于富含有机质之壤土内，抗虫害能力很强。生长缓慢，但有较强的萌芽力，耐修剪，但不耐移植。有一定的耐寒力。

【繁殖栽培】种子繁殖。

【观赏特性和园林用途】通常与他树配植，作基础种植用，或在草坪边缘种植。

十四、红豆杉（观音杉）【*Taxus chinensis* Rehd.】（见彩图4—9）

【科属】红豆杉科、红豆杉属。

【分布】产于我国甘肃南部、四川等地。

【形态】常绿乔木。叶螺旋状互生，基部扭转为二列，条形，略微弯曲，长1～2.5 cm，叶缘微反曲，叶端渐尖，叶背有2条宽黄绿色或灰绿色气孔带，中脉上密生有细小凸点，叶缘绿带极窄。雌雄异株。种子扁卵形，假种皮杯状，红色。

【习性】耐旱、抗寒，可与其他树种或果园套种，管理简便。

【繁殖栽培】目前红豆杉苗木的繁殖方法为先育种植法、组织培养繁育法、人工扦插繁殖法。

【观赏特性和园林用途】上海地区多为盆栽应用。

十五、榧树【*Torreya grandis* Fot. E Lind.】（见彩图4—10）

【科属】红豆杉科、榧属。

【分布】产于我国江苏南部、福建北部及湖南地区。

【形态】常绿乔木。大枝轮生，一年生小枝绿色，对生，次年变为黄绿色。叶条形，直而不弯，长1.1～2.5 cm，先端凸尖，上面绿色而有光泽，中脉不明显，下面有2条黄白色气孔带。种子长圆形、卵形或倒卵形，成熟时假种皮淡紫褐色。种子第二年10月左右成熟。

品种有“香榧”。嫁接栽培。叶深绿色，质较软；种子长圆状倒卵形，长2.7～3.2 cm。产浙江等地。

【习性】阴性，喜温暖湿润气候，不耐寒，喜生于酸性而肥沃深厚土壤，对自然灾害

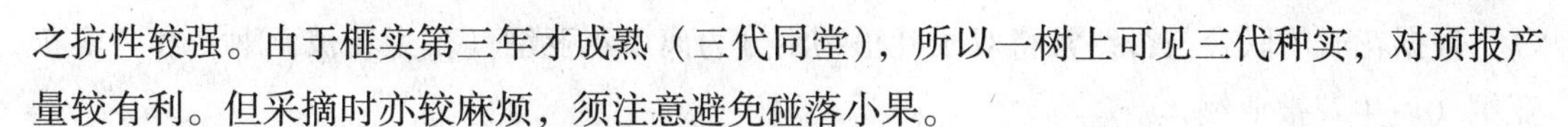

之抗性较强。由于榧实第三年才成熟（三代同堂），所以一树上可见三代种实，对预报产量较有利。但采摘时亦较麻烦，须注意避免碰落小果。

【繁殖栽培】多采后即播种，但亦有层积后春播。

【观赏特性和园林用途】我国特有树种，树冠整齐，枝叶繁密，特别适合孤植、列植用。耐阴性强，可长期保持树冠外形。

第2节　被子植物主要科及代表树种

被子植物（ANGIOSPERMAR）为乔木、灌木、藤木或草木。单叶或复叶，网状或平行叶脉。具典型的花，两性或单性，胚珠包藏于由心皮封闭而成的子房中；胚珠发育成种子，子房发育成果实，种子有胚乳或无，子叶2或1。

被子植物全世界约有25万种，中国约产25 000种，其中木本植物8 000余种。被子植物分为双子叶植物和单子叶植物两个纲。

学习单元1　双子叶植物主要树种的形态、习性及栽培、应用

学习目标

- 了解常见双子叶植物的栽培技术
- 熟悉常见双子叶植物的习性
- 掌握常见双子叶植物的形态特征
- 掌握常见双子叶植物的园林应用
- 能够辨识常见双子叶植物主要科及代表树种的形态特征

知识要求

双子叶植物纲（Dicotyledoneae）多为直根系，茎中维管束环状排列，有形成层，能使茎增粗生长，叶具有网状叶脉。花各部每轮通常为4～5基数，胚常具2片子叶。双子叶植物的种类约占被子植物的3/4，其中约有一半的种类是木本植物。

根据花瓣的联合与否，常将双子叶植物纲分为离瓣花亚纲（古生花被亚纲）和合瓣花亚纲（后生花被亚纲）。

一、离瓣花亚纲【Archichlamydeae】

离瓣花亚纲又称古生花被亚纲，是较原始的被子植物，花无被、单被或复被，而以花瓣通常分离为其主要特征。

1. 木麻黄（驳古松）【*Casuarina equisetifolia* L.】（见彩图4—11）

【科属】木麻黄科、木麻黄属。

【分布】原产大洋洲及其邻近的地区，广泛栽培于热带美洲和非洲，我国南部沿海地区有栽培。

【形态】常绿乔木。树皮暗褐色，狭长条片状脱落。小枝细软下垂，灰绿色，似松针，长10～27 cm，节间长4～6 mm，每节通常有退化鳞叶7枚。花单性，果序球状。坚果连翅长5～7 mm。花期5月。果熟期7—8月。

【习性】强阳性，喜炎热气候，耐干旱、瘠薄，抗盐渍，也耐潮湿，不耐寒，生长快。

【繁殖栽培】通常用种子繁殖，也可用半成熟枝扦插。

【观赏特性和园林用途】本种是我国华南沿海地区造林最适树种，沙地和海滨地区均可栽植，防风固沙作用良好，在城市及郊区亦可作行道树、防护林或绿篱。上海市有少量种植。

2. 加杨（加拿大杨）【*Populusx canadensis* Moench】（见彩图4—12）

【科属】杨柳科、杨属。

【分布】本种系美洲黑杨（P. delioides Marsh.）与欧洲黑杨（P. nigra L.）之杂交种，现广植于欧亚美各洲。19世纪中叶引入我国，各地普遍栽培。

【形态】落叶乔木。树冠开展呈卵圆形。树皮灰褐色，粗糙，纵裂。小枝在叶柄下具3条棱脊。叶近正三角形，基部截形，具钝齿，叶柄扁平面长，有时顶端具1～2腺体。

【习性】杂种优势明显，生长势和适应性均较强。性喜光，颇耐寒，喜湿润而排水良好之冲积土，对水涝、盐碱和瘠薄土地均有一定耐性，能适应暖热气候。对二氧化硫抗性强，并有吸收能力。

【繁殖栽培】萌芽力、萌蘖力均较强。寿命较短。扦插易活，生长迅速。

【观赏特性和园林用途】加拿大杨树体高大，树冠宽阔，叶片大而具光泽，夏季绿荫浓密，很适合作行道树、庭荫树及防护林用。

3. 旱柳（柳树）【*Salix matsudana* Koidz】（见彩图4—13）

【科属】杨柳科、柳属。

【分布】中国分布甚广，以黄河流域为其分布中心。

【形态】落叶乔木。树冠卵圆形至倒卵形。树皮纵裂。枝条直伸或斜展。叶披针形至狭披针形，缘有细锯齿，背面微被白粉。花期3—4个月。果熟期4—5个月。

栽培变种为馒头柳【cv. Umbraculifera】，分枝密，端梢齐整，形成半圆形树冠，状如馒头。

【习性】喜光，不耐庇荫，耐寒性强，喜水湿，亦耐干旱。对土壤要求不严，生长快，萌芽力强。

【繁殖栽培】繁殖以扦插为主，播种亦可。

【观赏特性和园林用途】柳树历来为我国人民所喜爱，其柔软嫩绿的枝叶，丰满的树冠，自古以来就成为重要的园林及城乡绿化树种。最宜沿河湖岸边及低湿处、草地上栽植，亦可作行道树、防护林及沙荒造林等用。但由于柳絮繁多、飘扬时间长，故居住区等地均以种植雄株为宜。

4. 银芽柳（棉花柳）【*Salix leucopithecia* Kimury】（见图4—6）

【科属】杨柳科、柳属。

【分布】原产于日本，我国有栽培。

【形态】落叶灌木。分枝稀疏。枝条绿褐色，具红晕。冬芽红紫色，有光泽。叶片椭圆形。雄花序椭圆状圆柱形，早春叶前开放，盛开时花序密被银白色绢毛。

【习性】喜光，喜湿润土地，颇耐寒。

【繁殖栽培】用扦插法繁殖。栽培后每年需重剪，促使萌发多数长枝条。

【观赏特性和园林用途】其花芽萌发成花序时十分美观，供春节后插瓶观赏。

图4—6　银芽柳

5. 杨梅【*Myrica rubra*（Lour.）Sieb. et Zucc.】（见彩图4—14）

【科属】杨梅科、杨梅属。

【习性】中性树，稍耐阴，不耐烈日直射。

【形态】常绿乔木。树冠整齐，近球形。叶倒披针形，全缘或近端部有浅齿。雌雄异株，雄花序紫红色。核果球形，深红色，也有紫、白等色的，多汁。花期3—4月。果熟期6—7月。

【分布】产于我国长江以南各省区，以浙江栽培最多。

【繁殖栽培】可用播种、压条及嫁接等法繁殖。

【观赏特性和园林用途】杨梅枝繁叶茂，树冠圆整，初夏又有红果累累，十分可爱。孤植、丛植于草坪、庭院，绿化效果也很理想。

6. 胡桃（核桃）【*Jugians regia* L.】（见彩图4—15）

【科属】胡桃科、胡桃属。

【分布】原产于我国新疆及阿富汗、伊朗一带，传为汉朝张骞带入内地（西晋张华撰《博物志》中有“张骞使西域，还得胡桃种”的记载）。我国有两千多年的栽培历史，各地广泛栽培。

【形态】落叶乔木。树冠广卵形至扁球形。一年生枝绿色。小叶5～9枚，卵状椭圆形，基部偏斜，全缘，幼树及萌芽枝上之叶有锯齿。雌花顶生穗状花序，核果球形，有不规则浅裂纹及2纵脊。花期4—5月。

【习性】喜光，喜温暖凉爽气候，耐干冷，不耐湿热。深根性，有粗大的肉质直根，故怕水淹。

【繁殖栽培】可用播种及嫁接法繁殖。由于胡桃具有枝顶混合芽结果的习性，故对结果枝一般不短截，通常只修剪过密枝和枯枝，但对某些必要的弱枝可进行短剪。由于胡桃的树腋流动早而且旺，故不宜在休眠期修剪，以免伤流过多，损伤树势。

【观赏特性和园林用途】树冠庞大雄伟，枝叶茂密，绿荫覆地，是良好的庭荫树。

7. 板栗（栗）【*Castanea mollissima* BI.（C. bungeana BI.）】（见彩图4—16）

【科属】壳斗科、板栗属。

【分布】我国特产树种，栽培历史悠久。

【形态】落叶乔木。树冠扁球形。树皮灰褐色，交错纵深裂。无顶芽。叶椭圆形至椭圆状披针形，缘齿尖芒状，背面常有灰白色柔毛。雄花序直立，总苞球形，密被长针刺，内含1～3坚果。花期5—6月。

【习性】喜光树种，耐寒、耐旱。对土壤要求不甚严。深根性树种，根系发达，根萌蘖力强。寿命长。对有毒气体有较强抵抗力。

【繁殖栽培】主要用播种、嫁接法繁殖，分蘖亦可。

【观赏特性和园林用途】板栗树冠圆广，枝茂叶大，在公园草坪及坡地孤植或群植均适宜，亦可用做山区绿化造林和水土保持树种。有“铁杆庄稼”的美誉。

8. 苦槠【*Castanopsis sclerophylla*（LindI.）Sehott】（见彩图4—17）

【科属】壳斗科、栲（锥）属。

【分布】主产于我国长江以南各省区。

【形态】常绿乔木。树冠圆球形。树皮暗灰色，纵裂。小枝绿色，无毛，常有棱沟。叶长椭圆形，中上部有齿，背面有灰白色或浅褐色蜡层，革质。总苞外有环状列之瘤状苞片。

【习性】喜光耐阴，喜深厚、湿润之中性和酸性土，亦耐干旱和瘠薄。

【繁殖栽培】用播种繁殖。

【观赏特性和园林用途】树冠浑圆，颇为美观，宜于草坪孤植、丛植，亦可于山麓坡地成片栽植，构成以常绿阔叶树为基调的风景林，或作为花木的背景树。

9. 青冈栎【*Cyclobanopsip glauca*（Yhunb.）Oerst.】（见彩图4—18）

【科属】壳斗科、青冈栎属。

【分布】主要分布于我国长江流域及其以南各省区。

【形态】常绿乔木。树皮平滑不裂。小枝青褐色，无棱，幼时有毛，后脱落。叶长椭圆形，边缘上半部有疏齿，中部以下全缘，背面灰绿色，有平伏毛。总苞单生或2~3个集生，杯状，鳞片结合成5~8条环带。

【习性】喜温暖多雨气候，较耐阴。喜钙质土，常生于石灰岩山地，在排水良好、腐殖质深厚的酸性土壤上亦生长很好。

【繁殖栽培】播种繁殖。

【观赏特性和园林用途】树姿优美，终年常青，是良好的绿化、观赏及造林树种。

10. 麻栎【*Quercus acutissima* Carr】（见彩图4—19）

【科属】壳斗科、麻栎属。

【分布】我国分布很广，日本、朝鲜亦产。

【形态】落叶乔木。干皮交错深纵裂。叶片长椭圆状披针形，缘有刺芒状锐锯齿。坚果球形。总苞碗状，鳞片木质刺状，反卷。

【习性】喜光，喜湿润气候，耐寒、耐旱。对土壤要求不严。

【繁殖栽培】播种宜选择地势平坦、排水良好、有灌溉条件的沙壤土、轻壤土作为育苗地。土壤黏重、通透性差的地块、排水不良的低洼地块不宜用做育苗地。

【观赏特性和园林用途】树形高大，树冠伸展，浓荫葱郁。因其根系发达，适应性强，可作庭荫树、行道树，若与枫香、苦槠、青冈等混植，可构成城市风景林。对二氧化硫的抗性和吸收能力较强，对氯气、氟化氢的抗性也较强。

11. 白栎【*Quercus fabri* Hance】（见彩图4—20）

【科属】壳斗科、麻栎属。

【分布】分布于我国淮河以南、长江流域至华南、西南各省区，多生于山坡杂木林中。

【形态】落叶乔木。小枝密生灰色至混合色绒毛。叶倒卵形至椭圆状倒卵形，缘有波状粗钝齿，背面灰白色，密被星状毛。叶柄短，仅3~5 mm，被褐黄色绒毛。

【习性】喜光，喜温暖气候，较耐阴。喜深厚、湿润、肥沃土壤，也较耐干旱、瘠薄，但在肥沃湿润处生长最好。

【繁殖栽培】以播种为主。萌芽力强，但不能多次移植。

【观赏特性和园林用途】枝叶繁茂，初冬不落，宜作庭荫树于草坪中孤植、丛植，或在山坡上成片种植，也可作为其他花灌木的背景树。

12. 榔榆（小叶榆）【*Ulmus paroifolia* Jacq.】（见彩图 4—21）

【科属】榆科、榆属。

【分布】主要产于我国长江流域。

【形态】落叶乔木。树冠扁球形至卵圆形。树皮不规则薄鳞片状剥离。叶较小而质厚，长椭圆形至卵状椭圆形，缘具单锯齿。花簇生叶腋。翅果卵形。花期 8—9 月。

【习性】生于平原、丘陵、山坡及谷地。喜光，耐干旱，在酸性、中性及碱性土中均能生长，但以气候温暖，肥沃、排水良好的中性土壤为最适宜的生境。

【繁殖栽培】播种繁殖，亦有山野采掘野生老树桩进行培育等。

【观赏特性和园林用途】本种树皮斑驳，枝叶细密，具有较高的观赏价值。

13. 大果榆（黄榆）【*Ulmus macrocarpa* Hance】（见彩图 4—22）

【科属】榆科、榆属。

【形态】落叶乔木。树冠扁球形。小枝淡黄褐色，有时具 2 或 4 条规则木栓翅，有毛。叶倒卵形，缘具不规则重锯齿，质地粗厚。翅果大，具黄褐色长毛。花期 3—4 月。果 5—6 月成熟。

【分布】主要产于我国东北及华北地区。

【习性】喜光，抗寒、耐旱，稍耐盐碱。深根性，侧根发达。萌蘖性强。

【繁殖栽培】可用播种及分株法繁殖。

【观赏特性和园林用途】本种每当深秋（10 月中下旬）叶色变为红褐色，点缀山林颇为美观，是北方秋色叶树种之一。

14. 裂叶榆【*Ulmus laciniata*（Trautv.）Mayr】（见彩图 4—23）

【科属】榆科、榆属。

【分布】产于我国东北及内蒙古、河北、山西等省区。

【形态】落叶乔木。树皮淡灰褐色或灰色，浅纵裂，裂片较短，常翘起，表面常呈薄片状剥落。小枝无木栓翅。叶倒卵形或倒卵状长圆形，先端通常 3 ~ 7 裂，裂片三角形，基部明显地偏斜，较长的一边常覆盖叶柄。边缘具较深的重锯齿，叶面密生硬毛，粗糙。脉腋常有簇生毛。花在去年生枝上排成簇状聚伞花序。翅果。花果期 4—5 月。

【习性】喜光，稍耐阴。多生于山坡中部以上排水良好湿润的斜坡或山谷。较耐干旱瘠薄。

【繁殖栽培】播种繁殖，及时采种，随采随播，以提高发芽率。

【观赏特性和园林用途】可孤植或丛植，作庭荫树。

15. 珊瑚朴【*Celtis julianae* Schneid.】

【科属】榆科、朴属。

【分布】产于我国浙江、安徽、湖北、贵州及陕西南部。

【形态】落叶乔木。树冠圆球形。树皮灰色，平滑。小枝、叶柄均密被黄褐色绒毛。叶较宽大，卵状椭圆形，锯齿钝。核果大，熟时橙红色，味甜可食。花期4月。

【习性】喜光，稍耐阴，喜温暖气候及湿润、肥沃土壤，亦能耐干旱和瘠薄，在微酸性、中性及石灰性土壤上都能生长。

【繁殖栽培】主要采用播种繁殖。病虫害少。

【观赏特性和园林用途】本种树高干直，冠大荫浓，树姿雄伟，春日枝上生满红褐色花序，状如珊瑚，入秋又有红果，颇为美观。

16. 桑树（家桑）【*Morus alba* L.】（见图4—7）

【科属】桑科、桑属。

【分布】原产于我国中部地区，现南北各地广泛栽培。

【形态】落叶乔木。树冠倒广卵形。树皮灰褐色。根鲜黄色。叶卵形或卵圆形，基部圆形或心形，锯齿粗钝，幼树之叶有时分裂，表面光滑，有光泽。花雌雄异株，聚花果（桑葚）长卵形，熟时紫黑色、红色或近白色，汁多味甜。花期4月。果5—6月成熟。

【习性】喜光，喜温暖，适应性强。深根性，根系发达。萌芽性强，耐修剪，易更新。

图4—7 桑树

【繁殖栽培】可用播种、扦插、压条、分根、嫁接等方法繁殖。播种法：5—6月采取成熟桑葚，置桶中，捣烂淘洗，取出种子铺开略阴干，即可播种。

【观赏特性和园林用途】本种树冠开阔，枝叶茂密，秋季叶色变黄，颇为美观，适于城市绿化。其观赏品种，如垂枝桑等更适于庭园栽培观赏。我国古代人民有在房前屋后栽种桑树和梓树的传统，因此常以“桑梓”代表故土、家乡。

17. 无花果【*Ficus carica* L.】（见彩图4—24）

【科属】桑科、榕树属。

【分布】原产于地中海沿岸，栽培历史悠久，约四千年前在叙利亚有栽培。我国各地有栽培。

【形态】落叶小乔木或呈灌木状。小枝粗壮。叶广卵形或近圆形，常3~5掌状裂，边缘波状或成粗齿，表面粗糙。隐花果梨形，绿黄色。

【习性】喜光，喜温暖湿润气候，不耐寒。对土壤要求不严。根系发达，但分布较浅。

【繁殖栽培】用营养繁殖（分株、压条、扦插）极易成活，2~3年树可开始结果，6~7年进入盛果期。栽培品种多。

【观赏特性和园林用途】常植于庭院及公共绿地，是绿化、观赏结合生产的好树种。

相关介绍：

榕树（细叶榕、小叶榕）

【*Ficus microcarpa* L. f】

【分布】产于我国华南地区，印度、越南、缅甸、马来西亚、菲律宾等地亦有分布。

【形态】常绿乔木。枝具下垂须状气生根。叶椭圆形至倒卵形，先端渐尖，全缘或浅波状。

【习性】喜暖热、多雨气候及酸性土壤。生长快，寿命长。

【繁殖栽培】用播种或扦插法繁殖均容易，大枝扦插亦易成活。

【观赏特性和园林用途】树冠庞大，枝叶茂密，是华南地区常见的行道树及庭荫树。上海地区习见于居家及单位盆栽之用。

18. 日本小檗【*Berberis thumbergii* DC.】（见彩图4—25）

【科属】小檗科、小檗属。

【分布】原产于日本及我国，各大城市有栽培。

【形态】落叶灌木。小枝常通红褐色，有沟槽，刺通常不分叉。叶倒卵形或匙形，全缘，表面暗绿色，背面灰绿色。花浅黄色，1~5朵成簇生状伞形花序。浆果椭圆形，熟时亮红色。花期5月。

【习性】喜光，稍耐阴，耐寒。对土壤要求不严，以在肥沃而排水良好之沙质壤土上生长最好。萌芽力强，耐修剪。

【繁殖栽培】主要用播种和扦插繁殖。

【观赏特性和园林用途】本种枝细密而有刺，春季开小黄花，入秋则叶色边红，果熟后亦红艳美丽，是良好的观果、观叶和刺篱材料。

19. 豪猪刺【*Berberis julianae* Schneid.】（见彩图 4—26）

【科属】小檗科、小檗属。

【形态】常绿灌木。老枝黄褐色，幼枝淡黄色，具条棱。茎刺粗壮，三分叉。叶革质，椭圆形或披针形，叶缘平展，每边具 10 ~ 20 刺齿。花 10 ~ 25 朵簇生，花黄色，浆果蓝黑色。花期 3 月。

【分布】产于我国湖北、四川、贵州、湖南、广西。

【习性】喜光，耐阴，喜疏松、肥沃土壤，耐瘠薄，适应性强。

【繁殖栽培】扦插可在春、秋进行，用当年生半木质化枝作插穗，生根容易。

【观赏特性和园林用途】常绿品种，自然株形优美，嫩枝叶紫红色，老叶落叶前绛红色，春来满树黄花，秋季红果累累，尤其适合具有防护功能的绿带应用。

20. 阔叶十大功劳【*Mahonia boalei*（Font.） Carr.】（见彩图 4—27）

【科属】小檗科、十大功劳属。

【分布】产于我国陕西、河南、安徽、浙江、湖北、四川、广东等省。

【形态】常绿灌木。小叶 9 ~ 5 枚，卵形至卵状椭圆形，每边有大刺齿 2 ~ 5 个，侧生小叶基部歪斜，表面绿色有光泽，背面有白粉，坚硬革质。花黄色，有香气，总状花序直立，6 ~ 9 条簇生。浆果卵形，蓝黑色。花期 4—5 月。果 9—10 月成熟。

【习性】暖温带植物，具有较强的抗寒能力。

【繁殖栽培】用播种、扦插、分株均可。

【观赏特性和园林用途】可作盆栽及园林绿篱及色块种植。

21. 木兰（紫玉兰、木笔）【*Magnolia liliflora* Desr】（见彩图 4—28）

【科属】木兰科、木兰属。

【分布】原产于我国中部，现除严寒地区外都有栽培。

【形态】落叶大灌木。大枝近直伸，小枝紫褐色，无毛。叶椭圆形或倒卵状长椭圆形。花大，花瓣 6 枚，外面紫色，内面近白色。花期 3—4 月，叶前开放。

【习性】喜光，不耐严寒，北方（北京）小气候条件较好处才能露地栽培。喜肥沃、湿润而排水良好之土壤，在过于干燥及碱土、黏土上生长不良。

【繁殖栽培】通常用分株、压条法繁殖，扦插成活率较低。通常不行短剪，以免剪除花芽，必要时可适当疏剪。

【观赏特性和园林用途】木兰栽培历史较久，为庭院珍贵花木之一。花蕾形大如笔头，故有“木笔”之称，为我国人民所喜爱的传统花木。绿地中宜丛植。

相关介绍：

二乔玉兰（朱砂玉兰）

【*Magnolia * soulangeana*（Lindl.）Soul. – Bod.】

二乔玉兰为玉兰与木兰的杂交种。落叶小乔木或灌木，高 7 ~ 9 m。叶倒卵形至卵状长椭圆形。花大，呈钟状，内面白色，外面淡紫，有芳香。叶前开花，花期与玉兰相若。在国内外庭园中普遍栽培，有较多的变种与品种。

22. 厚朴【*Magnolia officinalis* Rehd. et Wils】（见彩图 4—29）

【科属】木兰科、木兰属。

【分布】分布于我国长江流域和陕西、甘肃南部。

【形态】落叶乔木。叶簇生于枝端，倒卵状椭圆形，叶大，30 ~ 45 cm，叶表光滑，叶背初时有毛，后有白粉，网状脉上密生有毛，托叶痕达叶柄中部以上。花顶生白色，有芳香。花期 5 月，先叶后花。

【习性】性喜光，但能耐侧方庇荫，喜生于空气湿润、气候温和之处，不耐严寒酷暑，喜湿润而排水良好的酸性土壤。

【繁殖栽培】可用播种法繁殖，亦可用分蘖法繁殖。

【观赏特性和园林用途】厚朴叶大荫浓，可作庭荫树栽培。

23. 深山含笑【*Michelia maudiae* Dunn】（见彩图 4—30）

【科属】木兰科、含笑属。

【分布】分布于我国浙江、广西、贵州等地，是常绿阔叶林中习见树种。现在园林中多有应用。

【形态】常绿乔木。全株无毛。叶宽椭圆形，叶表深绿色，叶背有白粉，中脉隆起，网脉明显。花大，直径 10 ~ 12 cm，白色，芳香，花瓣 9 片。聚合果。

【习性】喜温暖、湿润环境，有一定耐寒能力。喜光，幼时较耐阴。自然更新能力强，生长快，适应性广，4 ~ 5 年生长即可开花。抗干热，对二氧化硫的抗性较强。喜土层深厚、疏松、肥沃而湿润的酸性砂质土。根系发达，萌芽力强。该树种材质好、适应性强，繁殖容易，病虫害少，是一种速生常绿阔叶用材树种。

【繁殖栽培】种子繁殖、扦插、压条或以木兰为砧木用靠接法繁殖。

【观赏特性和园林用途】是早春优良芳香观花树种，也是优良的园林绿化树种。

相关介绍：

乐昌含笑

【*Michelia chapenis*】

常绿乔木。树皮灰色至深褐色。叶薄革质，倒卵形或长圆状倒卵形，有光泽。3—4月开花，花淡黄色，具芳香。聚合果长圆形或卵圆形，8—9月果熟。

24. 月桂【*Laurus nobilis* L.】（见彩图4—31）

【科属】樟科、月桂属。

【分布】原产于地中海一带，我国南方各省有引种栽培。

【形态】常绿小乔木。树冠卵形，小枝绿色。叶长椭圆形至广披针形，全缘，常呈波状，表面暗绿色，揉碎有醇香，叶柄带紫色。

【习性】喜光，稍耐阴，喜温暖湿润气候及疏松肥沃的土壤，对土壤酸碱度要求不严。

【繁殖栽培】以扦插、播种繁殖为主。

【观赏特性和园林用途】本种树形圆整，枝叶茂密，四季常青，春天又有黄花缀满枝间，颇为美丽，是良好的庭园绿化树种。

25. 山梅花【*Philadelphus incanus* Koehne】

【科属】八仙花科、山梅花属。

【分布】原产于我国陕西、河南、广东一带。

【形态】落叶灌木。树皮褐色，薄片状剥落，小枝幼时密生柔毛。叶卵形至卵状长椭圆形，缘具细尖齿，背面密生柔毛。花白色，5～11朵成总状花序，花期为5—7月。

【习性】适应性强，喜光，喜温暖也耐寒耐热。怕水涝。对土壤要求不严。

【繁殖栽培】以扦插、播种、分株等法进行。

【观赏特性和园林用途】花芳香美丽，为优良的观赏花木。宜栽植于庭园、风景区。亦可作切花材料。

26. 溲疏【*Deutzia scabra* Thunb】（见图4—8）

【科属】虎耳草科、溲疏属。

【分布】产于我国长江流域各省，日本亦有分布。

【形态】落叶灌木。树皮薄片状剥落，小枝红褐色。叶长卵状椭圆形，缘有不显小刺尖状齿，两面有星状毛，粗

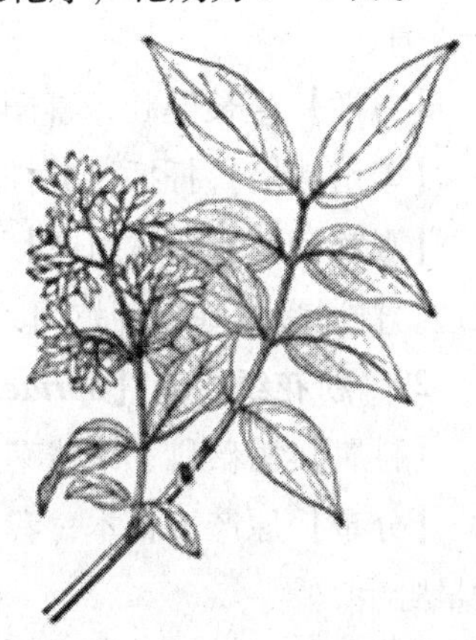

图4—8 溲疏

糙。直立圆锥花序，白色，或外面略带粉红色。花期5—6月。

常见变种有白花重瓣溲疏（ca. Candidissima）花重瓣，纯白色。

【习性】喜光，稍耐阴；喜温暖气候，也有一定的耐寒力。萌芽力强，耐修剪。

【繁殖栽培】扦插、播种、压条或分株繁殖均可。

【观赏特性和园林用途】夏季开白花，繁密美丽素静。居家内外庭园久经栽培。宜丛植于草坪、林缘及山坡，也可作花篱及岩石园种植材料。

27. 杜仲【*Eucimmia ulmoides* Oliv】（见彩图4—32）

【科属】杜仲科、杜仲属。

【分布】原产于我国中西部地区，四川、贵州、湖北为集中产区。

【形态】落叶乔木。树冠圆球形，小枝光滑，无顶芽，具片状髓。叶椭圆状卵形，缘有锯齿，老叶表面网脉下陷，皱纹状。本种枝、叶、果及树皮断裂后均有白色弹性丝相连，为其识别要点。

【习性】喜光，不耐庇荫。喜温暖湿润气候及肥沃、湿润、深厚且排水良好之土壤。根系较浅而侧根发达，萌蘖性强。

【繁殖栽培】主要用播种法繁殖，扦插、压条及分蘖或根插也可。

【观赏特性和园林用途】树干端直，枝叶茂密，树形整齐优美，是良好的庭荫树及行道树。

28. 笑靥花（李叶绣线菊）【*Spiraea prunifolia* sieb et Zucc.】（见彩图4—33）

【科属】蔷薇科、绣线菊亚科、绣线菊属。

【分布】产于我国台湾、陕西、江苏、浙江、湖南、四川、广东等省和地区。

【形态】落叶灌木。枝细长而有角棱。叶小，椭圆形至椭圆状长圆形，缘有小齿，叶背光滑或有细短柔毛。花序伞形，无总梗，具3～6花，花白色，重瓣，花梗细长。花期4—5月。

【习性】生长健壮，喜阳光和温暖湿润土壤，尚耐寒。

【繁殖栽培】扦插、分株、播种繁殖均可。

【观赏特性和园林用途】晚春翠叶、白花，繁密似雪。可丛植于池畔、山坡、路旁、崖边。普通多作基础种植用，或在草坪角隅应用。

29. 粉花绣线菊【*Spriaea japonica* L. f.】（见彩图4—34）

【科属】蔷薇科、绣线菊亚科、绣线菊属。

【分布】原产于日本，我国华东地区也有栽培。产于江西、湖北、贵州等地，庐山有大量野生。

【形态】落叶灌木。枝光滑，或幼时具细毛，叶卵形至卵状长椭圆形，先端尖，叶缘有缺刻状重锯齿，叶背灰蓝色，脉上常有短柔毛。花淡粉红色或深粉红色，簇聚于复伞房花序上。花期6—7月。

【习性】性强健，喜光，亦略耐阴，抗寒、耐旱。

【繁殖栽培】分株、扦插或播种繁殖。花后应进行及时修剪，除去残花。

【观赏特性和园林用途】花色娇艳，花朵繁多，可在花坛、花境、草坪及园路角隅等处构成夏日佳景，亦可作基础种植之用。

30. 麻叶绣线菊（石棒子、麻叶绣球）【*Spiraea cantoniensis* Lour.】

【科属】蔷薇科、绣线菊亚科、绣线菊属。

【分布】产于我国江西、湖北、贵州等地，庐山有大量野生。

【形态】落叶灌木。枝细长，拱形，平滑无毛。叶棱状长椭圆形至棱状披针形，有深切裂锯齿，两面光滑，表面暗绿色，背面青绿色，基部楔形。6月开白花，花序伞形总状。

【习性】性喜温暖和阳光充足的环境。稍耐寒、耐阴，较耐干旱，忌湿涝。分蘖力强。生长适温15～24℃，冬季能耐－5℃低温。土壤以肥沃、疏松和排水良好的沙壤土为宜。

【繁殖栽培】播种、扦插和分株皆可繁殖。

【观赏特性和园林用途】花繁密，盛开时枝条全被细小的白花覆盖，形似一条条拱形玉带，洁白可爱，叶清丽。可成片配植于草坪、路边、斜坡、池畔，也可单株或数株点缀花坛。

31. 平枝栒子（铺地蜈蚣）【*Cotoneaster horizontalis* Decne.】（见彩图4—35）

【科属】蔷薇科，栒子属。

【分布】原产于我国，陕西、甘肃、湖北、四川和云南等省。

【形态】落叶或半常绿匍匐灌木。枝水平张开成整齐2列，宛如蜈蚣。叶近圆形至倒卵形，先端急尖，表面无毛，背面疏生平贴细毛。花1～2朵，粉红色，花瓣直立。5—6月开花。

【习性】喜光，也稍耐阴，喜空气湿润和半阴的环境，耐土壤干燥、瘠薄，亦较耐寒，但不耐涝。

【繁殖栽培】常用扦插和种子繁殖。春夏都能扦插，夏季嫩枝扦插成活率高。种子秋播或湿砂存积春播。新鲜种子可采后即播，干藏种子宜在早春1—2月播种。移栽宜在早春进行，大苗需带土球。

【观赏特性和园林用途】本种矮小结实较多，最宜作基础种植材料，红果平铺墙壁，经冬至春不落，甚为夺目，也可植于斜坡及岩石园中。

32. 木瓜【*Chaenomeles sinensis*（Thouin）Koehne】（见彩图 4—36）

【科属】蔷薇科、苹果亚科、木瓜属。

【分布】产于我国。

【形态】落叶小乔木。干皮成薄皮状剥落；枝无刺，但短小枝常成棘状。叶卵状椭圆形，先端急尖，缘具芒状锐齿，革质，叶柄有腺齿。花单生叶腋，粉红色，梨果椭圆形，暗黄色，木质，有香气。花期 4—5 月。

【习性】喜光，喜温暖，但有一定的耐寒性，要求土壤排水良好，不耐盐碱和低湿地。

【繁殖栽培】可用播种及嫁接法繁殖，砧木一般用海棠果。

【观赏特性和园林用途】本种花美果香，常植于庭园观赏。

33. 木瓜海棠【*Chaenomeles cathayensis*（Hemsl.）Schneid.】（见彩图 4—37）

【科属】蔷薇科、苹果亚科、木瓜属。

【分布】产于我国。

【形态】落叶灌木至小乔木。枝直立，具短枝刺。叶长椭圆形至披针形，缘具芒状细尖锯齿，表面深绿色且有光泽，叶质较厚。花淡红色或近白色，2 ~ 3 朵簇生于二年生枝上，花梗粗短或近无梗。果卵形至长卵形，黄色有红晕，芳香。花期 3—4 月，先叶开放。

【习性】喜温暖，有一定的耐寒性。要求土壤排水良好，不耐湿和盐碱。

【繁殖栽培】可采用扦插、分株等方法，但以扦插最为常用，一次可获得大量幼苗。

【观赏特性和园林用途】公园、家庭院落、街道、广场绿化美化的优秀观赏树种。

34. 贴梗海棠（皱皮木瓜）*Chaenomeles speciosa*（Sweet）Nakai C. lagenaria Koidz.（见彩图 4—38）

【科属】蔷薇科、苹果亚科、木瓜属。

【分布】产于我国。

【形态】落叶灌木。枝开展，无毛，有刺。叶卵形至椭圆形，缘有尖锐锯齿，齿尖开展；托叶大，肾形或半圆形，缘有尖锐重锯齿。花 3 ~ 5 朵簇生于二年生老枝上，朱红、粉红或白色，花梗粗短或近于无梗。果卵形至球形，黄色或黄绿色，芳香。花期 3—4 月，先叶开放。

【习性】喜光，有一定耐寒能力，喜排水良好的肥沃土壤，不宜在低洼积水处栽植。

【繁殖栽培】主要用分株、扦插和压条法繁殖；播种也可，但很少采用。

【观赏特性和园林用途】本种早春叶前开花，簇生枝间，鲜艳美丽，秋天又有黄色、芳香的硕果，是一种很好的观花、观果灌木。与木瓜海棠可一同植于草坪、庭院或花坛内丛植或孤植，又可作为绿篱及基础种植材料，同时还是盆栽和切花的好材料。

35. 西府海棠（海棠、海棠花）【*Malus spectabilis* Borkh】（见彩图 4—39）

【科属】蔷薇科、苹果亚科、苹果属。

【分布】原产于我国，是久经栽培的著名观赏树种。

【形态】小乔木。树形俏丽，小枝红褐色，幼时疏生柔毛。叶椭圆形至长椭圆形，缘具紧贴细锯齿。花在蕾时甚红艳，开放后呈淡粉红色，单瓣或重瓣。果近球形，黄色。花期 4—5 月。

【习性】喜光，耐寒，耐干旱，忌水湿。在北方干燥地带生长良好。

【繁殖栽培】可用播种、压条、分株和嫁接等法繁殖。

【观赏特性和园林用途】本种春天开花，美丽可爱。植于庭院、亭廊周围、草地、林缘都很合适，也可作盆栽及切花材料。

36. 榆叶梅【*Prunus triloba* Lindl.】（见彩图 4—40）

【科属】蔷薇科、李亚科、李属。

【分布】原产于我国北部，现各地庭园多有栽培。

【形态】落叶灌木。小枝细，无毛或柔毛。叶椭圆形至倒卵形，先端尖或有时 3 浅裂，缘具粗重锯齿，两面少有毛。花 1 ~ 2 朵，粉红色。花期 4 月，先叶或与叶同放。

【习性】性喜光，耐寒、耐旱，对轻度碱土也能适应，不耐水涝。

【繁殖栽培】嫁接或播种繁殖。

【观赏特性和园林用途】榆叶梅品种极为丰富，园林中最宜大量应用，以反映春光明媚、花团锦簇的欣欣向荣景象。还可作盆栽、切花材料。

37. 梅花【*Prunus mume* Sieb. Et Zucc】（见彩图 4—41）

【科属】蔷薇科、李亚科、李属。

【分布】野生于我国西南山区，湖北、广西等地。

【形态】落叶乔木。树干褐紫色，有纵驳纹。小枝细而无毛，多为绿色，枝端呈棘状。叶广卵形至卵形，先端渐长尖或尾尖，基部广楔形或近圆形，锯齿细尖。花 1 ~ 2 朵，具短梗，淡粉或白色，有芳香，在冬季或早春叶前开放。核果球形，绿黄色密被细毛。核面有凹点甚多，果肉粘核，味酸。果熟期 5—6 月。

过去记载的变种、变型甚多，但与品种分类未加联系。近年陈俊愉教授对中国的梅花品种，根据品种的演进顺序发表了分类新系统，兹简要介绍如下：

常见梅系包括以下 3 类：

1）枝梅类：为梅花的典型变种，枝条直上斜伸。

2）垂枝梅类【var. pendula sieb】：枝条下垂，开花时花朵向下。

3）龙游梅类【cv. Tortuosa】：枝条自然扭曲。

【习性】喜阳光，性喜湿暖而略潮湿的气候，有一定耐寒力。对土壤要求不严格。梅树最怕积水之地，要求排水良好地点，因其最易烂根致死，又忌在风口处栽植。

【繁殖栽培】最常用的是嫁接法，另外是扦插、压条法，最少用的是播种法。嫁接时可用桃、山桃、杏、山杏及梅的实生苗等作砧木。

【观赏特性和园林用途】梅为中国传统的果树和名花，栽培历史长达 2 500 年以上。自古以来就为广大人民所喜爱，为历代著名文人所讴歌。在配植上，梅花最宜植于庭院、草坪、低山丘陵，可孤植、丛植及群植。传统的用法常是以松、竹、梅为“岁寒三友”而配植成景色。梅树又可盆栽观赏或加以整剪做成各式桩景，或作切花瓶插供室内装饰用。

38. 郁李【*Prunus japoniuca* Thunb.】（见彩图 4—42）

【科属】蔷薇科、李亚科、李属。

【分布】产于我国华北、华中及华南地区。

【形态】落叶灌木。枝细密，冬芽 3 枚，并生。叶卵形，先端长尾，缘有锐重锯齿。花粉红或近白色，春天与叶同放。

【习性】性喜光，耐寒又耐干旱。

【繁殖栽培】通常用分株或播种法繁殖。对重瓣品种可用毛桃或山桃作砧木，用嫁接法繁殖。

【观赏特性和园林用途】郁李花朵繁茂，在庭园中多丛植赏花用。

39. 黄檀（不知春）【*Dalbergia hupean* Hance】（见彩图 4—43）

【科属】豆科、蝶形花亚科、黄檀属。

【分布】产于我国长江流域及其以南地区，河南和山东南部有少量。

【形态】落叶乔木。树皮呈窄条状剥落。小叶 7 ~ 11 枚，卵状长椭圆形至长圆形，叶端钝而微凹。花黄白色。

【习性】适应性很强，在酸性、中性土及石灰质土中均能生长。

【繁殖栽培】一般用播种法方法繁殖。

【观赏特性和园林用途】黄檀是四旁绿化和浅山区绿化的优良树种。材质坚实、美观，是细木工用材。

40. 紫穗槐【*Amorpha fruticosa* L.】（见彩图 4—44）

【科属】豆科、蝶形花亚科、紫穗槐属。

【分布】原产于北美，我国各地有引种。

【形态】落叶丛生灌木。枝条直伸，青灰色，芽常 2 个叠生。小叶 11 ~ 25 枚，长椭圆形，具透明油腺点。花小，蓝紫色，花药黄色，成顶生密总状花序。

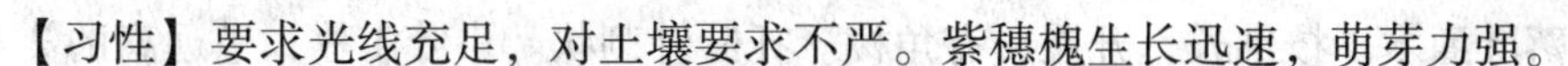

【习性】要求光线充足，对土壤要求不严。紫穗槐生长迅速，萌芽力强。

【繁殖栽培】可用播种、扦插法及分株法繁殖。

【观赏特性和园林用途】枝叶繁密，又为蜜源植物，常植作绿篱用。

相关介绍：

金雀花

【*Cytisus scoparius* Link.】

【科属】豆科、蝶形花亚科、金雀儿属。

【分布】产于欧洲中部及南部，为美丽的花木，欧洲庭园中极为常见。

【形态】落叶或半常绿直立灌木。枝细长，下垂。幼时具柔毛。三出复叶，倒卵形至倒披针形，上部的叶常退化成一小叶。花鲜黄色，单生。

41. 国槐（国槐）【*Sophora japonica* L.】（见彩图 4—45）

【科属】豆科、蝶形花亚科、刺槐属。

【分布】原产于我国北部。

【形态】落叶乔木。树冠圆形。小枝绿色，皮孔明显；小叶 7～17 枚，卵形至卵状披针形。花浅黄绿色，排成圆锥花序。荚果串珠状，肉质。花期 7—8 月。

变种包括：

（1）龙爪槐【var. pendula Loud.】：小枝弯曲下垂，树冠呈伞状，园林中多有栽植。

（2）五叶槐（蝴蝶槐）【ver. oligophylla Franch.】：小叶 3～5 簇生，顶生小叶常 3 裂，侧生小叶下部常有大裂片，叶背有毛。

【习性】喜光，略耐阴，喜干冷气候，低洼积水处生长不良。对有害气体有较强的抗性。

【繁殖栽培】一般用播种法繁殖。

【观赏特性和园林用途】槐树树冠宽大枝叶茂盛，寿命长且耐城市环境，因而是良好的行道树和庭荫树。龙爪槐是中国庭园绿化传统树种之一，富于民族特色的情调，常成对用于配植门前或庭院中，又宜植于建筑前或草坪边缘。五叶槐，叶形奇特，宛若千万只绿蝶栖止于树上，堪称奇观，但宜独植而不宜多植。

42. 锦鸡儿【*Caragana sinica* Rehd.】（见彩图 4—46）

【科属】豆科、蝶形花亚科、锦鸡儿属。

【分布】主要产于我国北部及中部，西南地区也有分布。日本园林中有栽培。

【形态】落叶灌木。枝细长，开展，有角棱。托叶针刺状。小叶 4 枚，呈远离的 2 对，倒卵形。花红黄色，花期 4—5 月。

【习性】性喜光，耐寒，适应性强，不择土壤又能耐干旱瘠薄，能生于岩石缝隙中。

【繁殖栽培】可用播种法繁殖，亦可用分株、压条、根插法繁殖。

【观赏特性和园林用途】本种叶色鲜绿，花亦美丽，在园林中可植于岩石旁、小路边，或作绿篱用，亦可作盆景材料。

43. 竹叶椒【*Zanthoxylum armatum* DC.】

【科属】芸香科、花椒（竹叶椒）属。

【分布】产于我国东南至西南各省。

【形态】落叶灌木。枝上有宽扁的皮刺对生。小叶互生，3 ~ 5 枚，边缘有细小圆锯齿，叶轴上有宽翼，椭圆状披针形，主脉两面有皮刺。春季开花，圆锥花序腋生。

【习性】性喜疏阴，不耐寒，对土壤要求不严。不耐水淹，低洼地不适宜栽种。

【繁殖栽培】一般用播种繁殖。

【观赏特性和园林用途】在园林中常作刺篱材料，也可盆栽观赏。

44. 枸橘（枳）【*Poncirus trifoliata*（L.）Raf】（见彩图 4—47）

【科属】芸香科、枳属。

【分布】原产我国中部地区，在黄河流域以南地区多有栽培。

【形态】落叶灌木或小乔木。小枝绿色，稍扁而有棱角，枝刺粗长而基部略扁。小叶 3 枚，叶缘有波状浅齿，近革质。花白色，有芳香。花期 4 月，叶前开放。

【习性】性喜光，适应性强。发枝力强，耐修剪。

【繁殖栽培】用播种或扦插法繁殖。

【观赏特性和园林用途】枸橘枝条绿色而多刺，春季叶前开花，秋季黄果累累十分美丽，在园林中多作绿篱或屏障树用。

45. 柑橘【*Citrus reticulata* Banco】（见图 4—9）

【科属】芸香科、柑橘属。

【分布】原产于我国，广布于长江以南各省。

【形态】常绿小乔木或灌木。小枝通常有刺。叶长卵状披针形，叶端渐尖而钝，全缘或有细钝齿，叶柄近无翼。花黄白色，单生或簇生叶腋。果扁球形，橙黄色或橙红色，果皮薄易剥离。春季开花，10—12 月果熟。

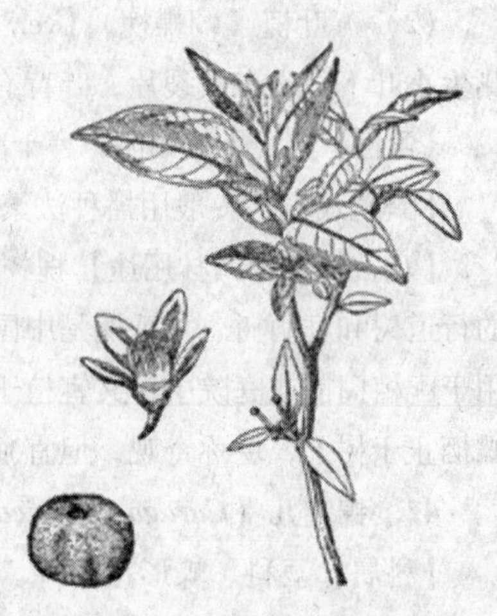

图 4—9　柑橘

【习性】柑橘性喜温暖温润气候，耐寒性较柚、酸橙稍强。

【繁殖栽培】用播种和嫁接法繁殖。

【观赏特性和园林用途】柑橘是中国著名果树之一，四季常青，枝叶茂密，树姿整齐，春季满树盛开香花，秋冬黄果累累，黄绿色彩相间极为美丽，除专门作果园经营外，也宜于庭园、绿地及风景区栽植，既有观赏效果又获经济收益。

46. 金柑【*Fortunella crassifolia*】

【科属】芸香科、金柑属。

【分布】原产于我国，国内分布于秦岭、长江以南等地。

【形态】常绿灌木或小乔木。多分枝，偶有刺。叶卵状披针形至长椭圆形，全缘或不具明显的浅齿，叶柄短，翅不显。花期6—8月，单花或2～3朵集生于叶腋，白色，芳香。果实矩圆形或卵形，有香味。

【习性】金柑喜温暖湿润和日照充足的环境，较耐寒，不耐旱，稍耐阴。要求深厚、肥沃、排水良好而带酸性的沙质壤土。

【繁殖栽培】嫁接法繁殖，采用一年生枸橘或酸橙作砧木。

【观赏特性和园林用途】金柑果可鲜食，也供丛植或盆栽观赏用。

47. 香椿【*Toona sinensis*（A. juss.）Roem.】（见彩图4—48）

【科属】楝科、楝树属。

【分布】原产于我国中部。

【形态】落叶乔木。小枝粗壮。偶数（稀奇数）羽状复叶，有香气，小叶10～20枚，长椭圆形至广披针形，全缘或具不明显钝锯齿。夏日花白色，有香气。

【习性】喜光，不耐庇荫，适生于深厚、肥沃、湿润之沙质壤土。深根性，萌芽、萌蘖力均强。对有毒气体抗性较强。

【繁殖栽培】繁殖主要用播种法，分蘖、扦插、埋根也可。

【观赏特性和园林用途】树冠庞大，嫩叶红艳，是良好的庭荫树及行道树。

48. 重阳木【*Bischofia polycarpa*（levl.）Airy－Shaw】（见图4—10）

【科属】大戟科、重阳木属。

【分布】产于我国秦岭、淮河流域以南至两广地区北部。

【形态】落叶乔木。三出复叶，小叶卵形至椭圆状卵形，先端突渐尖，基部圆形，缘有细钝齿。花小、绿色，成总状花序。

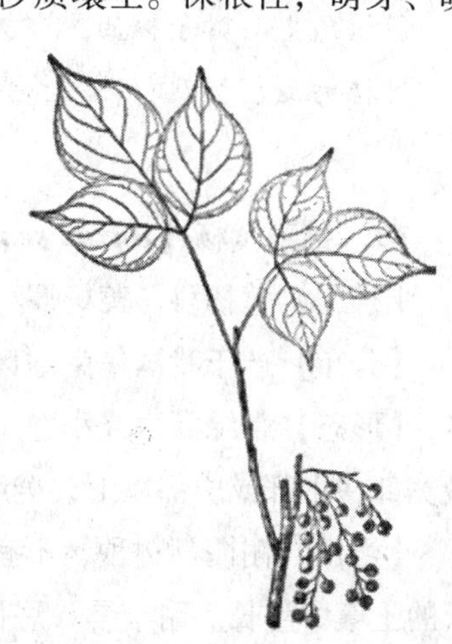

图4—10　重阳木

【习性】喜光，稍耐阴，喜温暖气候，耐寒力弱，对土壤要求不严，对二氧化硫有一定抗性。

【繁殖栽培】繁殖多用播种法。

【观赏特性和园林用途】本种枝叶茂密，树姿优美，早春嫩叶鲜绿光亮，入秋叶色转红，颇为美观。宜作庭荫树及行道树，也可作堤岸绿化树种。

相关介绍：

油桐（三年桐）

【*Vernicia fordii* Hemsl.】

【科属】大戟科、油桐属。

【分布】产于我国长江流域及其以南地区。

【形态】落叶乔木。树冠扁球形，树皮灰褐色。小枝粗壮，无毛。叶卵形，全缘，有时3浅裂，叶基具2个紫红色扁平无柄腺体。花期3—4月，稍先于叶开放。

【习性】喜光，在充分光照的阳坡才能开花结果。喜温暖湿润气候，不耐寒。油桐对二氧化硫污染极为敏感，可作大气中二氧化硫污染的监测植物。

【繁殖栽培】繁殖用播种法。幼苗期间应加强抚育管理，否则会“三年不管荒死桐”。

【观赏特性和园林用途】油桐是我国重要的特产经济树种，已有千年以上的栽培历史。种子榨油，即为桐油。油桐树冠圆整，叶大荫浓，花大而美丽，故也可植为庭荫树及行道树，是园林结合生产的树种之一。

49．锦熟黄杨【*Buxus sempervirens* L.】

【科属】黄杨科、黄杨属。

【分布】产于我国华南地区。

【形态】常绿灌木或小乔木。小枝密集，四棱形，具柔毛。叶椭圆形至卵状长椭圆形，最宽部在中部或中部以下，全缘，叶柄很短，有毛。

【习性】耐阴性树种，不宜阳光直射，喜温暖湿润气候。适宜在排水良好、深厚、肥沃的土壤中生长。耐干旱，忌低洼积水，较耐寒。生长很慢，耐修剪。

【繁殖栽培】可用播种和扦插繁殖。

【观赏特性和园林用途】本种枝叶茂密而浓厚，经冬不凋，又耐修剪，观赏价值甚高。锦熟黄杨在欧洲园林中应用十分普遍，并有金边、斑叶、金尖、垂枝、长叶等栽培变种。

50. 雀舌黄杨（细叶黄杨）【*Buxus bodinieri* Levl.】（见彩图 4—49）

【科属】黄杨科、黄杨属。

【分布】分布于我国华南、南亚热带常绿阔叶林区、热带季雨林及雨林区。

【形态】常绿小灌木。株高通常不及 1 m。分枝多而密集。叶较狭长，倒披针形或倒卵状长椭圆形。

【习性】喜温暖湿润和阳光充足环境，耐干旱和半阴，要求疏松、肥沃和排水良好的沙壤土。弱阳性，耐修剪，较耐寒，抗污染。

【繁殖栽培】主要用扦插和压条繁殖。

【观赏特性和园林用途】本种植株低矮，枝叶茂密且耐修剪，是优良的矮绿篱材料，最适宜布置模纹图案及花坛边缘。

51. 黄连木（楷木）【*Pistacia chinensis* Bunge】（见彩图 4—50）

【科属】漆树科、黄连木属。

【分布】我国分布很广。

【形态】落叶乔木。树冠近圆球形，树皮薄片状剥落。通常为偶数羽状复叶，小叶 10 ~ 14枚，披针形或卵状披针形，先端渐尖，基部偏斜，全缘。雌雄异株，圆锥花序。核果径约 6 mm，初为黄白色，后变红色至蓝紫色。花期 3—4 月，先叶开放。

【习性】喜光，喜温暖，畏严寒。耐干旱瘠薄，对土壤要求不严。生长较慢，对二氧化硫、氯化氢和煤烟的抗性较强。

【繁殖栽培】繁殖常用播种法，扦插和分蘖法亦可。

【观赏特性和园林用途】树冠浑圆，枝叶繁茂而秀丽，早春嫩叶红色，入秋叶又变成深红或橙黄色，红色的雌花序也极美观。宜作庭荫树、行道树等。

相关介绍：

盐肤木

【*Rhus chinensis* Mill.】

【科属】漆树科、盐肤木属。

【分布】我国分布很广，多为野生。

【形态】落叶小乔木。枝开展，树冠圆球形。小枝有毛，冬芽被叶痕所包围。奇数羽状复叶，叶轴有狭翅，小叶 7 ~ 13 枚，卵状椭圆形，边缘有粗钝锯齿，背面密被灰褐色柔毛，近无柄。圆锥花序顶生，密生柔毛。核果橘红色，密被毛。花期 7—8 月。

【习性】喜光，喜温暖湿润气候，也能耐寒冷和干旱。不择土壤，但不耐水湿。萌蘖性很强，生长快，寿命较短，是荒山瘠地常见树种。

【观赏特性和园林用途】盐肤木秋叶变为鲜红，果实成熟时也呈橘红色，颇为美观。植于园林增加绿地野趣。

漆　树

【*Rhus verniciflua* Stokes】

【科属】漆树科、漆树属。

【分布】原产于我国中部地区。

【形态】落叶乔木。枝内有乳白色漆液。羽状复叶，小叶 7 ~ 15 枚，卵形至卵状长椭圆形，全缘。腋生圆锥花序疏散而下垂，淡黄绿色。花期 5—6 月。

【观赏特性和园林用途】秋天叶色变红，也很美丽。但漆液有刺激性，有些人会产生皮肤过敏反应，故园林中慎用。

黄　栌

【*Cotinus coggygria* Scop】

【科属】漆树科、黄栌属。

【分布】产于我国西南、华北地区和浙江省。

【形态】落叶灌木或小乔木。树冠圆形。单叶互生，通常倒卵形，先端圆或微凹，全缘，侧脉顶端常二叉状，叶柄细长。花小，杂性，黄绿色，成顶生圆锥花序。花期 4—5 月。

【观赏特性和园林用途】黄栌叶子秋季变红，鲜艳夺目，著名的北京香山红叶即为本种。每值深秋，层林尽染，在园林中宜丛植于草坪、土丘或山坡，亦可混植于其他树群尤其是常绿树群中，能为园林增添秋色。

52. 冬青【*Ilex chinensis* Sims（I. purpurea Hassk.）】（见彩图 4—51）

【科属】冬青科、冬青属。

【分布】产于我国长江流域及其以南各省区。

【形态】常绿乔木。枝叶密生，树形整齐。树皮灰青色，平滑。叶薄革质，长椭圆形至披针形，先端渐尖，缘疏生浅齿，表面深绿而有光泽，叶柄常为淡紫红色。雌雄异株，聚伞花序着生于当年生嫩枝叶腋，花瓣紫红色或淡紫色。果实深红色，椭圆球形。花期5—6月。

【习性】喜光，稍耐阴。喜温暖湿润气候及肥沃之酸性土壤，较耐潮湿，不耐寒。

【繁殖栽培】常用播种法繁殖。

【观赏特性和园林用途】本种四季常青，入秋又有累累红果，经冬不落。宜作园景树及绿篱植物栽培观赏。

53. 钝齿冬青（波缘冬青）【*Ilex crenata* Thunb】

【科属】冬青科、冬青属。

【分布】产于日本及我国广东、福建、山东等省。

【形态】常绿灌木或小乔木。多分枝，小枝有灰色细毛。叶较小，厚革质，椭圆形至长倒卵形，先端钝，缘有浅钝齿。果球形，熟时黑色。

【习性】喜湿润的气候条件，比较耐阴。

【繁殖栽培】常用播种繁殖。

【观赏特性和园林用途】江南庭园中有栽培，供观赏，或作盆景材料。其变种龟甲冬青【var. convexa Makino】叶面凸起，俗称豆瓣冬青，偶见绿地丛植或栽作盆景材料。

54. 大叶冬青【*llex latifolia* Thunb】（见彩图4—52）

【科属】冬青科、冬青属。

【分布】分布于长江下游各省及福建等地。

【形态】常绿乔木。枝条粗壮，平滑无毛，幼枝有棱。叶厚革质，长椭圆形，长8～20 cm，叶柄粗壮。聚伞花序密集于二年生枝条叶腋内。果实球形，红色。花期4—5月。适应性强，较耐寒、耐阴，萌蘖性强，生长较快，病虫害少。

【习性】喜光，亦耐阴，喜暖湿气候，耐寒性不强，上海可正常生长。喜深厚肥沃的土壤，不耐积水。生长缓慢，适应性较强。

【繁殖栽培】用播种或扦插繁殖。

【观赏特性和园林用途】枝叶繁茂，树形优美。叶、花、果色相变化丰富，萌动的幼芽及新叶呈紫红色。秋季果实橘红色，十分美观，宜作园景树等。

55. 扶芳藤【*Euonymus fortunei*（Turcz.）Hand. －Mazz.】（见彩图4—53）

【科属】卫矛科、卫矛属。

【分布】原产于我国。

【形态】常绿藤木，茎匍匐或攀缘，长可达10 m。能随处生多数细根。叶革质，长卵形至椭圆状倒卵形，表面通常浓绿色。聚伞花序分枝端有多数短梗花组成的球状小聚伞，花绿白色。蒴果近球形，种子有橘红色假种皮。花期6—7月。

【习性】性耐阴，喜温暖，耐寒性不强，对土壤要求不严，能耐干旱、瘠薄。

【繁殖栽培】用扦插繁殖极易成活，播种、压条也可进行。

【观赏特性和园林用途】本种有较强之攀缘能力，在园林中用以掩覆墙面、坛缘、山石或攀缘于老树上，均极优美。

56. 丝棉木（白杜、明开夜合）【*Euonymus bungeanus* Maxim.】（见彩图4—54）

【科属】卫矛科、卫矛属。

【分布】产于我国北部、中部地区及东部各省。

【形态】落叶小乔木。树冠圆形或卵圆形。小枝细长，绿色，无毛。叶对生，卵形至卵状椭圆形，先端急长尖。聚伞花序。蒴果粉红色，种子具橘红色假种皮。花期5月。

【习性】喜光，稍耐阴。耐寒，对土壤要求不严，耐干旱，也耐水湿。

【繁殖栽培】繁殖可用播种、分株及硬枝扦插等法。

【观赏特性和园林用途】良好的园林绿化及观赏树种。宜植于林缘、草坪、路旁、湖边及溪畔。

57. 卫矛（鬼箭羽）【*Euonymus alatus*（Thunb.）Sieb.】（见图4—11）

【科属】卫矛科、卫矛属。

【分布】我国长江中下游、华北各省及吉林均有分布。

【形态】落叶灌木。小枝具2～4条木栓质阔翅。叶对生，倒卵状长椭圆形，缘具细锯齿。花黄绿色，常3朵成一具短梗之聚伞花序。蒴果，种子褐色，有橘红色假种皮。花期5—6月。

【习性】喜光，也稍耐阴。对气候和土壤适应性强，能耐干旱、瘠薄和寒冷。

【繁殖栽培】繁殖以播种为主，扦插、分株也可。

【观赏特性和园林用途】优良的观叶赏果树种。园林中孤植或丛植于草坪，或作配植均甚合适。

58. 南蛇藤【*Celastrus orbiculatus* Thunb.】（见彩图4—55）

【科属】卫矛科、南蛇藤属。

【分布】我国东北、华北、华东、西北、西南及华中地区均有分布。

图4—11 卫矛

【形态】落叶藤木。小枝圆，髓心充实白色，皮孔大而隆起。叶近圆形或椭圆状倒卵形，基部近圆形，缘有钝齿。短总状花序腋生，或在枝端成圆锥状花序与叶对生。蒴果近球形，鲜黄色。种子白色，外包肉质红色假种皮。花期5月。

【习性】适应性强，喜光，也耐半阴，耐寒冷。对土壤适应性较强。

【繁殖栽培】通常用播种法繁殖。

【观赏特性和园林用途】园林绿地中应用颇具野趣，宜植于湖畔、溪边、坡地、林缘及假山等处，也可作为棚架绿化植物材料。

59. 鸡爪槭（青枫）【*Acer palmatum* Thunb】（见彩图4—56）

【科属】槭树科、槭树属。

【分布】产于中国、日本和朝鲜。

【形态】落叶小乔木。树冠伞形，树皮平滑，灰褐色。枝张开，小枝细长，光滑。叶掌状5~9深裂，基部心形，裂片卵状长椭圆形至披针形，锐尖，缘有重锯齿。伞房花序顶生。翅果无毛，两翅展开成钝角。花期5月。

本种世界各国园林中早已引种栽培，变种和品种甚多，常见有以下数种：

（1）小叶鸡爪槭【var. Thunbergil Pax】：叶较小，径约4 cm，掌状7深裂，裂片狭窄，缘有尖锐重锯齿，先端长尖，翅果短小。

（2）细叶鸡爪槭【cv. Dissectum】：俗称羽毛枫，叶掌状深裂几达基部，裂片狭长有羽状细裂；树冠开展而枝略下垂，通常树体较矮小。我国华东各城市庭园中广泛栽培观赏。

（3）红细叶鸡爪槭【cv. Dissectum Ornatum】：株态、叶形同细叶鸡爪槭，惟叶色常年红色或紫红色。俗称红羽毛枫，常植于庭园或盆栽观赏。

（4）紫红鸡爪槭【cv. Atropurpureum】：俗称红枫，叶常年红色或紫红色，株态、叶形同鸡爪槭。

（5）线裂鸡爪槭【cv. Linearilobum】：叶掌状深裂几达基部，裂片线形，缘有疏齿或近全缘。有叶色终年绿色者，也有终年紫红色者。

【习性】弱阳性，耐半阴，在阳光直射处栽植，夏季易遭日灼之害。喜温暖湿润气候及肥沃、湿润而排水良好之土壤，耐寒性不强。

【繁殖栽培】一般原种用播种法繁殖，而园艺变种常用嫁接法繁殖。

【观赏特性和园林用途】鸡爪槭树姿婆娑，叶形秀丽，且有多种园艺品种，有些长年红色，有些平时为绿色，但入秋叶色变红，色艳如花，均为珍贵的观叶树种。

60. 元宝枫（平基槭）【*Acer truncatum* Bunge】（见彩图4—57）

【科属】槭树科、槭树属。

【分布】广布于我国东北、华北地区及四川、湖北、浙江和江西等省。

【形态】落叶小乔木。树冠伞形或倒广卵形。叶掌状 5 裂，有时中裂片又 3 裂，裂片先端渐尖，叶基通常截形，两面无毛；叶柄细长，长 3 ~5 cm。翅果扁平，两翅展开约成直角，翅较宽，其长度等于或略长于果核。

【习性】耐阴，喜温凉湿润气候，耐寒性强。但过于干冷则对生长不利，在炎热地区也如此。

【繁殖栽培】主要是用种子进行繁殖。

【观赏特性和园林用途】叶形秀丽，嫩叶红色，秋叶黄色、红色或紫红色，为优良的秋色叶树种，宜作庭荫树、行道树或风景林树种。

61. 五角枫（色木）【*Acer mono* Maxim】

【科属】槭树科、槭树属。

【分布】产于我国东北、华北地区及长江流域。

【形态】落叶乔木。叶常掌状 5 裂，基部常为心形，裂片卵状三角形，全缘，两面无毛或仅背面脉腋有簇毛，网状脉两面明显隆起。果核扁平或微隆起，果翅展开成钝角，长约为果核 2 倍。

【习性】温带树种，弱度喜光，稍耐阴，喜温凉湿润气候，对土壤要求不严。

【繁殖栽培】主要采用播种繁殖。

【观赏特性和园林用途】秋叶变亮黄色或红色，适宜作庭荫树、行道树及风景林树种。

62. 飞蛾槭【*Acer oblongum* Wall. ex DC.】（见彩图 4—58）

【科属】槭树科、槭树属。

【分布】我国陕西南部、甘肃南部、湖北西部及四川、云南和西藏南部均有分布。

【形态】常绿（或半常绿）乔木。当年生枝紫色或淡紫色，有柔毛或无毛，老枝褐色，无毛。叶革质，矩圆形或卵形，全缘，上面绿色，有光泽，下面有白粉或灰绿色。伞房花序顶生，花绿色或黄绿色。小坚果凸出，翅张开成直角。

【习性】生于海拔 1 000 ~1 500 m 的常绿阔叶林中。

【繁殖栽培】主要采用播种繁殖。

63. 七叶树（梭椤树）【*Aesculus chinensis* Bunge】（见图 4—12）

【科属】七叶树科、七叶树属。

【分布】产于我国黄河流域及东部各省。

【形态】落叶乔木。树皮灰褐色，片状剥落。小枝粗

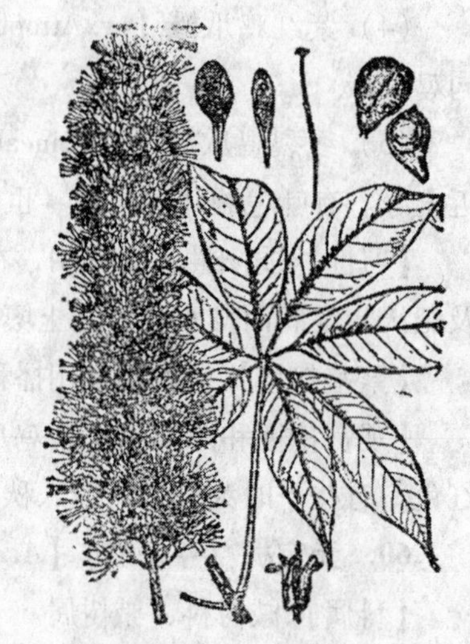

图 4—12　七叶树

壮，栗褐色，光滑无毛；冬芽大，具树脂。小叶5～7枚，倒卵状长椭圆形至长椭圆状倒披针形，缘具细锯齿。花成直立密集圆锥花序，近圆柱形。蒴果球形或倒卵形，黄褐色。花期5月。

【习性】喜光，稍耐阴。喜温暖气候，也能耐寒，喜深厚、肥沃、湿润而排水良好之土壤。

【繁殖栽培】繁殖主要用播种法，扦插、高压也可。

【观赏特性和园林用途】本种树干耸直、树冠开阔，是世界著名的观赏树种之一，最宜栽作庭荫树及行道树用。

64. 枣树【*Zizyphus jujuba* Mill.】（见彩图4—59）

【科属】鼠李科、枣树属。

【分布】在我国分布很广。

【形态】落叶乔木。树皮灰褐色，条裂。枝有长枝、短枝和脱落性小枝三种：长枝呈"之"字形曲折，红褐色，光滑，有托叶刺或不明显；短枝俗称枣股；脱落性小枝为纤细的无芽枝，颇似羽状复叶之叶轴，簇生于短枝上，在冬季与叶俱落。叶卵形至卵状长椭圆形，缘有细锯齿，基部3出脉。花小，黄绿色。核果卵形至矩圆形，熟后暗红色；果核坚硬，两端尖。花期5—6月。

【习性】强阳性，对气候、土壤适应性较强。喜干冷气候及中性或微碱性的沙壤土，耐干旱、瘠薄，对酸性、盐碱土及湿地都有一定的忍耐性。

【繁殖栽培】主要用根蘖或根插法繁殖，嫁接也可，砧木可用酸枣或枣树实生苗。

【观赏特性和园林用途】枣树是我国栽培最早的果树，已有三千余年的栽培历史，品种很多。由于结果早、寿命长、产量稳定，农民称之为"铁杆庄稼"，是园林结合生产的良好树种，可栽作庭荫树及园路树。

65. 雀梅藤【*Sagertia thea* Johnst.】（见彩图4—60）

【科属】鼠李科、雀梅藤属。

【分布】产于我国长江流域及其以南地区。

【形态】落叶攀缘灌木。小枝灰色或灰褐色，密生短柔毛，有刺状短枝。叶近对生，卵形或卵状椭圆形，先端有小尖头，缘有细锯齿。穗状圆锥花序密生短柔毛。花期9—10月，翌年4—5月果熟。

【习性】喜光，稍耐阴。喜温暖湿润气候，耐寒性不强。耐修剪。

【繁殖栽培】播种，扦插繁殖，或直接从野外挖掘树桩栽种。

【观赏特性和园林用途】各地常作盆景材料，又可作绿篱。嫩叶可代茶。

66. 马甲子（铜钱树）【*Paliurus ramosissimus*】（见彩图 4—61）

【科属】鼠李科，马甲子属（铜钱属）

【分布】产于我国长江以南各省。

【形态】落叶灌木。树皮暗灰色，老枝灰色，新枝绿色，有绒毛。叶互生，阔卵形，边缘有锯齿，叶脉为基出 3 主脉，叶柄基部具 2 个刺状托叶。花淡黄绿色，腋生聚伞花序，花萼杯状 5 裂。果为木质蒴果，扁圆形，边缘有浅翅。

【习性】适应性强，且病虫害少、耐旱、耐瘠，管理容易。

【繁殖栽培】播种繁殖。

【观赏特性和园林用途】多年生灌木，枝、叶、果奇特，可孤植观赏，亦可作绿篱用。

67. 葡萄【*Vitis vinifera* L.】（见彩图 4—62）

【科属】葡萄科、葡萄属。

【分布】原产于亚洲西部；中国在两千多年前自新疆引入内地，现广为栽培。

【形态】落叶藤木。长达 30 m。茎皮红褐色，老时条状剥落；卷须间歇性与叶对生。叶互生，近圆形，3 ~ 5 掌状裂，基部心形，缘具粗齿。花小，黄绿色，圆锥花序大而长。浆果椭圆形或圆球形，熟时黄绿色或紫红色，有白粉。花期 5—6 月。

【习性】葡萄品种很多，对环境的要求和适应能力随品种而异。总体是性喜光，喜干燥及夏季高温的大陆性气候，耐干旱，怕涝。

【繁殖栽培】繁殖可有扦插、压条、嫁接或播种等法。

【观赏特性和园林用途】葡萄是很好的园林棚架植物，既可观赏、遮阴，又可结合果实生产。庭院、公园、疗养院及居住区均可栽植。

68. 五叶地锦（美国地锦、美国爬山虎）【*Parthenocissus quinquefolia* Planch.】（见彩图 4—63）

【科属】葡萄科、爬山虎属。

【分布】原产于美国东部，中国也有栽培。

【形态】落叶藤木。幼枝带紫红色。卷须与叶对生，顶端吸盘大。掌状复叶，具长柄，小叶 5 枚，卵状长椭圆形至倒长卵形。

【习性】喜温暖气候，也有一定耐寒能力，耐阴。攀缘力较差。

【繁殖栽培】可采用播种法、扦插法及压条法繁殖。

【观赏特性和园林用途】本种秋季叶色红艳，甚为美观，常用作垂直绿化建筑墙面等，也可用作地面覆盖材料。

69. 杜英（胆八树）【*Elaeocarpus syluestris Poir.*】

【科属】杜英科、杜英属。

【分布】产我国南部。

【形态】常绿乔木。树冠卵球形。树皮深褐色，平滑不裂。小枝红褐色。叶薄革质，倒卵状长椭圆形，缘有浅锯齿，绿叶中常存少量鲜红的老叶。腋生总状花序，花瓣白色，细裂如丝。核果椭球形。花期6—8月。

【习性】稍耐阴，喜温暖湿润气候，耐寒性不强，适生排水良好的土壤。对二氧化硫抗性强。

【繁殖栽培】播种或扦插繁殖。

【观赏特性和园林用途】本种枝叶茂密，树冠圆整，霜后部分叶变红色，红绿相间，颇为美丽。宜栽于草坪、林缘、庭前，也可列植成绿墙起隐蔽遮挡及隔声作用。

70. 南京椴【*Tilia miqueliana* Maxim.】

【科属】椴树科、椴树属。

【分布】产于我国江苏北部。

【形态】落叶乔木。幼枝有星状绒毛。叶三角状卵形，基部截形，表面近无毛，背黄色星状茸毛，边缘有整齐锯齿，叶柄长。聚伞花序，苞片长舌状。坚果近球形。花期6月。

【习性】喜阳光，较耐寒。萌蘖性较强。

【繁殖栽培】多用播种法繁殖，分株、压条也可。种子有很长的后熟性，采收后需沙藏度过后熟期，始可播种。

【观赏特性和园林用途】树冠阔大，是世界著名的观赏树种之一。适合广泛用作行道树和庭园绿荫树，是厂矿区绿化的好树种。花是良好的蜜源植物。

71. 木芙蓉（芙蓉花）【*Hibiscus mutabilis* L.】（见彩图4—64）

【科属】锦葵科、木槿属。

【分布】原产于中国，黄河流域至华南地区均有栽培，尤以四川成都一带为盛，故有“蓉城”之称。

【形态】落叶灌木或小乔木。茎具星状毛或短柔毛。叶广卵形，掌状3～5（7）裂，缘有浅钝齿，两面均有星状毛。花大，径约8 cm，单生枝端叶腋；花冠通常为淡红色，后变深红色。花期9—10月。

【习性】喜温暖湿润和阳光充足的环境，稍耐半阴，有一定的耐寒性。

【繁殖栽培】常用扦插和压条法繁殖，分株、播种也可进行。

【观赏特性和园林用途】木芙蓉秋季开花，花大而美丽，其花色、花形随品种不同有丰富变化，是一种良好的观花树种。由于性喜近水，种在池旁水畔最为适宜。此外，植于庭院、林缘及建筑前，或栽作花篱，都很适合。

72. 梧桐（青桐）【*Firmiana simplex*（L.）W. F. Wight】（见图 4—13）

【科属】梧桐科、梧桐属。

【分布】原产于中国及日本。

【形态】落叶乔木。树冠卵圆形。树干端直，树皮灰绿色，通常不裂。侧枝每年阶状轮生；小枝粗壮，翠绿色。叶 3～5 掌状裂，基部心形，裂片全缘，叶柄约与叶片等长。花淡黄绿色，花后心皮分离成 5 蓇葖果，远在成熟前即开裂呈舟形。种子棕黄色，大如豌豆，表面皱缩，着生于果皮边缘。花期 6—7 月。

【习性】喜光，喜温暖湿润气候，耐寒性不强。能适应各种土壤。对多种有毒气体都有较强抗性。

【繁殖栽培】通常用播种法繁殖，扦插、分根也可。

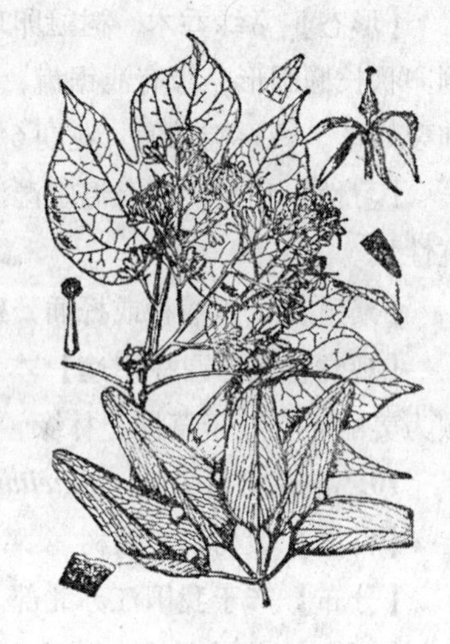

图 4—13　梧桐

【观赏特性和园林用途】梧桐树干端直，树皮光滑绿色，叶大而形美，夏日可得浓荫。入秋则叶凋落最早，故有“梧桐一叶落，天下尽知秋”之说。适于草坪、庭院，孤植或丛植；在园林中与棕榈、修竹、芭蕉等配植尤感和谐，且颇具我国民族风味。

相关介绍：

猕猴桃（中华猕猴桃）

【*Actinidia chinensis* Planch.】

【科属】猕猴桃科、猕猴桃属。

【分布】广布于我国长江流域及其以南各省区，北至陕西、河南等省亦有分布。

【形态】落叶缠绕藤本。小枝幼时密生灰棕色柔毛，老时渐脱落；髓大，白色，片状。叶纸质，圆形、卵圆形或倒卵形，顶端平截，缘有刺毛状细齿，北面密生灰棕色星状绒毛。浆果椭球形或卵形，有棕色绒毛，黄褐绿色。花期 6 月。

【习性】喜阳光，略耐阴。喜温暖气候，也有一定耐寒能力，喜深厚肥沃湿润而排水良好的土壤。

【繁殖栽培】通常用播种法繁殖，亦可用扦插法繁殖。

【观赏特性和园林用途】良好的棚架材料，既可观赏又可食用，最适合在绿地中配植应用。

73. 山茶【*Camellia japonica* L.】（见图 4—14）

【科属】山茶科、山茶属。

【分布】产于中国和日本。我国中部及南方各省露地多有栽培。

【形态】常绿灌木或小乔木。叶卵形、倒卵形或椭圆形，叶端渐尖，叶缘有细齿，叶表有光泽。花单生或对生于枝顶或叶腋，大红色，无梗，花瓣 5 ~ 7 枚，但亦有重瓣的，花瓣近圆形。蒴果近球形。花期 2—4 月。

【习性】喜半阴，最好为侧方庇荫。喜温暖湿润气候，酷热及严寒均不适宜。山茶喜肥沃湿润、排水良好的微酸性土壤（pH 值 5 ~ 6.5），不耐碱性土。

图 4—14　山茶

【繁殖栽培】可用播种、压条、扦插、嫁接等法繁殖。

【观赏特性和园林用途】山茶是中国传统的名花。叶色翠绿而有光泽，四季常青，花朵大，花色美，品种繁多，从 11 月即可开始观赏早花品种，而晚花品种至次年 3 月始盛开，故观赏期长达 5 个多月。其开花期正值其他花较少的季节，故更为珍贵。常用于庭园及室内装饰。

74. 油茶【*Camellia oleifera* Abel.】（见彩图 4—65）

【科属】山茶科、山茶属。

【分布】主要分布于我国长江流域及其以南各省区。

【形态】小乔木或灌木。冬芽鳞片有黄色长毛，嫩枝略有毛。叶卵状椭圆形，叶缘有锯齿；叶柄长 4 ~ 7 mm，有毛。花白色，1 ~ 3 朵腋生或顶生。花期 10—12 月。果次年 9—10月成熟。

【习性】性喜光，幼年期较耐阴。对土壤要求不严。喜酸性土，pH 值 4.5 ~ 6 均能生长良好，不耐盐碱土。

【繁殖栽培】以种子、插条或嫁接繁殖。

【观赏特性和园林用途】叶常绿，花色纯白，能形成素淡恬静的气氛，可在园林中丛植或作花篱用。

75. 木荷（何树）【*Schima Superba* Gardn et Champ】（见彩图 4—66）

【科属】山茶科、木荷属。

【分布】原产于我国。

【形态】常绿乔木。树冠广卵形，树皮褐色，纵裂。嫩枝带紫色，略有毛。叶革质，卵状长椭圆形至矩圆形，叶端渐尖或短尖，锯齿钝。花白色，芳香，单生于枝顶叶腋或成短总状。花期 5—6 月。

【习性】性喜光但幼树能耐阴。对土壤的适应性强，能耐干旱瘠薄土地，但在深厚、肥沃的酸性沙质土壤上生长最快。

【繁殖栽培】播种繁殖为主。

【观赏特性和园林用途】树冠浓荫，花有芳香，可作庭荫树及风景林。由于叶片为厚革质，耐火烧，萌芽力又强，故可植作防火带树种。

76. 厚皮香【*Ternstroemia gymnanthera* Sprague】（见彩图 4—67）

【科属】山茶科、厚皮香属。

【分布】分布于我国湖北、云南、广西、台湾等省。日本、柬埔寨、印度也有分布。

【形态】小乔木或灌木。叶革质且厚，倒卵状椭圆形，叶基渐窄而下延，叶表中脉显著下凹，侧脉不明显。花淡黄色。花期 7—8 月。

【习性】性喜温热湿润气候，不耐寒，喜光也较耐阴。要求生长地为弱酸性土。

【繁殖栽培】播种和扦插繁殖。

【观赏特性和园林用途】植株树冠整齐，叶青绿可爱，故可丛植庭园观赏用。种子可榨油，供工业上制润滑油及肥皂用，树皮可提栲胶。

77. 金丝梅【*Hypericum Patulum* Thunb.】（见彩图 4—68）

【科属】藤黄科、金丝桃属。

【形态】半常绿或常绿灌木。小枝拱曲，有两棱，红色或暗褐色。叶卵状长椭圆形或卵状披针形。花金黄色，雄蕊 5 束，较花瓣短；花柱 5，离生。花期 6—8 月。

78. 柽柳（三春柳）【*Tamarix chinensis* Lour.】（见图 4—15）

【科属】柽柳科、柽柳属。

【分布】原产于我国，分布极广，自华北至长江中下游各省，南达华南及西南地区。

【形态】灌木或小乔木。树皮红褐色。枝细长而常下垂，带紫色。叶小，鳞片状，平贴于枝上。春季总状花序侧生于去年生枝上，集成顶生大圆锥花序，夏、秋开花，花粉红色。

【习性】性喜光，耐寒、耐热、耐烈日暴晒，耐干又耐水湿，抗风又耐盐碱土。

【繁殖栽培】可用播种、扦插、分株、压条等法繁殖，通常多用扦插法。

【观赏特性和园林用途】姿态婆娑、枝叶纤秀，花期

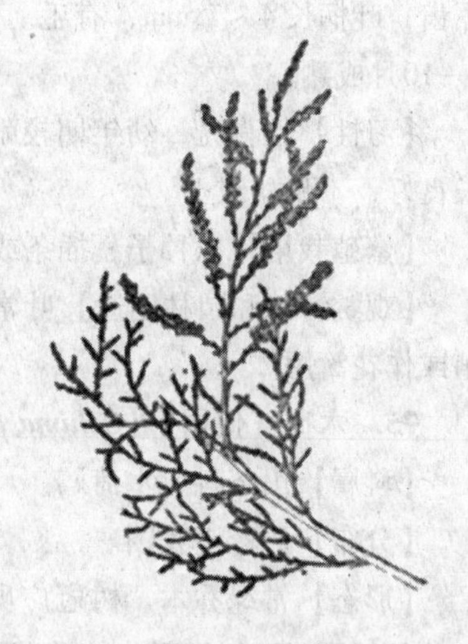

图 4—15　柽柳

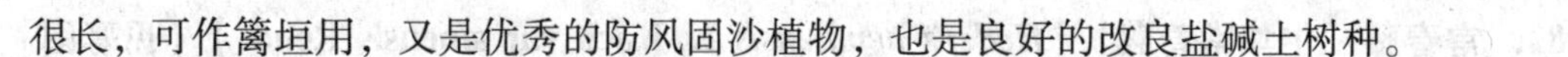

很长，可作篱垣用，又是优秀的防风固沙植物，也是良好的改良盐碱土树种。

79. 胡颓子【*Elaeagnus pungens* Thunb.】（见彩图 4—69）

【科属】胡颓子科、胡颓子属。

【分布】分布于我国长江以南各省，日本也有。

【形态】常绿灌木。树冠开展，具棘刺。小枝锈褐色，被鳞片。叶革质，椭圆形或长圆形，叶缘微波状，叶表初时有鳞片后变绿色而有光泽，叶背银白色，被褐色鳞片。花银白色，下垂，芳香，1～3 朵簇生叶腋。果椭圆形，熟时红色。花期 10—11 月。果次年 5 月成熟。

【习性】性喜光，耐半阴。喜温暖气候，不耐寒。对土壤适应性强，耐干旱又耐水湿。

【繁殖栽培】可播种或扦插繁殖。

【观赏特性和园林用途】可植于庭园观赏。

80. 喜树（旱莲、千丈树）【*Camptotheca acuminata* Decne】（见图 4—16）

【科属】珙桐科、喜树属。

【分布】我国长江以南各省及部分长江以北地区均有分布和栽培。

【形态】落叶乔木。单叶互生，椭圆形至长卵形，全缘，羽状脉弧形而在表面下凹，叶柄常带红色。头状花序，瘦果香蕉形，两侧有狭翅，着生于近球形的头状果序上。花期 7 月。

【习性】性喜光，稍耐阴。喜温暖湿润气候，不耐寒。喜深厚肥沃湿润土壤。

【繁殖栽培】用种子繁殖。

【观赏特性和园林用途】主干通直，树冠宽展，叶荫浓郁，是良好的庭荫和背景绿化树种。

图 4—16　喜树

81. 红千层【*Callistemon rigidus* R. Br】（见彩图 4—70）

【科属】桃金娘科、红千层属。

【分布】原产于澳大利亚。

【形态】常绿灌木。叶互生，条形，硬而无毛，有透明腺点，中脉显著，无柄。穗状花序长，似瓶刷状。花红色，夏季开花。

【习性】性喜暖热气候，华南、西南地区可露地过冬。

【繁殖栽培】种子繁殖。本树不易移植，如需移植应在幼苗期进行，大苗则易死亡。

【观赏特性和园林用途】可丛植庭院或作瓶花观赏。

82. 常春藤（中华常春藤）【*Hedera nepalensis* K. Koch var sinensis Rehd.】（见彩图 4—71）

【科属】五加科、常春藤属。

【分布】分布于我国华中、华南、西南地区及甘肃、陕西等省。

【形态】常绿藤本。茎借气生根攀缘。营养枝上的叶为三角卵形，全缘或 3 裂；花果枝上的叶椭圆状卵形或披针形，全缘，叶柄细长。伞形花序单生或 2 ~ 7 顶生，花淡绿白色或黄色。花期 8—9 月。

【习性】性极耐阴，有一定耐寒性。对土壤和水分要求不严。

【繁殖栽培】通常用扦插或压条法繁殖，极易生根。

【观赏特性和园林用途】在庭院中可用以攀缘假山、岩石，或在建筑阴面作垂直绿化材料。

83. 熊掌木【*Fatshedera lizei*】（见彩图 4—72）

【科属】五加科、熊掌木属。

【形态】本种为八角金盘【Fatsia japonica】与常春藤【Hedera helix】杂交而成。常绿性藤蔓植物。单叶互生，掌状五裂，叶端渐尖，叶基心形，叶宽 12 ~ 16 cm，全缘，新叶密被毛茸，老叶浓绿而光滑；叶柄长 8 ~ 10 cm，柄基呈鞘状与茎枝连接。

【习性】喜半阴环境，阳光直射时叶片会黄化，耐阴性好。

【繁殖栽培】扦插法繁殖，春、秋季为适期。

【观赏特性和园林用途】四季青翠碧绿，又具极强的耐阴能力，适宜在林下群植。

84. 刺楸【*Kalopanax septemlobus*（Thunb.）Kodiz.】

【科属】五加科、刺楸属。

【分布】我国从东北经华北、长江流域至华南、西南地区均有分布。

【形态】落叶乔木。树皮深纵裂。枝具粗皮刺。叶掌状 5 ~ 7 裂，缘有齿；叶柄较叶片长。复花序顶生。花期 7—8 月。

【习性】喜光，对气候适应较强，喜土层深厚湿润的酸性土或中性土。

【繁殖栽培】用播种及根插法繁殖。

【观赏特性和园林用途】本种叶大干直，树形颇为壮观，并富野趣，宜自然风景区绿化时应用，也可在园林作孤树及庭荫树栽培。

85. 桃叶珊瑚【*Aucuba chinensis* Benth.】（见彩图 4—73）

【科属】山茱萸科、桃叶珊瑚属。

【分布】分布于我国湖北、四川、云南、广东、台湾等省区。

【形态】常绿灌木。小枝背柔毛，老枝具白色皮孔。叶薄革质，长椭圆形至倒卵状披针形，全缘或上部有疏齿。花紫色，排成总状圆锥花序。果为浆果状核果，熟时深红色。

【习性】性耐阴，喜温暖湿润气候及肥沃湿润而排水良好土壤，不耐寒。

【繁殖栽培】用扦插法繁殖。

【观赏特性和园林用途】本种为良好的耐阴观叶、观果树种，宜于配植在林下及林荫处。又可盆栽供室内观赏。

86. 红瑞木【*Cornus alba* L.】（见彩图4—74）

【科属】山茱萸科、梾木属。

【分布】分布于我国东北、内蒙古及河北、山东等地。朝鲜、俄罗斯也有分布。

【形态】落叶灌木。枝血红色，髓大而白色。叶对生，卵形或椭圆形，全缘，侧脉5～6对，叶表暗绿色，叶背粉绿色。

【习性】性喜光，强健耐寒，喜略湿润土壤。

【繁殖栽培】可用播种、扦插、分株等法繁殖。

【观赏特性和园林用途】红瑞木的枝条终年鲜红色，秋叶也为鲜红色。宜丛植于庭院草坪、建筑物前或常绿树间，又可栽作自然式绿篱，赏其红枝与白果。

87. 灯台树【*Cornus controversa* Hemsl.】（见彩图4—75）

【科属】山茱萸科、梾木属。

【分布】原产于我国长江流域及西南各省。

【形态】落叶乔木。树皮暗灰色，老时浅纵裂。枝紫红色，无毛。叶互生，长集生枝梢，卵状椭圆形至广椭圆形，叶端突渐尖，叶基圆形，侧脉6～8对。伞房状聚伞花序顶生；花小，白色。

【习性】性喜阳光，稍耐阴。喜温暖湿润气候，有一定耐寒性。

【繁殖栽培】多用播种繁殖，也可扦插繁殖。

【观赏特性和园林用途】灯台树树形整齐，大侧枝呈层状生长宛若灯台，形成美丽的圆锥状树冠。宜独植于庭院草坪观赏，也可植为庭荫树及行道树。

88. 毛梾【*Cornus walteri* Wanger】

【科属】山茱萸科、梾木属。

【分布】原产于我国。

【形态】落叶乔木。树皮暗灰色，常纵裂成长条。叶对生，卵形至椭圆形，叶端渐尖，侧脉4～5对。伞房状聚伞花序顶生，花白色。花期5—6月。

【习性】性喜阳光，耐旱、耐寒。

【繁殖栽培】用种子繁殖。

【观赏特性和园林用途】本种枝叶茂密、白花可赏，也可栽作行道树用。

相关介绍：

四照花

【*Dendrobenthamia japonica* Fang var. chinensis Fang】

【科属】山茱萸科、四照花属。

【分布】产于我国长江流域诸省。

【形态】落叶灌木至小乔木。小枝细、绿色，后变褐色。叶对生，卵状椭圆形或卵形，叶端渐尖，侧脉3～4（5）对，弧形弯曲，叶表疏生白柔毛，叶背粉绿色。头状花序，序基有4枚白色花瓣状总苞片，椭圆状卵形。核果聚为球形的聚合果，成熟后变紫红色。花期5—6月。

【习性】性喜光，稍耐阴，喜温暖湿润气候，有一定耐寒力。

【观赏特性和园林用途】本种树形整齐，初夏开花，白色总苞覆盖满树，是一种美丽的庭园观花树种。

二、合瓣花（亦称后生花被类）【Adlumia asiatica Ohwi】

被子植物双子叶类区分为两大类别，而以花瓣相互愈接的性状为依据所设置的一群，称为合瓣花类。

1．柿树【*Diospyros kaki* Thunb.】（见彩图4—76）

【科属】柿科、柿属。

【分布】原产于中国，分布极广。

【形态】落叶乔木。树冠呈自然半圆形，树皮暗灰色，呈长方形小块状裂纹。叶阔椭圆形或倒卵形，近革质。浆果扁球形，橙黄色或鲜黄色，萼宿存卵圆形。花期5—6月。果9—10月成熟。

【习性】阳性树，但也耐阴，性强健，喜温暖湿润气候，也耐干旱。

【繁殖栽培】用嫁接法繁殖。

【观赏特性和园林用途】柿树为我国原产，栽培历史悠久。树形优美，叶大，呈浓绿色而有光泽，在秋季又变红色，是良好的庭荫树。果实渐变橙黄或橙红色，累累佳果悬于绿荫丛中，极为美观，既适用于城市园林，又适宜自然风景区中的配植应用。

2．君迁子【*Diospyros lotus* L.】

【科属】柿科、柿属。

【分布】分布于我国辽宁、河北、山东、陕西及中南、西南地区。

【形态】落叶乔木。树皮灰色，呈方块状深裂。叶长椭圆形。花淡橙色或绿白色。果球形或圆卵形，熟时变蓝黑色。花期 4—5 月。

【习性】喜光，耐半阴，耐寒及耐旱性均比柿树强，很耐湿。喜肥沃深厚土壤，但对瘠薄土、中等碱性土及石灰质土有一定的忍耐力。对二氧化硫抗性强。

【繁殖栽培】播种繁殖；亦可作柿树的砧木行芽接，或在次年的春季行枝接。

【观赏特性与园林用途】君迁子树干挺直，树冠圆整，适应性强，可供园林绿化用。

3. 迎春【*Jasminum nudiflorum* Lindl.】（见图 4—17）

【科属】木樨科、茉莉属。

【分布】产于我国北部、西北、西南各地。

【形态】落叶灌木。枝细长拱形，绿色，有 4 棱。叶对生，小叶 3 枚，卵形至长圆状卵形，缘有短细毛。花单生，先叶开放，花冠黄色。通常不结果。花期 2—4 月。

【习性】性喜光，稍耐阴，较耐寒，对土壤要求不严。

【繁殖栽培】繁殖多用扦插、压条、分株法。

【观赏特性和园林用途】迎春植株铺散，枝条嫩绿，开花极早，可与蜡梅、山茶、水仙同植一处，构成新春佳景；与银芽柳、山桃同植，早报春光；或作花篱密植，或作开花地被，观赏效果极好。

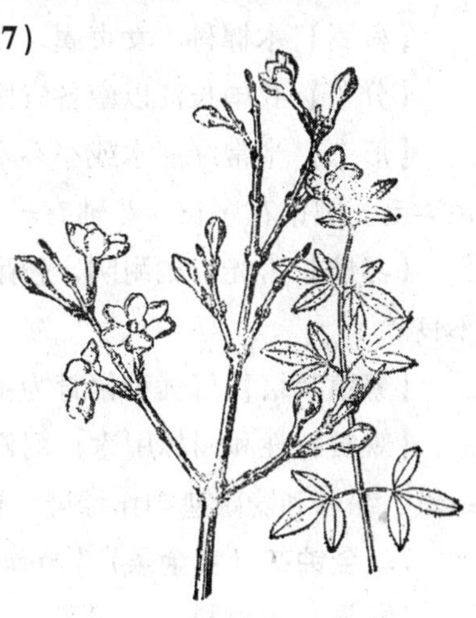

图 4—17　迎春

4. 探春花（迎夏）【*Jasminum floridum* Bunge】（见彩图 4—77）

【科属】木樨科、素馨属。

【分布】原产我国中部及北部。

【形态】半常绿灌木。枝直立或平展，幼枝绿色，光滑有棱。叶互生，小叶常为 3 枚，偶有 5 枚或单叶，卵状长圆形。聚伞花序顶生，多花，花冠黄色。花期 5—6 月。

【习性】温带树种，适应性强，喜温暖、湿润、向阳的环境和肥沃的土壤。枝条茂密，接触土壤较易生出不定根，极易繁殖，生长迅速。

【繁殖栽培】用压条、扦插和分株均可。

【观赏特性和园林用途】探春花先叶后花，叶丛翠绿，花色金黄，十分素雅，为良好的园景植物，也是盆栽、制作盆景和切花的极好材料。如将花枝插瓶，花期可维持月余，且枝条能在水中生根。

5. 小叶女贞【*Ligustrum quihoui* Carr.】

【分布】产于我国中部、东部和西南部。

【科属】木樨科，女贞属。

【形态】落叶或半常绿灌木。枝条铺散，小枝具短柔毛。叶薄革质，椭圆形至倒卵状长圆形，全缘，边缘略向外反卷。圆锥花序，花白色，芳香，无梗。

【习性】喜光，稍耐阴，较耐寒。性强健，萌枝力强，耐修剪。

【繁殖栽培】播种、扦插繁殖。

【观赏特性和园林用途】园林中主要作绿篱栽植；其枝叶紧密、圆整，庭园中常栽植观赏。

6. 小蜡【*Ligustrum sinense* Lour.】（见彩图 4—78）

【科属】木樨科、女贞属。

【分布】我国长江以南各省区均有分布。

【形态】半常绿灌木或小乔木。小枝密生短柔毛。叶薄革质，椭圆形，背面沿中脉有短柔毛。圆锥花序长，花轴有短柔毛；花白色，芳香，花梗细而明显。

【习性】喜光，稍耐阴，较耐寒，耐修剪。对土壤湿度较敏感，干燥瘠薄地生长发育不良。

【繁殖栽培】以播种繁育为主，也可扦插，以绿枝扦插繁殖易成活。

【观赏特性和园林用途】耐修剪，生长慢。对有害气体抗性强，可作厂矿绿化。宜作绿篱、绿墙和隐蔽遮挡作绿屏，也可整形成长、短、方、圆各种几何图形。

7. 金钟花（黄金条）【*Forsythia viridissima*】

【科属】木樨科、连翘属。

【分布】原产于中国中部、西南，北方地区及朝鲜都有栽培。

【形态】落叶灌木。茎丛生，枝开展，拱形下垂，小枝绿色，微有四棱状，髓心薄片状。单叶对生，椭圆形至披针形，中部以上有锯齿。花期 3—4 月，先叶开放，深黄色，1 ~ 3 朵腋生。蒴果卵球形，先端嘴状。

【习性】喜光，略耐阴。喜温暖、湿润环境，较耐寒。适应性强，对土壤要求不严，耐干旱，较耐湿。根系发达，萌蘖力强。

【繁殖栽培】用扦插、压条、分株、播种繁殖，以扦插为主。

【观赏特性和园林用途】金钟花先叶而花，金黄灿烂，可丛植于草坪、墙隅、路边、树缘、院内庭前等处。

8. 连翘【*Forsythia suspensa*（Thunb.）Vahl】（见彩图 4—79）

【科属】木樨科、连翘属。

【分布】分布于我国河北、陕西、山东、江苏、湖北、四川及云南等省区。

【形态】落叶灌木。茎丛生，枝开展，枝中空。单叶对生，叶卵形或长卵形，或成为 3 裂至 3 小叶，缘有锯齿。花金黄色。花期 3—5 月。

【习性】喜光，有一定程度的耐阴性，耐寒，耐干旱瘠薄，怕涝。不择土壤。抗病虫害能力强。

【繁殖栽培】可扦插、播种、分株繁殖。

【观赏特性和园林用途】连翘早春先叶开花，花开香气淡雅，满枝金黄，艳丽可爱，是早春优良观花灌木。适宜于宅旁、亭阶、墙隅、篱下与路边配植，也宜于溪边、池畔、岩石、假山下栽种。因根系发达，可作花篱或护堤树栽植。

9. 丁香【*Syringa oblata*】（见彩图 4—80）

【科属】木樨科、丁香属。

【分布】分布于我国吉林、内蒙古、山东、陕西和四川等省区。海拔 300 ~ 2 600 m 山地或山沟。

【形态】落叶灌木或小乔木。单叶对生，广卵形，全缘。呈顶生或侧生的圆锥花序。花小芳香，呈紫色。

【习性】强健。

【繁殖栽培】栽培简易，上海地区以嫁接为主，砧木为女贞。

【观赏特性和园林用途】初夏著名的庭园花木。在园林中广泛栽培应用。因花筒细长如钉且香故名。丁香为哈尔滨市市花。

10. 白蜡【*Fraxinus chinensis* Roxb.】（见彩图 4—81）

【科属】木樨科、白蜡属。

【分布】北至我国东北中南部，经黄河流域、长江流域，我国各地均有分布。

【形态】落叶乔木。树冠卵圆形。小枝光滑无毛。小叶 5 ~ 9 枚，通常 7 枚，卵圆形或卵状椭圆形，缘有齿及波状齿。圆锥花序侧生或顶生于当年生枝上。翅果倒披针形。花期 3—5 月。

【习性】喜光，稍耐阴。喜温暖湿润气候，颇耐寒。喜湿耐涝，也耐干旱。对土壤要求不严。

【繁殖栽培】播种或扦插繁殖。

【观赏特性和园林用途】白蜡树形体端正，树干通直，枝叶繁茂而鲜绿，秋叶橙黄，是优良的行道树和遮荫树，适宜工矿区绿化。

11. 油橄榄（齐墩果）【*Olea europaea* L】

【科属】木樨科、齐墩果属。

【分布】原产于地中海区域，欧洲南部及美国南部广为栽培。我国引种栽植。

【形态】常绿小乔木。树皮粗糙，老时深纵裂，常生有树瘤。小枝四棱形。叶近革质，披针形或长椭圆形，全缘，边略反卷，表面深绿，背面密布银白色皮屑状鳞片。圆锥花序，花冠白色，芳香。核果椭圆状至近球形，黑色光亮。花期 4—5 月。果 10—12 月成熟。

【习性】油橄榄是地中海型的亚热带树种，生于冬季温暖湿润、夏季干燥炎热地区。喜光，最宜土层深厚、排水良好的沙壤土。

【繁殖栽培】多用嫁接、扦插、压条等方法。

【观赏特性和园林用途】油橄榄常绿，枝繁茂，叶双色，花芳香，可丛植于草坪、墙隅，在小庭院中栽植也很适宜。

12. 大叶醉鱼草【*Buddleja davidii* Franch.】（见彩图 4—82）

【科属】马钱科、醉鱼草属。

【分布】主产于我国长江流域一带，西南、西北等地区也有。

【形态】落叶灌木。小枝略呈四棱形，幼时密被白色星状毛。单叶对生，卵状披针形至披针形，边缘疏生细锯齿，表面无毛，背面密布白色星状绒毛。多数小聚伞花序集成穗状圆锥花枝。花冠淡紫色，芳香。花期 6—9 月。

变种有：

（1）紫花醉鱼草【Var. veitchiana Rehd.】：植株强健，密生大型穗状花序，花红紫色而具鲜橙色的花心，花期较早。

（2）绛花醉鱼草【var. magnifica Rehd. et Wils.】：花较大，深绛紫色，花冠筒口部深橙色，裂片边缘反卷，密生穗状花序。

（3）大花醉鱼草【var. superba Rehd. et Wils.】：与绛花醉鱼草相似，唯花冠裂片不反卷，圆锥花丛较大。

（4）垂花醉鱼草【var. wilsonii Rehd. et Wils.】：植株较高，枝条呈拱形。叶长而狭。穗状花序稀疏而下垂，有时长达 70 cm。花冠较小，红紫色，裂片边缘稍反卷。

【习性】抗寒性较强。

【繁殖栽培】多分株或扦插繁殖。

【观赏特性和园林用途】花序较大，花色丰富，又有香气，故在园林应用中更受欢迎。植株有毒，应用时应注意。

13. 络石【*Trachelospermum jasminoides* Lem.】（见彩图 4—83）

【科属】夹竹桃科、络石属。

【分布】主产于我国长江流域，分布极广。

【形态】常绿藤木。茎赤褐色，幼枝有黄色柔毛，常有气根。叶椭圆形或卵状披针形，全缘。聚伞花序，花冠白色，芳香。花期 4—5 月。

【习性】喜光，耐阴。喜温暖湿润气候，耐寒性不强。对土壤要求不严，且抗干旱。

【繁殖栽培】扦插与压条繁殖均易生根。

【观赏特性和园林用途】络石叶色浓绿，四季常青，花白繁茂，且具芳香，长江流域及华南等暖地，多植于枯树、假山、墙垣之旁，令其攀缘而上，均颇优美自然。其耐阴性较强，故宜作林下或常绿孤立树下的常青地被。

相关介绍：

厚壳树

【*Ehretia thyrsiflora*（sieb. et zucc.）Nakai】

【科属】紫草科、厚壳树属。

【分布】产于我国华东、华中及西南各省区。越南、日本、朝鲜也产。

【形态】落叶乔木。树皮灰黑色，有不规则的纵裂。小枝光滑，皮孔明显。叶倒卵形至椭圆形，边缘有细锯齿，表面疏生平伏粗毛，背面仅脉腋有毛。圆锥花序顶生或腋生，花冠白色，芳香。核果球形。花期4—5月。

【习性】喜湿润深厚土壤。

【繁殖栽培】播种繁殖。

【观赏特性和园林用途】厚壳树树形整齐，叶大荫浓，花密白色而芳香，宜作遮阴树栽培。上海地区园林中鲜见。

海州常山（臭梧桐）

【*Clerodendrum trichotomum* Thunb.】

【科属】马鞭草科、桢桐属。

【分布】产于我国华北、华东、中南、西南各省区。朝鲜、日本、菲律宾也有分布。

【形态】落叶灌木或小乔木。幼枝、叶柄、花序轴等多少有黄褐色柔毛。叶阔卵形至三角状卵形，全缘或有波状齿。伞房状聚伞花序顶生或腋生。花萼紫红色，5裂几达基部。核果近球形，包藏于增大的宿萼内，成熟时呈蓝紫色。花果期6—11月。

【习性】喜光，稍耐阴，有一定耐寒性。

【观赏特性和园林用途】海州常山花果美丽，是良好的观赏花木，是布置园林景色的极好材料。

14. 黄荆（五指枫）【*Vitex negundo* L.】（见彩图4—84）

【科属】马鞭草科、黄荆属。

【分布】主产于我国长江以南各省，分布遍及全国。

【形态】落叶灌木或小乔木。小枝四棱形，密生灰白色绒毛。掌状复叶，小叶5枚，间有 3 枚，卵状长椭圆形至披针形，全缘或疏生浅齿，背面密生灰白色细绒毛。圆锥状聚伞花序顶生，花冠淡紫色。花期 4—6 月。

常见变种有：

（1）牡荆【*var. cannabifolia* Hand - Mazz. 】：小叶边缘有多数锯齿，表面绿色，背面淡绿色，无毛或稍有毛。分布华东各省及华北、中南至西南各省。

（2）荆条【*var. heterophylla* Rehd. 】：小叶边缘有缺刻状锯齿、浅裂至深裂。我国东北、华北、西北、华东及西南各省均有分布。

【习性】喜光，耐干旱瘠薄土地，适应性强。

【繁殖栽培】繁殖用播种、扦插、分株均可。

【观赏特性和园林用途】黄荆，尤其是荆条，叶秀丽，紫花清雅，是装点风景区的极好材料，也是树桩盆景的优良材料。

15. 凌霄（紫葳）【*Campsis grandiflora*（Thunb.）Loisel.】（见彩图 4—85）

【科属】紫葳科、凌霄属。

【分布】原产于中国中部、东部。

【形态】落叶藤本。树皮灰褐色，呈细条状纵裂。小枝紫褐色。小叶 7 ~ 9 枚，卵形至卵状披针形，基部不对称，缘疏生 7 ~ 8 锯齿。疏松顶生聚伞状圆锥花序。花冠唇状漏斗形，鲜红色或橘红色。蒴果长如荚。花期 6—8 月。

【习性】喜光而稍耐阴，幼苗宜稍庇荫。喜温暖湿润，耐寒性较差。

【繁殖栽培】播种、扦插、埋根、压条、分蘖均可。

【观赏特性和园林用途】凌霄干枝虬曲多姿，翠叶团团如盖，花大色艳，花期甚长，为庭院中棚架、花门之良好绿化材料。

相关介绍：

美国凌霄

【*Campsis radicans*（L.）Seem.】

【科属】紫葳科、凌霄属。

【分布】原产于北美洲。我国各地引入栽培。

【形态】藤本。小叶 9 ~ 13 枚，椭圆形至卵状长圆形，缘疏生 4 ~ 5 粗锯齿。花数朵集生成短圆锥花序，花冠筒状漏斗形，较凌霄为小，通常外面橘红色，裂片鲜红色。蒴果筒状长圆形。花期 6—8 月。

16. 梓树【*Catalpa ovata* D. Don】（见图 4—18）

【科属】紫葳科、梓树属。

【分布】分布很广，我国东北、华北地区，南至华南北部，以黄河中下游为分布中心。

【形态】落叶乔木。树冠平展，树皮灰褐色，纵裂。叶广卵形或近圆形，通常 3～5 裂，有毛，背面基部脉腋有紫斑。圆锥花序顶生，花冠内面有黄色条纹及紫色斑纹。蒴果细长如筷。花期 5 月。

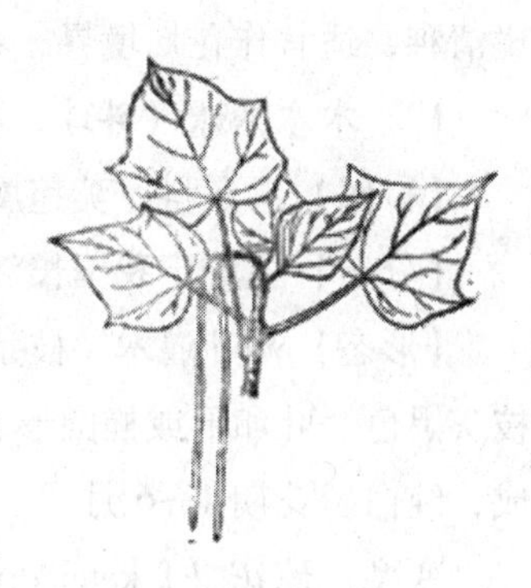

图 4—18　梓树

【习性】喜光，稍耐阴。适生于温带地区，颇耐寒，在暖热气候下生长不良。喜深厚、肥沃、湿润土壤，不耐干旱瘠薄。

【繁殖栽培】播种繁殖，也可用扦插和分蘖繁殖。

【观赏特性和园林用途】梓树树冠宽大，可作行道树、庭荫树及村旁、宅旁绿化材料。古人在房前屋后种植桑树、梓树，桑梓即意故乡。

17. 楸树【*Catalpa bungei* C. A. Mey】

【科属】紫葳科、梓树属。

【分布】主产于我国黄河流域和长江流域。

【形态】落叶乔木。树干耸直，主枝开阔伸展，多弯曲，呈倒卵形树冠，树皮灰褐色，浅细纵裂。叶三角状卵形，顶端微尖，全缘，有时近基部有 3～5 对尖齿。总状花序伞房状排列，顶生。花期 4—5 月。

【习性】喜光，不耐干旱和水湿。喜深厚、湿润、肥沃、疏松的中性土。根蘖和萌芽力都很强。

【繁殖栽培】播种、分蘖、埋根、嫁接均可。

【观赏特性和园林用途】楸树树姿挺拔，干直荫浓，花紫白相间、艳丽悦目，宜作庭荫树及行道树。

18. 六月雪【*Serissa foetida* Comm.】（见彩图 4—86）

【科属】茜草科、六月雪属。

【分布】产于我国东南部和中部各省区。

【形态】常绿或半常绿矮小灌木。分枝繁多。单叶对生或簇生于短枝，长椭圆形，全缘。花单生或数朵簇生，花冠白色或淡粉紫色。花期 5—6 月。

【习性】性喜阴湿，喜温暖气候，对土壤要求不严。萌芽力、萌蘖力均强，耐修剪。

【繁殖栽培】扦插、分株繁殖均可。

【观赏特性和园林用途】六月雪树形纤巧，枝叶扶疏，夏日盛花，宛如白雪满树，玲珑清雅，适宜作花坛境界、花篱和下木。

19. 木本绣球（斗球、荚蒾绣球）【*Viburnum macrocephalum* Fort.】（见彩图4—87）

【科属】忍冬科、荚蒾属。

【分布】主产于我国长江流域，南北各地都有栽培。

【形态】落叶灌木。枝条广展，树冠呈球形。冬芽裸露，幼枝及叶背密被星状毛，老枝灰黑色。叶卵形或椭圆形，边缘有细齿。大型聚伞花序呈球形，几全由白色不孕花组成，纯白。花期4—6月。

变型：琼花【f. keteleeri Rehd.】：又名八仙花，实为原种，聚伞花序，直径10 ~ 12 cm，中央为两性可育花，仅边缘为大型白色不孕花。核果椭圆形，先红后黑。果期7—10月。

【习性】喜光略耐阴。性强健，颇耐寒。萌芽力、萌蘖力均强。

【繁殖栽培】因全为不孕花不结果实，故常行扦插、压条、分株繁殖。

【观赏特性和园林用途】木本绣球树姿开展圆整，春日繁花聚簇，团团如球，犹似雪花压树，枝垂近地。其变型琼花，花形扁圆，边缘着生洁白不孕花，宛如群蝶起舞，逗人喜爱。最宜孤植于草坪及空旷地。栽于园路两侧，使其拱形枝条形成花廊也极相宜。

相关介绍：

香荚蒾

【*Viburnum farreri* W. T. Stearn】

【科属】忍冬科、荚蒾属。

【分布】原产于中国北部。

【形态】落叶灌木。枝褐色，幼时有柔毛。叶椭圆形，缘具三角形锯齿，羽状脉明显，叶背侧脉间有簇毛。圆锥花序长，花冠高脚碟状，蕾时粉红色，开放后白色，芳香，花冠筒长。核果矩圆形，鲜红色。花期4月，先叶开放，也有花叶同放。

【习性】耐半阴，耐寒。喜肥沃、湿润土壤，不耐瘠土和积水。

【繁殖栽培】种子不易收到，常用压条、扦插繁殖。

【观赏特性和园林用途】香荚蒾花白色而浓香，花期极早。丛植于草坪边、林荫下、建筑物前都极适宜。

20．金银花（忍冬、金银藤）【*Lonicera japonica* Thunb.】（见彩图4—88）

【科属】忍冬科、忍冬属。

【分布】中国南北各省均有分布。

【形态】半常绿缠绕藤木。枝细长中空，皮棕褐色，条状剥落，幼时密被短柔毛。叶卵形或椭圆状卵形，全缘，幼时两面具柔毛，老后光滑。花成对腋生，花冠二唇形。初开为白色略带紫晕，后转黄色，芳香。浆果球形，离生，黑色。花期5—7月。

【习性】喜光也耐阴。耐寒、耐旱及水湿。对土壤要求不严。

【繁殖栽培】播种、扦插、压条、分株均可。

【观赏特性和园林用途】金银花植株轻盈，藤蔓缭绕，冬叶微红，花先白后黄，富含清香，是色香具备的藤本植物，可缠绕篱垣、花架、花廊等作垂直绿化。花期长，花芳香，又值盛夏酷暑开放，是庭院布置夏景的极好材料，也是优良的蜜源植物。

21．金银木（金银忍冬）【*Lonicera maackii*（Rupr.） Maxim.】（见彩图4—89）

【科属】忍冬科、忍冬属。

【分布】分布于温带针阔叶混交林区、北部暖温带落叶阔叶林区、北亚热带落叶常绿阔叶混交林区、南亚热带常绿阔叶林区。

【形态】落叶灌木。小枝髓黑褐色，后变中空，幼时具微毛。叶卵状椭圆形至卵状披针形，全缘，两面疏生柔毛。

【习性】性强健，喜光，耐半阴，耐旱，耐寒。喜湿润肥沃及深厚之土壤。

【繁殖栽培】有播种和扦插两种繁殖方法。

【观赏特性和园林用途】金银木树势旺盛，枝叶丰满，初夏开花有芳香，秋季红果坠枝头，是一良好观赏灌木。孤植或丛植于林缘、草坪、水边均很合适。

22．郁香忍冬【*Lonicera fragrantissima* Lindl. et Paxt.】（见彩图4—90）

【科属】忍冬科、忍冬属。

【分布】主产于我国长江流域，生山坡灌丛。

【形态】半常绿灌木。叶卵状椭圆形至卵状披针形，边缘有硬毛。花成对腋生。花冠唇形，粉红色或白色，芳香。浆果红色，两果合生过半。花期3—4月，先叶开放。

【习性】喜光，也耐阴。喜肥沃湿润土壤。耐寒，忌涝。

【繁殖栽培】用播种、扦插或自然根蘖分株繁殖。

【观赏特性和园林用途】常植于庭院观赏。

学习单元2　单子叶植物主要树种的形态、习性及栽培、应用

学习目标

➢了解常见单子叶植物的习性

➢熟悉常见单子叶植物的栽培技术

➢掌握常见单子叶植物的形态特征

➢掌握常见单子叶植物的园林应用

➢能够辨识常见单子叶植物主要科及代表树种的形态特征

知识要求

单子叶植物绝大多数为草本，极少数为木本，维管束分散，维管束通常无形成层。茎及根一般无次生肥大生长，根为须根。叶一般为单叶、全缘，稀有掌状或羽状分裂叶至掌状或羽状复叶；叶片与叶柄未分化或已明显分化，经常有叶柄的一部抱茎成叶鞘。种子具1枚子叶。

单子叶植物经济价值很高，包括主要粮食作物、经济竹类，大都富含纤维，可造纸或编织原料，有些可作牧草、药材、绿化或为固堤保土植物。

刚竹属【Phyllostachys】：秆在分枝一侧扁平或具纵沟，地下茎为单轴型，秆每节大都二分枝，基部数节无气根。秆箨常为革质或厚纸质。

一、刚竹【*Phyllostachys viridis*（Young）McClure】

【科属】竹亚科、刚竹属。

【分布】原产中国，分布于黄河流域至长江流域以南广大地区。

【形态】秆高10～15 m，径4～9 cm，挺直，淡绿色，分枝以下的秆环不明显。新秆无毛，微被白粉，老秆仅节下有白粉环。无箨耳。每小枝有2～6叶，有发达的叶耳与硬毛，老时可脱落。叶片披针形。笋期5—7月。

园林中常见栽培有两个变型：

（1）槽里黄刚竹（绿皮黄筋竹）【f. houzeauana C. D. Chu et C. S. chao】：秆绿色，着生分枝一侧的纵槽为金黄色。为庭园观赏竹种之一。

（2）黄皮刚竹（黄皮绿筋竹）【f. youngii C. D. Chu et C. S. Chao】：秆常较小，金黄

色，节下面有绿色环带，节间有少数绿色纵条。叶片常有淡黄色纵条纹。竹秆金黄色颇美观，是庭园常见观赏竹种。

【习性】刚竹抗性强，能耐 -18℃低温，微耐盐碱，在 pH 值 8.5 左右的碱土和含盐 0.1% 的盐土上也能生长。

【观赏特性和园林用途】同毛竹。

二、毛竹【*Phyllostachys pubescens* Mazel ex H. de Lehaie】（见图 4—19）

【科属】竹亚科、刚竹属。

【分布】原产中国秦岭、汉水流域至长江流域以南，海拔 1 000 m 以下广大酸性土山地，分布很广。

【形态】高大乔木状竹类。秆高 10 ~ 25 m，径 12 ~ 20 cm，中部节间可长达 40 cm。新秆密被细柔毛，有白粉，老秆无毛，白粉脱落而在节下逐渐变黑色，顶梢下垂。分枝以下秆上秆环不明显，箨环隆起。枝叶 2 列状排列，每小枝保留 2 ~ 3 叶，叶较小，披针形，长 4 ~ 11 cm。笋期 3 月底至 5 月初。

图 4—19　毛竹

变种龟甲竹【var. heterocycla（Carr.）H. de Lehaie】：秆较原种稍矮小，下部诸节间极度缩短、肿胀，交错成斜面。宜栽于庭院观赏。

毛竹竹鞭的生长靠鞭梢，在疏松、肥沃土壤中，一年间鞭梢的钻行生长可达 4 ~ 5 m。竹鞭寿命约 14 年左右。

毛竹开花前出现反常预兆，如出笋少甚至不出笋，叶绿素显著减退，竹叶全部脱落或换生变形的新叶。毛竹的花期长，从 4—5 月至 9—10 月都有发生，而以 5—6 月为盛花期。因花的花丝长而花柱短，授粉率低，十花九不孕。毛竹开花初期总是零星发生在少数竹株上，有的全株开花，竹叶脱落，花后死亡；有的部分开花，部分生叶，持续 2 ~ 3 年，直至全株枝条开完后竹秆死亡。一片毛竹林全部开花结实，一般要经历 5 ~ 6 年以上。

【习性】要求温暖湿润的气候条件。对土壤的要求也高于一般树种，既需要充裕的水湿条件，又不耐积水淹浸。

【繁殖栽培】可播种、分株、埋鞭等法繁殖。

【观赏特性和园林用途】毛竹秆高、叶翠，四季常青，秀丽挺拔，值霜雪而不凋，历四时而常茂，不妖艳，雅俗共赏。与松、梅共植，被誉为“岁寒三友”，点缀园林。在风景区大面积种植，形成“一径万竿绿参天”的景色。高大的毛竹也是建筑、水池、花木等的绿色背景。合理栽植，又可分隔园林空间，使境界更加自然、调和。毛竹根浅质轻，是植于屋顶花园的极好材料。

三、菲白竹【*Pleioblastus angustifolius*（Mitford）Nakai】（见彩图4—91）

【科属】竹亚科、苦竹属。

【分布】原产于日本。中国华东地区有栽培。

【形态】低矮竹类。秆每节具二至数分枝或下部为1分枝。叶片狭披针形，绿色底上有黄白色纵条纹，边缘有纤毛，两面近无毛，有明显的小横脉，叶柄极短；叶鞘淡绿色，一侧边缘有明显纤毛，鞘口有数条白缘毛。笋期4—5月。

【习性】喜温暖湿润气候，好肥，较耐寒，忌烈日，宜半阴，喜肥沃、疏松、排水良好的沙质土壤。

【繁殖栽培】主要采用分植母株的方法。

【观赏特性和园林用途】菲白竹植株低矮，叶片秀美，常植于庭园观赏。栽作地被、绿篱或与假山石相配都很合适，也是盆栽或盆景中配植的好材料。

箬竹属【Indocalamus】：地下茎为复轴型。秆圆筒形，主秆每节通常一分枝。枝较粗壮，其直径与主秆相似。叶片大型。

四、阔叶箬竹【*Indocalamus latifolius*（Keng）McClure】

【科属】竹亚科、箬竹属。

【分布】原产于中国华东、华中等地区。多生于低山、丘陵向阳山坡和河岸。

【形态】秆高约1 m，下部直径5～8 mm，节间长5～20 cm，微有毛。秆箨宿存，质坚硬，背部常有粗糙的棕紫色小刺毛，边缘内卷。每小枝具叶1～3片，叶片长椭圆形。

【习性】阳性竹类，喜温暖湿润的气候，宜生于疏松、排水良好的酸性土壤，耐寒性较差。

【繁殖栽培】移植母竹繁殖。

【观赏特性和园林用途】阔叶箬竹植株低矮，叶宽大，在园林中栽植观赏或作地被绿化材料，也可植于河边护岸。秆可制笔管、竹筷，叶可制斗笠、船篷等防雨用品。

五、棕竹（筋头竹）【*Rhapis excelsa*（Thunb.）Henry ex Rehd】（见彩图4—92）

【科属】棕榈科、棕竹属。

【分布】产于中国东南部及西南部，广东较多。日本也有。

【形态】常绿丛生灌木。茎高 2 m 左右。叶片掌状，5 ~ 10 掌深裂；裂片条状披针形，有不规则齿缺。叶柄长 8 ~ 30 cm，初被秕糠状毛，稍扁平。

【习性】生长强壮，适应性强。

【繁殖栽培】棕竹可用播种和分株繁殖。

【观赏特性和园林用途】棕竹秀丽青翠，叶形优美，株丛饱满，是富含热带气息的观赏植物。盆栽或桶栽供室内布置。

六、蒲葵（扇叶葵）【*Livistona chinensis*（qaxq）R. Br.】（见彩图 4—93）

【科属】棕榈科、蒲葵属。

【分布】原产我国华南地区，各地多有引种。上海偶见在小气候良好处露地栽培，但需保护越冬。

【形态】常绿乔木。树冠密实，近圆球形。叶阔肾状扇形，掌状浅裂或深裂，通常部分裂深至全叶 1/4 ~ 2/3，下垂，叶柄两侧具骨质的钩刺。

【习性】属阳性植物，通常日照需充足。

【繁殖栽培】播种繁殖。

【观赏特性和园林用途】树形美观，可丛植、列植、孤植。盆栽供室内布置。

七、丝葵（老人葵、华盛顿棕榈）【*Washingtonia filifera*】（见彩图 4—94）

【科属】棕榈科、丝葵属。

【分布】原产美国、墨西哥。我国华南地区有栽培。

【形态】常绿乔木。树干粗壮通直，近基部略膨大。树冠以下被垂下的枯叶。叶簇生于顶，斜上或水平伸展，下方的下垂，灰绿色，掌状中裂，圆形或扇形折叠，边缘具有白色丝状纤维。肉穗花序，多分枝。花小，白色。花期 6—8 月。

【习性】喜温暖、湿润、向阳的环境。较耐寒，在 -5℃的短暂低温下，不会造成冻害。较耐旱和耐瘠薄土壤。不宜在高温、高湿处栽培。

【繁殖栽培】用播种繁殖。

【观赏特性和园林用途】美丽的风景树，干枯的叶子下垂覆盖于茎干似裙子，有人称之为“穿裙子树”，奇特有趣；叶裂片间具有白色纤维丝，似老翁的白发，又名“老人葵”。宜栽植于庭园观赏，也可作行道树。

八、布迪椰子（冻椰子、弓椰）【*Butia capitata*（Mart.）Becc】（见彩图 4—95）

【科属】棕榈科、弓葵属。

【分布】原产于巴西南部及乌拉圭。我国南方各省有引种栽培，表现良好。

【形态】常绿乔木。树干粗壮通直，单干型。株高 7 ~ 8 m。茎秆灰色，粗壮，平滑，但有老叶痕。叶为羽状叶，长约 2 m，叶柄明显弯曲下垂，叶柄具刺，叶片蓝绿色。

【习性】喜阳光，是抗冻性最强的棕榈植物之一。对土壤要求不严，但在土质疏松的壤土中生长最好。

【繁殖栽培】可用种子繁殖，对土壤要求不严，但在土质疏松肥沃的壤土中生长最好。

【观赏特性和园林用途】优美的株形是其主要的观赏特征，也是理想的行道树及庭园树，而且它的果实还可提取果酱和制作果冻。

九、银海枣【*Phoenix sylvestris*】

【科属】棕榈科、刺葵属。

【分布】原产于印度、缅甸。

【形态】常绿乔木。树干粗壮通直，单干型。茎具宿存的叶柄基部。叶长3 ~ 5 m，羽状全裂，灰绿色，上部羽片剑形，下部羽片针刺状。叶柄较短。

【习性】性喜高温湿润环境，喜光照，有较强抗旱力。冬季低于 0℃ 易受害。

【繁殖栽培】以种子繁殖，春、夏为播种适期。

【观赏特性和园林用途】株形优美，树冠半圆丛出，叶色银灰，孤植于水边、草坪作景观树，观赏效果极佳，是充满贵族气息的棕榈植物，为优美的热带风光树。

十、长叶刺葵（加拿利海枣）【*Phoenix canariensis*】（见彩图 4—96）

【科属】棕榈科、刺葵属。

【分布】原产非洲西岸的加拿利岛。1909 年引种到我国台湾地区，20 世纪 80 年代引入我国。

【形态】常绿乔木。干单生，其上覆不规则的老叶柄基部。叶大型，长可达 4 ~ 6 m，呈弓状弯曲，集生于茎端。羽状复叶，成树叶片的小叶有 150 ~ 200 对，形窄而刚直，端尖，上部小叶不等距对生，中部小叶等距对生，下部小叶每 2 ~ 3 片簇生，基部小叶成针刺状。5—7 月开花，肉穗花序从叶间抽出，多分枝。

【习性】喜光，耐半阴。耐酷热，也能耐寒，适应性强，是羽状叶棕榈中耐寒性仅次于冻椰的种。耐盐碱，耐贫瘠，在肥沃的土壤中生长迅速。极为抗风。

因其雌雄异株而很容易与非洲海枣【P. reclinata】、海枣【P. dactylifem】杂交，采种时应予注意。它很容易通过无分蘖、浓密的绿色球形树冠和其他同属的植物区分开来，茎干覆有扁菱形的叶痕也是本种的重要标志。

【繁殖栽培】播种繁殖，春至夏季为适期。

【观赏特性和园林用途】加拿利海枣株形挺拔，远观如同撑开了的罗伞；果穗金黄色，富有热带风情，可盆栽作室内布置，也可室外露地栽植，无论行列种植或丛植，都有很好的观赏效果。

十一、丝兰【*Yucca smalliana* Fern】（见彩图4—97）

【科属】百合科、凤尾兰属。

【分布】原产于北美，我国长江流域也栽培观赏。

【形态】植株低矮，近无茎。叶丛生，较硬直，线状披针形，长30~75 cm，先端尖呈针刺状，基部渐狭，边缘有卷曲白丝。圆锥花序宽大直立，花白色、下垂。

【习性】丝兰为热带植物，性强健，容易成活，对土壤适应性很强，任何土质均能生长良好。性喜阳光充足及通风良好的环境，又极耐寒冷，适宜在华北地区露地栽培。抗旱能力强。

【繁殖栽培】可用扦插或采摘花穗上的芽体栽培。

【观赏特性和园林用途】丝兰常年浓绿，花、叶皆美，树态奇特，数株成丛，高低不一，叶形如剑，开花时花茎高耸挺立，花色洁白，繁多的白花下垂如铃，姿态优美，花期持久，幽香宜人，是良好的庭园观赏树木，也是良好的鲜切花材料。常于花坛中央、建筑物前、草坪中、池畔、台坡、路旁及绿篱等栽植用。

思考题

1. 裸子植物和被子植物如何区分？
2. 如何区分银杏的雌雄株？
3. 如何区分松科的黑松、白皮松、五针松、雪松形态特征？
4. 杨属和柳属如何区分？
5. 如何区分榆科的榆、朴、榔榆、榉的形态特征？

6. 蔷薇科四亚科如何区分？

7. 以树木花期开放先后为序，排列出1—12月开花植物。

8. 竹鞭有哪几种生长类型？

9. 根据常见豆科植物，叙述豆科的主要特征。

10. 叙述乔木在园林中的应用。

第 5 章

园林花卉

第 1 节　花卉基础　/188

第 2 节　花卉的繁殖技术　/211

第 3 节　花卉的栽培与养护　/229

第 4 节　花卉的装饰应用技术　/257

第1节　花 卉 基 础

学习单元1　花卉概述

学习目标

➢了解花卉的概念

➢掌握花卉常用的分类方法

知识要求

一、花卉的概念

栽培植物都是野生植物经过人们的选择、引种、驯化、培育而成。在园林中凡具有观赏价值的植物均称为花卉。不论观花、观叶、观果、观茎、观形态，还是闻香，不论是蕨类植物还是种子植物，不论是草本植物还是木本植物和藤本植物，只要具有观赏价值的都属于花卉范畴。

花卉不仅有美化环境的作用，是园林绿化、美化的重要材料，其装饰效果强，也是构成美景，创造各种优美、引人入胜景观的主要材料。它还能改善环境气候，具有调节气温、提高空气湿度、减少空气中的灰尘、吸收二氧化碳、放出氧气、降低风速、保持水土、减弱噪声等改善生态环境的作用。

二、花卉的分类

1. 按园林用途对花卉进行分类

（1）花坛花卉。指用于绿地花坛内的花卉。花坛花卉一般为一二年生草本花卉。其具有植株低矮、丛生性强、花期和花色整齐一致的特点，如一串红、三色堇等。

（2）花境花卉。指用于绿地花境内的花卉。花境花卉一般为多年生宿根花卉。其具有线状植株、花期和花色变化较丰富的特点，如鸢尾、萱草等。

（3）草坪与地被植物。草坪植物是指园林绿地或运动场中覆盖地面的低矮的禾草类植物。其一般为多年生草本，具有喜阳的特点，如结缕草、多年生黑麦草等。地被植物是指除草坪植物外，成群栽植、覆盖地面、使黄土不裸露的低矮植物。其一般喜阴，如白芨、沿阶草等。

（4）盆栽花卉。指种植在花盆中供室内外观赏或装饰布置的花卉。其具有株形丰满、分枝多、花大而密、花期长等特点，如报春花、大花君子兰、花烛等。

（5）水生花卉。指生长在水中或沼泽地中的花卉。主要用于水面装饰布置。必须注意水生花卉中很大部分离开水也能正常生长发育。

（6）藤蔓花卉。这类花卉指适宜于园林中棚架、垂挂等垂直绿化的藤本花卉或蔓生花卉，如蔓长春、牵牛。

（7）切花花卉。切花花卉主要用于花卉装饰。其具有花期长、花色艳丽、花形整齐或奇特、耐水养等特点，如唐菖蒲、香石竹、百合、鹤望兰等。

2．按观赏部位分类

（1）观花类。以观赏花朵为主。其花奇色艳，是花卉中的主要类别，如山茶、菊花等。

（2）观叶类。以观叶为主。其叶奇、色美，是目前花卉中非常流行的部分，如龟背竹、鹅掌柴、喜林芋类、花叶万年青等。

（3）观果类。以观果为主。其果大、形奇、色美。这类花卉以茄科、芸香科、葫芦科植物为主，如冬珊瑚、金橘、观赏南瓜等。

（4）观茎类。以观茎为主，其茎形状怪异，如文竹、仙人掌、佛肚竹、红瑞木等。

（5）其他类

1）观芽。以观芽为主，如银柳。

2）观苞片类。“苞片”是叶子的变态，如一品红、三角花、花烛、马蹄莲、千日红。

3）观雄蕊。部分花卉雄蕊瓣化为主要的观赏部位，如美人蕉、红千层。

4）观萼片。部分花卉没有花瓣，其花萼美丽，是主要的观赏部位，如紫茉莉、铁线莲。

5）观花托。个别种类花卉其花托肉质为主要的观赏部位，如球头鸡冠花。

6）芳香植物。此类花卉有花朵具芳香和叶子具芳香两大类。前者如米兰、含笑、白兰花，后者如连钱草、石菖蒲、花叶薄荷。

3．按开花季节分类

从中国传统的二十四节气的四季划分出发，可将花卉分为春季开花、夏季开花、秋季开花、冬季开花四大类，见表5—1。

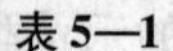

表 5—1　　　　按开花季节对花卉分类

序号	开花季节	开花时间	举例
1	春季开花	2—4 月开花的花卉	金盏菊、三色菊、大花金鸡菊、黑心菊、三色堇、郁金香
2	夏季开花	5—7 月开花的花卉	荷花、睡莲
3	秋季开花	8—10 月开花的花卉	一串红、凤仙花、半支莲、孔雀草、菊花、黄花石蒜
4	冬季开花	11—1 月开花的花卉	羽衣甘蓝、红甜菜、仙客来、天竺葵

学习单元 2　常见园林花卉的识别

学习目标

➢了解园林花卉的主要形态特征和生态习性

➢掌握园林花卉的常用繁殖方法、栽培养护要求及主要园林用途

➢能够识别园林花卉

知识要求

一、常见露地花卉的识别

露地花卉是指露地育苗或虽在保护地育苗，但其主要的生长发育阶段均在露地栽培的条件下进行的一类植物，称为露地花卉，如百日草、金盏菊、红花酢浆草、荷花等。

露地花卉包括露地一二年生草本花卉、露地多年生草本花卉和草坪与地被植物 3 类。露地花卉最主要的用途有布置花坛、花境或作地被植物和庭园植物栽培。

1. 一二年生草本花卉的识别

（1）一年生草本花卉的识别。一年生草本花卉又称春播花卉。它的寿命在一年之内，不跨年度。通常在春天播种，当年夏、秋季节开花、结果，遇霜后立即死亡，如一串红、牵牛等。

露地一年生草本花卉一般在 3 月下旬至 4 月春暖时种子萌发，4—6 月份春夏季节小苗生长，7—11 月夏秋季节开花、结果，11 月份后秋冬季节遇霜植株死亡。

1）雁来红【*Amaranthus tricolor* var. *splendens*】（见彩图 5—1）

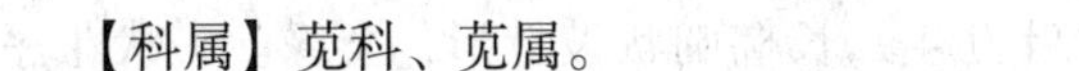

【科属】苋科、苋属。

【别名】老来少、三色苋、老来娇。

【原产地及分布】原产亚洲热带地区。

【形态】一年生草本。株高 80～100 cm。茎直立，少分枝。叶互生，卵圆状披针形，暗紫色，秋季顶部叶变成鲜红色，观叶期 8—10 月。另有变种雁来黄【*Amaranthus tricolor var. bicolor*】：茎、叶与苞片都为绿色，顶叶于初秋变鲜黄色。锦西风【*Amaranthus tricolor var. salicifolius*】：幼苗叶暗褐色，初秋时顶叶变为下半部红色，上中部黄色，先端绿色。

【习性与栽培】雁来红耐旱，耐碱。一般进行春播。栽培时肥不宜过多，以免徒长。常进行散植布置，也可作切花，矮种常布置花坛和花境。

2）天人菊【*Gaillardia pulchella*】（见彩图 5—2）

【科属】菊科、天人菊属。

【别名】虎皮菊。

【原产地及分布】原产北美洲，中国中、南部广为栽培。

【形态】一年生草本。株高在 30～50 cm。叶互生，矩圆形、披针形至匙形，齿缘或缺刻。头状花序顶生，舌状花黄色，基部紫红色，先端 3 裂齿，管状花先端芒状裂，紫色。花期 7—10 月。

【习性与栽培】天人菊能抗微霜，属夏秋花中凋谢最晚者。一般在春季进行播种繁殖。可布置花坛、花境，也可盆栽、作切花。

3）波斯菊【*Cosmos bipinnatus*】（见彩图 5—3）

【科属】菊科、秋英属。

【别名】秋英、大波斯菊。

【原产地及分布】原产墨西哥。

【形态】一年生草本。株高近 1 m。叶对生，二回羽状深裂，裂片线形。头状花序，花有粉红、紫红和白色。花期 6—10 月。

【习性与栽培】性强健，耐瘠薄，忌炎热，喜阳光。一般春季进行播种繁殖，也可在 7—8 月间进行扦插繁殖。波斯菊在具有 4 枚真叶时进行移植，同时进行摘心。在生长期间要控制肥水，否则容易引起徒长、开花不良。波斯菊常作为花境植物使用，也可作切花。

4）麦秆菊【*Helichysun bracteatum*】（见彩图 5—4）

【科属】菊科、蜡菊属。

【别名】蜡菊、贝细工。

【原产地及分布】原产澳大利亚，现世界各国多有栽培。

【形态】株高 40 ~ 80 cm。全株具微毛。叶互生，长椭圆状披针形，全缘。头状花序顶生，总苞片多层、膜质发亮，形如花瓣，有黄、红粉、白等色。花期 7—9 月。

【习性与栽培】忌酷热，盛暑时生长停止，开花少。在春季用播种方法进行繁殖。栽培时肥料不宜过多，否则花色不艳。由于麦秆菊苞片干燥、色彩鲜艳、经久不褪，故非常适宜于切取作成“干花”，也常布置花坛、花境。

5）牵牛【*Pharbitis nil*】（见彩图 5—5）

【科属】旋花科、牵牛属。

【别名】大花牵牛、喇叭花、朝颜。

【原产地及分布】原产亚洲热带地区、中国南部。

【形态】一年生缠绕性草本。茎长可达 3 m。单叶互生，近卵状心形，常呈三浅裂。花 1 ~ 2 朵腋生，花冠漏斗状，顶端 5 浅裂，花有红、粉红、白、雪青等色。花期 6—10 月。

【习性与栽培】喜阳光，能耐干旱及瘠薄，直根性，能自播。花一般清晨开放，10 时后凋谢。一般在春季进行播种繁殖。大花牵牛栽培时移植和定植较早进行，一般在具有 4 ~ 6枚真叶时即可定植。常用于花架，或攀缘于篱墙之上作垂直绿化，也可作地被或进行盆栽观赏，盆栽观赏时需要设立支架让其攀缘。

6）含羞草【*Mimosa pudica*】（见彩图 5—6）

【科属】豆科、含羞草属。

【别名】知羞草、怕丑草。

【原产地及分布】原产于南美热带地区。

【形态】多年生草本或亚灌木作一年生栽培。株高约 40 cm，遍体散生倒刺毛和锐刺。2 回羽状复叶，羽片 2 ~ 4 个，掌状排列，小叶 14 ~ 18 枚，椭圆形。头状花序长圆形，2 ~ 3 个生于叶腋，花淡红色。花期 7—10 月。

【习性与栽培】喜温暖湿润，对土壤要求不严，喜光，但又能耐半阴，故可作室内盆花赏玩。一般用播种繁殖，春秋都可播种。播前可用35℃温水浸种 24 h，浅盆穴播，覆土 1 ~ 2 cm，在 15 ~ 20℃条件下，经 7 ~ 10 天发芽。幼苗期生长较慢，7 ~ 8 cm 高时可定植。苗期每半月施追肥 1 次。但要适当控制施肥量，否则会导致株形过大，影响观赏。可布置花坛、花境，也是盆栽观赏的好材料。

（2）二年生花卉。二年生草本花卉又称秋播花卉。它在秋天播种，以幼苗状态越冬，第二年春天开花，入夏植株枯死。它的寿命跨了一个年度，如三色堇、羽衣甘蓝等。

二年生花卉一般在 9—10 月秋凉时种子萌发，11—2 月初小苗越冬，3—4 月早春植株迅速生长，4—6 月春夏季节开花、结果，6 月以后夏季遇高温植株枯死。

1）毛地黄【*Digitalis purpurea*】（见彩图5—7）

【科属】玄参科、毛地黄属。

【别名】洋地黄。

【原产地及分布】原产欧洲西部，中国各地有栽培。

【形态】株高100～180 cm。全株被毛。基生叶莲座状，茎生叶互生，卵状披针形，叶面多皱。总状花序顶生，花色有紫、桃红、白等。花期5—6月。

【习性与栽培】喜阳耐半阴，适宜于疏松、肥沃的土壤。耐寒，生长适温为13～15℃。一般在秋季进行播种繁殖。冬季注意幼苗越冬保护，早春有5～6片真叶时可移栽定植或盆栽。生长期每半月施肥1次，注意肥液不能沾污叶面，开花前增施1次磷钾肥。主要用于花境布置及切花。

2）大花金鸡菊【*Coreopsis grandiflora*】（见彩图5—8）

【科属】菊科、金鸡菊属。

【原产地及分布】原产美国，今广泛栽培。

【形态】多年生草本，常作一二年生栽培。株高30～60 cm。基生叶和部分茎下部叶披针形或匙形；茎生叶全部或有时3～5裂，裂片披针形或条形，先端钝形。花黄色。花期6—8月。

【习性与栽培】对土壤要求不严，喜肥沃、湿润、排水良好的沙质壤土，耐旱，耐寒，也耐热。可采用播种繁殖，播种繁殖一般在8月进行，发芽适宜温度为15～20℃，9～12天发芽。也可在夏季进行扦插繁殖。可用于布置花境，也可作切花，还可用作地被。

3）黑心菊【*Rudbeckia hirta*】（见彩图5—9）

【科属】菊科、金光菊属。

【原产地及分布】原产美国东部地区。

【形态】多年生作二年生栽培。株高60～100 cm。叶互生，羽状分裂，基部叶5～7裂，茎生叶3～5裂，边缘具稀锯齿。头状花序，花黄色。花期5—9月。

【习性与栽培】适应性强，耐寒，耐旱，喜向阳通风的环境，对土壤要求不严。繁殖用播种、分株、扦插均能进行。播种繁殖一般在春季3月和秋季9月进行，发芽适宜温度为21～30℃，发芽时间为15天左右。分株和扦插繁殖也可在春秋两季进行。对水肥要求不严。生长期间应有充足光照。特别对于切花植株，利用摘心法可延长花期。适合花坛、花境、庭院布置，或布置草地边缘成自然式栽植，也可作切花。

4）紫罗兰【*Matthiola incana*】（见彩图5—10）

【科属】十字花科、紫罗兰属。

【别名】草桂花。

【原产地及分布】原产欧洲地中海沿岸。

【形态】二年生草本。株高 30 ~ 50 cm。叶互生，长圆形至倒披针形，全缘。总状花序顶生或腋生，花瓣有单、重之分，花色红紫。花期 4—5 月。

【习性与栽培】喜冬季温和、夏季凉爽气候，但能耐 -5℃的低温。喜肥沃、湿润及深厚土壤。紫罗兰一般在 9—10 月播种。每平方米播种量为 5 g。在 20℃的温度下，约 2 周发芽。从播种到开花需 120 ~ 150 天。具有真叶 4 ~ 6 枚时可上 10 ~ 15 cm 的盆。在生长期间要注意施肥，一般每 2 周施肥 1 次。在花后剪去花枝，并施 1 ~ 2 次追肥，到 6—7 月间可以第二次开花。主要用于布置花坛、花境，也可盆栽观赏，作切花。

5）香雪球【*Lobularia maritima*】（见彩图 5—11）

【科属】十字花科、香雪球属。

【别名】小白花、庭芥。

【原产地及分布】原产地中海沿岸。

【形态】株高 15 ~ 25 cm。叶互生，披针形，全缘。总状花序，顶生，花小而密呈球状，具淡香，花色有白、淡紫、深紫、浅堇、紫红等。花期 3—6 月。

【习性与栽培】要求阳光充足，喜冷凉，忌炎热，忌涝。一般在秋季用播种方法进行繁殖，发芽适温约为 22℃，5 ~ 10 天发芽。也可进行扦插繁殖，生根的最适温度为 18 ~ 25℃。栽培期间需要进行摘心，第一次摘心在上盆 1 ~ 2 周后，或者当苗高 6 ~ 10 cm，并有 6 片以上的叶片时保留下部的 3 ~ 4 片叶进行摘心。在第一次摘心 3 ~ 5 周后，或当侧枝长到 6 ~ 8 cm 时，进行第二次摘心，第二次摘心把侧枝的顶梢摘掉，保留侧枝下面的 4 片叶即可。它是花坛、花境镶边的优良材料，也可盆栽观赏或作地被植物。

6）花菱草【*Eschscholzia californica*】（见彩图 5—12）

【科属】罂粟科、花菱草属。

【别名】金英花、人参花。

【原产地及分布】原产美国加利福尼亚州，现在欧洲南部、亚洲和澳大利亚等地都有分布。

【形态】多年生草本作二年生栽培。株高 30 ~ 60 cm，全株被白粉，呈灰绿色。叶互生，多回 3 出羽状深裂，裂片线形。花顶生，具长梗，花色有乳白色，淡黄、橙、桂红、猩红、玫红、青铜、浅粉、紫褐等色。花期春季到夏初。

【习性与栽培】耐寒力较强，喜冷凉干燥气候，不耐湿热，要求排水良好、疏松的土壤，具肉质直根系，大苗不宜移栽。一般在 9 月进行秋播。在多雨季节要注意及时排水。生长旺季及开花前，每月施腐熟的稀薄饼肥 1 次。果皮变黄后，应及时采收，否则种子极易散落，但种子成熟较一致，可一次采收。它是良好的花带、花境和盆栽材料，也可用于

草坪丛植。

2. 多年生草本花卉的识别

(1) 宿根花卉。宿根花卉是指地下部根系形态正常，不发生变态，以地下部分度过不良季节的多年生草本花卉，在夏季、冬季来临时，或停止生长进入半休眠状态，或地上部分的茎叶枯萎，当年秋季或次年春季再萌发生长。

1) 松果菊【*Echinacea purpurea*】(见彩图5—13)

【科属】菊科、松果菊属。

【别名】紫松果菊。

【原产地及分布】原产北美洲。

【形态】株高为80～120 cm。全株具粗毛。基生叶卵形或三角状卵形，基部阔楔形并下延与柄相连，边缘具浅疏齿。茎生叶卵状披针形。头状花序单生枝顶，舌状花紫红色，管状花橙黄色。花期6—7月。

【习性与栽培】性强健，能自播。喜肥沃深厚、富含腐殖质土壤，耐寒。一般在春、秋季进行播种或分株繁殖。播种苗经移植后即可定植，株距40 cm。夏季天旱时，适当灌溉。施液肥可以延长花期。冬季如覆盖厩肥，次年能够旺发。花序成熟后，种子不易脱落，应一次剪取。松果菊可作花境材料或在树丛边缘栽植。

2) 黄金菊【*Perennial chamomile*】(见彩图5—14)

【科属】菊科、菊属。

【原产地及分布】全国各地均可栽培。

【系形态特征】株高50～60 cm，全株具香气。叶互生，羽状细裂，略带草香及苹果的香气。花黄色，夏季开花。

【习性与栽培】喜阳光，耐高温，排水良好的沙质壤土或土质深厚，土壤中性或略碱性。在春秋两季均可播种繁殖。在生长期间2—3个月施肥1次，秋季可追肥1～2次。由于植株长得较大，若长势过密应适当从小枝分枝处短截。布置花境，也可作地被植物。

3) 勋章菊【*Gazania rigens*】(见彩图5—15)

【科属】菊科、勋章菊属。

【别名】勋章花。

【原产地及分布】原产南非和莫桑比克。

【形态】株高在30 cm左右。具根茎，叶由根际丛生，叶片披针形或倒卵状披针形，全缘或有浅羽裂，叶背密被白毛。头状花序，舌状花为白、黄、橙红等色，花瓣有光泽。花期4—5月。

【习性与栽培】耐低温，不怕霜，但不能忍耐长时间冰冻，生长平均适温为15～

20℃。喜光，对水分比较敏感，在肥沃、疏松和排水良好的沙质壤土中生长良好。一般在春、秋两季播种，或进行扦插法繁殖。生长期每半月要施肥 1 次，保持充足的阳光。花谢后要及时剪除残花，可减少营养消耗，促其形成更多花蕾，持续开花。冬季将勋章菊放在室内栽培，仍可继续开花，它是园林中常见的盆栽花卉和花坛、花境用花，还是非常好的插花材料。

4）细叶美女樱【*Verbena tenera*】（见彩图 5—16）

【科属】马鞭草科、美女樱属。

【原产地及分布】原产于美洲热带地区。

【形态】株高约 20 cm。叶对生，羽状深裂。花期 4—10 月，花色有紫、红、粉、白等色。

【习性与栽培】喜光，半耐寒。一般在春季用播种方法繁殖，也可在生长季节采用扦插繁殖。一般布置花境，或作为观花地被使用。

5）火炬花【*Kniphofia uvaria*】（见彩图 5—17）

【科属】百合科、火把莲属。

【别名】火把莲。

【原产地及分布】原产于南非。我国各地均有栽培。

【形态】株高 80 ~ 120 cm。叶基生，带形。总状花序着生数百朵筒状小花，呈火炬形，花橘红色。花期 6—7 月。

【习性与栽培】喜温暖湿润、阳光充足环境，也耐半阴。要求土层深厚、肥沃及排水良好的沙质壤土。在春、秋两季采用播种和分株皆可。夏季要充分供水与追肥。花茎出现后用浓度为 0.1% 的磷酸二氢钾进行根外追肥 2 ~ 3 次。花后为节省养分应尽早剪除残花枝不使其结实。每隔 2 ~ 3 年须重新分栽 1 次，以促进新根的生长。可丛植于草坪之中或植于假山石旁，也适合布置花境，花枝可为切花。

6）耧斗菜【*Apuilegia vulgaris*】（见彩图 5—18）

【科属】毛茛科、耧斗菜属。

【原产地及分布】原产欧洲和北美洲，在我国东北和华北地区分布较广。

【形态】株高约 60 cm。2 回 3 出复叶。花单生或数朵集生顶端，花萼呈花瓣状，花瓣漏斗状，自花萼间伸向后方，花色丰富。花期 5—6 月。

【习性与栽培】性强健而耐寒。喜富含腐殖质、湿润而排水良好的沙质壤土。在半阴处生长及开花更好。可在春秋季进行播种繁殖，也可在早春发芽以前或落叶后进行分株繁殖。开花前可施追肥，以促进生长及开花。老年植株一般 3 ~ 4 年分栽 1 次。如是盆栽观赏需每年翻盆换土 1 次。可配植于灌木丛之间及林缘，也常作花坛、花境及岩石园的栽植材料，大花及长距品种又可作为切花。

7）东方丽春花【*Papaver rhoeas*】（见彩图5—19）

【科属】罂粟科、罂粟属。

【原产地及分布】原产亚洲西南部。

【形态】全株被毛，有乳汁。株高60～90 cm。叶基生，羽状深裂或全裂，裂片披针形，边缘有不规则锯齿。花单生，未开时花蕾下垂，花暗橙红色，变种花色丰富，花瓣基部黑色。花期初夏。

【习性与栽培】耐寒，怕酷暑。喜光，要求排水良好、肥沃的沙质壤土。生长适温为10～25℃。在春季或秋季采用播种方法进行繁殖，在18～24℃的条件下，7～10天发芽。移植需要带土。生长期间每半个月追肥1次。开花后进行修剪，既可保持株形，又可增加开花。可布置花坛、花境，也可盆栽观赏，还可作切花。

（2）球根花卉。球根花卉是一种多年生的草本植物。它们地下都具有肉质的、膨大的变态根或变态茎。

依形状可将球根花卉分为鳞茎类、球茎类、块茎类、根茎类、块根类等5大类。依种植时间可将球根花卉分为春季种植球根和秋季种植球根两大类。

1）紫娇花【*Tulbaghia violacea*】（见彩图5—20）

【科属】石蒜科、紫娇花属。

【别名】野蒜、非洲小百合。

【原产地及分布】原产地为南非。

【形态】地下具鳞茎。株高30～50 cm。叶多为半圆柱形，中央稍空。聚伞花序顶生，花紫粉红色。花期5—7月。

【习性与栽培】性喜高温，生长适温24～30℃。可用播种、分株或鳞茎种植等方法繁殖。庭院栽植、盆栽或切花。

2）花毛茛【*Ranunculus asiaticus*】（见彩图5—21）

【科属】毛茛科、毛茛属。

【别名】堇菜花、波斯毛茛。

【原产地及分布】原产地中海沿岸，目前世界各国均有栽培。

【形态】地下具有根状小型块根。株高在20～40 cm之间。基生叶阔卵形或椭圆形或三出状，叶子边缘具有锯齿。茎生叶羽状细裂，无柄。花梃有小花1～4朵，花有单瓣与重瓣之别，花色主要为黄色，也有红色、白色、橙色等品种。花期4—5月。

【习性与栽培】不耐炎热，秋、冬、春为生长季节，夏季为休眠季节。生长适宜温度为10～20℃。喜凉爽和阳光充足环境。喜肥，要求腐殖质多、肥沃而排水良好的沙质或略黏质土壤，pH 值以中性或微酸性为宜。喜湿润，畏积水，怕干旱。花毛茛主要以分球方法进行繁殖，在秋季 9—10 月将球根带颈分开，也可在 8—9 月进行播种繁殖。从 11 月开始，可每月施 2～3 次稀薄的肥料，花芽分化时应增施磷钾肥，开花以后可再施 2 次肥，让其养球。到 6 月份气温逐渐升高，花毛茛进入休眠阶段，此时可取出球根放置在阴凉、通风处过夏，待到秋季再行种植。花毛茛宜作切花或盆栽，也可植于花坛内或林缘、草坪四周，或作花带。

3）蛇鞭菊【*Liatris spicata*】（见彩图 5—22）

【科属】菊科、蛇鞭菊属。

【原产地及分布】原产美国东部地区。

【形态】地下具黑色块根。株高 60～150 cm。全株无毛。叶互生，条形，全缘，下部叶较上部的大。穗状花序、花紫红色。花期 7—9 月。

【习性与栽培】性强健，较耐寒，对土壤选择性不强。要求日照充足。一般在春季或秋季进行分株繁殖。在栽培时夏季宜多浇水。开花时易倒伏而造成花茎折曲，可设立支柱支撑。花后叶枯时可将块根掘出储藏，一般要冷藏 5 个月以上。常作花境配植或作切花。矮的变种可用于花坛。

（3）水生花卉。水生花卉是指生长于水中和沼泽地中，或在其生命周期内有短时间生活在水中的花卉。

水生花卉依生活型可分为挺水花卉、浮水花卉、沉水花卉和漂浮花卉 4 类。挺水花卉的根扎于泥中，茎叶挺出水面，花开时离开水面，如千屈菜、香蒲等；浮水花卉的根生于泥中，叶片漂浮水面或略高出水面，花开时近水面，如睡莲、王莲等；沉水花卉的根扎于泥中，茎叶沉于水中，如莼菜、眼子菜等，这类水生植物主要用于水族箱；漂浮花卉的根系漂于水中，叶完全浮于水面，可随水漂移，在水面的位置不易控制，如浮萍、满江红等。

1）黄菖蒲【*Iris pseudacorus*】（见彩图 5—23）

【科属】鸢尾科、鸢尾属。

【别名】黄花鸢尾、水生鸢尾。

【原产地及分布】原产欧洲，我国大部分地区均有栽培。

【形态】多年生湿生或挺水宿根草本花卉。根茎短粗。叶基生，绿色，长剑形。花茎稍高出于叶，花黄色。花期 5—6 月。

【习性与栽培】适应性强，喜光耐半阴，耐旱也耐湿，沙壤土及黏土都能生长，在水边栽植生长更好。生长适温 15～30℃。冬季地上部分枯死，根茎地下越冬，极其耐寒。黄菖蒲通常采用分株方法繁殖，也可播种。分株在春季或秋季均可进行，分株前先挖出母株，抖掉泥土，在埋土线以上2～3 cm处剪去叶丛，顺势掰开或用利刃切开，每株带2～3个芽，然后在切叶上撒草木灰或硫黄粉，阴干后即可栽种。用播种法繁殖黄菖蒲时，既可秋播又可春播，随采随播。露地栽植时株行距30 cm×40 cm，深度为6～10 cm。

2）香蒲【*Typha orientalis*】（见彩图5—24）

【科属】香蒲科、香蒲属。

【别名】水烛。

【原产地及分布】原产于温带和热带，在我国各地均有分布。

【形态】多年生宿根性沼泽草本。株高为1.4～2 m。根状茎白色，长而横生。茎圆柱形，直立，质硬而中实。叶扁平带状。花单性，肉穗状花序顶生圆柱状似蜡烛，雄花序生于上部，长10～30 cm，雌花序生于下部，与雄序等长或略长，两者中间无间隔，紧密相连。花期6—7月。

【习性与栽培】对土壤要求不严，以含丰富有机质的塘泥最好，较耐寒。可用播种和分株繁殖。分株可在初春把老株挖起，用快刀切成若干丛，每丛带若干个小芽作为繁殖材料。栽植香蒲的地方应阳光充足，通风透光，管理较粗放。盆栽或露地种植。一般3～5年要重新种植，防止根系老化，发棵不旺。

3）千屈菜【*Lythrum salicaria*】（见彩图5—25）

【科属】千屈菜科、千屈菜属。

【别名】水枝柳、水柳。

【原产地及分布】原产欧亚温带，我国各地均有分布。

【形态】多年生挺水花卉。株高1 m 。地下根茎粗壮、木质。茎四棱形。叶对生或轮生，披针形，全缘，无柄。穗状花序顶生，小横多而密，紫红色。花期7—9月。

【习性与栽培】喜强光、潮湿、通风良好的环境。耐寒，能在浅水中生长，也可旱栽。可3—4月进行分株和播种，也可春、夏两季进行扦插。扦插时剪取嫩枝长6～7 cm，去掉基部的叶片，仅保留顶端2节叶片。将插穗的1/3～1/2插入湿沙中，可盆插或露地床插。保持温度20～25℃，约30天生根。播种一般采用盆播，由于千屈菜种子细小而轻，可掺些细沙混匀后再播，播后筛上一层细土，盆口盖上玻璃，温度15～20℃，约20天发芽。千屈菜抗性较强，管理粗放。为控制株高，生长期内要摘心1～2次。花后须剪去残花，以促进下一批花开放。千屈菜可水池栽植，水边丛植。可作为花境也可盆栽。

3. 草坪与地被植物的识别

（1）马蹄金【*Dichondra repens*】（见彩图5—26）

【科属】旋花科、马蹄金属。

【别名】铜钱草。

【原产地及分布】分布于台湾省以及长江以南等地。

【形态】多年生匍匐小草本。茎细长，被灰色短柔毛，节上生根。叶肾形至圆形，全缘。花单生叶腋。

【习性与栽培】耐阴、耐湿，稍耐旱，只耐轻微的践踏。温度降至 -6 ~ -7℃时会遭冻伤。可播种和分株繁殖。适用于庭院绿地等栽培观赏，也可用作沟坡、堤坡、路边等固土材料。

（2）白花三叶草【*Trifolium repens*】（见彩图5—27）

【科属】豆科、三叶草属。

【别名】车轴草。

【原产地及分布】产自欧洲、北非及西亚地区。

【形态】多年生草本。叶互生，三出复叶，小叶倒卵形。总状花序，由20~24朵小花组成，白色或红色。花期5—6月。

【习性与栽培】喜湿暖湿润气候，生长适温为19~24℃。喜酸性土壤，适宜于pH值为5.6~7.0，耐潮湿，耐剪割。栽培时于每年5—6月开花季节将花穗用铡草机修剪1~2次。常作地被植物。

（3）白芨【*Bletilla striata*】（见彩图5—28）

【科属】兰科、白芨属。

【别名】连及草、甘根。

【原产地及分布】原产于东亚，主要分布我国华北和华东地区。

【形态】多年生草本。株高30~60 cm。叶互生，广披针形，基部下延成鞘状抱茎。总状花序顶生，着花3~7朵，花淡紫红色。花期3—5月。

【习性与栽培】喜温暖及稍阴湿的环境。栽培管理简单。常作地被植物。

（4）大吴风草【*Ligularia tussilaginea*】（见彩图5—29）

【科属】菊科、大吴风草属。

【别名】橐吾。

【原产地及分布】原产中国东部一些省份，日本和朝鲜有分布。

【形态】多年生常绿草本。株高30~40 cm。叶基生，有长柄，肾形。头状花序在顶端排成疏伞房状，舌状花黄色。花期7—8月。

【习性与栽培】喜阴湿、黏重土壤。如夏日炎热，强光直射，叶会受伤。常作地被植物。

（5）金线蒲【*Acorus gramineus var. pusillus*】（见彩图5—30）

【科属】天南星科、菖蒲属。

【原产地及分布】原产中国。

【形态】多年生草本植物。具地下匍匐茎。叶线形，禾草状，叶缘及叶心有金黄色线条，株高 30 ~ 50 cm。肉穗花序圆柱状，花白色。2—4 月开花。

【习性与栽培】喜温暖、湿润、半阴环境，适生温度为 18 ~ 25℃，适于在肥沃河泥土中生长。可作为林下地被或在湿地栽植，亦可盆栽观赏。

二、常见温室花卉的识别

温室花卉是指在温室内栽培或在温室内越冬的植物，如大花君子兰、蟹爪兰、扶桑等。

1. 盆花的识别

（1）新几内亚凤仙【*Impatiens hawkeri*】（见彩图 5—31）

【科属】凤仙花科、凤仙花属。

【别名】五彩凤仙花、四季凤仙。

【原产地及分布】原产于新几内亚。

【形态】宿根花卉。株高在 20 ~ 60 cm 之间。茎肉质。叶互生，卵状长圆形或卵状披针形，边缘具锯齿。花单生或呈伞房花序生于叶腋。花萼 3 枚，其中有 1 枚向后延生成矩。花有白、红、粉红、橙红、紫红、蓝等色。冬春季开花。

【习性与栽培】喜温暖、湿润、庇荫的环境条件。要求疏松、肥沃、排水良好的微酸性土壤。生长最适温度为 21 ~ 26℃。

繁殖有扦插和播种两种方法。扦插繁殖是盆栽的主要繁殖方法。插穗须具 1 对叶，并在 20℃的温度、低于 20 000 lx 的光照条件，10 ~ 12 天生根，21 ~ 30 天即可移植。从扦插到开花约需要 90 天。播种发芽最适温度为 21 ~ 25℃，发芽时间一般为 7 ~ 10 天。从播种到开花一般需要 100 天。播种后 7 周，当幼苗具有 6 ~ 7 枚真叶时移植至 10 cm 的花盆内。盆栽培养土常用泥炭、蛭石、珍珠岩等，pH 值 5. 5 ~ 6. 6 为宜。定植成活后，当苗高达 6 cm 左右时可进行 1 ~ 2 次摘心。

生长最适温度在 21 ~ 26℃之间，如果温度高于 26℃或低于 17℃都会对生长有抑制作用，温度超过 32℃植株进入半休眠状态。同样强烈的光照（光照强度高于 50 000 lx）也会产生抑制作用，因此除了早晚给予全光照外，在每天的 10 至 14 时应当予以遮阴。空气湿度需要较高，一般在 60% 以上。新几内亚凤仙对过多的可溶性盐极为敏感，故必须施用氮磷钾平衡肥料。在氮磷钾平衡肥料中，氮素使用的浓度为 100 ~ 200 mg/L，如果基质中加入过磷酸钙后，使用磷素的水平必须降低。施肥一般在上午进行，以免傍晚施肥后叶面带有水珠，引起叶片腐烂。另外在施肥后要立即用清水喷洗叶子表面，以免叶片沾上肥液后灼伤。开花后应对新几内亚凤仙进行修剪，并增施1次钾肥，然后逐步减少浇水，让其逐渐进入半休眠状态。

（2）大花君子兰【*Clivia miniata*】（见彩图5—32）

【科属】石蒜科、君子兰属。

【别名】剑叶石蒜、君子兰。

【原产地及分布】原产于南非。

【形态】根肉质、粗壮。茎基部具叶基形成的假鳞茎。株高在40 cm左右。叶宽带状或剑状，二列状交互迭生，全缘。伞形花序顶生，花色为黄色或橙红色，全年开花，但以春夏季为主。浆果球形，初为绿色，成熟后呈红色。

【习性与栽培】喜温暖的环境。要求冬季温暖、夏季凉爽，生长适温15～25℃，5℃以下则处于相对休眠状态，0℃以下会受冻害，温度超过30℃以上会徒长。喜半阴的环境。在生长过程中不宜强光照射，冬季每天约需6 h的光照，夏天应在荫棚下栽培，每天只能给予1～2 h的光照或散射光。喜湿润的环境，应保持空气相对湿度70%～80%，土壤含水量20%～40%，切忌积水。水的pH值在6.5左右。较耐肥。要求疏松、肥沃、排水透气性良好的中性至微酸性（pH值6.5～7）的土壤。

君子兰的繁殖方法主要有播种和分株两种。播种繁殖一般在11—1月进行，播种前需将种子浸入40℃左右的温水中24～36 h进行处理，然后以1～2 cm的距离点播在盆内，上覆沙土1～1.5 cm。播种基质以河沙和炉渣各半混合。浇透水后保持20～25℃的温度及盆土湿润，1个半月可发芽。分株繁殖一般在春、秋两季温度适宜时结合君子兰换盆进行。将母株根颈周围产生的15 cm以上的分蘖分离，在切口处涂以木炭粉消毒，待伤口干燥后即可上盆，成为独立植株。

君子兰从幼苗到具有20片以上叶子的成株需要4～5年，在这段时间内，通常每半年至一年换盆1次，成年植株一般1～2年换盆1次。换盆时间多在每年的3—4月和8月进行。由于君子兰根系肉质、肥大、无分枝，宜用深盆栽植，盆底需填碎盆土和石砾等排水物以利排水。每次换盆应将老根剔除，栽植时应舒展根群，对损伤的部位涂以木炭粉消毒。冬季应将温度保持在10℃左右，予以适当干燥，促其逐渐进入半休眠状态。夏季置庇荫环境下培养，以避免日灼。肥料以有机肥料为主。除在春、秋两季结合换盆时各施1次基肥外，一般在生长期每半月追施液肥1次。盛夏时炎热多雨，施肥容易引起根部腐烂，故停止施用，但要注意加强通风，宜向叶面喷水。在开花后应追施磷肥，以使花繁色艳。

可周年布置观赏，是布置会场、美化家庭环境的名贵花卉。

（3）朱顶红【*Amaryllis vittata*】（见彩图5—33）

【科属】石蒜科、孤挺花属。

【别名】百枝莲。

【原产地及分布】原产秘鲁和巴西。

【形态】常绿球根花卉。地下具有球形鳞茎。叶 4 ~ 8 枚，二列状基出，带形，略肉质，与花同时或花后抽出。花梃中空。高于叶丛。伞形花序顶生，有小花 4 ~ 6 朵，花冠漏斗状。花期 5—6 月，花一般为红色具白条纹。

【习性与栽培】喜温暖湿润的环境。夏季要求凉爽，适宜温度为 18 ~ 23℃；冬季要求冷凉、干燥的气候，适宜温度为 10 ~ 13℃，最低温度为 5℃。朱顶红喜阳光，能耐半阴，但忌烈日暴晒。土壤以含有机质丰富的沙质土壤为宜。

朱顶红一般在春季用分球繁殖。在 3—4 月将母球周围的小鳞茎下分栽即可。在繁殖时要注意勿伤小鳞茎的根系，栽植时需将小鳞茎的顶端稍微露出土面。

盆栽时一般宜选择口径为 20 cm 的高盆，种植时将鳞茎约 1/3 露出土面，培养土可用腐叶土、草炭、河沙按 4∶4∶2 的比例混合而成。在种植初期不必浇水，待叶片长到 10 cm 左右时才开始浇水。初期浇水量宜少，至开花前浇水量增加，开花时应充分浇水，开花后减少浇水。每月可施追肥 2 次，开花后减少施肥。在夏季栽培时应放置在半阴处，避免阳光直晒。

（4）扶桑【*Hibiscus rosa – sinensis*】（见彩图 5—34）

【科属】锦葵科、木槿属。

【别名】朱槿牡丹。

【原产地及分布】原产我国南部。

【形态】常绿灌木。叶互生，卵形或广卵形，具三主脉，基部 1/3 全缘，其他呈不等的锯齿或缺刻。花单生新枝叶腋，单瓣者花冠漏斗形，雌雄蕊超出花冠，花有紫、红、粉、白、黄等色。全年开放。

【习性与栽培】扶桑枝条萌发力强，耐修剪。对基质要求不严。长日照花卉，需阳光充足，夏季也应放置于阳光下。

一般用扦插的方法进行繁殖。结合早春修剪可在 1—2 月扦插于温室内，室外则于 5—6 月间进行。插穗选用一年生半木质化强壮的枝条，长 6 ~ 12 cm，剪去下部叶片，上部叶片可适当剪去 1/3 ~ 1/2。扦插深度 2 ~ 3 cm，株行距 4 cm × 4 cm，保持 85% ~ 90% 的相对湿度，温度控制在 18 ~ 25℃，经 20 天生根。

生长适温为 20 ~ 28℃，冬季温度需保持在 15 ~ 22℃，最低温度为 8℃，否则会受害。春、夏以氮肥为主，每 2 周追肥 1 次，缺少肥料会引起花芽脱落。冬季为扶桑的休眠期，必须停止施肥。生长期间要充分浇水，但不宜过多，在夏季炎热的天气要向叶面喷水或洒水。苗期宜反复进行摘心，促进分枝，开花后的老枝宜重剪，可以留1/3左右长度的老枝，以便来年春季萌发枝条开花。

（5）花烛【*Anthurium scherzerianum*】（见彩图5—35）

【科属】天南星科、花烛属。

【别名】红掌、安祖花。

【原产地及分布】原产于南美洲热带，现在世界各地广泛栽培。

【形态】株高在40～50 cm之间。无地上茎。叶子从根茎长出，叶绿色，革质，卵心形至箭形，全缘。肉穗花序黄色、直立。佛焰苞平出，卵心形，是主要的观赏部位，佛焰苞光滑，具有蜡质光泽，颜色有白、粉、红、绿等色。

【习性与栽培】喜温暖的环境。生长适温为25～28℃，夜温为20℃。如温度低于15℃，要注意防寒，温度在10℃以下，植株生长不良；温度超过32℃会灼伤叶子，使开花不良、花期缩短。喜湿润的环境，相对湿度宜在80%～85%。栽培时要保持基质湿润。喜半阴，特别是在夏季必须进行遮阴。分株繁殖在4—5月进行，将开花后的成龄植株旁长出的带有气生根的小植株剪下另行栽植即可。

一般使用10～15 cm的花盆，栽培基质要求肥沃、保水和透水性能良好，故一般栽培基质可采用泥炭、草碳、珍珠岩按2∶1∶2的比例混合而成。基质的pH值要求在5.5～6.5之间。花烛以追肥为主。一般每周可追施氮磷钾比例为7∶1∶10的复合肥料1 000倍液肥1次。花烛也是一种著名的盆花和切花。

2. 观叶植物的识别

（1）棕竹【*Rhapis excelsa*】（见彩图5—36）

【科属】棕榈科、棕竹属。

【别名】观音竹。

【原产地及分布】原产我国南部及日本，在我国南方地区广泛栽培。

【形态】常绿丛生灌木。株高在1～2 m之间。茎圆柱形，有节，上部具褐色粗纤维质叶鞘。叶掌状5～10裂，深裂至距叶基部2～5 cm处，裂片线状披针形，裂片顶端阔，有不规则齿缺，边缘和主脉有褐色小锐齿。

【习性与栽培】喜温暖、阴湿及通风良好的环境，夏季适温为20～30℃，冬季温度不低于4℃，亦能耐0～－2℃低温。宜排水良好，富含腐殖质的沙壤土，萌蘖力强。

用分株或播种繁殖。分株宜在4月结合换盆进行。播种宜在4—5月进行，播种前需先将种子用25～35℃温水浸24 h，播种后30～50天发芽。幼苗生长缓慢，留床1年后至次年5—6月出现第1枚真叶后即可移栽于小盆内培育。

夏季放置室外荫棚下养护，每月施稀薄氮肥1～2次。在高温季节，除了浇水外，每天早晚还要各喷水数次，保持较高的空气湿度，以利茎叶生长。要随时剪去残叶，保持叶面清洁。冬季要在室内养护，越冬温度在5℃以上为宜。如通风不良，易受介壳虫为害，要及时防治。盆栽植株每隔3~4年换盆1次。

（2）龟背竹【*Monstera deliciosa*】（见彩图5—37）

【科属】天南星科、龟背竹属。

【别名】蓬莱蕉、电线兰。

【原产地及分布】原产墨西哥。

【形态】常绿藤本。茎绿色，长达7~8 m，生有深褐色气生根。叶革质，互生，暗绿色。幼叶心脏形，无孔，长大后成矩圆形，具不规则的羽状深裂，叶脉间有椭圆形穿孔，极像龟背。

【习性与栽培】喜温暖、湿润、庇荫的环境。生长适温为20~25℃，15℃以下停止生长，冬季最低温度为5℃。空气湿度为60%~70%。

繁殖通常在4—5月间采用扦插方法来进行。扦插时将老植株切成若干段，使每段带有2~3个节，如带有叶则须将叶卷起扎紧，在21~27℃的温度条件下约30天生根。

盆土要求肥沃、疏松、排水良好的微酸性土壤，常用腐叶土、园土和泥炭等量混合而成。在生长季节保持盆土的湿润。每月追施1~2次稀薄的氮肥。换盆一般1~2年进行1次。

（3）橡皮树【*Ficus elestica*】（见彩图5—38）

【科属】桑科、榕树属。

【别名】印度橡皮树、印度榕。

【原产地及分布】原产印度及马来西亚。

【形态】常绿乔木。株高在20~25 m。全株体内含有白色乳汁。叶互生，椭圆形，革质，叶子全缘，绿色，也有花叶和黑叶等栽培品种。托叶大、红色，当嫩叶伸展后托叶就会自行脱落。

【习性与栽培】喜高温、湿润的环境。不耐寒，生长适温为20~30℃，冬季温度要保持在10℃以上。

繁殖以扦插和压条为主。扦插在2—10月间均可进行，扦插时选植株中上部、生长健壮的枝条作为插穗，插穗长一般为20~30 cm，保留上端2枚叶片，扦插时将叶子卷成筒状，用硫黄粉蘸抹切口，以避免切口处流出白色乳汁，插后保持阴湿环境，约30天可生根。另外也可在夏季选择生长充实、健壮的枝条进行高空压条。

盆栽基质宜选用疏松、肥沃、排水良好的沙质壤土。要求阳光充足，故在栽培时除了夏季光照强烈季节外，一般不要进行遮阴，平时可将盆栽植株放置于半阴处养护。在生长期间，浇水不宜过多，保持湿润即可。每月要追肥2次。采用截顶进行造型修剪，将影响通风透光、生长过密的交叉枝、平行枝、内向枝进行疏剪，同时剪除病虫枝、枯死枝，修剪时在剪口处会有大量白色乳汁流出，可用胶泥进行封口。换盆一般1~2年进行1次。

（4）旱伞草【*Cyperus aternifolius*】（见彩图5—39）

【科属】莎草科、莎草属。

【别名】水棕竹、风车草。

【原产地及分布】原产我国。

【形态】株高1~1.5 m。茎中空、丛生。叶退化，呈粽状包在枝的基部。苞片叶状，矩圆状披针形，呈风车状着生在茎的顶端。

【习性与栽培】性喜温暖湿润、通风良好、光照充足的环境，耐半阴，甚耐寒。对土壤要求不严，以肥沃稍黏的土质为宜。繁殖可用分株和扦插方法进行。

生长季节要保持土壤湿润，或直接栽入不漏水的盆，保持盆中有5 cm左右深的水。生长旺季，每月施肥1~2次。

（5）朱蕉【*Cordyline terminalis*】（见彩图5—40）

【科属】百合科、朱蕉属。

【别名】铁树。

【原产地及分布】原产东南亚热带。

【形态】常绿灌木。株高150~250 cm。茎直立、细长。叶阔披针形至长椭圆形，铜红色至铜绿色，不同的栽培品种在叶面或叶缘常有紫、黄、白、红等不同的颜色。

【习性与栽培】喜温暖、湿润、半阴和较高空气湿度的环境。生长适宜温度为20~25℃，冬季越冬的最低温度最好能在10℃以上。

常用扦插或分株的方法进行繁殖。扦插繁殖在3—10月均可进行，将茎段切成10~15 cm长的小段，插于沙床中，保持高温、高湿，20~30天可生根，待长有5~6片叶时移植。另外也可在春季结合换盆进行分株繁殖。

盆栽基质由沙质土壤和腐叶土混合而成。在栽培时要保持较明亮的光照，一般强度的直射阳光亦能适应，但夏季烈日最好能遮阴。生长期间盆土保持湿润即可，如果土壤湿度过高，会引起落叶或叶尖黄化。空气湿度也要求较高，一般空气湿度要求达到50%~60%，如果空气过于干燥，叶尖容易变成棕色，甚至还会导致落叶。每月宜追施稀薄的液肥2次，冬季不宜施肥，肥料主要以氮肥为主。

（6）鹅掌柴【*Schefflera octophylla*】（见彩图5—41）

【科属】五加科、鸭脚木属。

【别名】鸭脚木。

【原产地及分布】原产我国。

【形态】常绿乔木。叶互生，革质，掌状复叶，小叶 5～9 枚，倒卵形，叶深绿色，有时叶面上具有不规则、深浅不一的黄色斑纹。

【习性与栽培】喜高温、多湿的环境，能够耐干旱。生长适宜温度为 16～26℃，冬季最低温度必须在 5℃以上。

繁殖以扦插为主。在 3—9 月进行，剪取 8～10 cm 长的枝梢作为插穗，保持扦插基质的湿润，30～40 天可以生根。

盆栽基质选用疏松、肥沃、排水良好的沙质壤土为佳。栽培时要保持温暖和较明亮的光照，使叶面亮绿而具有光泽。生长期间保持盆土湿润即可，水分不宜过多，否则容易引起根部腐烂。每月追施 1 次氮磷钾等量的肥料，但如果栽培的是斑叶种类，则氮肥应该少施，否则会使叶面上的斑块变淡而转为绿色。

（7）一叶兰【*Aspidistra elatior*】（见彩图 5—42）

【科属】百合科、蜘蛛抱蛋属。

【别名】蜘蛛抱蛋。

【原产地及分布】原产我国海南岛、台湾等地。

【形态】多年生常绿草本。地下具有匍匐的根状茎。叶基生，直立，矩圆状披针形，全缘，深绿色，其中有些品种叶面上有白色或淡黄色的斑点、斑块或条纹。

【习性与栽培】喜温暖、湿润、半阴的环境，生长最适日温为 15～25℃，冬季必须保持最低温度为 5℃。其中斑叶种的耐寒性较差。

繁殖一般采用分株方法。分株在春季结合换盆时进行，将地下茎连同叶片分丛，每丛至少 5 片叶，分别上盆即可。

对土壤要求不严，但以疏松、肥沃壤土更为适宜。其需较高的空气湿度（40%～60%），故在栽培时必须向叶面喷水，但土壤不可经常呈潮湿状，只需保持略微湿润即可。在 3—10 月的生长季节，每月宜追施肥料 1～2 次，肥料以氮肥为主，但斑叶品种氮肥不宜过多，否则叶面上的色斑会暗淡。另外斑叶品种还必须放置在明亮的阳光下栽培，以保持叶面上的色斑。

（8）羽裂蔓绿绒【*Philodendron selloum*】（见彩图 5—43）

【科属】天南星科、喜林芋属。

【别名】春羽、春芋。

【原产地及分布】原产南美热带地区。

【形态】簇生。叶广心形，羽状深裂，叶长 60 cm，宽 40 cm，革质，绿色有光泽，最后一对裂片再次深裂。

【习性与栽培】喜温暖、湿润、庇荫的环境，生长适温为16～26℃，冬季温度不可低于6～7℃。

繁殖主要以扦插方法为主。扦插一般在4月间进行，切取小段茎2～3节，摘除下部叶，插入土中即可。另外水插成活率也较高。

盆栽土壤以富含腐殖质而排水良好的壤土为佳，常用腐叶土、泥炭、园土等量混合而成。要求湿度较高，每天必须浇水，为了保持空气湿度还需经常叶面喷水。在5—7月可适当进行修剪，夏季要进行遮阴养护。在生长期间每月可施追肥1～2次。换盆一般每2年进行1次。

（9）花叶万年青【*Dieffenbachia picta*】（见彩图5—44）

【科属】天南星科、花叶万年青属。

【别名】黛粉叶。

【原产地及分布】原产美洲热带地区。

【形态】株高在60～120 cm之间，茎基匍匐状。叶着生在茎的上端，长圆至长圆状椭圆形。叶子边缘稍带波状，叶子顶端渐狭长呈一锐尖头，基部浑圆。叶面深绿色，有光泽，叶面上密布白色或淡黄色不规则的斑点或斑块。

【习性与栽培】喜高温、高湿和半阴的环境，生长适温为25～30℃，冬季可耐10℃低温。

一般在4—10月用扦插方法进行繁殖。剪取带叶的7～10 cm长的茎段作为插穗，使芽向上平卧于基质中，在20～25℃的温度条件下20～30天生根。

花叶万年青对土壤要求不严，但栽培时土壤要求排水良好，并且富含有机质的沙质壤土为好，一般常用园土和腐叶土等量混合而成，上盆时一般每盆栽植1～3株。在生长期间要注意保温保湿，如遇25℃的高温时，可向叶面喷水，以提高空气湿度。每月追施1～2次稀薄磷钾肥，如温度在15℃以下时不可多施肥。花叶万年青喜半阴，在栽培时还要注意光照强度，如光照严重不足，叶面的色彩会逐渐退化，绿色部分增加，而阳光过强，叶面会变得粗糙，并出现焦叶。

（10）金边凤梨【*Ananas comosus*】（见彩图5—45）

【科属】凤梨科、凤梨属。

【别名】斑叶凤梨。

【原产地及分布】原产巴西、阿根廷。

【形态】多年生常绿草本。叶丛生呈莲座状，线形、质硬，叶片中央亮绿色，叶子边缘金黄微带粉红色，并具有锐刺。穗状花序密集呈卵圆形，着生于离出叶丛的花梃上，花序顶端有一丛20～30枚叶形苞片，苞片橙红色，小花紫色或近红色。

【习性与栽培】喜温暖、通风、半阴的环境。生长适宜温度为20～30℃，冬季必须保持在10℃以上。常用分株方法繁殖，也可将花梃顶端的叶状苞片丛切下，晾干1～2天后，插入黄沙中进行。

盆栽时宜选用中性或微酸性的沙质壤土，同腐殖土或泥炭混合使用，切忌使用碱性土壤。初上盆后必须将盆花放置在半阴处，抽芽后放置在阳光充足的地方，以使叶子边缘色彩浓艳。生长期间每月追肥1～2次，每年浇淋硫酸亚铁1～2次，以提高土壤的酸度。平时要注意经常修剪残叶，保持高温高湿，但冬季要减少浇水、停止施肥。

3. 仙人掌和多肉植物的识别

（1）昙花【*Epiphyllum oxypetalum*】（见彩图5—46）

【科属】仙人掌科、昙花属。

【别名】月下美人。

【原产地及分布】原产于中南美洲的热带沙漠地区。

【形态】株高60 cm，无刺无叶，主茎圆柱形，分枝扁平绿色，边缘有波状圆齿。夏季晚间20至21时开花，花大、味香，色有白、浅黄、玫瑰红、橙红等。

【习性与栽培】喜温暖、湿润、阴的环境，不耐霜，忌强光暴晒。栽培时忌直射阳光暴晒，宜放置于室内见光、通风良好处，冬季温度需保持在10℃左右。要充分喷水，夏季保持高的空气湿度。冬季要控制浇水，保持盆土湿润即可。栽培的基质要求疏松、透水的沙质土壤。一般用主茎上长出的小茎进行扦插繁殖。

（2）长寿花【*Kalanchoe blossfeldiana*】（见彩图5—47）

【科属】景天科、伽蓝菜属。

【别名】十字海棠、伽蓝菜。

【原产地及分布】东非马达加斯加岛。

【形态】株高20～30 cm。茎直立，全株光滑无毛。叶肉质，对生，长圆状匙形，叶上半部有圆齿，下半部全缘，深绿色有光泽。圆锥状聚伞花序，花色有绯红、桃红、橙红、黄、橙黄、白等色。花期2—5月。

【习性与栽培】喜温暖、湿润、阳光充足的环境，较耐旱，不耐寒，夏季怕高温，栽培时宜放置在通风、遮阴处。喜疏松、排水良好的沙质土壤。

主要用扦插的方法来进行繁殖。扦插在春、秋、冬三季均能进行。

长寿花除盆栽观赏外，还常用于室内装饰布置和布置花坛、花境。

（3）虎尾兰【*Sansevieria trifasciata*】（见彩图5—48）

【科属】百合科、虎尾兰属。

【别名】虎皮兰。

【原产地及分布】原产非洲热带地区和印度。

【形态】根茎匍匐，无茎。叶簇生，常2~6片成束，线状披针形，硬革质直立，先端有一短尖头，基部渐窄形成有凹槽的叶柄，两面有浅绿色和深绿相间的横向斑带，稍被白粉。花白色，圆锥花序。花期春、夏季。

【习性与栽培】喜好温暖环境，对日照不拘，既耐日晒又耐半阴，但要注意的是，如长期置于室内光线不足处而突然移到强光照下，叶片会发生灼伤，故需逐渐适应，但以明亮光照最为适合。生长适温为20~30℃，冬季不耐10℃以下低温。盆栽植株生长期的水分供给，以土壤微湿即可，不要让它干旱过久或长时间浇水太勤，这都会使叶片褐化，叶尖黄化，出现难看的枯斑。需肥不多，每1~2个月施肥1次即可。

繁殖用分株或叶插均可。分株可得到最好的效果。也可用利刃将从母株近表土处割下的叶片，切成5 cm长一段，按叶生长方向插入沙土中，放室内光照明亮处，保持湿润，约30天可生根。叶插时间全年都可，但以夏季为好。

（4）木立芦荟【*Aloe arborescens*】（见彩图5—49）

【科属】百合科、芦荟属。

【别名】龙角。

【原产地及分布】原产于南非。

【形态】茎高可达1~2 m，茎上长侧芽，其形像树。叶轮生，宽3~4 cm，长30 cm左右，厚1~1.5 cm。秋、冬开橙红色花。

【习性与栽培】喜充分的阳光，怕积水，在排水性能良好、不易板结的疏松土质中生长良好。怕寒冷，长期生长在终年无霜的环境中。在5℃左右停止生长，0℃时，生命过程发生障碍，如果低于0℃，就会冻伤。生长最适宜的温度为15~35℃，湿度为45%~85%。一般采用幼苗移栽或扦插等技术进行无性繁殖。

技能要求

常见园林花卉识别

操作准备

1．识别园林花卉要选择有良好植物生长（形态特征标准）的花园、花圃（苗圃）、标本园、公园、绿地等地方。

2．准备好笔、纸、标牌、剪枝剪、采集袋、照相机等工具备用。

操作步骤

步骤1 观察

首先观察园林花卉的主要特征，如草本还是木本，草本是一二年生还是宿根或球根，植株的高度，以确定植物大类。再观察局部，如观察园林花卉的叶子着生方式、叶缘情况、叶形，花色、开花时间、花朵着生情况等。最后观察细微部位，如使用放大镜等工具观察叶子、叶柄上的附属物，如毛、腺点或腺体等。

步骤2 记录

根据观察到的园林花卉外部形态特征进行文字记录，以备查核，也可使用相机对观察的园林花卉进行照片拍摄，以备核查。

步骤3 标本采集

使用剪枝剪等工具采集标本。

步骤4 鉴别核查

对一些不认识的园林花卉，可使用观察时的文字记录、拍摄的照片和标本，寻找资料进行核查鉴别，以确定园林花卉的名称。

注意事项

1. 所观察的园林花卉生长必须正常，具有良好、标准的外部形态特征。
2. 识别园林花卉时，观察必须仔细，记录必须正确。
3. 采集的标本必须完整。
4. 在观赏植物识别的整个过程中要注意保护植物。

第2节　花卉的繁殖技术

学习单元1　花卉有性繁殖技术

学习目标

➢了解有性繁殖的概念

➢熟悉种子采收的部位、时间及种子处理和储藏方法

➢掌握花卉播种的时间及常用方式和方法

➢能够进行一二年生草本花卉的播种

知识要求

有性繁殖又称种子繁殖，它是通过播种来进行的一种繁殖方法。它由植物的雌蕊和雄蕊交配受精后形成胚珠，胚珠发育成种子，种子再通过一定的培育过程而产生新植株的繁殖方法。用种子繁殖的后代称为播种苗或实生苗。

一、种子的采收

1. 母株的选择

留种的母株一般要选择生长特别健壮的，能体现品质特性且无病虫害的植株。选择的时间一般是花卉的始花期，可避免品种之间的机械或生物混杂。

2. 采种的时间

采种一般宜在种子成熟后的晴天晨间进行。

3. 采种的部位

为了采集优良的种子，一般采种的部位宜选择先开的花（特别是第1~3朵花）所结的种子，或者生在主干或主枝上的花所结的种子。

4. 采种的方法

对易开裂的果实，宜提早在蜡熟期采收，以免过熟种子散落；对种子成熟不一致的，应随熟随采；对果实不会开裂、种子也不易散落的种类，可在整个植株成熟后连株拔起，晾干后再脱粒。

5. 采后管理

采收后必须立即对种子进行编号，编号时要注明种子采收的日期、种类名称、品种特性（如株高、花色、花期等）。

二、种子的储藏

1. 种子储藏的原则

原则是尽量降低或减弱种子的呼吸作用，最大限度地保存种子的生命力。

2. 种子储藏的环境

种子储藏最理想的环境条件是将种子密封于低温和干燥处。如大多数种子在80%的相对湿度和25~30℃的温度条件下，很快就会丧失发芽力；在低于50%的相对湿度和低于5℃的温度条件下，种子的生活力保持较久。

3. 种子储藏的方法

（1）种子的一般储藏方法

1）干燥储藏法。此法就是将种子在充分干燥后放入纸袋或纸箱中保存。

2）低温储藏法。低温储藏法就是将种子在充分干燥后储藏在 1～5℃ 的低温条件下。

3）干燥密封法。此法就是将经过充分干燥的种子和硅胶（硅胶量约为种子的 10%）一起放入密闭容器中。这样当容器中的空气相对湿度超过 45% 时，硅胶的彩色就会从蓝色变为粉红色，这时就应换用蓝色的干燥硅胶。而换下的粉红色硅胶在 120℃ 烘箱中逐渐脱水后又会转成蓝色，可再次使用。

（2）种子的特殊储藏方法

1）水藏法。某些水生花卉，特别是一些在水中结种子的浮水花卉，如睡莲、王莲、萍蓬莲等，其种子必须储藏在水中才能保持发芽能力。

2）层积储藏法。某些花卉种子在较长期的干燥条件下，其种子容易丧失发芽力，只有将它们的种子与湿的沙子（沙子的含水量为 15%）层层堆积，才能保证种子的发芽力，如牡丹、芍药的种子。

三、种子的处理

1. 机械处理

（1）剥壳。对于果壳坚硬、不易发芽的种子，需要在播种前将坚硬的果皮剥除。

（2）锉伤。对于种皮坚硬、不透气透水、胚根不易冲破种皮而发芽的种子，可以用锉刀在接近种脐处将种皮略加锉伤，使水分容易进入种子内，促使种子吸收水分，种子胚根萌发，如荷花、美人蕉。

2. 化学处理

化学处理就是使用酸或碱的溶液对种子进行浸种处理，通过酸碱溶液的浸种使坚硬的种皮变软，从而提高种子的发芽力。使用酸碱处理种子必须把握酸碱溶液的使用浓度、酸碱溶液浸种的时间。浸种处理后，种子必须用清水冲洗干净后方可播种。

四、播种

1. 种子消毒

（1）福尔马林消毒。在播前 1～2 天，将种子放入 0.15% 的福尔马林溶液中浸 15～30 min，取出后密封 2 h，再用清水冲洗后摊开阴干即可播种。通常 1 kg 福尔马林可消毒 50 kg 种子。

（2）高锰酸钾消毒。将种子放入0.5%的高锰酸钾溶液中浸种2 h或3%的高锰酸钾溶液浸种0.5 h，取出密封0.5 h，在用水冲洗阴干后播种。锰对种子发芽有促进作用。但胚根已突破种皮的种子，不宜用高锰酸钾溶液消毒，以防药害。

（3）硫酸铜消毒。将种子放入0.3%～1.0%的硫酸铜溶液中浸种4～6 h，取出阴干即可播种。

（4）石灰水消毒。将种子放入1%～2%的石灰水中浸种24～36 h进行无氧杀菌。

（5）升汞。用1%的升汞水溶液浸种10 min。

2. 播种的时间

在上海地区，一年生草本花卉一般在春季4—5月间播种，二年生草本花卉一般在秋季9—10月间播种。耐寒力较强的宿根花卉四季均可播种，但以种子成熟后立即播种为最佳。

温室花卉除了炎热的夏季外，其他季节均能进行播种。其播种时间主要依观赏期而定，如在冬、春季观赏的盆花一般多在夏、秋季节播种，而在夏、秋季节观赏的盆花一般多在冬季或早春播种。

3. 播种的方式

（1）点播。点播多用于大粒种子或量少种子的播种。点播就是将花卉种子按一定的距离一粒一粒地放播于穴内。此法日光照射、空气流通最为充分，幼苗生长最为健壮，但存在着所育幼苗数量最少的缺点。

（2）撒播。撒播就是将花卉种子均匀地撒于土面，一般在大量播种及细小种子播种时采用。此法的优点是在单位面积内播种量较多，但由于苗挤，存在日照不足、空气流通不畅的缺点，易造成幼苗徒长及病虫害蔓延。

（3）条播。条播是按一定的株行距开沟将种子播入。一般在品种较多，但每种播种量较少的时候采用。

4. 播种的方法

播种的方法有苗床播种、盆（或育苗盘）播、穴盘育苗3种。塔盆即为一般播种盆，盆高为10 cm，盆的口径为30 cm。育苗盘长60 cm×宽24 cm×高6 cm。穴盘是70 cm×35 cm的塑料盘，经过冲压形成数百个小孔（盆），每个小孔（盆）种1棵植株，在穴底都有排水孔。

目前花卉播种采用盆（或育苗盘）播种较多。用播种盆播种时先将盆底部的排水孔用碎盆片垫好，然后在上面放置碎盆片或粗沙砾，为盆深的1/3左右。再在碎盆片或粗沙砾上面放置筛出的粗细程度中等的培养土，也为盆深的1/3左右。最上层放置过筛后的细培养土，约为盆深1/3。

盆土放置完毕后用小木板将土面刮平，并以压土板或砖块压实盆土，使土面距离盆沿约1 cm，然后用细孔喷壶喷水，使盆土充分湿润，也可采用“浸盆法”进行浇水。所谓“浸盆法”浇水就是将播种盆的下部浸入较大的水盆或水池的水面，使土壤充分吸水。土壤浸湿后即可将盆提出，待盆中过多的水分渗出后即可进行播种。

播种后用细筛复土，其厚度一般为种子直径的2～3倍，但小粒种子覆土以不见种子为度，而细小种子在播种后可不必覆土。覆土后在盆面上要进行覆盖，覆盖可以采用玻璃、报纸、布片，也可采用木板或席帘等物。覆盖主要是为了减少土面的水分蒸发和土表板结。若在盆面覆盖玻璃，必须将玻璃的一端搁起1 cm，以流通空气，避免湿度过大，且不致在玻璃下形成水滴影响发芽率。

5. 种子萌发的环境条件

（1）适当的水分。成熟的种子水分含量约为10%～14%，播种后种子吸水，种皮变软，胚乳吸水膨胀，有利于胚根突破种皮而萌发。各种花卉种子在萌发时需要的水量是不同的，种子萌发最佳的土壤水分为土壤饱和含水量的60%，即一般植物在正常生长下土壤含水量的3倍以上。

（2）适宜的温度。对于大多数花卉来说，25～30℃为种子萌发的最适温度，最低温度为0～5℃，最高温度一般不超过35～40℃。其中耐寒性花卉种子萌发的最适温度为21～27℃，最低温度为10～16℃；而不耐寒花卉种子萌发的最适温度为27～32℃，最低温度为20℃。

（3）充足的氧气。种子萌发时需要的能量由种子的呼吸作用来供应，如果这时缺乏氧气，不仅会阻碍胚的生长，而且时间长了会导致胚的死亡。

（4）光线或光照。一般花卉的种子萌发不需要日光照射，故可在黑暗条件下进行种子萌发。但一些极细小的种子在萌发时需要一定的阳光，如报春花、瓜叶菊、秋海棠。

（5）播种后的管理。播种后应注意经常维持盆土的湿润状态，当盆土稍呈现干燥时，应立即用细孔喷壶喷水。当幼苗萌发出土后，必须立即将覆盖物去除，逐渐见光。

技能要求

一二年生草本花卉的播种

操作准备

1. 容器准备。播种盆（盆高为10 cm，盆的口径为30 cm）。

2. 材料准备。培养土、种子、碎瓦片、粗沙砾、覆盖物（可以采用玻璃、塑料薄膜、报纸、布片等）。

3. 工具准备。花铲、筛子、水桶、小花盆。

操作步骤

步骤1 播种盆准备

将播种盆清洗干净。

步骤2 培养土准备

将经过消毒的培养土打碎、过筛备用。

步骤3 装盆

用碎瓦片将播种盆底部的排水孔垫好。然后用花铲在上面放置粗沙砾，厚度约为盆深的1/3。再在粗沙砾上面放置筛出的中等粗度的培养土，深度也为盆深的1/3左右。最后上层放置过筛后的细培养土，约为盆深1/3。

盆土放置完毕用小木板将土面刮平，并以压土板或砖块压实盆土，使土面距离盆沿约1 cm。

步骤4 浸盆

将水桶盛上清水，把一个小花盆倒扣在其中，然后把播种盆置于小花盆上浸在水中，待播种盆土面湿润后立即取出。

步骤5 播种

一般用撒播法将一二年生草本花卉种子均匀地撒于土面，如种粒较大就将花卉种子按一定的距离播种。

步骤6 覆土

播后用筛子筛一层细培养土进行覆土，其厚度一般为种子直径的2~3倍。

步骤7 覆盖

覆土后用玻璃、塑料薄膜、报纸、布片等在播种盆面上进行覆盖。

步骤8 播种后的管理

将播种盆放置于庇荫处，并保持盆土的湿润状态。早晚将覆盖物打开数分钟，以利通风透气。当幼苗萌发出土后，必须立即将覆盖物去除。

注意事项

1. 浸盆时水面不能超过播种盆土面。

2. 细小种子在播种前必须用干的细沙土进行拌种。

3. 覆土时小粒种子覆土以不见种子为度，细小种子在播种后可不必覆土。

4. 对于喜光性种子，播种后只能用透光的玻璃和塑料薄膜进行覆盖。

5. 在播种后管理时，如果播种盆土面干燥，最好也采用浸盆法补充水分。

学习单元 2　花卉无性繁殖技术

学习目标

➢了解花卉扦插、嫁接、压条的概念

➢熟悉花卉扦插、嫁接、压条的时间

➢掌握花卉扦插、嫁接、压条常用的方法

➢能够进行虎尾兰叶插、月季芽接

知识要求

一、扦插繁殖

扦插繁殖是切取植物体的一部分营养器官（根、茎、叶、芽），利用营养器官的再生能力，将营养器官插入土或沙中，使其生根发芽，成为新的独立的新植物体的方法。经过剪截用于扦插的材料称为插穗，扦插繁殖所得的苗木称为扦插苗。

1. 扦插的时间与方法

（1）扦插的时间。扦插繁殖根据时间可分为生长期扦插和休眠期扦插两大类。生长期扦插在植物生长季节进行，具体的时间一般在 6—8 月，包括半熟枝扦插、嫩枝扦插等，温室盆花的扦插一般也属于生长期扦插范畴，温室盆花在温室条件下一年四季均可进行。休眠期扦插是在植物秋季落叶后至春季萌动前进行，具体的时间一般在 11—4 月之间。休眠期扦插也称为硬枝扦插。

（2）扦插的方法。扦插繁殖的方法根据采取插穗的对象不同一般可分为茎插（又称枝插）、叶插和根插 3 种类型。

1）茎插（或枝插）。将茎或枝条制作成插穗来进行扦插繁殖的方法，我们称为茎插（或枝插）。根据扦插的时间、插穗的木质化程度、插穗的取材方式和部位等不同，又可将茎插分成硬枝扦插、半熟枝扦插、嫩枝扦插、单芽插 4 种类型，具体的操作要求见表 5—2。

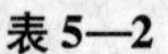

表 5—2　　茎插（或枝插）的方法

类型	硬枝扦插	半熟枝扦插	嫩枝扦插	单芽插
插穗选择	用已经木质化的 1 ~ 2 年生枝条	选用当年抽生的、生长已充实的、基部已经半木质化的枝条	选取还未开始老熟、变硬的脆嫩枝条	选取单芽
插穗剪截	多截为 20 ~ 30 cm，下端应在芽的下方 2 ~ 3 cm 处截成水平面，上端应在芽的上部 1 ~ 2 cm 处截成斜形或马耳形	适当去除叶片或将叶剪去 1/3 ~ 1/2，去掉全部花芽，插穗长为 10 ~ 15 cm	插穗长为 5 ~ 10 cm，需保持一部分叶片，插穗下部切口宜靠近节下切取	芽的两端各留 1 ~ 2 cm
扦插方法	插时一般将插穗斜插入土，与土面成 45°角	斜插，插入深度为插穗长度的 1/3 左右	同半熟枝扦插	

2）叶插。适用于能从叶子上发出不定根和不定芽的花卉种类。凡能进行叶插的花卉，一般都具有粗壮的叶柄、叶脉或肥厚的叶片。用叶子来进行扦插有片叶插和全叶插两种方法。

①片叶插（见图 5—1）。将一张叶片分切成数块，每块分别进行扦插。

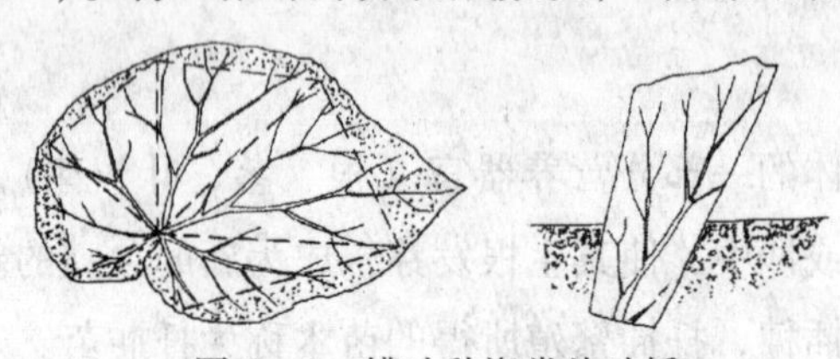

图 5—1　蟆叶秋海棠片叶插

②全叶插。以一张完整的叶片作为插穗。全叶插依扦插的位置又可分为平置法和直接法 2 种方法。

平置法（见图 5—2）是切去叶柄，将叶片平铺在沙面上，使叶片的下面与沙面紧贴，则可从叶缘（落地生根）或叶片的基部和叶脉（蟆叶秋海棠）处产生幼小植株。而直接法是将叶柄插入沙中，使叶片立于沙面上，叶柄基部发生不定芽，如大岩桐、椒草，如图 5—3 所示。

图 5—2　蟆叶秋海棠平置法

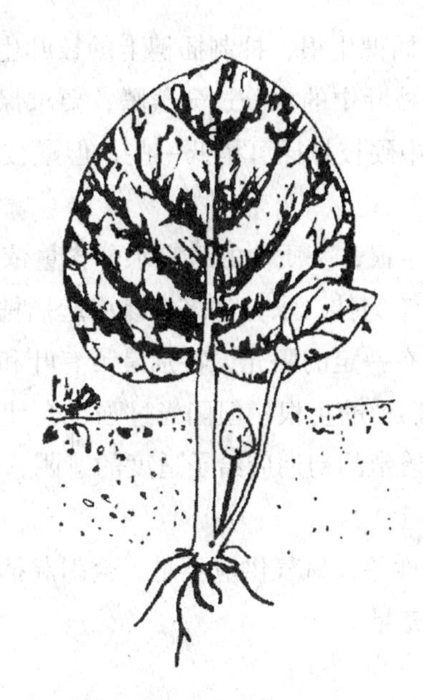

图 5—3　椒草直接法

3）根插（见图 5—4）。用根作插穗进行扦插。适用于容易从根部发生不定芽的木本花卉和宿根花卉的繁殖，如玫瑰、芍药等。结合挖苗，先取较直的侧根，剪成 10 ~ 15 cm 的插穗，春季插入土中，其上端稍露出土面或与土面平齐，也可将插穗平埋在基质中。

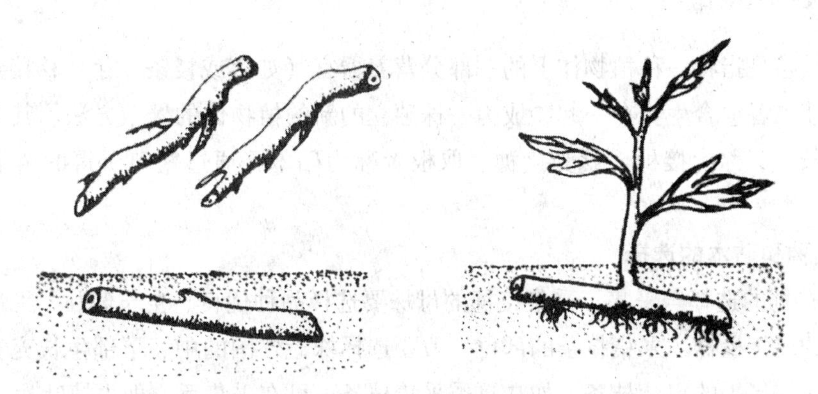

图 5—4　根插

2. 影响扦插成活的主要环境因素

（1）温度。绝大多数花卉嫩枝扦插的适宜温度一般为 20 ~ 25℃。热带花卉扦插的最适生根温度为 25 ~ 30℃，温带花卉为 20 ~ 25℃，而寒带花卉可稍低。

花卉扦插生根的适宜温度一般较栽培时所需的最适温度高 2 ~ 3℃，基质温度（底温）

须稍高于气温 3 ~5℃，有利于插穗生根，抑制插穗上的枝叶生长。

（2）湿度。为了避免插穗枝叶中的水分过分蒸腾，要求保持较高的空气湿度，通常以 90% 左右的相对湿度为宜。其中硬枝扦插可稍低一些，但嫩枝扦插的空气相对湿度要控制在 90% 以上。

插穗在湿润的基质中才能生根，基质中的适宜水分含量依不同花卉种类而有差异。通常基质中的含水量以 50% ~60% 为佳。水分过多容易引起插穗的腐烂。

（3）光照。扦插繁殖需要有一定的阳光，特别是带有叶和芽的嫩枝扦插，在日光下进行光合作用会产生生长素促进插穗的生根。但阳光过强也会使插穗干燥、灼伤，降低扦插繁殖的成活率。因此，在扦插繁殖的初期应给予适度的遮阴，使光照降低至 800 ~1 000 lx 之间（即使遮阴度达到 70% 以上）。

（4）通气。扦插基质通气性差，氧气供应不足，会引起插穗下切口腐烂，因此，扦插基质必须疏松透气，氧气供应充足。

3. 扦插后的管理

扦插后主要的管理工作是浇水，除了浇水外每日还要对叶面进行多次喷水，以提高空气中的湿度，便于插条早日生根。另外在扦插繁殖的早期要充分地进行遮阴，遮阴既可降低温度，又可避免由于高温而导致土壤湿度和空气相对湿度的降低，影响扦插的成活率。其他如除草、病虫害防治等盆花的日常养护管理工作都要及时进行。

二、嫁接繁殖

嫁接繁殖是指将一种植物体上的一部分营养器官（如茎或枝条、芽）移接到另一种植物体上，使二者愈合生长在一起，成为一株独立的新的植物体的繁殖方法。其中供嫁接用的茎、枝条、芽称为接穗，承受接穗、取根者称为砧木，通过繁殖所得的苗木称为嫁接苗。

1. 接穗和砧木的选择

（1）接穗的选择与采集。采集接穗的母株要选择品种优良、生长健壮、无病虫害、观赏价值高的成年植株。采集枝条的部位一般要选择株冠外围的中、下部生长充实，芽体饱满的新梢或一年生的粗壮枝条。如在夏季采集枝条，可在采集后立即去掉叶片（只保留叶柄）和生长不充实的枝梢部，并且为了减少水分的蒸发，还要用湿的毛巾或布进行包裹。如果枝条取回后不能及时做穗进行嫁接，可将枝条的下部浸入水中，放于阴凉处，每天换 1 ~2 次水，这样可保存 4 ~5 天。

（2）砧木的选择。砧木一般要选择与接穗亲和力强的，对接穗的生长和开花具有良好影响的，生长健壮、寿命长，能适应本地区环境条件的，对病虫害抵抗能力强的实生苗或

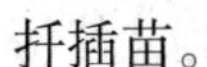

扦插苗。

2. 嫁接的时间

枝接在春季和秋季均可以进行，但以春季最好。芽接一般在生长季节均可以进行，但以初夏进行最好。

3. 嫁接的方法

按接穗和砧木的取材不同可将嫁接分为枝接、芽接和根接，其中枝接、芽接采用较多。

（1）枝接。用枝条作为接穗的嫁接方法称为枝接。枝接一般在花卉休眠期进行，特别是在春季砧木体液开始流动而接穗尚未萌芽时最好。常用的枝接方法有切接、劈接、舌接、靠接等。

1）切接（见图5—5）。一般在砧木直径为2 cm左右时使用。嫁接的方法是：先将砧木距离地面约5 cm处截断，然后在砧木一侧木质部与皮层之间（即在横断面的1/5 ~ 1/4处）垂直向下切，切入深度为2 ~ 3 cm。接穗上要保留2 ~ 3个饱满的芽，在切削接穗时，先用嫁接刀从保留芽的背面向内深切达木质部（不超过髓心），然后沿接穗的纵向平行切削到底，切削面长2 ~ 3 cm，最后在背面末端切削成0.8 ~ 1 cm的小斜面。将接穗的长切削面向内插入砧木的切口中，使两者形成层对准（在砧木切口过宽时也可只对准一侧的形成层）。接穗插入的深度以接穗的切削面上端露出0.2 ~ 0.3 cm为宜。然后用塑料绑扎带由下向上捆绑扎紧。

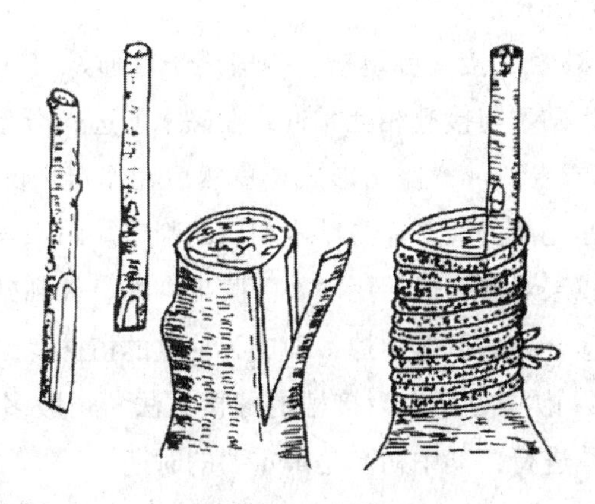

图5—5　切接

2）劈接（见图5—6）。一般在砧木较粗、接穗较细时采用。操作的方法是：在距离地面5 ~ 10 cm处将砧木横向锯断，从横断面的中心用嫁接刀垂直向下劈切，切口3 cm长。接穗的上端应在饱满芽的上方1 cm处截断，接穗下端要削成削面长约3 cm的楔形，并要把接穗削成一侧稍厚一侧稍薄。将接穗插入砧木的切口中（接穗削面上端可高出砧木

0.2～0.3 cm），插时接穗削面稍厚的一侧向砧木的外侧，稍薄的一侧向砧木的内侧，使两者形成层对准，再用塑料带由下向上绑扎捆紧。

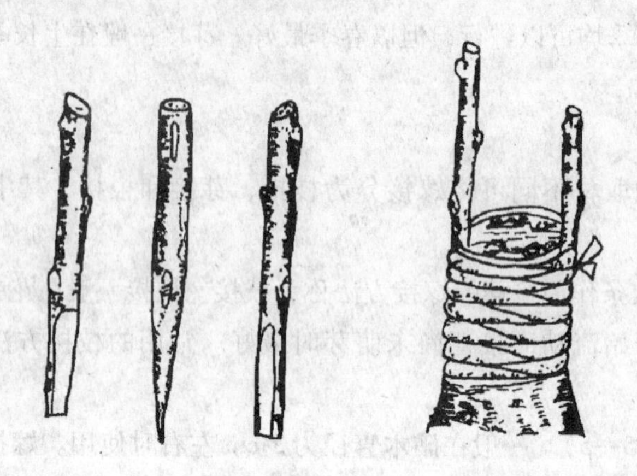

图5—6　劈接

3）舌接（见图5—7）。一般在砧木与接穗粗细相似，均在1～2 cm时使用。具体的操作方法是：将砧木上端由下向上切削成3 cm长的削面，再在削面的上端向下1/3处顺砧干向下切1 cm左右的纵切口，使之成为舌状。将接穗下端由上向下切削成3 cm长的削面，再在削面的下端向上1/3处顺接穗干向上切1 cm左右的纵切口，使之成为舌状，形状与砧木纵切口相应。将接穗的内舌插入砧木的纵切口内，使两者的舌状部位交叉、相互靠紧，然后用塑料带进行绑扎。

4）靠接（见图5—8）。靠接又称诱接。一般用于普通嫁接法不容易成活的，或者名贵花卉的繁殖。操作时将砧木与接穗相互靠近，在砧木上选光滑无节便于操作的地方削去皮层（略带木质部），长2～3 cm，露出形成层；然后在作接穗的另一植株上选择与砧木粗细大致相等的枝条，在光滑的地方作与砧木相应的削口。砧木与接穗上的切削口均要平滑，两者削口贴合，形成层对准，最后用塑料薄膜带绑扎。等到砧木与接穗愈合后，将砧木在愈合处上端、接穗愈合处的下端剪掉，即成为独立的植株。

（2）芽接。芽接是以饱满的芽作为接穗的嫁接方法。一般多用于皮层能够剥离的花卉，常在春、夏、秋三季进行，其中初夏是最重要的时期。

1）嵌芽接（见图5—9）。又称为带木质部芽接。在芽的上端0.8～1 cm处带木质部往下斜切一刀，再在芽的下端0.5～0.7 cm处横向斜切一刀，即可取下芽片，芽片长一般为2 cm，宽根据接穗的粗细而定。在砧木上选好部位自上而下稍带木质部削一个形状与接穗芽片大致相同的切面，并将上部皮层切去，下部保留0.5 cm左右。将芽片插入砧木的切削口中，使两者形成层对齐，然后用塑料带进行绑扎。

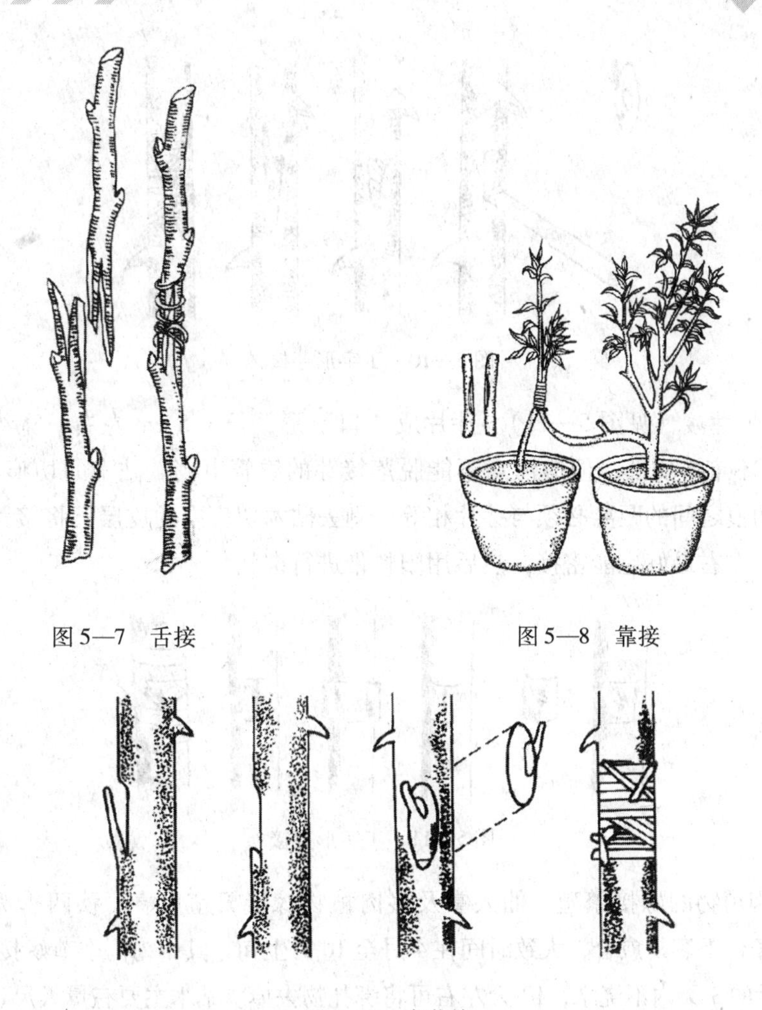

图5—7　舌接　　　　图5—8　靠接

图5—9　嵌芽接

2）丁字形芽接（见图5—10）。又可称为“T”字形芽接。先在砧木的背阴处用布抹去泥尘，距离地面3 cm左右处用芽接刀横刻一刀，深达木质部，长约1 cm。然后从横切痕的中央向下直切一刀，长约1.5 cm，使之成为“丁”字或“T”字，再用芽接刀下端的骨柄挑开皮层，以便插入芽片。选作接穗的枝条，在嫁接前需预先剪去叶片，但必须保留叶柄。左手执枝条，右手持芽接刀。先在芽的上方1 cm处横刻一刀，深达木质部，长约0.8 cm，然后由芽的下端1 cm处向上削（略带木质部），削到横切口处为止，使接芽成为上宽下窄的形状。削面要平整，芽层要正中。将芽片插入砧木的“丁”字或“T”字形接口，芽片的上端与接口的横刻痕对齐密接。最后用塑料带绑扎，仅露出芽和叶柄在外面。

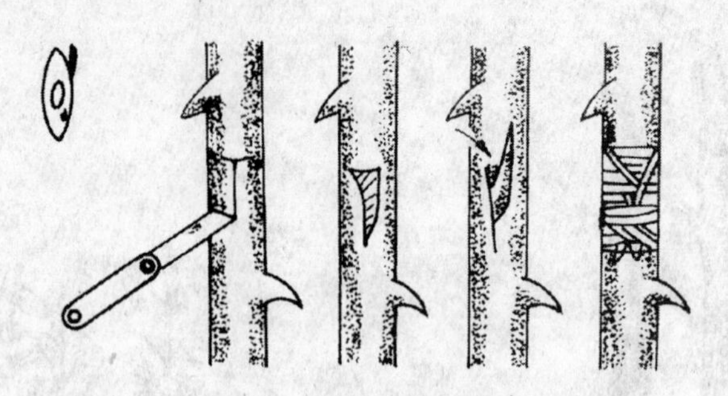

图 5—10　丁字形芽接

3）工字形芽接（见图 5—11）。芽片成“口”形，长 1.5 cm 左右，宽约为接穗枝条周长的 1/3。不带木质部，但应注意不能脱落接芽的维管束鞘。砧木的切痕与芽片适应，特别是上下切痕之间的距离必须与芽片相等。剥去砧木切痕内的皮层，将接芽片插入，上下对齐密接，左右最好也能密接，然后用塑料带进行绑扎。

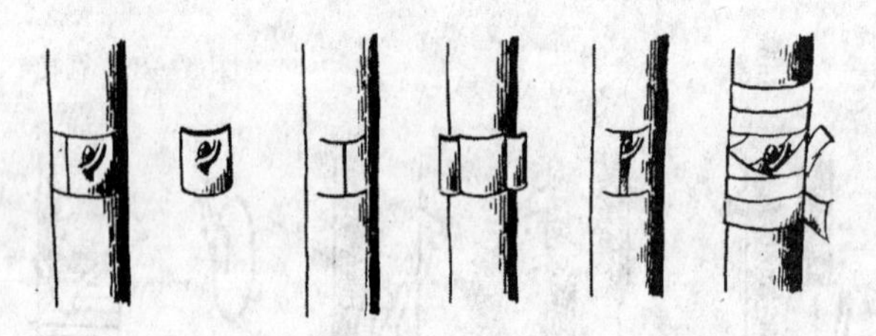

图 5—11　工字形芽接

（3）多肉植物的嫁接繁殖。仙人掌及多肉植物嫁接繁殖以春、秋两季为好。一般在 20～25℃ 的条件下容易愈合，大致时间在 4 月至 10 月上旬，其中梅雨季节嫁接不是最理想。并且在嫁接后的 3 天内不浇水，10 天左右可将绑扎物去掉。砧木主要有量天尺、仙人掌等。

1）平接（见图 5—12）。适用于柱状或球形的种类，接穗粗度与砧木基部一致或稍小时最适合。操作时先在砧木适当高度用刀横切，再沿边缘作 20°～45°的切削。紧接着将接穗下部横切一刀，一般不要切去过多。

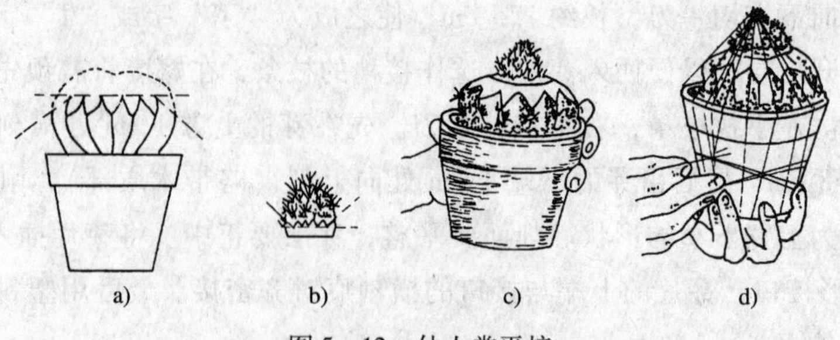

图 5—12　仙人掌平接

a）削砧木　b）削接穗　c）接穗与砧木对准　d）绑扎

接穗切好后立即放置于砧木切面上，放时注意将接穗与砧木的维管束对准，至少要有部分接触。接穗放好后可用细线作纵向捆绑。

2）劈接（见图5—13）。多用于蟹爪兰等茎节扁平的种类。在砧木高出盆面15～30 cm处横切，然后在顶部或侧面切一个深达髓部的楔形裂口。再将接穗下端的两侧削成楔形（鸭嘴形）。将接穗嵌进砧木的切口内，使砧木与接穗的维管束对接，然后用竹针等物固定，便于砧木与接穗的维管束愈合。

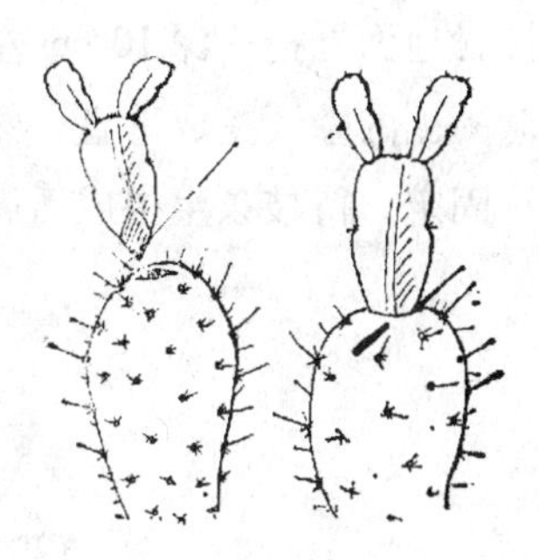

图5—13　多肉植物劈接

4．嫁接后的管理

（1）枝接后的管理

1）检查成活。枝接的成活检查可在枝接后20～30天进行。如果接穗上的芽已经萌动或虽还未萌动但仍然保持新鲜、饱满，接口产生愈合组织，即表示接穗已经成活，嫁接繁殖得以成功；而如果接穗干枯或发黑甚至腐烂，则表示接穗已经死亡，嫁接繁殖失败。

2）解除绑扎物。一般在嫁接苗成活后立即解除绑扎物。

3）修剪去萌。枝接成活后，砧木常萌发出许多蘖芽，应及时剪去，以避免其与接穗争夺养分而影响正常生长。一般需要剪蘖2～3次。

4）立柱绑扎。在春季风大的地区，在新梢长到5～8 cm时，为了防止新苗被折断，应在紧贴砧木处设立一支柱，将新梢绑缚于支柱上。

（2）芽接后的管理

1）检查成活。芽接成活的检查一般在芽接后7～15天进行。凡是芽体和芽片新鲜，叶柄一触即落，表示接穗已经成活，嫁接繁殖成功。如果嫁接不成活，则芽干枯、变色，叶柄不脱落。

2）解除绑扎物。在接芽萌发成新梢至2～8 cm长时，即可解除绑扎物。

3）剪砧去萌。芽接成活后，应将接芽以上的砧木部分全部剪除，以便集中养分供应，使接芽得以健壮生长。

4）立柱绑扎。对于不易直立生长的苗木，要及时在新梢的对侧插立支柱进行扶绑，以避免苗木倒伏。

三、压条繁殖

压条繁殖是将母株上的枝条或茎蔓埋入土中，或在母株上将欲压的部分用土或其他基质进行包裹，待生根后再与母株割离，而成为独立的新植株的一种繁殖方法。压条繁殖主要在木本花卉上使用，草本花卉极少采用压条进行繁殖。

1. 压条的方法

（1）普通压条（见图5—14）。将母株接近地面的1～2年生枝条弯曲到地面，在枝条接触地面处挖一深10 cm左右、宽10 cm左右的沟，靠母株一侧的沟要挖成斜坡状，而相对一侧的壁要挖成垂直。然后将枝条顺沟放置，枝梢露出地面，枝条向上弯曲处用木钩进行固定，待枝条生根成活后从母株上分离即可。

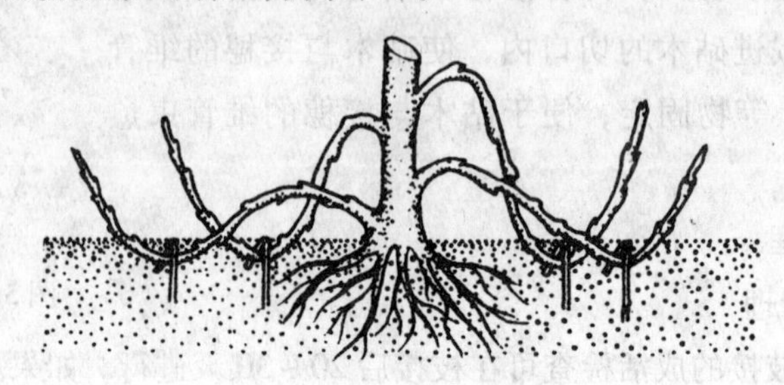

图5—14　普通压条

（2）波状压条（见图5—15）。适用于茎蔓长而柔软的植物。将枝弯引至地面，波浪状压入沟中，在枝条入土部分用刀割裂成舌状，并用铅丝将枝固定于土内，生根后即可分离。

图5—15　波状压条

（3）堆土压条（见图5—16）。又称培土压条。适用于基部分枝较多的直立型灌木。操作方法是将母株进行重剪，促使发生多量新枝，并在母株基部进行堆土，待新根发生即可扒开泥土，切离母株，另行种植。

（4）高空压条（见图5—17）。又称空中压条，它适用于一些植株较高大、枝条不容易弯曲的植物。操作方法是选择隔年生长旺盛的直枝，在距枝顶15～25 cm处进行环剥，长度1～1.5 cm（剥皮时不要伤着木质部），然后用长约12 cm、宽8 cm的塑料薄膜（或竹筒）把剥去皮的地方围成圆圈，下端用绳扎牢。再用拌过水的湿山泥逐渐填入塑料袋内。填满山泥后，塑料袋成为鸡蛋状，再把上端扎牢，这样就完成了。平时只要在浇水时往叶面上多洒些水，使水从枝叶上逐渐流进袋内就可。当透过塑料袋看到袋内布满根系时就可连袋一起剪下，拆去线绳，剥去塑料袋，然后种植在盆内即可。

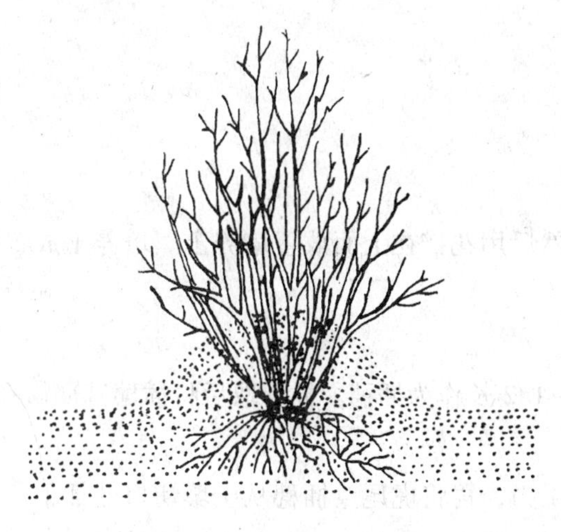

图 5—16　堆土压条

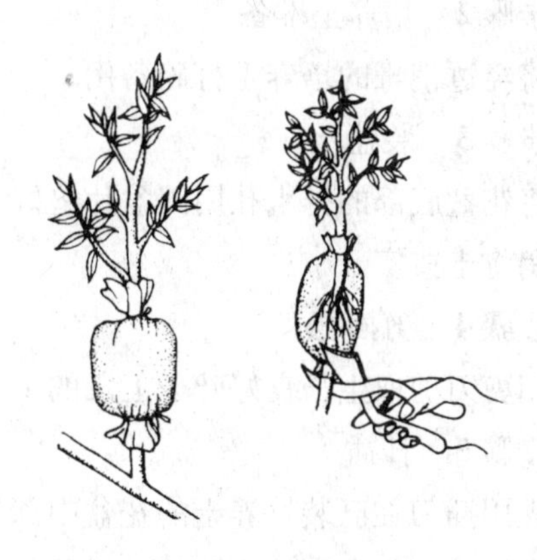
图 5—17　高空压条

2. 促进压条生根的措施

对于不易生根或生根时间较长的花卉，为了促进压条的快速生根，可采用舌切法、劈裂法、扭枝法、环剥法、缚缢法等方法（见表 5—3）来阻滞有机营养物质向下运输，使养分集中于处理部位，刺激不定根的形成与生长。

表 5—3　　**促进压条生根的措施**

序号	措施名称	操作方法
1	舌切法	用刀在枝干上向上斜切一刀，深度约为干径的一半，在裂缝中夹一石子
2	劈裂法	在干上先横切一刀，然后纵劈，劈缝内塞一石子
3	扭枝法	在被压部分将枝扭伤，但不可扭断
4	环剥法	在干上作环状剥皮
5	缚缢法	用铜丝或铅丝在干上紧缚之

技能要求

虎尾兰叶插

操作准备

花盆（5 寸）、培养土、碎瓦片、盆栽虎尾兰、花铲、插刀、剪刀、浇水壶。

操作步骤

步骤 1　容器消毒

将花盆清洗干净。

步骤 2 培养土准备

将经过消毒的培养土打碎备用。

步骤 3 装盆土

将花盆底部的排水孔用碎盆片垫好，然后用花铲在上面放置培养土。培养土放置好后用手稍将土按实。

步骤 4 剪插穗

用剪刀剪取生长良好叶子上段的 1/3 ~1/2 长作为插穗。插穗取后将插穗基部修平。

步骤 5 扦插

先用插刀在已装培养土的花盆中深切 1 刀，再将虎尾兰插穗从土壤切口处插下。然后用手在插穗两侧向下按土壤，使插穗与培养土紧贴。

步骤 6 浇水

用浇水壶对扦插后虎尾兰浇 1 次充足的水。

步骤 7 扦插后的管理

将花盆放置于庇荫处，并保持一定的空气湿度和温度。

注意事项

1. 插入培养土中的虎尾兰插穗必须与培养土紧密相贴。
2. 在插后管理中盆土要保持偏干，否则虎尾兰插穗容易腐烂。

月季嵌芽接（H 形芽接）

操作准备

宽度为 0. 8 ~1 cm 的塑料薄膜带、剪枝剪、芽接刀。

操作步骤

步骤 1 取条

选择当年生或者上一年生的枝条，剪去两端，用湿布包好。

步骤 2 剪条

接条剪下后将叶片剪去，仅留 1/4 叶柄，以保护芽和芽接的进行。

步骤 3 削芽

削芽时左手执条右手执刀，在芽的上方 0. 8 ~1 cm 处向下斜切 1 刀，长约 1. 5 cm。然后在芽的下方 0. 5 ~0. 7 cm 处斜切成 30°角到第一个切口底部，即可取下芽片，将芽片两端削平，如图 5—18a 所示。

步骤 4 切砧穗

在砧木离地 5 ~ 10 cm 的光滑处用芽接刀切 1 个"H"形切口，如图 5—18b 所示。

步骤 5 插接芽

插入芽片，使芽片上端露出一段砧木皮层，如图 5—18c 所示。

步骤 6 绑扎

用宽度为 0.8 ~ 1 cm 的塑料薄膜带进行绑扎，如图 5—18d 所示。

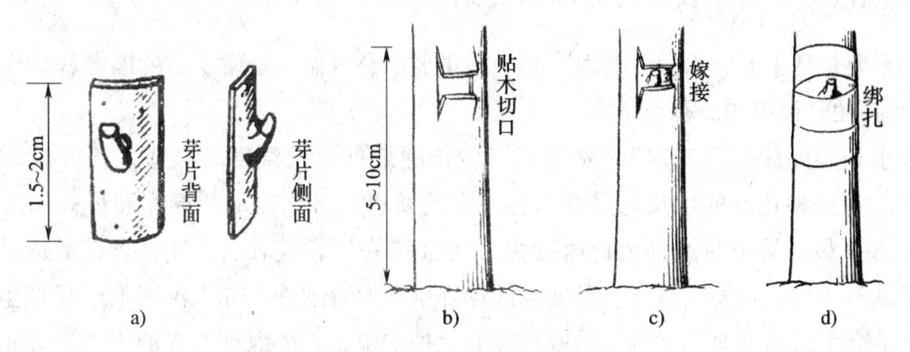

图 5—18 月季嵌芽接

a）削芽 b）切砧穗 c）插接芽 d）绑扎

注意事项

1. 接穗应选取当年生或者上一年生的枝条。
2. 砧木宜用 1 ~ 2 年生、枝条直径在 1 cm 左右、生长健壮的幼苗。
3. 砧木上的切口要比削好的芽片略长。
4. 绑扎必须扎紧，不能留有缝隙。

第 3 节 花卉的栽培与养护

学习单元 1 花卉的生长发育与环境因子之间的关系

学习目标

➢了解空气对花卉生长发育的影响

➢熟悉光照、土壤、肥料对花卉生长发育的影响

➢掌握温度、水分对花卉生长发育的影响

知识要求

花卉生长发育赖以生存的环境因子有温度、光照、水分、空气、土壤、肥料。

一、温度与花卉生长发育之间的关系

温度主要包括土温、水温、气温，其中最重要的是气温。通常所指的温度就是气温。

1. 花卉生长温度的三基点

花卉生长温度的“三基点”，是指花卉生长的最低生长温度、最适生长温度和最高生长温度。每一种花卉的生长对温度都有一定的要求，必须在最低温度和最高温度之间进行。花卉在最适温度时不仅生长速度快，而且花卉生长健壮、不徒长。在最适温度范围内温度越高花卉生长发育越快，温度越低花卉生长发育越慢。如果温度低于最低生长温度或超过最高生长温度时，就必须采取相应的保护措施，才能保证花卉的生长得以正常进行。

2. 不同花卉的耐寒程度

由于不同气候带的气温相差甚远，故花卉的耐寒力也各不相同。依据花卉耐寒能力的大小不同，通常可将花卉分成耐寒、半耐寒和不耐寒花卉3类，见表5—4。

表5—4　　根据花卉的耐寒程度对花卉进行分类

序号	花卉类型	耐寒程度	原产地	举例
1	耐寒性花卉	抗寒能力较强，一般能耐0℃以下的温度，其中一部分种类甚至能忍耐-5～-10℃的低温	原产于温带较冷处及寒带的二年生花卉及宿根花卉	三色堇、金鱼草、羽衣甘蓝、石竹、金盏菊、玉簪、菊花、芍药等
2	半耐寒花卉	耐寒力介于耐寒性花卉与不耐寒花卉之间，一般能够忍受0℃左右的低温	多原产于温带较暖处	紫罗兰、桂竹香等
3	不耐寒花卉	不能忍耐0℃以下的温度，其中一部分种类甚至不能忍受5℃左右的温度	多原产于热带及亚热带的一年生花卉和多年生花卉	一串红、一叶兰、海芋、兔子花等

3. 同一种花卉在不同生长发育阶段对温度的要求

花卉生长发育对温度有一定的需求规律，其中一年生花卉和二年生花卉对温度的需求

特别有规律性。一年生花卉种子萌发可在较高的温度中进行，幼苗期间要求温度较低，但以后幼苗逐渐长到开花结实阶段，对温度的要求逐渐增高。二年生花卉种子的萌发在较低的温度下进行，在幼苗期间要求更低，否则不能顺利通过春化阶段，而当开花结实时，则要求稍高于营养生长时期的温度。

二、光照与花卉生长发育之间的关系

1. 光质与花卉生长发育之间的关系

不同光的作用和花卉对光的吸收，见表5—5。

表5—5　　不同光的作用和花卉对光的吸收

光的种类	促进作用	抑制作用	吸收
红橙光	有利于花卉碳水化合物的合成	延迟短日照植物发育	光合作用吸收最多
	能加速长日照植物的发育		
蓝紫光	有利于蛋白质的合成	抑制茎的伸长	仅为红光的14%
	促进花青素的形成	延迟长日照植物发育	
	能加速短日照植物发育		
绿光	一般对花卉的生长发育不起作用		一般不吸收利用

2. 光照强度与花卉生长发育之间的关系

光照强度因纬度、海拔、季节存在较大的差异。一般高纬度、高海拔地区的光照强度比低纬度、低海拔地区强，夏季、中午光照强度最强，早晚的光照强度较弱，冬季光照强度最弱，晴天的光照强度大于阴雨天。如在夏季晴天中午露地的光照强度可达100 000 lx以上，而冬季只有20 000 ~ 50 000 lx。

（1）花卉的需光量。光照强度在2 000 ~ 4 000 lx时花卉已可生长、开花，但要使花卉生长发育良好，光照强度需达18 000 ~ 20 000 lx。

一般光合作用的强度是随着光照强度的加强而增加，但光照不能过强，不能超过一定的限值，否则花卉会因为过强的光照反而使光合作用减缓甚至停止。在冬季的室内，由于天气不良引起光照不足，会使花卉的光合作用和蒸腾作用减弱，导致花卉植株徒长，节间延长，花的颜色变劣和花的香气不足，分蘖能力降低，容易感染病虫害。

（2）根据花卉对光照强度的要求不同对花卉进行分类。根据花卉对光照强度的要求不同可将花卉分为阳性花卉、中性花卉、阴性花卉、强阴性花卉4类，见表5—6。

表 5—6　　根据花卉对光照强度的要求不同对花卉进行分类

序号	花卉类型	特点	举例
1	阳性花卉	喜阳光，不耐阴，必须在全光照条件下才能正常生长发育，如长期光照不足，花卉不能正常生长、开花	如一串红、月季、鸡冠花等
2	中性花卉	对光照的要求介于阳性花卉和阴性花卉之间。这类花卉一般喜欢阳光充足，稍耐阴，在光照较足或微阴的条件下均可生长良好	如桂花、萱草、苏铁等
3	阴性花卉	适于在光照不足或散射光条件下生长，不能忍受强光的直射，在生长期间要求有50%左右的遮阴度	如杜鹃、山茶、马蹄莲等
4	强阴性花卉	不能适应强烈的光照，在生长期间遮阴度要达80%，否则叶片发黄、无光泽	如兰科植物、蕨类植物等

大多数观叶植物属于阴性或强阴性花卉，它们对光照强度要求相对较低，如果光照过强会使叶片质地变厚、叶子颜色变淡，影响观赏。但一些具有斑叶或花叶的观叶植物，必须在有一定光照强度的条件下才能体现出品种的特色，否则长期处于光照不足的环境下，斑叶的色斑会减少，花叶形状会退化。

（3）光照强度与花的开放。光照强弱对花朵的开放有很大影响，如牵牛只盛开于每日的晨曦中，半支莲在强光下开放，紫茉莉在傍晚盛开，昙花在夜间开花。

3．光周期与花卉生长发育之间的关系

光周期是指一日内日出到日落之间的时数，即指一日的日照长度，或者一日中明暗交替的时数。花卉的光周期现象是指花卉在开花之前，必须要有一定的光照或黑暗时间，花卉只有经过这一阶段，才能分化花芽的现象。根据花卉对光周期的反应可将花卉分为长日照花卉、短日照花卉、中性花卉 3 类，见表 5—7。

表 5—7　　根据花卉对光周期的反应不同对花卉进行分类

序号	花卉类型	特点	举例
1	长日照花卉	这类花卉要求有较长的日照才能开花，一般每天得有 14 ~ 16 h 光照，而且光照时间越长越有利于开花，在短日照条件下，不能开花或开花延迟	二年生草本花卉在秋、冬季节的短日照条件下进行营养生长，在春、夏季节的长日照条件下进行生殖生长

续表

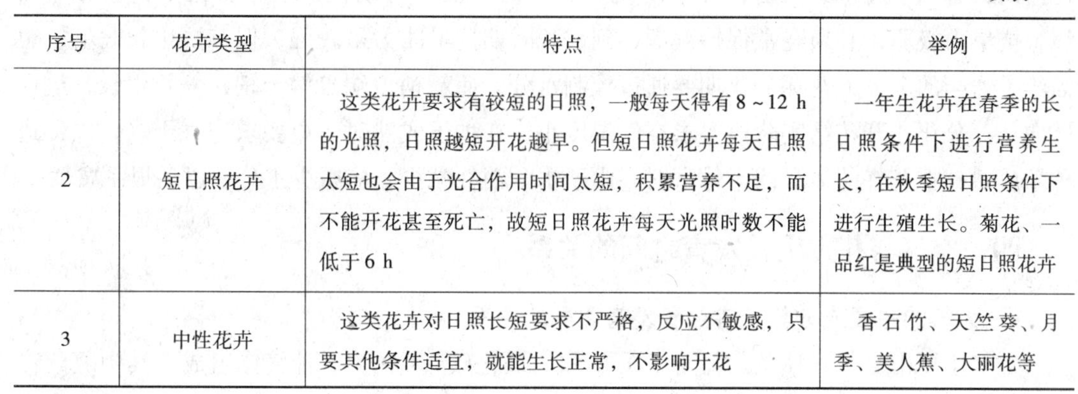

序号	花卉类型	特点	举例
2	短日照花卉	这类花卉要求有较短的日照，一般每天得有 8～12 h 的光照，日照越短开花越早。但短日照花卉每天日照太短也会由于光合作用时间太短，积累营养不足，而不能开花甚至死亡，故短日照花卉每天光照时数不能低于 6 h	一年生花卉在春季的长日照条件下进行营养生长，在秋季短日照条件下进行生殖生长。菊花、一品红是典型的短日照花卉
3	中性花卉	这类花卉对日照长短要求不严格，反应不敏感，只要其他条件适宜，就能生长正常，不影响开花	香石竹、天竺葵、月季、美人蕉、大丽花等

三、水分与花卉生长发育之间的关系

水是组成花卉植物体的重要部分，一般草本花卉有 70%～90% 为水分。

1. 不同花卉对水分的需求

根据花卉对水分的要求不同可将花卉分为 4 类，见表 5—8。

表 5—8　　根据花卉对水分的要求不同对花卉进行分类

序号	花卉类型	特点	举例
1	水生花卉	指生活在水中或沼泽地中的花卉，其根或地下茎可忍耐缺氧条件	荷花
2	湿生花卉	指适宜生活在非常潮湿、水分较充足的地方，在干旱或比较干旱情况下常导致死亡或生育不良的花卉	蕨类植物
3	中性花卉	这类花卉对水分的要求介于湿生花卉和旱生花卉之间，它们需要在湿润的土壤中生长，生长期要求适度土壤水分和空气相对湿度，但由于不同种类在根系发达程度和根系分布范围之间存在较明显的差异，故抗旱能力有很大不同	茉莉、杜鹃、月季等
4	旱生花卉	这类花卉一般都原产在炎热而干旱的地区，具有较发达的根系，在外部形态上表现出许多适应干旱环境的特征，如叶片变小或退化，表皮层角质加厚，气孔下陷，叶面具有绒毛等。这类花卉在较干旱情况下仍能继续生长，一般不抗涝，供水多容易引起根部腐烂	仙人掌、景天科植物

2. 同一种花卉在不同生长发育阶段对水分的要求

同一种花卉在不同生长时期对水分的需要量不同。种子发芽时，需要较多的水分，以便透入，有利于胚根的抽出；种子萌发后，在幼苗状态时期根系弱小，在土壤中分布较浅，抗旱力极弱，必须经常保持湿润；到成长时期抗旱能力虽较强，但若要生长旺盛，也需给予适当的水分；花芽分化期要通过控制水分，使新梢顶端自然干梢，停止生长，进而转向花芽分化；开花结实阶段要求空气湿度小；在种子成熟时，更要求空气干燥，以促进种子成熟；在花卉的休眠或半休眠时，由于水分消耗减少，应减少水分，以免根系腐烂。

四、空气与花卉生长发育之间的关系

1. 大气的主要成分与花卉生长发育之间的关系

空气主要由氮气（N_2）、氧气（O_2）和二氧化碳（CO_2）3 种气体组成。其中氮气占 78%，空气中的氮属于游离氮，一般花卉不能吸收利用。氧气占 21%，花卉在进行呼吸作用时和动物一样吸收氧气。二氧化碳占 0.03%，是花卉进行光合作用的重要原料之一。

2. 有害气体与花卉生长发育之间的关系

（1）二氧化硫（SO_2）。花卉在受到二氧化硫危害时，即在叶脉间发生许多褪色斑点，受害严重时，致使叶脉变为黄褐色或白色。对二氧化硫抗性强的花卉有金鱼草、美人蕉、金盏菊、百日草、鸡冠花、大丽花、玉簪、凤仙花、扫帚草、石竹、菊花。

（2）氨（NH_3）。当空气中氨的含量达到 0.15% ~ 0.6% 时就可发生叶缘烧伤现象，含量达到 0.7% 时出现质壁分离现象，含量若达到 4%，经过 24 h 植株即中毒死亡。施用尿素后也会产生 NH_3，因此在施后最好盖土或浇水，以避免发生氨害。

（3）氟化氢（HF）。氟化氢先使花卉的叶尖和叶缘出现淡褐色至暗褐色的病斑，然后向内扩散，以后出现萎蔫，它还能导致植株矮化、早期落叶、落花及不结实。抗氟化氢的花卉有大丽花、一品红、天竺葵、万寿菊、山茶。抗性弱的花卉有郁金香、杜鹃。

五、土壤肥料与花卉生长发育之间的关系

1. 土壤与花卉生长发育之间的关系

（1）土壤质地。绝大多数花卉的栽培需要壤土，沙土常用做培养土的配制和改良黏土的材料，也常作为扦插用土或栽培幼苗和耐干旱的花卉。

（2）土壤酸碱度。绝大部分观赏花卉适于酸性或偏酸性的土壤。在石灰性土壤中生长的有仙人掌、石竹。提高土壤酸度一般较多是采用浇灌矾肥水的方法：$FeSO_4$（2.5 ~ 3 kg）+ 饼肥（10 ~ 15 kg）+ H_2O（200 ~ 250 kg），放在缸内发酵 20 ~ 30 天，取其上清液兑水使用。

2. 肥料与花卉生长发育之间的关系

各种肥料对花卉的作用，见表 5—9。

表 5—9　　各种肥料对花卉的作用

序号	肥料	作用
1	氮	促进花卉的营养生长，提高叶绿素的含量，使花叶增大、茎叶繁茂、叶色深绿、推迟落叶、种子丰满 观叶花卉在整个生长期中都需要较多的氮肥，而观花花卉只在营养生长阶段需要较多的氮肥，到生殖生长阶段就应该控制氮肥的使用
2	磷	促进种子发芽；有助于花芽分化，促使开花良好；促进花卉根系发育；使茎秆坚韧，不易倒伏；增强花卉抗旱、抗寒的能力
3	钾	可使花卉生长强健、茎秆坚韧、不易倒伏，能促进叶绿素的形成和光合作用的进行，促进根系的发育，提高花卉对不良环境的抵抗能力
4	铁	缺铁时叶绿素不能形成，嫩叶的叶脉间黄化

学习单元 2　花卉栽培与养护中常用的工具和机具

学习目标

➢了解常用工具的用途和组成部件

➢掌握常用机具的用途和组成部件

➢能够正确使用和操作割草机和割灌机

知识要求

一、常用的工具

花卉栽培养护时常用工具有铁铲、锄头、剪枝剪、花铲、肩负式喷雾器等。

二、常用的机具

1. 割草机

割草机是用于草坪修剪的机具，主要由发动机、切割装置、集草装置、行走装置和操纵装置等组成，如图 5—19 所示。

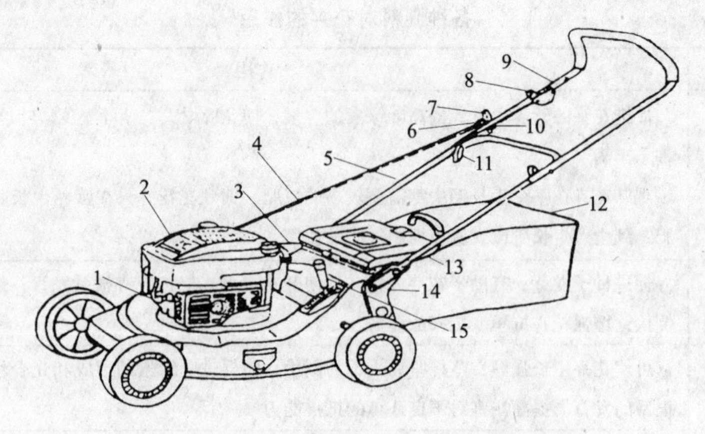

图 5—19　手推式割草机结构示意图

1—火花塞　2—发动机　3—油门拉线　4—启动绳　5—下推把
6—固定螺栓　7—启动手柄　8—油门开关　9—上推把　10—螺母
11—锁紧螺母　12—集草袋　13—后盖　14—支耳　15—调手柄

（1）割草机的类型。割草机按行走装置可分为手推式和自行式两类，目前使用的主要是手推式。按切割装置主要可分为滚刀式（见图 5—20）、旋转式（见图 5—21）、甩刀式（见图 5—22）、往复刀齿式 4 种。

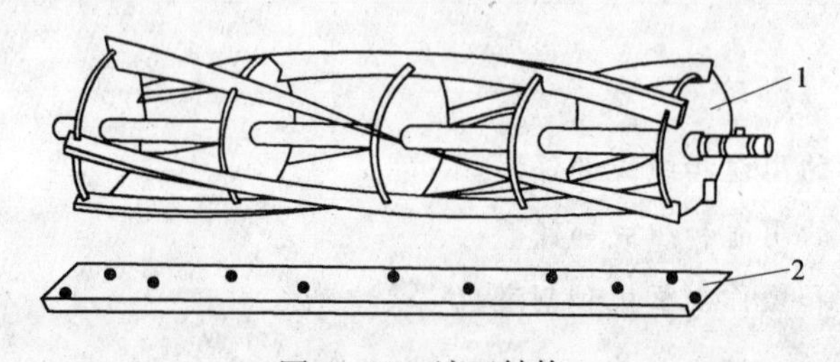

图 5—20　滚刀结构

1—滚刀　2—底刀

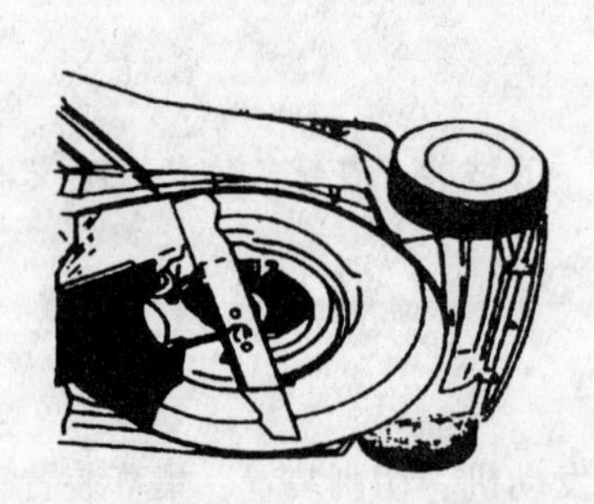

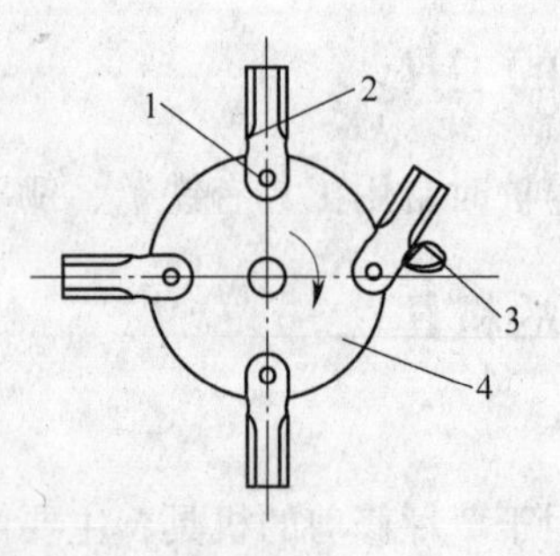

图 5—21　旋刀片

1—绞接点　2—刀片　3—障碍物　4—刀盘

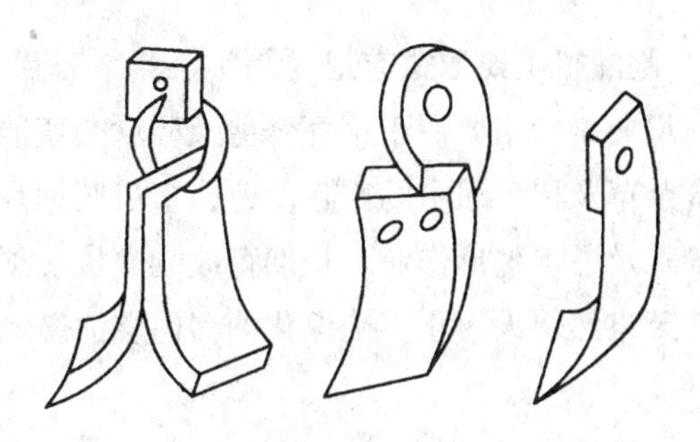

图 5—22　甩刀

（2）割草机的保养与储藏

1）刀片。刀片需保持锋利，一般用锉刀或在刃磨机上进行。刃磨时刀片的切削刃理想的角度为 30°，如图 5—23 所示。在割草机使用中当刀片撞到其他物体时，应及时检查其平衡性（见图 5—24），以免因刀片弯曲或失衡而产生过大振动。

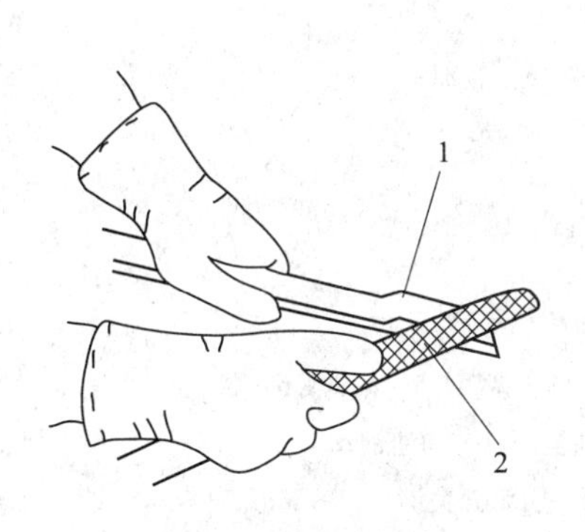

图 5—23　刀片锉磨

1—刀片　2—平锉

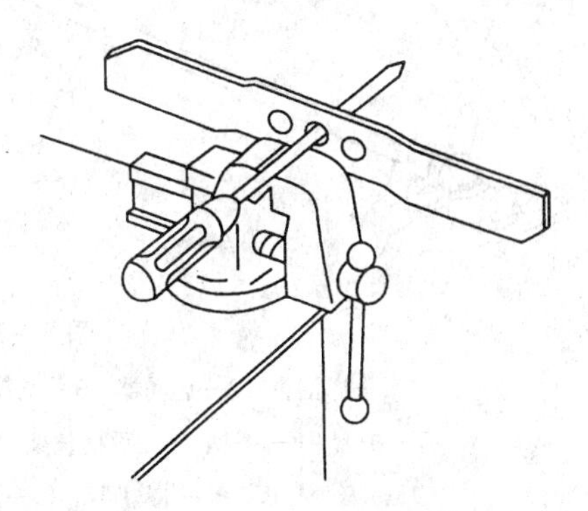

图 5—24　刀片静平衡测试

2）机壳。经常将割草机侧斜（侧斜时空滤芯的一侧朝上，以免空滤芯被油污弄脏），清理机壳内部。

3）汽油机。严格按照汽油机要求进行保养。

4）润滑。前后轮每季度至少用轻质机油润滑 1 次。自行部分的传动机构使用 2 年后应清洗、更换润滑脂 1 次。

5）储藏。长期不用的割草机应先放尽机内汽油，然后起动机器，至机器自行熄火使化油器内的汽油完全燃烧干净，以免长时间存放的汽油变成胶状体而堵塞化油器。另外割草机的转动部件和刀片表面需要涂油防锈。

2. 割灌机

割灌机主要由动力机、离合器、转动轴、减速器、切割装置（切割头）、把手及操纵机构组成（见图5—25）。割灌机主要形式有尼龙割头、活络刀片、二齿刀片、三齿刀片、四齿刀片、多齿刀片等。尼龙割头主要用于草坪修剪及稀软杂草清除作业，2~4齿金属刀片切割头可用于浓密粗秆杂草及稀疏灌木的割除作业，多齿圆锯片可进行野外路边、堤岸和山脚坡地浓密灌木的割除及乔木整形作业。长期存放割灌机必须将燃料箱的燃料全部倒出后，起动机器让其空转至自然熄火为止，确保化油器内燃油燃烧干净，以便存放。

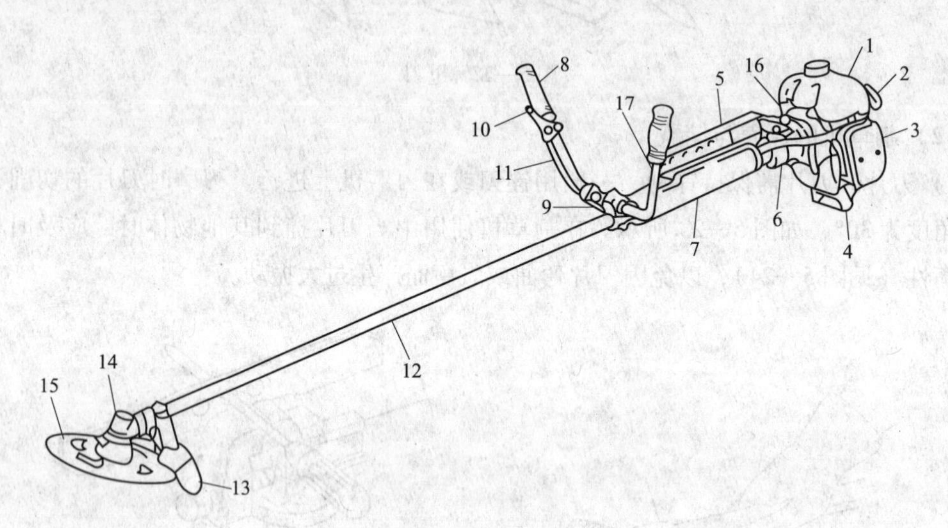

图5—25　割灌机

1—燃油箱　2—启动器　3—空气滤清器　4—脚架　5—吊钩　6—罩
7—护套　8—手柄　9—手柄长架　10—加油柄　11—加油钢丝　12—外管
13—安全挡板　14—减速器　15—刀片　16—引擎开关键　17—翼形螺母

技能要求

割草机的使用

操作准备

机具准备：手推式或自行式割草机1台。

操作步骤

步骤1　检查

1. 全面检查机器，如发现有零部件松脱或损坏必须固定或调换。

2. 每次使用前必须检查机油是否在机油标尺范围内。如机油过多，会弄潮空气滤清器，发动机难以启动或冒蓝烟，甚至引起飞车现象；如果机油过少，润滑油冷却不充分，会造成拉缸，烧坏曲轴连杆，严重的会打破缸体。

3. 检查空气滤清器有无脏堵，一般使用 8 h 应清理空气滤芯 1 次，使用 50 h 应更换滤芯。

步骤 2 调节剪草高度

调动手柄，将高度调到适合的剪草高度。

步骤 3 安装集草袋

根据需要装上集草袋或出草口。

步骤 4 启动

先将油门开关打开，使控制杆与熄火螺钉断开。然后握住拉绳手柄，缓慢拉动启动绳至无阻力作用时，再连续快速拉动启动绳，待汽油机起动后再将启动手柄放回原处。启动器有回弹装置，手松开手柄，拉绳自动复原。如带加浓装置的汽油机，冷启动时应先按加浓按钮数次，增加混合气浓度，以便启动。

步骤 5 工作

1. 推上离合器，使割草机刀片旋转。

2. 手推式以人力推行，转弯操作时应两手将手推把向下按，使前轮离地再转弯。自行坐骑式在机器起动后只需合上离合器，将油门控制手柄放在“工作”位置，机器就会以恒定速度自行向前，转弯时先松开离合器手把，然后两手将手推把向下按，使前轮离地再转弯。

步骤 6 停机

自行式割草机将油门控制手柄推至慢速，运转 2 min 后再推至停止位置，让发动机熄火。

注意事项

1. 割草机在使用过程中必须严格正确操作以确保人身安全及机器的使用寿命。

2. 使用前认真阅读说明书，熟悉机器的各个部件。

3. 割草机每次使用后必须进行保养。

割灌机的使用

操作准备

割灌机 1 台（包括配套机油与汽油混合油桶）。

操作步骤

步骤 1 配制燃料

割灌机发动机为单缸二行程风冷汽油机，燃油为混合油，机油与汽油的体积混合比例一般为 1∶20 或 1∶25。

步骤 2 检查

使用前必须对各零部件认真检查，在确认没有螺栓松动、漏油、损伤或变形等异常情况后方可开始作业。

步骤 3 切割头的安装

1．金属刀片的安装方法，如图 5—26 所示。

（1）将刀片托夹具套在齿轮轴上，使用 L 形工具旋转固定。

（2）把割草刀片有文字的一面放在齿轮箱侧的刀片托上，把刀片空穴正确装在刀片托夹具的凸部上。

（3）刀片固定夹具凹面向割草刃侧装在齿轮轴上。

（4）把附属螺栓罩放在刀片固定夹具上，在割刀片安装螺栓上放上弹簧垫和平垫圈，用力拧紧。

2．尼龙绳切割头的安装方法，如图 5—27 所示。

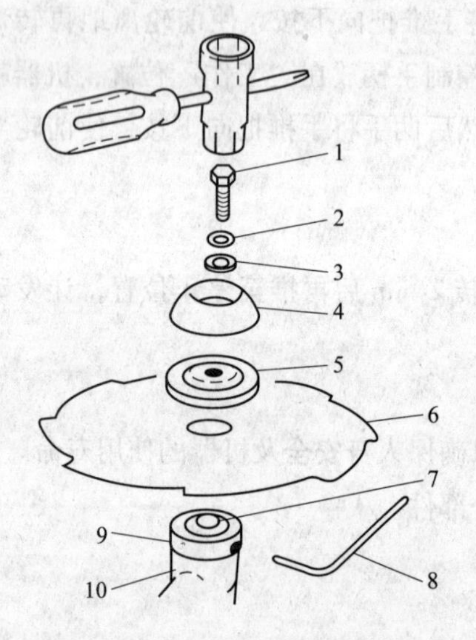

图 5—26 金属刀片的安装方法

1—螺栓 2—弹簧垫圈 3—垫圈 4—螺栓罩 5—外托
6—刀片 7—齿轴 8—L 形工具 9—内托 10—齿轮

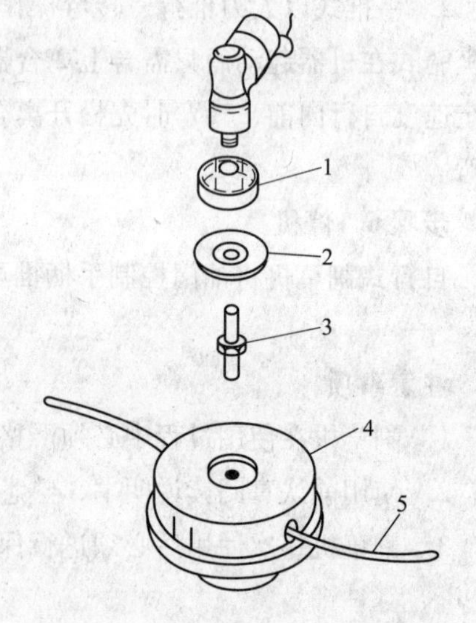

图 5—27 尼龙绳切割头的安装方法

1—内托 2—外托 3—螺栓
4—尼龙绳割头 5—尼龙绳

（1）将刀片夹托具和刀片压夹具正确安装在齿轮轴上。

（2）将安装螺栓拧入齿轮轴内，确保拧紧。

（3）将刀片夹具用 L 形工具固定，并且将尼龙绳割头主体用力拧紧在螺栓上。

步骤4 添加燃料

燃料不可错误添加。

步骤5 启动

先将油门开关打开，然后握住拉绳手柄，缓慢拉动启动绳至无阻力作用时，再连续快速拉动启动绳，待机器启动后再将启动手柄放回原处。启动器有回弹装置，手松开手柄，拉绳自动复原。

步骤6 工作

1. 把割灌机背挂在身上，使锯刀先向前。

2. 操作者双手把住割灌机的手把。

3. 推上离合器，使割灌机旋转。

4. 使用金属刀片时割灌木的动作是从右向左摇晃机体来单向进行切割的，每次刀片吃进深度一般杂草为刀片直径的1/2，草茎较硬的草以刀片直径的1/3为妥。使用尼龙绳割草时可左右摇摆，工作幅宽为1.5～2 m，同时发动机的转速应比使用金属刀片时加大50%。

步骤7 停机

1. 将油门控制手柄推至慢速位置，运转2 min后再推至停止位置，让发动机熄火。

2. 将切割头先靠在地上，然后解下背挂带，将割灌机平放在地上。

注意事项

1. 操作员在操作过程中要严格按照要求进行，穿工作靴、紧身服，戴防护眼镜，以确保作业人员的安全。

2. 使用前认真阅读说明书，熟悉机器的各个部件。

3. 操作手柄不能与动力轴偏置。

4. 当刀片被卡住时，应关闭油门，待刀片完全停止转动后再抽出刀片。

5. 割灌机每次使用后必须进行保养。

学习单元3 花卉栽培与养护管理技术

学习目标

➤了解移植的意义

➢熟悉浇水和施肥的次数和方法

➢掌握移植的时间和方法、温室花卉夏季养护、温室消毒方法

➢能够进行培养土配制、花卉上盆和换盆操作

一、花卉的移植

1. 移植的意义

移植后幼苗的株间距离增大，扩大了幼苗的营养面积，使日照充足，空气流通，幼苗生长健壮；移植时切断了主根，使侧根发生，有利植物吸收养分和水分；移植有抑制徒长的效果，可使植株不致过大。

2. 移植的时间

上海地区 3 月中旬至 11 月中旬可移植。其中秋播草花应在霜降前及时移植，春播草花应在 6 月底前移植完毕。移植应选择无风阴天时进行为好，一日之内则以傍晚时为好。

3. 移植的步骤

移植的步骤分为起苗和栽植两步。起苗前的苗床要先浇水，避免因土壤硬，使苗根部受伤。尽量做到随栽随挖。栽植时要挖穴，并使根须均匀分布穴内，然后封土压紧，使根须与土粒密接。栽后要立即浇水，水量要足，太阳强烈时还要遮阴。

4. 移植的株行距

移植的株行距视花苗的形状、花苗的用途、土壤情况而定。如苗大，栽植距离要大；苗小，栽植距离要小；目前虽苗小，但能迅速长大的距离要大；目前苗虽大但已成形者，株距与苗的大小宜相称。单株观赏的株距要大，成片观赏的株距要小。肥沃土壤中生长的花卉，其生长迅速株距要大，瘠薄土壤株距小。

二、培养土的配制

1. 培养土配制的原则

培养土是一种经过人工配制的混合基质。理想的培养土应该是养分丰富，排水透气性能良好，有适宜的酸碱度。

2. 培养土常用的材料

培养土配制常用材料种类繁多，既包含了各种有土基质，也有很多无土基质，见表 5—10。但最常见的为普通园土。

表 5—10　　　　常见培养土配制材料

<table>
<tr><td rowspan="4">培养基质</td><td colspan="3">有土基质</td><td>堆肥土、腐叶土、草皮土、针叶土</td></tr>
<tr><td rowspan="3">无土基质</td><td colspan="2">液体基质</td><td></td></tr>
<tr><td rowspan="2">固体基质</td><td>无机基质</td><td>沙、陶粒、岩棉、珍珠岩、蛭石、炉渣</td></tr>
<tr><td>有机基质</td><td>泥炭、锯末、树皮、树脂、聚苯乙烯</td></tr>
</table>

3. 培养土配制的方法

花卉的种类不同或同一种花卉在不同的生长发育阶段对培养土的要求不一致。目前一般对培养土分为6类，见表5—11。

表 5—11　　　　培养土的类型

序号	用途	配方
1	扦插成活苗上盆	2份粗珍珠岩、1份壤土、1份腐叶土（喜酸性植物可用山泥）
2	移植小苗	1份蛭石、1份壤土、1份腐叶土
3	一般盆栽	1份蛭石、2份壤土、1份腐殖质土、半份干燥腐熟厩肥
4	较喜肥的盆花	2份蛭石、2份壤土、2份腐殖质土、半份干燥腐熟厩肥和适量骨粉
5	木本花卉上盆	2份蛭石、2份壤土、2份泥炭、1份腐叶土、半份干燥腐熟厩肥
6	仙人掌和多肉植物	2份蛭石、2份壤土、1份细碎盆粒、半份腐叶土、适量骨粉和石灰

三、盆栽方法

1. 选盆

应按照盆栽花卉不同的生长发育时期来选择不同规格的花盆。在幼苗期一般选用苗盘，待幼苗长至具有3~5枚叶片时选用直径为8~10 cm的盆上盆，以后每次换盆时应选择比原来的盆大3~5 cm的花盆。直至苗木长成后，如不希望苗木迅速生长，需要限制其生长时，则可采用同样大小的盆进行换盆。

2. 上盆

（1）概念。播种苗长到一定大小或扦插苗生根成活后，需移栽到适宜的花盆中继续栽培，以及露地栽培的花卉需移入花盆中栽植的都称上盆。花卉上盆首先要选择与花苗大小相称的花盆，过大过小都不适宜。一般栽培花卉以瓦盆为好。若盆栽基质物理性能好的，也可以选用塑料盆等其他类型的盆。

（2）操作

1）填盆孔。上盆时，若用瓦盆，须将花盆底部的排水孔用碎盆片或瓦片盖住，以免基质从排水孔流出，但也不能盖得过严，否则排水不畅，容易积水烂根。若瓦片是凹形的，可以使凹面向下扣在排水孔上；若瓦片是平的，可以先用一片瓦片盖住排水孔的一半，再用另一片瓦片斜搭在前一片瓦片上。盖住盆孔后，若花盆较大可以先在盆底铺垫一些筛出的基质粗粒以及一些煤渣、粗沙等。如小盆可以直接填基质，则有利于排水。上盆时，若用塑料盆，因塑料盆的盆底孔较小，可以直接栽苗，或者铺一层基质粗粒。

2）装盆。栽苗时先在花盆的底部填一些栽培基质，然后将花苗放入盆的中央，扶正后加入基质。当基质加到一半时，将花苗轻轻向上提一下，使花苗的根系自然向下，充分舒展。然后再继续填入基质，直到基质填满花盆后，轻轻地震动花盆，使基质下沉，再用手轻压植株四周和盆边的基质，使根系与基质紧密相接。用手压基质时，不可用力过猛，以免伤根。在加基质时，要注意基质加得不可过满，要视盆的大小而定。一般栽培基质加到离盆沿 2～3 cm 即可，留出的距离作为灌溉时蓄水之用。上盆时，花苗的栽植深度切忌过深或过浅，一般维持原来花苗种植的深度为宜。

3）上盆后的管理。栽植后，用喷壶浇水，浇水要充分，要一直浇到水从排水孔流出为止。若需缓苗的花卉，可以将盆花放置在庇荫处，待缓苗后再转入正常的管理。

3. 换盆和翻盆

（1）概念。随着花卉的生长，需要将已经盆栽的花卉，由小盆移换到另一个大的花盆中的操作过程，我们称为换盆。盆栽多年的花卉，为了改善其营养状况，或者要进行分株、换土等，必须将盆栽的植株从花盆中取出，经分株或换土后，再栽入盆中，这一过程我们称为翻盆。

（2）换盆和翻盆的次数。一二年生花卉因其生长发育迅速，故从生长到开花，一般要换盆 2～3 次，只有这样才能使植株生长充实、强健，使植株紧凑，高度较低，同时使花期推迟。多年生宿根花卉一般每年换盆或翻盆 1 次。木本花卉 2～3 年才换盆或翻盆 1 次。

（3）换盆或翻盆的时间。多年生宿根花卉和木本花卉的换盆或翻盆一般在休眠期，即停止生长之后或开始生长之前进行，常绿木本花卉可以在雨季进行。生长迅速、冠幅变化较大的花卉，可以根据生长状况以及需要随时进行换盆或翻盆。

（4）操作。换盆时分开左手手指，按放于盆面植株的基部，将盆提起倒置，并用右手轻扣盆边和盆底，植株的根与基质所形成的球团即可取出。如植株很大，应由两个人配合进行操作，其中一人用双手将植株的根颈部握住，另一人用双手抱住花盆，在木凳上轻磕盆沿，将植株倒出。取出植株后，把植株根团周围以及底部的基质大约去除1/4左右，同时剪去衰老及受伤的根系，并对植株地上部分的枝叶进行适当的修剪或摘除。最后将植株重新栽植到盆内，填入新的栽培基质，供给养分，保证植株的正常生长。

四、盆花的养护

1. 浇水和施肥

(1) 浇水

1) 用水。浇花最好用含矿物质较少，并且没有污染的，pH值5.5～7.0的水，如雨水、河水等。如果使用自来水，因其含氯，故不宜直接使用，最好先将自来水注入容器中，再放置24～48 h，待水中氯挥发净后再使用。

2) 浇水的次数及用量。盆花的浇水量一般以浇水以后水分很快就能渗透为宜。但具体浇水的次数和浇水量要根据花卉的种类、花卉的习性、花卉的生长阶段、季节、天气状况和栽培基质等多种因素来决定。

草本花卉比木本花卉浇水多，球根花卉不能浇水过多。旱生花卉要少浇水，湿生花卉可多浇水。花卉在旺盛生长期间可多浇水，开花和结实期间浇水不可过多，休眠期间要控制浇水。春季气温逐渐升高，花卉生长旺盛，浇水应逐渐增多，可每隔1～2 d浇水1次；夏季生长加快，气温变高，花卉蒸腾作用旺盛，需水量较多，宜每天早上和午后各浇水1次；秋季气温逐渐降低，花卉生长缓慢，应减少浇水；冬季温度低，花卉生长慢，可视具体情况每隔3～4天浇水1次。阴雨天一般少浇水，并要注意排水，晴天浇水较多。

3) 浇水的原则。浇水必须贯彻“干透浇透，干湿相间”原则，即浇水一般是在盆栽基质表面干透发白时进行，浇水必须浇足，既不可半干半湿，又不可过湿。浇水必须要浇到盆底渗出水为止，切忌浇半截水。

4) 浇水的方法。盆花的浇水方法一般以浇水和喷水为主。特别是用喷壶喷水，不但能保证对植物的水分供应，提高大棚内的空气湿度，还能清洗叶面，提高苗木光合作用的效率。但具体的浇水方法根据花卉的种类和生产方法有喷灌、滴灌、浸渗和浇灌4种方式。

①喷灌。喷灌即喷洒灌溉。其优点是工作效率高，灌溉及时，省水、省工，灌溉后不仅能湿润基质和苗木，还可以提高空气的湿度，降低气温，改善小气候环境。但喷灌水量分布不均匀，不能保证将水分全部灌入盆中，往往难以将盆内基质完全浇透，且蒸发损失较大。

②滴灌。滴灌是让水沿着具有一定压力的管道系统流向滴头，水通过滴头以水滴的状态缓慢地滴入花盆中。滴灌的优点是使基质含水量适当，用水节省，同时能连续保持根系部位的湿润，但喷灌设备投入的费用较高。

③浸渗。浸渗又称“浸盆法浇水”“渗透吸法浇水”。它是将盆浸于盛水的大盆或盛水的缸内，浸渗水面不得高于盆沿，使水由盆底的空隙慢慢渗入，并随毛细管上升到基质的表面，待基质表面湿润时即可取出。

④浇灌。浇灌就是用喷壶或皮管浇水。

5）浇水的时间。一般来讲浇水宜在上午进行，尽量避免在傍晚浇水，这样有利于植株的枝叶在夜间干燥，有效降低盆花病虫害的发生。

（2）施肥。施肥应以“薄肥勤施”为原则，一般是10天左右施肥1次，但处于休眠期的花卉不能施肥。

2. 整形与修剪

（1）整形与修剪的概念。整形是根据植株生长发育特性和人们观赏与生产的需要，对植物施行一定的技术措施，以培养出人们所需要的结构和形态的一种技术。修剪是指对植株的某些器官，如根、茎、枝、叶、花、果实等，进行部分疏删和剪截的操作。

（2）整形的措施。整形是将植株通过支缚、绑扎、诱引等方法，塑成一定形状，使植株枝叶匀称、舒展，既有利于盆花的生长发育，又能增加盆花的观赏性，从而提高盆花作为商品的经济价值。如为了提高盆栽花卉的观赏价值，常将旱金莲绑扎成屏风形，将绿萝、喜林芋等绑扎成树形，将三角花绑扎成圆球形，将蟹爪兰和菊花绑扎成圆盘形，对梅花和一品红进行曲枝作弯，以降低植株的高度等。

（3）修剪的技术措施

1）摘心与剪梢。摘心与剪梢都是将植株正在生长的枝梢去掉顶端。其中枝条柔嫩、可用手指摘除的，称为摘心。枝条已经硬化，必须用剪刀剪除的，称为剪梢。摘心与剪梢均可促使侧枝萌发，增加开花枝数，使植株矮化、株形圆整、开花整齐，还可以起到抑制生长，推迟开花的作用。

2）摘叶、摘花与摘果。摘叶是摘除植株下部密集、衰老、徒耗养分以及影响光照的叶片。其他发黄、破损或感染病害的叶片也应该摘除。

摘花一是指摘除残花，如杜鹃开花之后，残花久存不落，而影响嫩芽以及嫩枝的生长，需要摘除。二是指摘除生长过多以及残、缺、僵等不美之花朵。

摘果是指摘除不需要的小果，以减少养分的消耗，促使新芽的发育。

3）剥芽与剥蕾。剥芽是将枝条上部发生的幼小侧芽于基部剥除。剥除侧蕾，可以提高开花质量。

4）去蘖。去蘖是指除去植株基部附近的根蘖或嫁接苗砧木上发生的萌蘖，使养分集中供给植株，促使盆花生长发育。

5）修枝。修枝又称剪枝，主要有疏枝和短截两种方法。

3. 盆花的夏季养护

由于夏季温度过高，因此除少数原产热带地区的盆花种类外，一般盆花的生长发育均不良。针对盆花在夏季的生长气候特点，可将盆花分成3种类型，分别采取以下不同的养护方法，见表5—12。

表5—12　　盆花夏季养护类型

序号	盆花类型	举例	养护方法
1	阳性、耐热	象牙红、五星花	放在阳光充足的场地养护，夏季需浇水、施肥
2	阴性、不耐热	凤梨、花叶万年青	放在荫棚下，不能让阳光直射，并需喷水、降温
3	处于休眠期	兔子花、吊钟海棠	放在冷凉、通风、庇荫的环境中，并且不能施肥，还要停止浇水

五、温室的管理

1. 盆花在温室内的摆放

为了做到有利植物生长，最大限度地利用温室面积，使温室美观、整齐，盆花在温室内摆放一般要考虑盆花的高低大小、盆花的习性、盆花不同生长发育阶段、不同季节等因素。

2. 盆花的出入室

（1）出棚。将温室内的盆花从温室搬到荫棚的工作称为出棚。上海地区出棚的时间常在4月中下旬至5月初。出棚前要对苗木进行1周左右的逐步锻炼，锻炼的具体措施有：加强室内通风，逐渐增加开启门窗的时间，使盆花逐渐多经风吹，枝干坚硬，从而增加抗寒能力；降低室内温度，停止加温，将耐寒性较强的花卉先移出温室；增加光照，除去遮阴物，使盆花趋向老熟，提高对外界的抵抗能力；减少浇水，降低空气和土壤的湿度，有利盆花老化；不施肥，尤其是氮肥，防止枝叶幼嫩，增强抗性。

（2）进棚。将荫棚内的盆花从荫棚搬到温室的工作称为进棚。上海地区进棚的时间常在10月下旬至11月上旬。进棚前要对盆花修剪整理。

3. 温室的消毒

温室的消毒一般在春季出棚后到秋季进棚前进行。消毒有福尔马林喷洒和木屑加硫黄粉烟熏两种方法。用福尔马林喷洒方式对温室消毒要用40%的甲醛1 kg加50 kg水普洒室内，洒后密闭24 h。用木屑加硫黄粉烟熏是在1 000 m^3的空间内，用木屑和硫黄粉各0.25 kg混合烟熏，熏前封闭温室，熏后还需封24 h。

技能要求

培养土的配制

操作准备

1. 在配制培养土之前将需要混合的各种栽培基质进行消毒。消毒可采用高温日光方式，利用太阳的热量将病原微生物杀死。消毒时将基质摊晒在烈日下水泥地上，在基质上面覆盖2层塑料薄膜，2层塑料薄膜之间保留10～15 cm间隙，以保证太阳辐射热量不至于损失。

2. 将经过消毒的各种栽培基质运到配制现场。

3. 将经过清洁、消毒的配制培养土的工具（主要为各种孔径的筛子和铲子）准备妥当。

操作步骤

步骤1　算量

首先根据栽植容器等计算栽植观赏植物所需要的培养土总量。

步骤2　配制

其次根据栽植不同的观赏植物，按照培养土的使用量，选取所需要的混合基质。培养土配制一般可按照表5—11要求选材。

步骤3　过筛

再次根据培养土颗粒的粒径，选择适当的筛子将各种准备进行混合的栽培基质过筛，以备混合时使用。

步骤4　混合

最后将选取所需要的各种混合基质按照比例堆放在一起，然后使用铲子（如混合量较大时可使用铁锨）上下翻动进行混合。配制好的培养土须立即使用，也可进行短期储藏，储藏时不能被水冲淋，以免培养土中的养分损失。

步骤5　清场

培养土配制完成后必须将所用工具擦洗干净，以备下次使用。同时将筛下的粗[illegible]质清除，使配制场地保持干净。

注意事项

1．配制培养土的场地最好为水泥地，并保持清洁卫生，保证配制好的培养土不被污染。

2．在配制培养土时翻动次数要多，使各种栽培基质混合均匀、充分。

3．培养土一般按照所需要的使用量进行配制，不宜过多也不宜太少。太少不够使用，还需重新配制，会增加工作量，过多会造成栽培基质浪费。

上　盆

操作准备

1．容器准备。花盆。

2．材料准备。培养土、瓦片、幼苗。

3．工具准备。移植筷、花铲、喷水壶。

操作步骤

步骤 1　选盆

选用直径为 8 ~ 10 cm 的盆。

步骤 2　起苗

用移植筷（尖头筷子）将具有 3 ~ 5 枚叶片的苗挖出。

步骤 3　盖盆孔

先用一片瓦片盖住排水孔的一半，再用另一片瓦片斜搭在前一片瓦片上。

步骤 4　填盆

盖住盆孔后，先在盆底铺垫一些筛出的基质粗粒，也可以直接填基质。

步骤 5　装盆

先在花盆的底部填一些栽培基质，然后将花苗放入盆的中央，扶正，加入基质。当基质加到一半时，将花苗轻轻向上提一下。然后再继续填入基质，直到基质填满花盆后，轻轻地震动花盆，使基质下沉，再用手轻压植株四周和盆边的基质，使根系与基质紧密相接。

步骤 6　上盆后的管理

用喷壶充分浇水，一直浇到水从排水孔流出为止。然后将盆花放置在庇荫处，待缓苗后再转入正常的管理。

注意事项

1．栽苗时，使花苗的根系自然向下，充分舒展。

2. 用手压基质时，用力不可过猛，以免损伤根系。

3. 一般栽培基质加到离盆沿 2 ~ 3 cm 即可，留出的距离作为灌溉时蓄水之用。

4. 花苗的栽植深度切忌过深或过浅，一般维持原来花苗种植的深度为宜。

翻　盆

操作准备

1. 容器准备。花盆。

2. 材料准备。培养土、瓦片、盆花。

3. 工具准备。花铲、喷水壶。

操作步骤

步骤 1　选盆

比原来的盆直径大 3 ~ 5 cm 的花盆。

步骤 2　脱盆

分开左手手指，按放于盆花植株的基部，将盆提起倒置，并用右手轻扣盆边和盆底，将植株的根与基质所形成的球团从花盆中取出。

如植株很大，应由两个人配合进行操作，其中一人用双手将植株的根颈部握住，另一人用双手抱住花盆，在木凳上轻磕盆沿，将植株倒出。

步骤 3　整理植株

取出植株后，把植株根团周围以及底部的基质去除 1/4 左右，同时剪去衰老及受伤的根系，并对植株地上部分的枝叶进行适当的修剪或摘除。

步骤 4　上盆

将植株重新栽植到盆内，填入新的栽培基质。

步骤 5　换盆后的管理

用喷壶充分浇水，一直浇到水从排水孔流出为止。然后将盆花放置在庇荫处，待缓苗后再转入正常的管理。

注意事项

1. 一般栽培基质加到离盆沿 2 ~ 3 cm 即可，留出的距离作为灌溉时蓄水之用。

2. 植株的栽植深度切忌过深或过浅，一般维持原来花苗种植的深度为宜。

学习单元4　草坪与地被的养护管理技术

学习目标

➢了解草坪和地被的概念

➢熟悉草坪和地被的选择标准、草坪的建立方法

➢掌握草坪和地被的分类、各类草坪养护的基本措施

➢能够采用铺设方法建立草坪，进行草坪割草修剪

知识要求

一、概述

1. 草坪和地被的概念

草坪又称草地，是指园林中种植低矮草本植物用以覆盖地面，形成较大面积而平整或稍有起伏的草地。地被植物是指成群栽植，覆盖地面，使黄土不裸露的低矮植物。它不仅包括草本、蕨类，也包括灌木和藤本。

2. 草坪植物和地被植物的选择

草坪植物的选择：耐践踏、耐韧性强；耐炎热、耐严寒；细叶量多，与其他禾草混栽种配合力强，践踏后的恢复力强；绿叶期长，叶色美观。

地被植物的选择：低矮或耐修剪；多年生，最好常绿；生长茂密，繁殖容易，管理粗放；耐阴或较耐践踏；抗干旱、抗病虫力强，适应土壤能力强；最好具观赏或经济价值。

3. 常见草坪和地被的类型

(1) 常见草坪类型。常见草坪类型见表5—13。

表5—13　　常见草坪类型

序号	草坪名称	特点
1	混合草坪	由两种以上草坪植物混合组成的草地称混合草坪，有时也称“混交草坪”或“混栽草坪”
2	缀花草坪	在草地上混栽多年生的开花地被植物。种植的开花地被植物数量一般不超过草坪总面积的1/3，一般设在人流较少的地方

续表

序号	草坪名称	特点
3	游憩草坪	允许人们入内游憩活动，也称“自然式游憩草坪”。这类草坪无固定形状，面积较大
4	观赏草坪	不允许入内践踏，专供景色欣赏的草坪，也称“装饰性草坪”。一般设在广场、雕像、喷泉周围和建筑物前
5	花坛草坪	混生在花坛中的草坪，是花坛的组成部分
6	运动场草坪	供开展体育活动的草坪，或称“体育草坪”
7	疏林草坪	树林与草坪相结合的草坪，也称“疏林草场”
8	飞机场草坪	在飞机场中铺设的草地
9	固土护坡草坪	栽种在坡地和水岸的草地，也称“护坡护岸草地”
10	放牧草地	以放牧为主，结合园林建立的草地，一般设在森林公园中

（2）地被的类型

1）按地被植物的生态习性和生长习性分类。可分成荫生地被、彩叶地被、开花地被、灌木地被、藤蔓地被、湿生地被、观赏草地被、蕨类地被。

2）按地被植物的园林应用分类。可分为护坡地被、树坛地被、林下地被、道路地被等。

二、草坪的繁殖和铺设方法

1. 草坪的繁殖

（1）草坪的播种繁殖

1）播种时间。华东地区在3—11月均可进行，但以春、秋季较为适宜。秋播因出苗后杂草较春播少，故效果更好。

2）草籽的播种量。大粒种子每亩播种10～15 kg，如黑麦草；中粒种子每亩播种8～10 kg，如结缕草、假俭草；小粒种子每亩播种6～8 kg，如小糠草、早熟禾。

3）撒播后的出苗管理。加强喷水，每次以喷湿土壤表面为合适，及时清除杂草。

（2）利用匍匐枝、根、茎切断撒播。8月中下旬至9月中下旬，将匍匐茎及根茎切成3～5 cm，撒播，上加盖一层薄薄的细土，并压实，保持湿润，30～45天就会生根。

（3）利用匍匐茎枝分栽。在早春草坪返青时，将草皮片状铲起，拉开根部。按30 cm距离开沟，沟深4～6 cm，每10 cm距离埋一段匍匐茎。一般经3个月左右时间长出嫩芽。

（4）利用草块分栽。将母本草皮切成10 cm×10 cm的小方块或5 cm×15 cm的细长条，按20 cm×30 cm或30 cm×30 cm的株行距分栽。常用于细叶结缕草繁殖。

（5）利用匍匐枝小段扦插。一般在母本草坪缺乏的情况下采用。将母株草坪植物的部

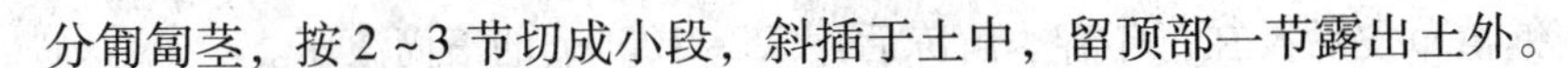

分匍匐茎，按2～3节切成小段，斜插于土中，留顶部一节露出土外。

2．草坪的铺设方法

（1）草块直接铺设法

1）铺种时间。春末夏初或秋季。

2）整地要求。土壤深耕20～25 cm。排水坡度宜采用2/1 000～3/1 000，并将土壤中所有杂质清除。

3）铺草。铺草的方式有密铺法、间铺法、条铺发和点铺法4种。一般上海地区常用密铺法来铺设建立草坪。在进行密铺法操作时草块之间需保持0.5～1 cm间隙，以防浇水后草块膨胀出现重叠。铺草后要立即浇水，浇水后2～3天进行滚压。如新铺草块不平，应重新铺种。

4）铺后护理。须设置指示牌，以防游人入内。

（2）草坪喷浆铺设法。利用装有空气压缩的喷浆机组，通过较强的压力，能将混合有草籽、肥料、保湿剂、除草剂、颜料，以及适量的松软有机物及水等配制成的绿色泥浆液，直接均匀地喷送到已经整平的平地或者陡坡上。

（3）草坪植生带铺设法

1）草皮铺设法。在塑料薄膜上铺一层培养土，厚度为2～3 cm，然后在培养土上撒一层草根，经过3～4个月喷水培养，即能形成嫩绿的一层新草皮，需要时将长条状的草皮带卷成草皮卷，成捆地运往目的地铺设，立即迅速成为新的草坪。

2）草坪种子铺设带。利用纸浆纤维或再生棉纤维制成拉力较强的双层棉纸或无纺薄绒布，选择适应性较强的草种，混合一定量的肥料，均匀撒播在无纺薄绒布上，上面再盖一层薄绒布，经机具滚压，促使草种牢固地夹在两层绒布中间即成草坪种子植生带。经1～2个月养护管理即可形成新的嫩绿平坦草坪。

三、草坪的养护管理技术

1．草坪养护管理的一般要求

（1）除草。除草方法有人工挑草和化学除草。人工挑草在结籽前用小刀将大型杂草从草皮中剔出，并将草根全部挖出，以免日后重新萌发，但容易使草坪形成空洞，破坏草坪平整。化学除草在5—9月气温较高的晴天（9时前及16时后）进行最为适宜。施用除草剂时要注意周围敏感植物，要在下风向喷施。

（2）加土。一般冬季休眠期到春季萌发前进行。加土时一小堆一小堆均匀放好，再用细长竹竿撩开，然后用石滚压以镇压。所加的土必须细、干燥，最好拣去杂质。加土必须均匀。每次所加的土壤必须薄一点，一般为0.5～1 cm。

（3）滚压。在新铺植草皮后及在每年春季解冻后用75～100 kg的滚筒滚压。

（4）施肥。草坪施肥一般施用氮素肥料，也可补充一些钾肥。

（5）割草。上海地区一般从4月下旬到10月下旬。其中“五一”节前轧第一次草，十月中旬轧末一次草。6—7月份为草坪生长高峰，一级草坪一般10 d左右割剪一次草，其他月份一般15天左右割剪一次。一级草坪保持在4～6 cm，一般性草皮控制在8 cm。草不宜割得过低，特别在大热天由于干旱、阳光强烈，草皮会因暴晒而死。割剪前必须拣净草坪上的坚硬物。细叶结缕草通常不行轧剪。雨后未干或露水过多时不宜用机动车轧剪。修剪必须严格遵循1/3原则，即任何一次修剪，被剪除的部分一定要在草坪草自然高度（未修剪前的高度）的1/3左右。

（6）切边。一般1年切边2～3次，要求整齐，沟的宽和深均为15 cm。切边后要及时将切下的草清除。

（7）抗旱。草坪除久旱无雨或新铺的，一般情况下不浇水，如浇水一般应浸湿土层10 cm。夏季高温季节浇水应在上午9:00前或下午16:30以后。夜晚应避免对草坪浇水，否则由于夜间草坪太过潮湿，容易滋生真菌发生病害，影响草坪生长。

（8）草坪更新。草坪更新的方法主要有两种。除重铺以外，对践踏过久的草坪，可于春季萌发前用耙子拉松，浇入大粪，并经常保持一定水分，待生长一个阶段可施些尿素，草坪即能恢复。

2. 冷地型草坪养护技术

冷地型草坪能够耐寒冷，不耐高温。生长适宜温度为15～25℃，在春季和秋季生长旺盛，夏季生长不良，如羊茅草、黑麦草。

冷季型草坪在夏季一般每月修剪1～2次，春季和秋季修剪次数较多，一般每月修剪2～4次。修剪时要适当提高草坪修剪高度，平均控制在6～7 cm。杂草一般每月要清除3次。清除杂草时要连根拔除，使杂草率低于5%。浇水应避免在夏季高温的中午进行。浇水在早晨日出之前为最佳时间，也可在傍晚日落之前。每次浇水必须使土壤润湿到15 cm深处。对草坪积水区域，要及时人工排除，防止长期积水导致草坪腐烂。夏季草坪一般要停止施肥，春、秋季追肥较多。追肥一般采用根外追肥的方式进行，肥料多采用0.5%～1%的尿素和0.2%～0.5%的磷酸二氢钾溶液。另外还需松土、滚压、打孔及平整草地及时补植。松土是为了使郁闭的草坪增加透气量，有利于草坪吸收水分和营养；滚压是为了增加草坪的分蘖和促进草坪匍匐枝的生长、生根，使草坪变得密集健壮。在土壤板结区域，还要结合打孔、施肥等工作，三者充分结合起来，才能保证草坪的健康生长，抑制杂草滋生，保持草坪的美观。对人为践踏、生长不良等造成的裸露地，要及时用熟土填平，防止雨后积水，并补栽草坪，加强养护。

3. 暖地型草坪养护技术

暖地型草坪能够耐高温，不耐寒冷。生长适宜温度为26～32℃，从春季到秋季均为生长季节，冬季休眠，如结缕草类、狗牙根类。

暖地型草坪修剪要根据草坪草生长发育的实际情况作适当的调节。通常马尼拉草和假俭草的修剪高度是3～5 cm，遮阴下可提高到5～8 cm。若修剪高度过低，大量茎叶被剪除，产生"脱皮"现象，则会严重损伤草坪，使草坪丧失再生能力，甚至导致草坪衰退。一般在草坪草的生长季节（4—10月），每月修剪2～4次，一级观赏草坪每月3～4次。草屑要全部带出草坪，集中处理，以免病虫害滋生蔓延。

早春撒施尿素，能促进草坪草早日返青，每次的用量视草坪的长势而定，一般为5～10 g/m^2。对个别长势嫩弱的草坪，可喷0.1%～0.2%磷酸二氢钾进行根外补施，以促复壮。生长季节的施肥则根据草坪草的长势进行适时适量的追肥，一般用尿素或复合肥，撒施在草坪上，之后灌水。每年10月底至11月初注意重施基肥（越冬肥料），肥料种类及用量视草坪草的长势及实际需肥情况而定。

当5～15 cm耕层土壤的颜色变化，当5 cm深处的表土层颜色变浅或草坪草出现局部萎蔫，就应及时灌溉。一般3天浇水1次，每次水量应湿润10 cm以上的土层。秋季天气干旱时，则每天1～2次。

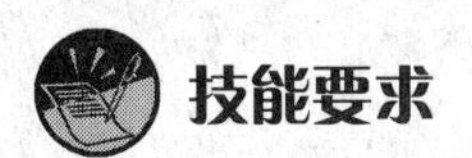

技能要求

草块直接铺设草坪

操作准备

1. 工具准备。铁铲、四齿耙、六齿耙、滚压筒（100～150 kg）、浇水皮管。

2. 材料准备。草块、泥炭、肥料。

操作步骤

步骤1 床基清理

清理建植基床阻碍草坪生长的物体，清除影响草坪生长的石头、瓦砾、杂草。

步骤2 基床翻耕

用铁铲翻耕土壤，松土深度不得浅于20 cm。

步骤3 基床土壤改良

每平方米用5 kg的泥炭进行基床土壤改良，也可在基床覆盖5 cm厚的泥炭进行基床土壤改良。

步骤 4　基床施肥

基床施肥主要是施基肥。在每平方米施用含有 5 ~ 10 g 硫酸铵、30 g 过磷酸钙、15 g 硫酸钾的混合肥料。氮肥可在最后一次平床时施入。

步骤 5　基床平整

用四齿耙和六齿耙分别进行基床粗平整和细平整。

步骤 6　压床

基床平整后可用 100 ~ 150 kg 的滚压筒进行横竖垂直交叉方式压床，直至床面看不见脚印或脚印深度小于 0. 5 cm 时停止作业。

步骤 7　铺草块

将草块以 0. 5 ~ 1 cm 的间隙密铺在基床上。

步骤 8　镇压

草块铺设完成后用滚压筒进行滚压，使草块的根系与土壤紧贴。

步骤 9　浇水

草块铺设完成后需要立即浇水。

注意事项

1. 基床平整时注意排水坡度。
2. 压床宜在土壤湿度适宜时进行。
3. 翻松的基床经过滚压后，基床被压下 2. 5 ~ 5 cm 属于正常现象。
4. 铺草后如有个别草块不平，必须将草块掀起重新铺。
5. 新铺的草坪需要进行维护，除了养护人员外，其他闲杂人员不能入内。

草 坪 修 剪

操作准备

1. 工具准备。大草剪、割草机（滚刀式或旋刀式）、六齿耙或草耙、袋子。
2. 材料准备。草坪 1 块。

操作步骤

步骤 1　选择修剪工具

小面积草坪可选用幅宽 46 ~ 53 cm 的大草剪进行。大型草坪应该选用割草机进行修剪。

步骤 2　确定修剪高度

一级草坪保持在 4 ~ 6 cm，一般性草皮控制在 8 cm。

步骤3　清理场地

仔细巡视草坪，将草坪上的坚硬物（如树枝、石砾等）清理掉。

步骤4　剪（割）草

使用大草剪可直接对草坪进行剪草。如选用割草机进行修剪，需先调整割草机修剪高度，然后可按来回平行式或围着草坪作圆周式进行割草。

步骤5　清理草屑

草坪修剪完后，用六齿耙、草耙将剪下的草拉到一起，装袋后清理干净。

注意事项

1. 草坪修剪高度必须符合1/3原则。
2. 雨后未干或露水过多时不宜用机动车轧剪。

第4节　花卉的装饰应用技术

学习单元1　露地花卉装饰应用技术

学习目标

- 了解花坛、花境的概念
- 熟悉花坛、花境养护的基本要求
- 能够对花坛、花境进行养护

知识要求

一、花坛

1. 花坛的概述

在规整的几何体内，花木按一定形式规则排列，点缀风景，增加色彩美的地方称为花坛（见彩图5—50）。花坛形式多样，根据形状主要可分为圆形花坛、带状花坛、平面花坛和立体花坛4种。花坛上植物材料主要使用一二年生花卉。上海地区将花坛分为一级花坛和二级花坛两个级别。

2. 花坛的养护管理技术

花坛养护要做到“二符合、四及时、一保证”。

“二符合”即浇水符合要求，切边符合要求。浇水宜在清晨进行，浇水时切忌“水过地皮湿”，没有浇透，同时要注意防止水压过高问题。切边要线条流畅和顺，其深度和宽度均为 15 cm。

“四及时”即及时做好病虫害防治工作，及时清除枯枝、残花、杂草，及时补植花坛中缺株，及时更换花坛中的花卉。做到花坛中基本无杂草、枯枝，残花量在 5% 以下。保证重点地区的花坛无杂草，无枯枝残花。花坛花卉病虫害现象严重时必须使用药剂（最好使用生物制剂）进行防治。如发现个别花坛花卉患病，可及时拔除病株，然后进行补植。花坛内花卉出现缺株必须进行补植。补植的花苗规格应该与花坛中原有花苗规格一致。花坛内的花卉必须及时更换，否则会影响花坛观赏。上海地区要求一级花坛全年的观赏期大于 280 天，每次花坛花卉更换时土壤露白时间不得超过 14 天；二级花坛全年观赏期大于 250 天，每次花坛花卉更换时土壤露白时间不得超过 20 天。

“一保证”即保证花坛内辅助设施完好、清洁。

二、花境

1. 花境的概述

园林中狭长形自然式种植花卉的花带称为花境（见彩图 5—51）。花境根据形状可分为 D 式花境、成对式花境、单行式花境、岛屿式花境、花带式花境 5 种。花境的植物材料主要采用宿根花卉。

2. 花境的养护管理技术

花卉种植后必须充足浇水。浇水最好在早晨进行，应尽量避免在中午前后浇水。在花境施工翻耕土壤（基质）时必须施基肥，另外由于花境是采用多年生花卉布置而成，因此在每年植株休眠期应适当翻耕表层土壤，同时施入腐熟的有机肥，使用量为 $1.0 \sim 1.5\ kg/m^2$。花境在养护中要做到基本无杂草。在夏季对春季开花花坛及时进行修剪，进入冬季还可对一些秋季开花的植物进行花后修剪，使枯枝残花量控制在 8% 以下。花境切边要求线条流畅和顺，其宽度不得大于 15 cm，深度 15 cm。花境中的辅助设施必须经常巡视，对损坏的辅助设施进行维修。在早春或晚秋、初冬时节及时对花境内的植物采用分株、分栽、翻种、补植的方法进行适当调整和更新，确保一级花境全年观赏期不少于 200 天，三季有花，一季为主花期；二级花境全年观赏期不得少于 150 天，一季为主花期；三级花境全年观赏期不少于 45 天。

技能要求

花坛的养护

操作准备

锄头、花铲、铁铲、浇水皮管。

操作步骤

步骤1 除草

用锄头将花坛内的杂草清除，做到花坛内基本无杂草。

步骤2 补植

用花铲对花坛的缺株进行补种，做到花坛内花卉无空缺。

步骤3 切边

用铁铲对花坛进行光滑、顺畅切边，保持切边的深度和宽度在15 cm。

步骤4 浇水

用皮管对花坛进行浇水。夏季必须在每天的早晨和傍晚进行浇水。浇水时可在皮管顶端套1个喷头，或用手按压住皮管的头部，使水流减缓，以免高水压对花卉的伤害。

步骤5 换花

用铁铲将花坛内原来已过花期的花卉挖除，然后翻地（同时施肥）、整地，再种植花卉。

步骤6 其他工作

每天必须对花坛进行巡视，发现花坛内有垃圾必须马上清理，如有设施损坏、病虫害必须及时修复、防治。

注意事项

1. 补植的花苗必须与花坛中原有花卉大小相一致。
2. 花坛一般不进行施肥。
3. 病虫害防治要使用对环境不会产生污染的药剂，最好使用生物制剂。
4. 换花时一级花坛土壤露白时间不得超过14天，二级花坛土壤露白时间不得超过20天。

花境的养护

操作准备

锄头、花铲、铁铲、浇水皮管、剪枝剪。

操作步骤

步骤 1　除草

用锄头将花境内的杂草清除，做到花境内基本无杂草。

步骤 2　补植

用花铲对花境的缺株进行补种，做到花境内花卉无空缺。

步骤 3　切边

用铁铲对花境进行光滑、顺畅切边，保持切边的深度和宽度在 15 cm。

步骤 4　浇水

用皮管对花境进行浇水。夏季必须在每天的早晨和傍晚进行浇水。浇水时可在皮管顶端套 1 个喷头，或用手按压住皮管的头部，使水流减缓，以免高水压对花卉的伤害。

步骤 5　施肥

在每年植株休眠期应在适当翻耕表层土壤的同时施入腐熟的有机肥，使用量为 1.0～1.5 kg/m^2。

步骤 6　修剪

用剪枝剪在夏季对于春花植物进行花后修剪，进入冬季对秋花植物进行花后修剪。

步骤 7　更新

在早春或晚秋、初冬时节用铁铲对花境内的植物进行分株、分栽、翻种调整，用花铲进行补植调整。

步骤 8　其他工作

每天必须对花境进行巡视，发现花境内有垃圾必须马上清理，如有设施损坏、病虫害必须及时修复、防治。

注意事项

1. 补植的花苗必须与花境中原有花卉大小相一致。
2. 病虫害防治要使用对环境不会产生污染的药剂，最好使用生物制剂。

学习单元 2　温室花卉装饰应用技术

学习目标

➤了解鲜切花的概念、常用类型、切取、运输、储藏

➢熟悉鲜切花的保鲜、常见装饰应用方式、盆花陈设的原则及方式

➢掌握盆花在室内的陈设

知识要求

一、切花装饰应用技术

1. 鲜切花的概念

自活体植株上剪切下来专供插花及花艺设计用的枝、叶、花、果统称鲜切花。其中包括切花、切叶、切枝和切果等。

2. 常用鲜切花类型

常用鲜切花类型见表 5—14。

表 5—14　　常用鲜切花类型

<table>
<tr><th colspan="2">花材类型</th><th>特征</th><th>举例</th><th>用途</th></tr>
<tr><td rowspan="2">团状花材</td><td>观花</td><td>花朵呈圆状、块状，花色鲜艳，颜色丰富</td><td>月季、香石竹、菊花、非洲菊</td><td rowspan="2">在西方式插花中运用较多</td></tr>
<tr><td>观叶</td><td>叶片基本呈圆形</td><td>龟背竹、鹅掌柴</td></tr>
<tr><td colspan="2">散状花材</td><td>花材在 1 个花序上生有许多呈散射状向四周生长的小花</td><td>小花补血草、满天星</td><td>作为插花作品最后的点缀和大型花之间的填空材料</td></tr>
<tr><td colspan="2">线状花材</td><td>花材多为粗细不等，直线形或弯曲形的花枝、茎、根、长形叶</td><td>一叶兰、唐菖蒲、银柳</td><td>主要作为插花作品的基本骨架</td></tr>
<tr><td colspan="2">特状花材</td><td>花材形状比较奇特</td><td>鹤望兰、花烛</td><td>一般用量较少，主要作为焦点花材使用</td></tr>
</table>

3. 鲜切花的切取

鲜切花切取的时间一般要选择能够保证鲜切花使用时花朵刚刚开放，并使未开花的花蕾能够继续开放，以争取最长的观赏期。

一般情况下在花朵初放或半开放时切取为宜，但也要求根据具体情况而定。如香石竹最好在含苞待放时切取，唐菖蒲在整个花序最下面 1 朵小花开放时切取为好。又如切取后马上使用的，就要切取正在开花的花朵；切取后有一段时间再使用的，就要切取半开放或即将开放的花朵。再如切取后不需要储藏、运输而在当天或第 2 天使用的，宜在早晨或傍晚切取；切取后需要储藏或长途运输的，宜在上午 10 时以后，植株和花朵萎蔫时切取。

4. 鲜切花的运输和储藏

鲜切花的运输途中要严防被太阳暴晒和干风吹袭，到达目的地后立即将鲜切花插入水中保养。如果到达目的地后鲜切花开始萎蔫，应先将鲜切花摊在铺有席子的阴凉地上，立即喷水，经过2~3 h后，待鲜切花舒展后再插入水中保养。

需要储藏的鲜切花要扎成小束，并在基部包上苔藓等保湿物，然后储藏在5℃左右（不可低于0℃）室内环境。

5. 鲜切花的保鲜

（1）水中切取。在采集鲜切花时将花材的枝梢留长一些，到目的地后把花材放入水中再剪去3~6 cm。

（2）扩大切口。扩大切口有3种方法。第一种是在剪取鲜切花时将花梗基部剪切成斜面；第二种是将花梗基部纵向剖开，剪成"一"字、"十"字、"井"字等形状，并在裂口处嵌入木片或石子，撑开切口；第三种是用锤子将花枝末端敲碎。

（3）浸烫或灼烧。此法一般用于阻断鲜切花切口体液外流。将草本鲜切花的切口放入温度80℃的热水中1~2 min，待切口处体液凝结时即可取出。如是木本鲜切花，就将花枝的切口放在火上灼烧，待切口部不再有体液外流时即可停止。

（4）使用切花保鲜剂。保鲜剂主要的作用在于灭菌防腐，以延长鲜切花的观赏时间。

6. 鲜切花常用装饰应用方法

鲜切花常用来制作成插花、花束和花篮等装饰艺术品。插花是将鲜切花插入容器中，经过一定的技术与艺术加工制作成的艺术品（见彩图5—52）。插花的主要形式有规则式、自然式和线条式。插花时要注意高低错落、疏密有致、虚实结合、仰俯呼应、上轻下重（一般大型花较小型花重，色深的花较色浅的花重，量多的较量少的重）、上散下聚。花束又称手花（见图5—28），即把鲜切花通过艺术构思整扎成束。花篮是用鲜切花插在用竹、藤、柳等材料编织成的篮状器具内。

图5—28 花束

二、盆花室内装饰应用技术

1. 盆花陈设的原则

盆花装饰是以盆花为主，按一定的设计要求将其分布到具体的空间。在装饰时首先要因地制宜，考虑盆花本身的生长习性和生态习性与所装饰地环境的一致性，做到盆花装饰既适用又实用；其次要突出主题，考虑盆花的艺术性，考虑运用点、线、面、体等综合布置手段，使整体效果与环境相协调，充分表现盆花的个体美与整体美。

2. 盆花陈设的方式

盆花陈设的方式有以图案或几何形进行设计布局的规则式，以突出自然景观为主的自然式，在墙壁或柱面适宜位置镶嵌半圆形造型别致容器的镶嵌式，在金属、塑料、竹木、藤条制成的吊盆或吊篮中栽入悬垂植物进行装饰的悬垂式，有将各种矮小植物栽在大小、形状不同的透明瓶、缸、箱内进行观赏的瓶栽式，还有综合、灵活运用前述各种手法混合装饰的组合式。

3. 盆花在室内的陈设

盆花在室内各种环境陈设的要点见表 5—15。

表 5—15　　盆花在室内各种环境陈设要点

序号	室内环境	陈设要点
1	客厅	整体景观，要有一个热烈、盛情的气氛
2	卧室	作为休息的地方，要求宁静、舒适、安逸，以利睡眠和消除疲劳。色淡的环境，可显得雅洁、宁静，微香有催眠作用，因此可选择有花香的冷色调植物，置于窗台，风吹动舒适宜人
3	儿童房	不能放置有毒、有刺、会引起过敏的植物，避免对儿童造成伤害
4	餐厅	主要重点是门口和光线条件较好的大窗口附近，可用大、中型观叶植物。桌饰是餐厅植物装饰的重要内容，大型桌可以用花篮，小型桌可以用瓶插小品，有时仅用一枝花也可，主要是增添气氛
5	厨房	厨房的装饰一般选择喜湿性的植物为主，如肾蕨，也可用一些观赏性较强的蔬菜、瓜果来加以装饰，如西红柿、茄子、辣椒等
6	盥洗室	由于盥洗室大多朝北，并且湿度大，因此应选择耐阴、耐湿的植物，如吊兰、绿萝、合果芋等，也可以用水培花卉来装饰

思 考 题

1. 常见露地花卉有哪些？它们在形态、栽培管理、园林应用上各有何特点？
2. 常见温室花卉有哪些？它们在形态、栽培管理、园林应用上各有何特点？
3. 什么是耐寒花卉、半耐寒花卉、不耐寒花卉？
4. 花卉栽培对水分有何要求？
5. 了解花卉对光周期的反应对栽培花卉有什么意义？
6. 什么是花卉的有性繁殖？怎样进行花卉的有性繁殖？
7. 什么是花卉的无性繁殖？无性繁殖有哪些方法？怎样进行？
8. 如何养护好盆栽花卉？
9. 什么是草坪？什么是地被？草坪和地被各有何选择标准？草坪怎样建植和养护？
10. 露地花卉和温室花卉的装饰应用各有哪些形式？各种装饰形式有何特点？

第 6 章

园林规划设计

第 1 节　园林绿地的功能与园林绿地系统　/266

第 2 节　园林绿地规划设计基础知识　/269

第 3 节　园林绿地种植设计原则　/281

第 4 节　城市园林绿地种植设计　/300

第 1 节　园林绿地的功能与园林绿地系统

学习目标

➢了解园林绿地功能、园林绿地布置手法及城市园林绿地指标
➢熟悉园林绿地系统规划的原则
➢掌握城市园林绿地的类型

知识要求

一、园林绿地的功能

城市绿地系统是城市总体规划中的一个重要组成部分，它具有城市其他系统所不能替代的特殊功能。它的最终目的是保护和改善城市自然环境，调节城市小气候，保持城市生态平衡，增加城市景观，创造优美自然、清洁卫生、安全舒适、科学文明的城市环境，为市民提供生活、生产、工作、学习和活动的良好环境。实现城市的园林化，尤其是达到花园城市，不是孤立的一块绿地、一个公园或几条林荫道就能完成的。因此，为了更好地发挥城市园林绿化的综合功能，必须制订规划，有步骤地安排各类型的园林绿地，使各类型的绿地互相联系，协调配置，形成合理的园林绿地系统，这样才能更好地发挥园林绿地的综合功能。

二、园林绿地系统

1. 城市园林绿地系统规划的原则

城市园林绿地系统规划，应置于城市总体规划之中，从实际出发，因地制宜，合理布局，既要符合国家、省、市规定的绿地指标和有关城市园林绿化的法规，又要创造出具有各地方特色的绿地系统，贯彻为生产服务、为生活服务的总体方针。

（1）从实际出发，综合规划。城市园林绿地规划，必须从实际出发，因地制宜，结合城市其他各组成部分的规划，综合考虑，统筹安排。如与城市的规模、性质、人口、工业、公共建筑、农副业生产、地上地下设施等紧密结合。以原有树木、绿地为基础，充分利用山丘、坡地、水系等自然条件，全面合理地进行绿地系统规划。

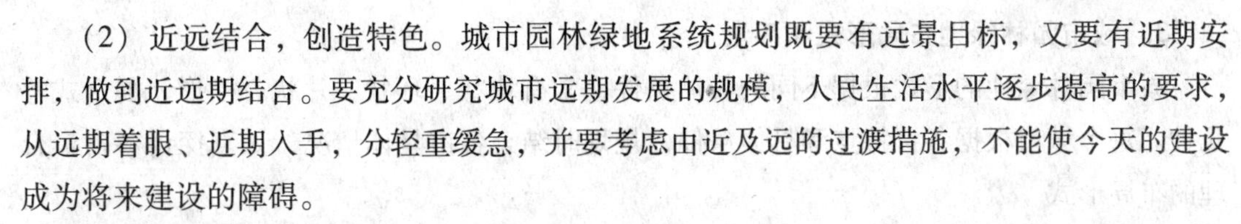

（2）近远结合，创造特色。城市园林绿地系统规划既要有远景目标，又要有近期安排，做到近远期结合。要充分研究城市远期发展的规模，人民生活水平逐步提高的要求，从远期着眼、近期入手，分轻重缓急，并要考虑由近及远的过渡措施，不能使今天的建设成为将来建设的障碍。

各类城市的园林绿地应结合当地特点和充分挖掘历史文化内涵，体现地域特征，不能片面追求某种形式，生搬硬套。如工业城市园林绿地规划以防护、隔离为主，风景疗养城市以自然、清秀、幽雅为主要特色，文化名城则以名胜古迹、传统文化、体现文化内涵为特色等。

（3）功能多样，力求高效。规划应将园林绿地的环保、防护、娱乐与审美、体育、教育等多功能综合考虑，各类绿地应均衡、协调地分布于全市，并使服务半径合理，方便市民活动，满足市民游乐、休闲等多种需求，充分发挥最佳生态效益、经济效益及社会效益。

2. 城市园林绿地的类型

园林绿化属于自然科学范围，是国土整治的措施之一，也是城市基础设施和环境建设工程的重要组成部分。按照国家规定，园林绿化各类专用绿地及树木都统计在城市绿化覆盖率和城市绿化率指标内，它们具体反映城市面貌和园林绿化建设的成果。园林绿化一般指的是城市园林绿地，其范围主要指城市中可用于绿化的土地，并符合法律、法规或条例等规定的绿化用地。

我国城市园林绿地可分为 5 大类型：

（1）公共绿地。指由市政建设投资修建，经过艺术布局，具有一定的设施和内容，供群众游览、休息、娱乐、游戏，进行文娱、体育、科学技术活动及美化城市为主要功能的园林绿地，也可称之为公园绿地。

（2）生产绿地。指专为城市绿化而设的生产科研基地，为城市绿化提供苗木、花草、种子的苗圃、花圃、草圃等圃地。

（3）防护绿地。城市中具有卫生、隔离和安全防护功能的绿地，包括卫生隔离带、道路防护绿地、城市高压走廊绿带、防风林、城市组团隔离带等。

（4）附属绿地。城市建设用地中绿地之外各类用地中的附属绿化用地，包括居住用地、公共设施用地、工业用地、仓储用地、对外交通用地、道路广场用地、市政设施用地和特殊用地中的绿地。

（5）其他绿地。对城市生态环境质量、居民休闲生活、城市景观和生物多样性保护有直接影响的绿地，包括风景名胜区、水源保护区、郊野公园、森林公园、自然保护区、风景林地、城市绿化隔离带、野生动植物园、湿地、垃圾填埋场恢复绿地等。

3．城市园林绿地布局形式和手法

城市园林绿地的形式根据不同的具体条件，常有块状、环状、片状、楔形、混合式等几种。每个城市根据各自特点和具体条件，规划时结合各市具体情况，认真探讨各自最合理的布局形式。

城市园林绿地布局采用点、线、面结合的方式，把绿地连成一个统一的整体，充分发挥其改善气候、净化空气、美化环境等功能，如图6—1所示。“点”主要指城市中面积不大、绿化质量要求较高的公园、植物园、动物园、体育公园、儿童公园或纪念性陵园等。“线”主要指城市道路两旁、滨河绿带、工厂及城市防护林带等，将它们相互联系组成纵横交错的绿带网，以美化街道、保护路面、防风、防尘、防噪声等。“面”是指城市中的居住区、工厂、机关、学校、卫生等单位专用的园林绿地，是城市园林绿化面积最大的部分。

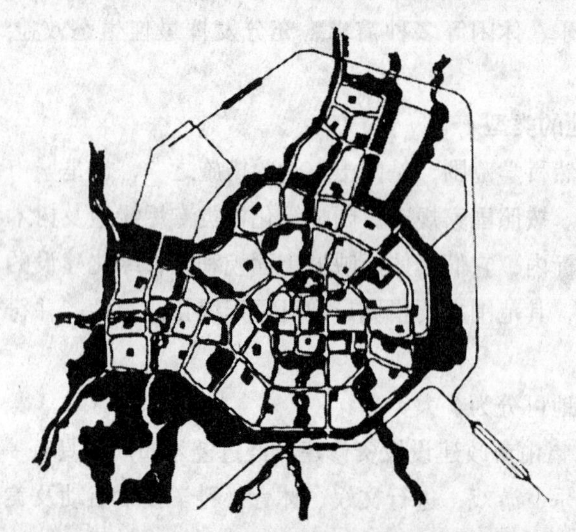

图6—1　城市绿地系统模式图

4．城市园林绿地指标

计算城市现状绿地和规划绿地的指标时，应分别采用相应的城市人口数据和城市用地数据；规划年限、城市建设用地面积、规划人口应与城市总体规划一致，统一进行汇总计算。绿地应以绿化用地的平面投影面积为准，每块绿地应只计算一次。绿地计算的所用图样比例、计算单位和统计数字精确度均应与城市规划相应阶段的要求一致。绿地的主要统计指标应按下列公式计算：

人均公园绿地面积（m^2）＝公园绿地面积（m^2）/城市人口数量（人）

人均绿地面积（m^2/人）＝［公园绿地面积（m^2）＋生产绿地面积（m^2）＋防护绿地面积（m^2）＋附属绿地面积（m^2）］/城市人口数量（人）

绿地率（%）＝［公园绿地面积（m^2）＋生产绿地面积（m^2）＋防护绿地面积（m^2）＋附属绿地面积（m^2）］/城市的用地面积（m^2）×100%

城市绿化覆盖率应作为绿地建设的考核指标。

第2节　园林绿地规划设计基础知识

学习目标

➢熟悉园林规划设计基本程序

➢掌握设计基本语言

知识要求

一、园林绿地规划设计基本程序

各种项目的设计都要经过由浅入深、由粗到细、不断完善的过程，园林绿地规划设计也不例外，设计者应根据建设计划及当地的具体情况，对所有与设计相关的内容进行概括和分析，然后制定出合理的方案，再进一步细化。这种先调查再分析、最后进行综合设计的过程可划分为5个阶段，即任务书阶段、基地调查和分析阶段、方案设计阶段、详细设计阶段、施工图阶段。每个阶段都有不同的内容，需解决不同的问题，并且对图面也有不同的要求。

1. 任务书阶段

在任务书阶段，设计人员应充分了解设计委托方的具体要求，这些内容往往是整个设计的根本依据。任务书要说明建设的要求与目的，建设的内容项目，设计、施工技术的可能情况。按规定，没有批准的设计任务书，设计单位不能进行设计。

2. 基地调查和分析阶段

掌握了任务书阶段的内容之后就应该着手进行基地调查，收集与设计相关的资料。首先必须对建设地区的自然条件及周围的环境和城市规划的有关资料，进行收集调查及深入的研究。内容包括本范围的地形地貌、土壤地质、原有建筑设施、树木生长情况等，周围地区的建筑情况、居住密度、人流交通等，地上地下水流、管线以及其他公用设施，建设所需材料、资金、施工力量、施工条件等。用基地分析图简要表示分析结果，并配以简单的文字说明。

3. 方案设计阶段

该阶段的工作主要包括进行功能分析，结合基地条件、空间及构图确定各种使用区的平面布局。常用的图面有功能分析图、方案构思图、总平面图以及相关的设计说明等。

4. 详细设计阶段

方案设计完成后应协同委托方共同商议，然后根据讨论结果对方案进行修改和调整。方案确定以后，就要对整个方案进行各方面的详细设计，包括确定准确的形状、尺度、色彩、材料等。完成各局部详细的平立剖面图、大样详图、透视图等。

5. 施工图阶段

施工图阶段是将设计与施工连接起来的环节。根据所设计的方案，绘制出能具体指导施工的各种图面。这些图能准确地表示出各项设计内容的构造和结构，完成施工平面图、地形设计图、种植平面图、园林建筑施工图等。

二、园林绿地规划设计基本语言

图样是施工的依据，通过设计图样，施工人员能按照图纸进行放样、施工，根据施工图还可进行工程预算，使工程有序地进行，因此图样可以称作是工程上的语言。

1. 图样幅面

园林制图采用国际通用的 A 系列幅面规格的图样。A0 幅面的图样称为零号图样(0#)，A1 幅面的图样称为壹号图样（1#）等。当图样的长度超过图幅长度或内容较多时，图样需要加长。图样的加长量为原图样长边 1/8 的倍数。仅 A0 ~ A3 号图样可加长，且必须沿长边。

图样以图框为界。图框到图样边缘的距离与幅面的大小有关，具体数据（见表 6—1）。图框的形式有横向和竖向两种，如图 6—2 所示。图样幅面包括的内容见图 6—3、表 6—2。在图样的右下角为标题栏，又称图标，用来简要地说明图样的内容。标题栏中应包括设计单位名称、工程项目名称、设计者、审核者、描图员、图名、比例、日期和图样编号等内容。在绘制图框、标题栏、会签栏时还要考虑线条的宽度等级。图框线、标题栏、会签栏分格线应分别采用粗实线、中粗实线和细实线（见图 6—4、表 6—3）。

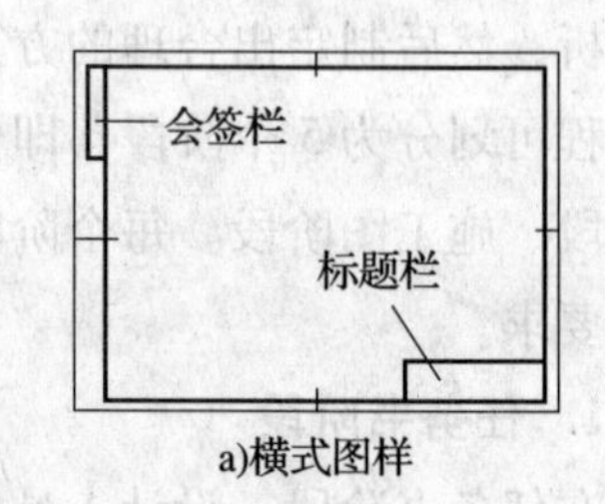

a)横式图样

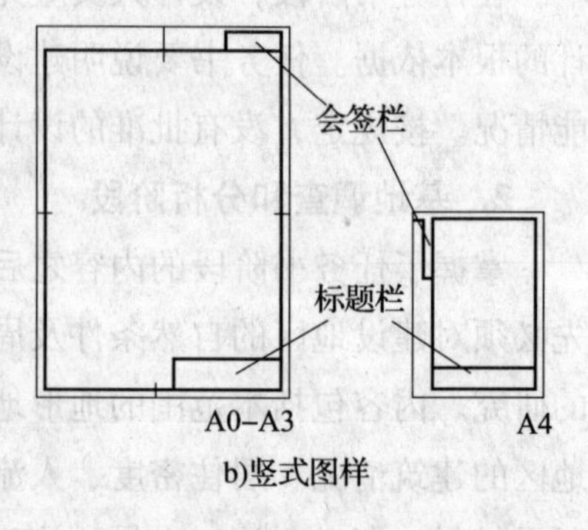

b)竖式图样

图 6—2　横式和竖式图样

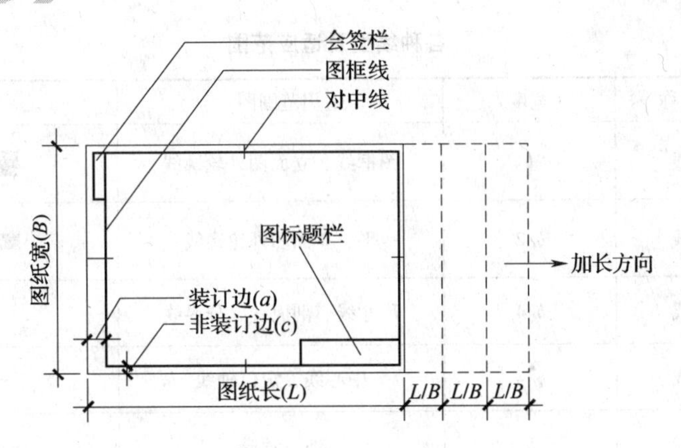

图 6—3　图样幅面

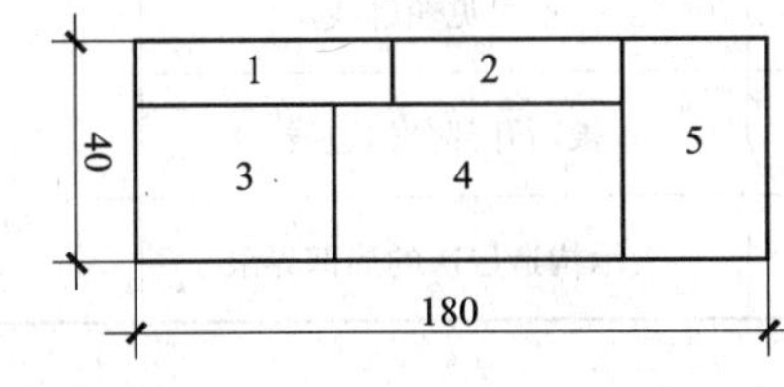

a)图标分区

b)会签栏

图 6—4　标题栏和会签栏

表 6—1　　**图样的幅面及图框尺寸**　　mm

	A0	A1	A2	A3	A4
$B\times L$	841 × 1 189	594 × 841	420 × 594	297 × 420	210 × 297
c	10			5	
a	25				

表 6—2　　**图样的幅面及图框尺寸**　　mm

幅面代号	长边尺寸 L	长边加长后尺寸							
A0	1 189	1 338	1 487	1 635	1 784	1 932	2 081	2 230	2 387
A1	841	1 051	1 261	1 472	1 682	1 892	2 102		
A2	594	743	892	1 041	1 189	1 338	1 487	1 635	1 784
A3	420	631	841	1 051	1 261	1 472	1 682	1 892	

表 6—3　　各种线型及适应范围

序号	线型名称	宽度	适用范围图示	图示
1	粗实线	*b*	图框线、立面图外轮廓线	
2	中实线	*b*/2	平、立面图外轮廓线	
3	细廓线	*b*/4	尺寸线、剖面线、分界线	
4	点画线	*b*/4	中心线、定位轴线	
5	粗虚线	*b*	地下管道	
6	虚线	*b*/2	不可见轮廓线	
7	折断线	*b*/4	被断开部分的边线	
8	波浪线	*b*/4	表示构造层次的局部界限	

2. 比例与比例尺

（1）比例。即实物在图样上的长度与实际长度之比。如实际长度为 1 m，在图样上为 1 cm，比例就为 1∶100。在同一张图样上只能使用一种比例，这样才能正确表示和反映出图样上多种实物的关系，如在一张样纸上必须画两种比例不同的设计图时，则必须分别注明比例。

（2）比例尺。是用来度量某一比例图上线段的实际长度的工具。在比例尺上有好几种常用比例，可根据需要选用，如比例为 1∶500，则图样上所表示 1 cm 长度等于实际长度 5 m。

3. 线条类型

制图中常用的线型有实线、虚线、点画线和折断线，它们在图中具有不同的作用。如建筑物、湖岸线、画框线用最粗实线表示，道路用中粗实线表示，植物用细实线表示，原地形等高线用细虚线表示等。图样上的各种线型及适用范围见表 6—3。

4. 字体

图样上的各种字母、数字、符号和文字应该书写端正、清楚，排列整齐美观。制图字体宜用长仿宋体，文字应采用国家颁布的简化汉字，如图 6—5 所示。书写前应先打字格，字格的高宽比宜用 3∶2，字的行距应大于字距，行距约为字高的 1/3，字距约为字高的 1/4，字格的大小与所书写的字体应一致。书写时应注重基本笔画（见图 6—6），掌握书写要领，并注意各种部首和边旁在字格中的位置和比例关系。每个汉字是一个整体，其间架结构应平稳匀称、分布均匀、疏密一致。由几个部分组成的字体应注意各部分的比例关系，笔画复杂的应占较大的位置，并且注意笔画之间的穿插和避让。

图 6—5　仿宋字书写示例

图 6—6　字母和数字的笔画顺序

5. 图例

（1）植物的表示方法。乔木的平面表示是树冠在地面上的正投影，即一圆形。符号的大小一般以成年树冠的冠径按比例制图。当表示成林树木的平面时可只勾勒林缘线。一般来讲，符号边缘清楚、整齐是代表阔叶树种，边缘尖锐代表针叶树种。灌木和地被没有明显的主干，平面宜采用轮廓勾勒的形式，作图时应以灌木、地被栽植的范围线为依据，用不规则的细线勾勒出范围轮廓。草坪的平面表示方法通常有打点法、短线法、线段排列法等，打点法是较为常用的表示方法。

园林植物由于种类繁多、姿态各异，平面图中无法详尽地表述，一般采用“图例”作概括的表示，所绘图例应区分出针叶树、常绿树、落叶树、乔木、灌木、绿篱、花卉、草坪、水生植物等，对常绿植物在图例中应以间距相等的细斜线表示，如图 6—7、图 6—8 和图 6—9 所示。

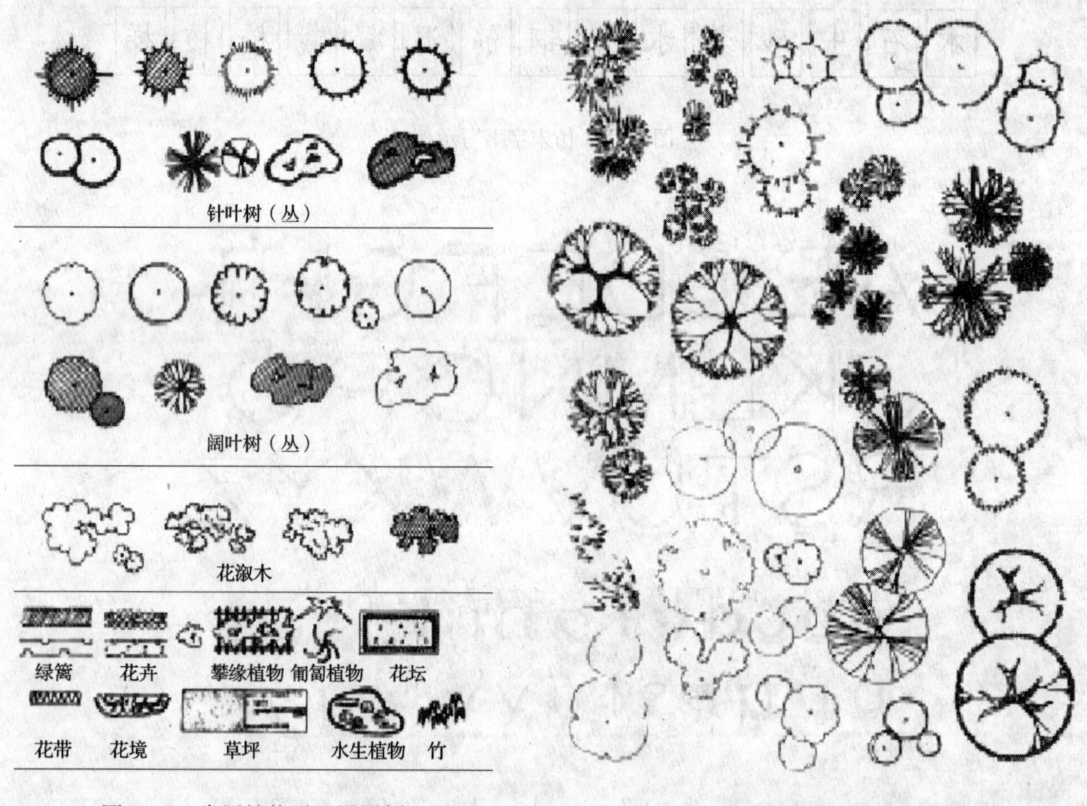

图 6—7　常用植物平面图图例

图 6—8　乔木冠形在平面图中的画法

（2）水体的表示方法。水体一般用两条线表示，外面的一条表示水体边界线（即驳岸线），用特粗实线绘制；里面的一条表示水面，用细实线绘制。水面的表示方法可采用线条法、等深线法、平涂法和间接添景物法等，如图 6—10 所示。

（3）山石的表示方法。山石均采用其水平投影轮廓线概括表示，通常以粗实线绘出边缘轮廓，用细实线勾绘山石纹理，以体现山石的体积感。不同的石块，其纹理不同，有的浑圆，有的棱角分明，在表现时应采用不同的线条，如图 6—11 所示。

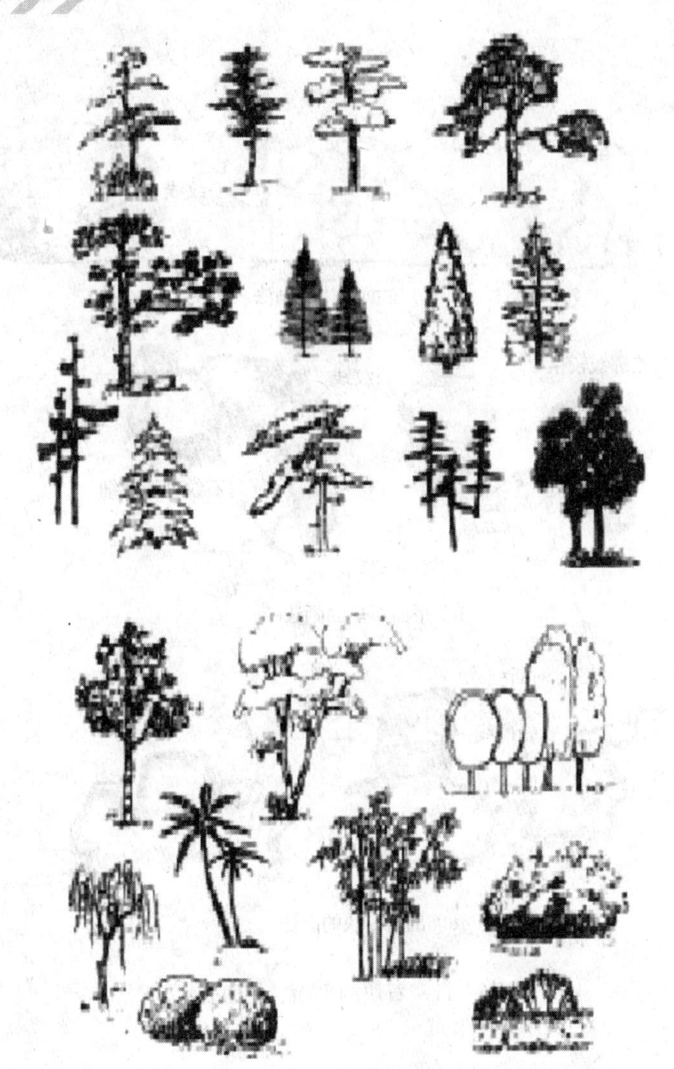

图 6—9　植物立面图图例

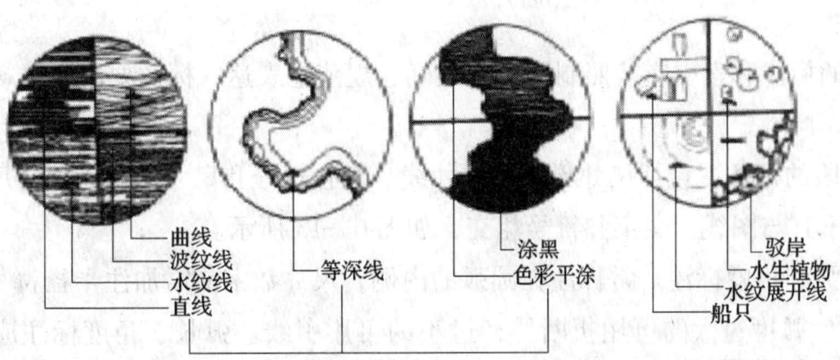

图 6—10　水面的几种表示法

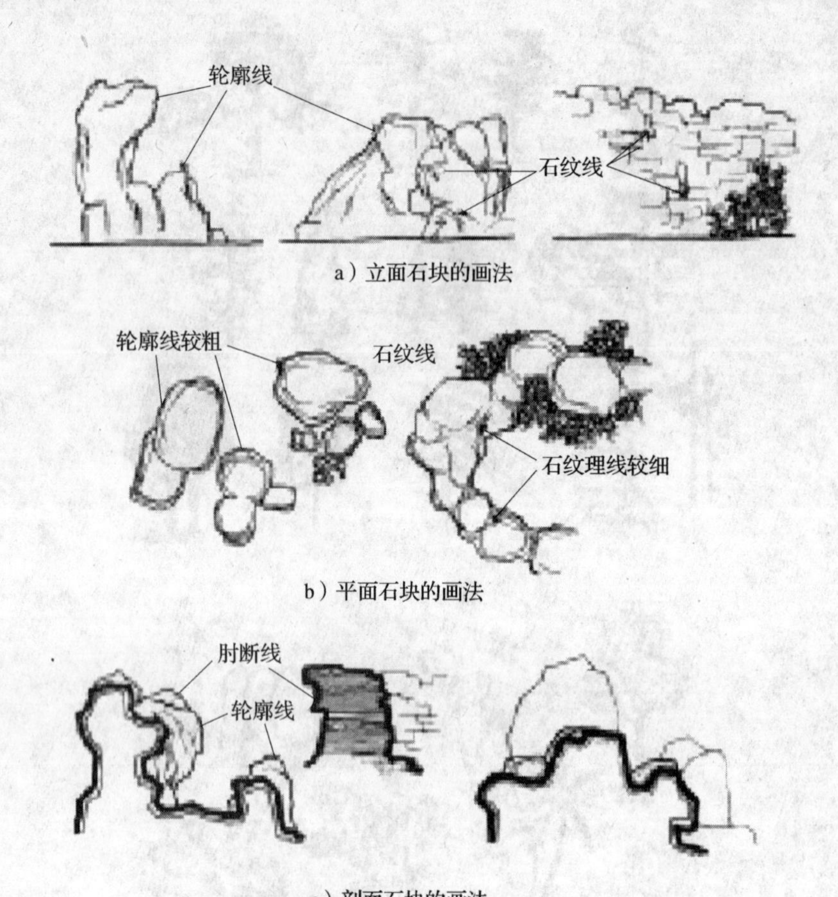

a）立面石块的画法

b）平面石块的画法

c）剖面石块的画法

图 6—11　石块的平面、立面表示

（4）其他常用总平面图图例（见图 6—12）。

6. 标注

图纸中的标注和索引应按照制图标准正确、规范地表达。标注要醒目准确，索引要便于查找。

（1）线段的标注。包括尺寸界限、尺寸线、起止符号和尺寸数字。所有尺寸宜标注在图线以外，不宜与图线、文字和符号相交，如图 6—13 所示。

（2）圆弧和角度标注。常标注在圆弧的内侧，尺寸数字前需加注半径符号“R”或直径符号“D”。弧度过大的可用折断线，过小的可用引线。弧长、角度标注应使用箭头起止符号，如图 6—14 所示。

名称	图例	说明	名称	图例	说明
新建的建筑物	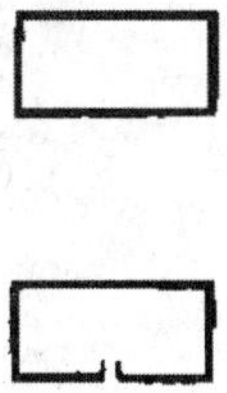	上图表示不画出入口的图例，下图表示画出入口的图例	护坡		
			挡土培		被挡土在突出的一侧
原有的建筑物			遗路		
计划扩建的预留地或建筑物			计划扩建的建路	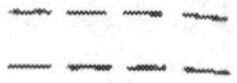	
			河座		
拆除的建筑物	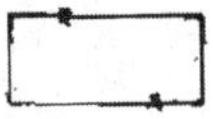		桥梁	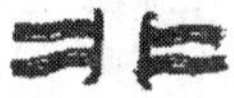	
围墙及大门		上图表示砖石、混凝土及金属材料围墙，下图表示铁丝图、篱笆围墙。如仅表示围墙时，不画大门	筝高线	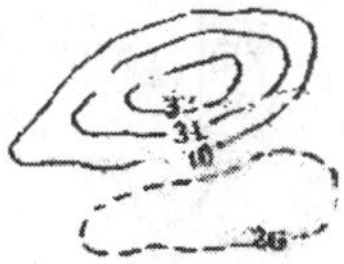	实线为设计地形等高线；底线为原地形等高线
			风向频率玫瑰图	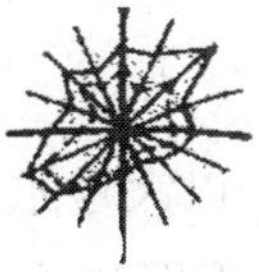	——— 全年 -------- 夏季 箭头指北
花池			地下管道或构筑物		
花架	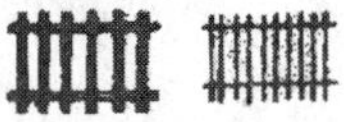		水池		左：人工水池 右：自然水池
联墙			山石		

图 6—12 常用总平面图图例

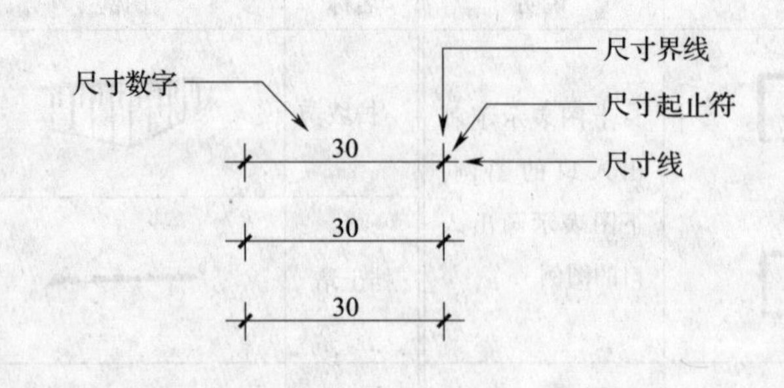

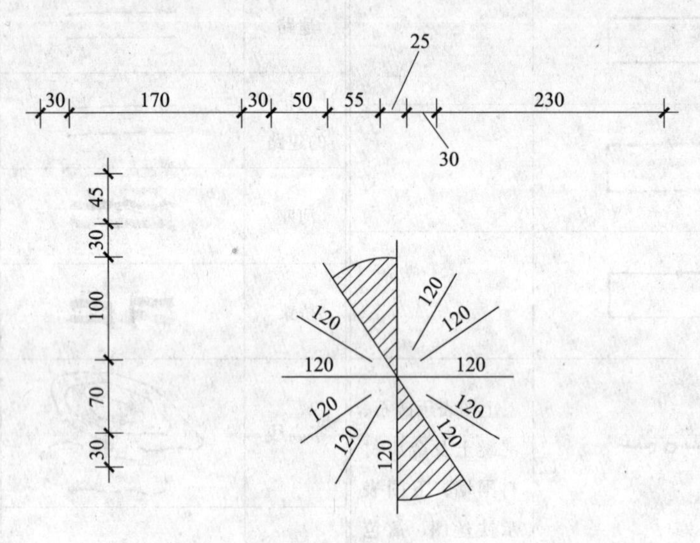

图 6—13　线段标注

(3) 标高标注。以大地水准面或某水准点为起点算零点，多用在地形图和总平面图中，如图 6—15 所示。

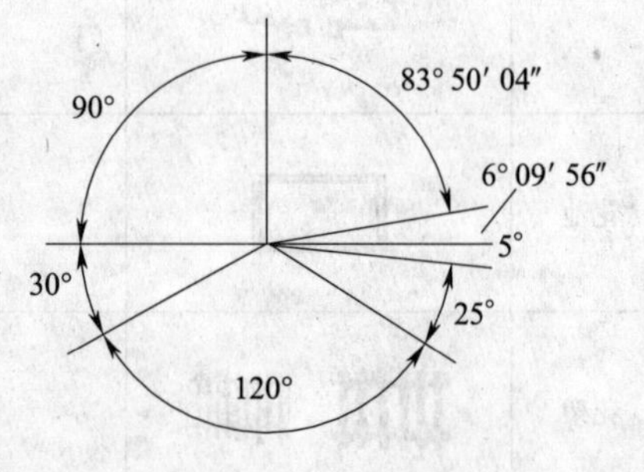

图 6—14　角度标注

(4) 植物标注。在图样上对树种的表示有两种，一种方法是直接在符号边注明树种；如果树种繁多，可用编号表示，另外在图纸上以苗木表的形式注明树木的规格、数量等。

(5) 索引（见图 6—16）。在绘制施工图时，为了便于查阅，需要详细标注和说明的内容应标注索引。索引符号为直径 10 mm 的细实线圆，过圆心作水平直线将其分为上下两部分，上侧标注详图编号，下侧标注详图所在图样的编号。如果用索引符号索引剖面详图，应在被剖切部位用粗实线标出剖切位置和方向，细实线所在一侧即为剖视方向。

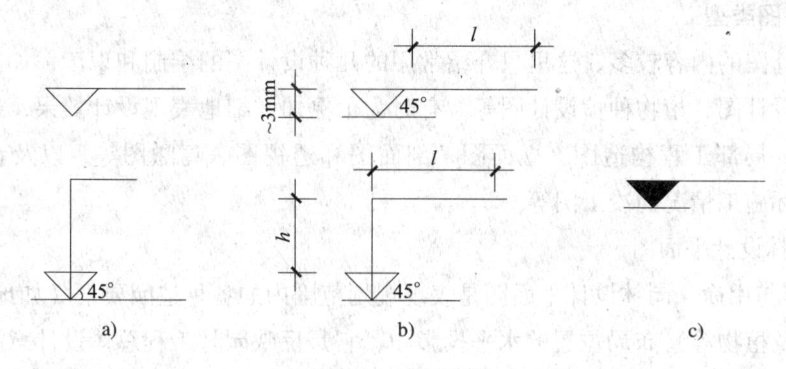

图 6—15　标高标注

a）标高标注符号　b）标注符画法　c）总图标高标法

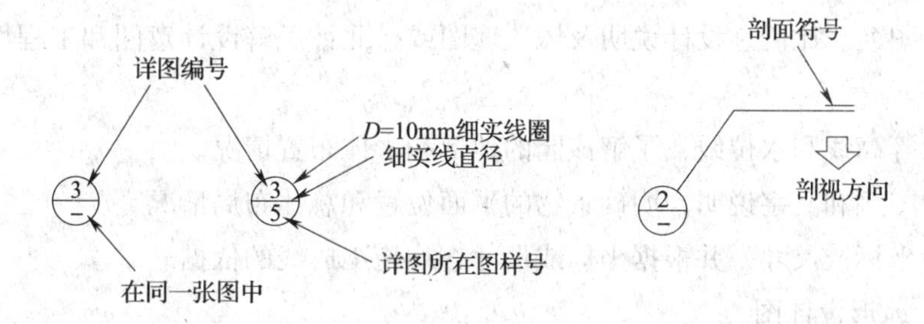

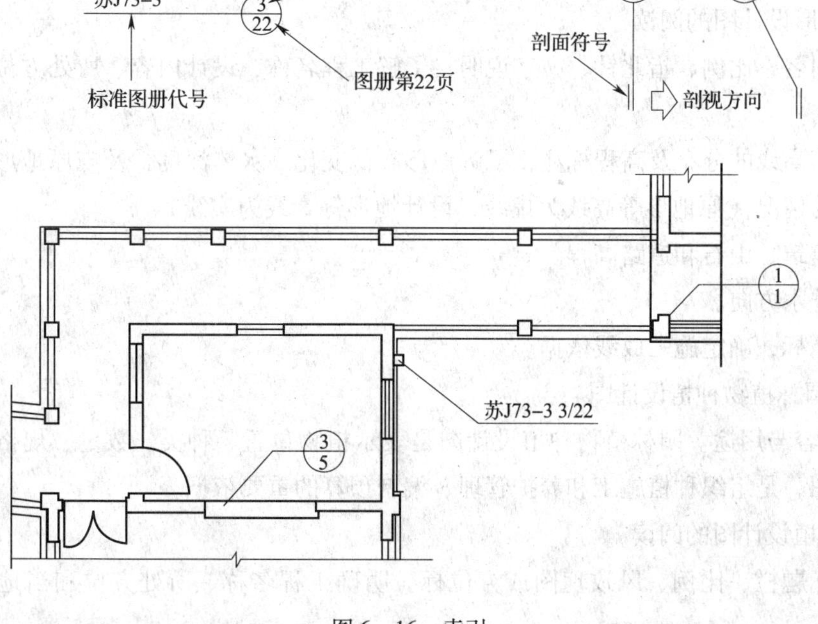

图 6—16　索引

7. 常用图类型

园林设计图的内容较多，这里只介绍常用的几种设计图的绘制和识读，如园林设计平面图、地形设计图、植物种植设计图等。有时为了更加详细地表现设计效果，还需要建筑初步设计图、局部工程构造图、立面图、剖面图和透视图、鸟瞰图等，以及在工程竣工后，反映实际施工情况的竣工图等。

（1）园林设计平面图

1）内容与用途。园林设计平面图是表现规划范围内的各种造园要素（如地形、山石、水体、建筑及植物等）布局位置的水平投影图，它是反映园林工程总体设计意图的主要图纸，也是绘制其他图纸及造园施工的依据。

2）园林设计平面图的阅读

①看图名、比例、设计说明及风玫瑰图或指北针了解设计意图和工程性质、设计范围和朝向等。

②看等高线和水位线，了解该园的地形和水体布置情况。

③看图例和文字说明，明确景物的平面位置和总体布局情况。

④看坐标或尺寸，并根据坐标或尺寸查找施工放线的依据。

（2）地形设计图

1）内容与用途。地形设计图是根据平面图及原地形图绘制的地形详图，它借助标注高程的方法，表示地形在竖直方向上变化的情况，是造园时地形处理的依据。

2）地形设计图的阅读

①看图名、比例、指北针、文字说明，了解工程名称、设计内容、所处方位和设计范围。

②看等高线的分布及高程标注，了解地形高低变化、水体深度，及与原地形对比了解土方工程的情况（原地形等高线为虚线，设计地形等高线为实线）。

③看建筑、山石和道路高程。

④看排水方向。

⑤看坐标，确定施工放线依据。

（3）园林植物种植设计图

1）内容与用途。园林植物种植设计图是表示植物位置、种类、数量、规格及种植类型的平面图，是组织种植施工和养护管理、编制预算的重要依据。

2）种植设计图的阅读

①看标题栏、比例、风玫瑰图或方位标。明确工程名称、所处方位和当地的主导风向。

②看图中索引标号和苗木统计表。根据图示各植物编号，对照苗木统计表及技术说明，了解植物种植种类、数量、苗木规格和配置方式。

③看植物种植定位尺寸，明确植物种植的位置及定点放线的基准。

④看种植详图。明确具体种植要求，组织种植施工。

第3节　园林绿地种植设计原则

学习目标

➢了解园林植物的作用

➢熟悉园林植物观赏特性、生态习性及环境因子

➢熟悉园林植物种植设计基本原则

➢掌握园林植物种植类型

知识要求

一、园林植物观赏特性及其生态习性

1. 园林植物观赏特性

园林植物是园林绿化的主体，种类丰富多彩，而各种植物的体形轮廓、叶形质地、色彩香味等更是千变万化、独具特色。植物本身就是大自然的艺术品，它的树姿、叶、花、果等均具有不同的观赏功能，在进行园林植物配置时，要把园林植物作为设计的要素来考虑，把各种植物，根据园林绿化的功能要求，根据植物本身的生物学特性，并根据艺术的要求以不同的形式有机地进行配置，创造出景观效果。

园林绿化是以各种植物为基础的，而园林功能的发挥、艺术效果的表现都是通过合理的配置以及合理的养护管理来实现的。要做到这一点，首先必须全面了解各种园林植物的形态、生长习性、观赏特性、园林用途等，掌握其变化规律。

(1) 园林植物的高度

1) 乔木。有明显主干，离地一定高度开始分枝，有较大树冠，体形高大，是园林绿地中的骨干材料。根据其树叶形态和脱落情况，可分为：

①常绿针叶乔木。如雪松、油松、马尾松、云杉、圆柏、龙柏等。

②落叶针叶乔木。如水杉、池杉、落羽杉、水松等。

③常绿阔叶乔木。如樟树、广玉兰、女贞、桂花、棕榈、杜英等。

④落叶阔叶乔木。如悬铃木、银杏、合欢、枫香、槐树、毛白杨等。

2）灌木。无明显主干，分枝低矮，枝干丛生，体形矮小，常用做树丛下木，基础种植及绿篱等。灌木可分为：

①针叶常绿灌木。如千头柏、铺地柏、鹿角柏等。

②阔叶常绿灌木。如黄杨、海桐、山茶、含笑、十大功劳、夹竹桃等。

③阔叶落叶灌木。如绣线菊、月季、玫瑰、腊梅、丁香、海棠、石榴等。

利用植物的不同高度进行配植，可形成林冠线起伏变化的立面景观，同时结合地形还能起到突出或缓和地形的作用。从观赏角度讲，高大乔木其树冠部在人们的视平线之上，人们是以仰视的角度进行观赏。这样，树冠的轮廓、树型、枝干等起主要观赏作用；而低矮的灌木，人们是以俯视或平视的角度进行观赏，则枝叶的叶形、色彩、花果等细致部分，起到主要观赏作用。

从绿地功能要求来讲，乔木主要可起遮阴作用，通常作为孤植树、庭荫树、行道树或绿地边缘林带来种植；而灌木可作为分隔空间、屏障、防范等功用来种植。

（2）园林植物的树冠。树冠是园林植物特别是乔木的主要观赏部分，在园林中常运用树冠配置形成丰富多彩的立体景观和丰富林冠线的变化。此外，乔木的树冠还能发挥遮阴作用。常见的树冠大致可分为以下几类：

1）尖塔形。其枝条有如塔状层次，如雪松等。

2）圆锥形。树干挺直，外形如长圆锥形，如水杉、落羽杉、冷杉等。

3）圆柱形。其树型挺直，似圆柱状，如铅笔柏、中山柏等。

4）圆头形。其树冠伸展，上部呈钝圆形，如香樟、槐树等。

5）扁头形，如合欢、榔树等。

6）广卵形。如榆树等。

一般来讲，阔叶树的树冠形状多为不规则的，而针叶树则多为规则形的几何体。前者常用于创造比较轻松、自然的效果，后者常用于创造比较庄重严整的氛围。除此以外，还有一些植物的树冠形状比较特殊，如匍匐形等以及通过人工修剪成各种形状，如图6—17所示。

各种不同形状的树冠给人们以不同风格的艺术感受，如垂柳整体给人温柔飘渺的感受，而松树则给人苍劲古雅的感觉等。根据不同植物树冠的形状，在具体绿地配置中灵活应用，以创造出各种不同风格的园林绿地。

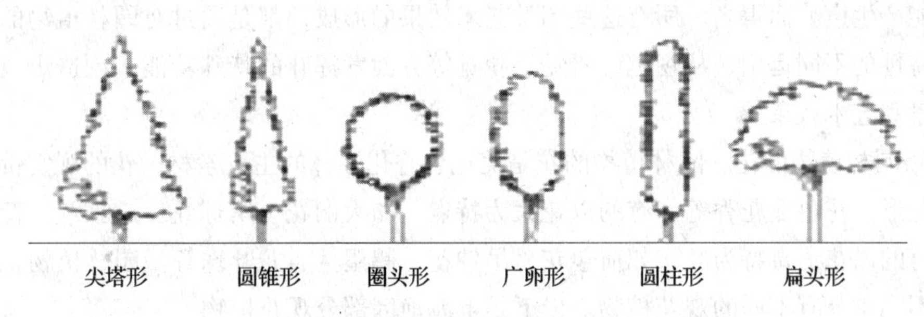

图 6—17　园林植物的树冠

(3) 园林植物的叶。园林植物的叶具有极其丰富的形态，其大小、形状、色彩、质地等都具有很高的观赏价值，对于园林植物叶的观赏特性来讲，一般着重以下几方面：

1) 叶的大小。根据叶的大小可分为特大叶（芭蕉、棕榈、蒲葵、美人蕉、荷叶等）、大叶（悬铃木、青桐、八角金盘、梓树等）、小叶（香樟、乌桕、榆树等）、特小叶（瓜子黄杨、六月雪等）。

2) 叶的形状。一般来讲树木的叶分为单叶和复叶，单叶包括针形、圆形、掌状、三角形等，复叶包括羽状复叶和掌状复叶。除此以外，有些植物具有特殊叶形，如鹅掌楸、银杏、羊蹄甲、八角金盘、苏铁、龟背竹等。

3) 叶的质地。叶的质地不同产生不同的质感，观赏效果也大为不同。革质叶片，具有较强的反光能力，可产生光影闪烁的效果；纸质、膜质的叶片，常呈半透明状，可以透光；粗糙多毛的叶片，则富于野趣。由于叶片质地的差异，造成整体树冠产生不同的观赏效果。如柳树的叶片狭小而柔软，给人柔和秀美的感觉；而构骨的叶坚硬多刺，给人以剑拔弩张的感觉等。

4) 叶的色彩。园林植物叶的色彩的观赏效果最为直观，也更为突出。园林植物的叶一般都具有不同深浅的绿色，有嫩绿、黄绿、墨绿、灰绿等，常绿针叶树一般是墨绿、深绿色，阔叶树一般是黄绿、深绿色。此外，有些植物常年具有异色，如红叶李、紫叶桃、红花檵木、小檗、桃叶珊瑚、变叶木等，称为常色叶类。还有些植物的叶色随季节变化而产生季相的变化，如槭树类、鹅掌楸、银杏、无患子、枫香、乌桕、栾树、卫矛、南天竺等。另外，如红背桂、银白杨等，其叶面与叶背的颜色有显著差异，这类树种称为双色叶类；再如金边黄杨等，同一植株上具有不同颜色的叶子，称为异色叶类。

园林植物的叶除了以上观赏价值以外，有些植物的叶还能挥发出香气，如松树、香樟等；有些植物的叶能产生声响，古有“万壑松风”来形容松叶发出的声响，响叶杨更是以其叶子能产生声响而得名。所有这些园林艺术效果的形成，都是通过对园林植物的叶的各种观赏特性的不同运用，从视觉、听觉、嗅觉等方面发挥叶的特殊功能，创造出更加丰富的园林景观艺术效果。

（4）园林植物的花。园林植物的花是美化、香化园林的主要素材，花的观赏价值主要表现在花形、花色、花香等，有的以花大为特点，如大丽花、绣球花、广玉兰、荷花、泡桐等，有的以花形奇特为胜，如荷包花、吊钟花、鹤望兰、龙吐珠等。园林植物花色种类繁多，不同季节有不同的观花植物。以下是上海地区部分观花植物：

1）春季。白玉兰、海棠、紫荆、郁李、月桂、含笑、樱花、国槐、黄馨、棣棠、山茶、丁香、泡桐、探春、迎春、紫藤、花桃、梨、黄金条等。

2）夏季。琼花、栀子花、苦楝、石榴、紫薇、金丝桃、锦带、七叶树、凌霄、梓树、广玉兰、夹竹桃、合欢、溲疏、丝兰、杜鹃、斗球、绣线菊、牡荆、六月雪、楸树、蔷薇、月季等。

3）秋季。桂花、丝兰、胡颓子、夹竹桃、木芙蓉、木槿、蔷薇、月季、六月雪等。

4）冬季。山茶、腊梅、结香、八角金盘、银柳等。

（5）园林植物的果实。园林植物的果实，除食用、药用、制作香料以外，还可观形赏色，夏秋季硕果累累，果枝低垂，色彩鲜艳，还能散发果香，为园林增添景致。如成丛成片种植，效果更为显著。

1）果形。多数为卵形、圆形，如梨、金橘、杏等，又有比较奇特的形状，如佛手、石榴等。

2）果色。红色：南天竺、樱桃、枸杞、杨梅、山楂等。黄色：柑、无患子、楝、枇杷、银杏、柚等。黑色：月桂、女贞、樟树等。

2. 园林植物的生长环境因子

各种园林植物都具有不同的生物学特性。任何植物都不能脱离所生长的环境而单独存在。影响植物生长的环境主要包括气候因子、土壤因子、水分因子、生物因子及人类活动等方面，不同的植物对环境都有不同的要求和适应性。我们在进行园林植物配置选择绿化树种时，应详细了解各种植物的不同特性，创造出符合植物生长条件的环境，真正做到适地适树。

（1）光照因子。光是绿色植物的生存条件之一，绿色植物通过光合作用，依靠叶绿素吸收光能，再将光能转化为化学能，提供植物生长发育所需的能源。光的强度及日照时间长短都会影响植物的生长发育。

1）根据植物对光照强度的要求，可分为三种类型：

①阳性植物。在阳光比较充足的条件下能正常生长的植物。

②阴性植物。在庇荫的条件下仍然能够正常生长的植物。

③中性植物。对光照要求介于阳性树和阴性树之间的植物。

2）在识别阳性树和阴性树时，应遵循以下几项原则：

①针叶树叶针形的多阳性，披针形、鳞状的多阴性。

②阔叶树中落叶树多阳性，常绿树多阴性。

③枝叶稀疏的多阳性，枝叶茂密的多阴性。

④叶片较薄、叶色较淡的多阳性，叶片较厚、叶色较深的多阴性。

⑤枝序角度大的多阳性，角度小的多阴性。

园林植物的配置必须满足植物对光照的不同要求，阳性树应选择向阳、宽敞的场地，而阴性树则应选择林下庇荫处。一般来讲阳性植物在干燥、瘠薄土壤中能正常生长，而阴性树则要求土壤肥沃、湿润。

（2）土壤因子。土壤是大多数植物生长的基础，提供水分和矿物质。土壤的酸碱度（pH 值）影响矿物质养分的溶解转化和吸收。根据园林植物对于土壤酸碱度的要求，可分为三类：

1）酸性植物。在土壤 pH 值6.5 以下的酸性土壤生长良好的植物。常见的酸性植物有杜鹃花科、山茶科的大多数植物，还有栀子花、兰科植物、白兰花、杜英、桂花、金丝桃以及多数棕榈科植物等。

2）碱性植物。在土壤 pH 值 7.5 以上的碱性土壤生长良好的植物。常见的碱性植物有：盐肤木、沙枣、火炬树、乌桕、苦楝、合欢、槐树、榆、椿、白蜡、侧柏等。

3）中性植物。在土壤 pH 值6.5 ~7.5 之间生长最好的植物。

（3）水分因子。植物的一切生化反应都需要水分参与。一旦水分供应间断或不足，就会影响植物的生长。不同植物对于水分多少的要求各不相同，根据植物对水分的适应能力可分为两类：

1）耐水湿植物。要求土壤水分充足，有些树种即使根部延伸到水中也不影响其生长，如水杉、池杉、落羽杉、水松、枫杨等。

2）耐干旱植物。在土壤干燥的条件下能够正常生长，如黑松、苏铁、杨树、旱柳、刺槐等。

（4）空气因子。由于工业的迅速发展和防护措施的不完善，造成大气和水源的污染，尤其是在城市“三废”污染日益严重的情况下，空气中有害气体的含量不断升高，有些植物无法在这种恶劣的环境中成活，而有些植物则对这些有害物质具有抗性。凡具有抵抗污染和自然灾害能力的树种，都属于抗性树种。在污染严重的地区就必须选用抗性、净化能力强的植物（各种抗性植物详见第五节工厂绿化植物选择）。

二、园林植物的作用

1. 园林植物在空间塑造上的作用——作为空间塑造材料（见图6—18）

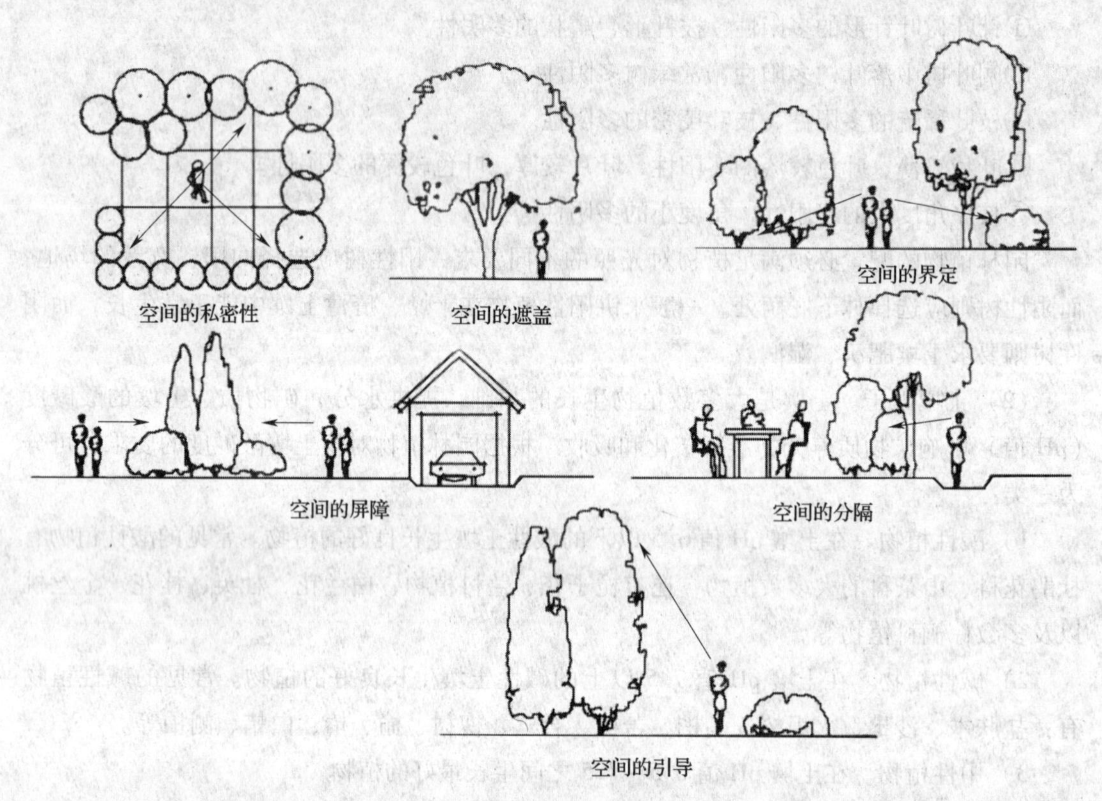

图6—18　植物作为空间的塑造材料

2. 园林植物在环境改善上的作用——适当的利用可以改善户外环境的品质

（1）水土保持。植物根系固土，减少土壤流失和沉积，稳定岸带和边坡。

（2）减弱噪声。植物每片树叶都是吸音板，树冠的空隙也有较强的吸音作用。

（3）净化空气。植物叶面能吸收空气中的灰尘和某些有害气体。

（4）控制动线。植物可以引导、控制人流和车流，并分隔人流和车流。

（5）控制光线。植物可以防强光，防炫光，防日晒，提供阴影。

（6）影响气候。植物能影响局部微气候的变化，如日光辐射、风的控制、降雨控制、温度控制。

3. 园林植物在美学上的作用——提供视觉、听觉、嗅觉、味觉及触觉等感官之愉悦以及内在的风韵美

（1）树形。树形是园林植物的总体形态，是美学作用最主要的体现因素之一。不同形状的树木经过妥善的配置，在美学上产生丰富的韵律感和层次感。

（2）叶。通过叶的形状、叶的大小、叶的质地、叶的色彩体现美感。

（3）花。通过花的形状、花的色彩、花的芳香体现美感。

（4）果。通过果的形状、果的色彩、果对生物的诱引力体现美感。

（5）枝、干。通过枝干的形态、色彩体现美感。

（6）风韵美。园林植物除提供形态、色彩等具体美感之外，还因其树种和立地环境之各异，文学作用之渲染，风格习惯之延续，从而产生一种抽象的风韵美。如松柏之高尚、梅之孤洁、竹之气节、牡丹之高贵、垂柳之依恋、红豆之思慕、苹果之诱惑等。

4. 园林植物在生态功能上的作用——提供生物栖息、繁衍、觅食的空间

园林植物在生态上的作用主要是保证植物、动物、微生物之间相互依赖、循环利用、有限可塑、竞争排除、多样稳定的作用，使植物、动物、微生物之间相互和谐共处。

二、园林植物种植设计的基本原则

1. 生态设计——园林植物栽植地立地条件与园林植物的生态习性相一致

（1）先识地识树。在生态设计时首先要了解植物栽植地的各种立地条件，同时应掌握每一种园林植物的生态习性。

1）识地。栽植地立地条件：高爽、低洼、酸性、碱性、土层厚、土层薄、阳光充足、阳光较弱。

2）识树。植物的生态习性：喜酸、耐碱、耐湿、喜干燥、阳性、耐阴、直根系、须根系。

（2）再适地适树。根据园林植物栽植地立地条件和园林植物生态习性，寻找两者之间的统一因素。如果不统一，调整的方法有二：一是改善立地条件，二是更换合适树种。

2. 功能设计——园林植物种植形式，树型选择与园林绿地功能相协调

（1）园林植物种植形式。孤植、对植、丛植、群植、附植、列植、花坛、花台、花境、草地、草坪等。

（2）园林植物树型。落叶大乔木、常绿大乔木、落叶小乔木、常绿小乔木、落叶大灌木、常绿大灌木、落叶小灌木、常绿小灌木、草花、草坪等。

（3）园林绿地功能。遮阴、观赏、活动、降温、隔音、防火、防风等。

不同的功能采用不同的种植形式和选择不同的树型，力求做到两者之间的协调。

3. 造景设计——园林植物配置与园林绿地风格、环境相吻合

根据园林绿地的风格、环境特点，在园林植物种植设计时要充分考虑园林植物的观赏特性、季相变化、通相与殊相，力争使园林植物配置与园林绿地风格环境相吻合。

4. 园林植物的种植类型

（1）孤植。指单株配植的孤立树。作为园林绿地空间的主景，遮阴树、目标树，应表现单株树的形体美。树形树姿十分重要，孤植树不论在什么地方，都不是孤立存在的，它总是和周围环境相融合，以形成一个统一的整体，孤植树虽然在数量上是少数，但是如果选择适当、配置得体，就会起到画龙点睛的作用。

1）孤植树的选择。首先，从形态上，应选择那些体形高大、姿态优美的树种。另外，还要注意选择观赏价值较高的树种，如雪松、云杉、桧柏、苏铁等，它们轮廓端正清晰；罗汉松、龙爪槐等具有优美的姿态，白皮松、白桦等具有光滑可赏的树干，枫香、五角枫、乌桕、银杏等具有色叶的变化，樱花、紫薇、梅、白玉兰等具有缤纷多彩的花，丁香、桂花等有浓郁的清香等。根据生长习性，因地制宜选择适生、健壮、病虫害少的树种，宜多选择当地乡土树种及经过引种驯化的外地品种。

2）种植位置。孤植树的种植地点应选择比较开阔、宽敞的地方，不仅要求保证树冠有足够的生长空间，而且要有比较合适观赏视距的观赏点。最好还要有天空、水面、草地等景物环境作背景衬托，以突出孤植树的形体、姿态、色彩等观赏特性。在岛屿、桥头、园路尽头或转角处，假山悬崖、岩石洞口，建筑前广场等绿地布局中，都可以配置孤植树，作为园林构图的一部分。孤植树不是孤立的，必须要与周围环境相调和均衡，避免处在小环境的正中央，一般较适合于安置在构图的自然重心上。孤植应尽可能利用原有保留大树，无大树可以利用的情况下，可以考虑适当移植大苗，这样能在短期内实现景观效果。但孤植树为少数，不提倡大批量地移植大苗，违背植物自然生长规律。

（2）对植。对植树是指两株或两丛树分别按一定的轴线左右对称或均衡地栽植。

1）种植位置。对植多用在公园、大型建筑的出入口两旁或纪念物蹬道石阶、桥头两旁起烘托主景的作用，或形成配景、夹景以增强透视的纵深感。

2）树种选择。作为对植的树种，只要外形整齐、美观均可采用。对植多用在规则式的绿地布置中，要求树种和规格相一致，两树的位置连线应与中轴线垂直，又被中轴线平分。也可用在自然式绿地配置中，用两株或两丛树的配置可以稍自由些，但树姿的动势要向轴线集中，使左右均衡、富于变化，又相互呼应，形成的景观比较生动活泼，植树附近可根据需要再配些山石、花草等。

（3）行列种植。乔灌木按一定的株行距成排成行的栽植，或是在行内株距有变化。行列栽植形成的景观比较单纯、整齐、气势大，常是规则式园林绿地中应用较为广泛的种植形式（如广场、道路、工厂等）。行列式种植具有施工、管理方便的优点。在自然式绿地中也可布置整形行列式种植的局部。行列式种植宜选用树冠体形比较整齐的树种，而不选枝叶稀疏、树冠不整齐的树种。株行距取决于树种的特点、规格和园林用途等。一般乔木在3～8 m，灌木在1～5 m，过密就成了绿篱。行列种植在设计时一定要处理好与道路、建筑及地面上、下管线之间的相互关系，而在景观上又能相协调。

（4）丛植。按一定的构图方式把一定数量的观赏乔、灌木自然地组合在一起，称为丛植。它以反映树木组成的群体美的综合形象为主，这种群体美的形象又是通过个体之间的组合来实现的，彼此间既有统一的联系又有各自的变化，分别以主、次、配的关系相互配比，相互衬托。

1）树丛的应用

①作为园林主景。作为主景常布置在公园出入口或主要园路的交叉口以及草坪、水边等，形成自然的风景画面在人的视线焦点的地方。

②作为建筑的配景和背景。为了更加突出雕塑、纪念碑等，可用树丛作为背景和衬托，但在植物选择上应注意树丛的体形、色彩与主体建筑景观的对比协调。

③作为引导路线。引导用的树丛常布置在进口、岔路口及道路转弯处，引导游人按设计安排的路线欣赏丰富多彩的园林景观，另外还可用做小路分叉的标志或遮挡小路的前景，达到峰回路转又一景的效果。

2）树丛的设计

①树种比例。由一种树种形成的树丛称纯林，由两种以上的树种形成的树丛称混交林。在一组混交树丛中，树种不宜过多，形态的差异不能过分悬殊，以便形成统一的整体。一般由3～4株配合的树丛可选1～2种树种，随着树丛规模扩大，品种也可适当增加，但在任何变化下，应有一个或几个基调树种，作为该组树丛的主体部分，其他树种作为从属、变化部分。

②树丛的组合。常绿树组成（稳定树丛），但缺乏变化；落叶树种组成（不稳定树丛），一年四季显著变化，突出季节性，但容易形成偏枯现象；常绿、落叶组合（半稳定树丛），相对稳定，在稳定中变化，配植中广泛应用。

3）树丛的种植方式。规则式种植的树丛保持其对称的完整性，多采用完全对称和辐射对称的形式；自然式种植的树丛，达到构图的均衡性，多采用不等边三角形为基本形式，切忌成排成行，株行距可疏密变化。栽植时一般中间高、周围低（单面观赏，后高前低），以便发挥树丛中各个树种的观赏效果，进而形成丰富的层次，混交林应以常绿大乔木为主，落叶树作陪衬。各种树丛的栽植方式如下：

①二株的配合（见图6—19）。两株树组成的树丛一般由同一树种组成，但在大小、体形、动势上要有所差异，避免外形相同没有对比，如选用两种不同树种，则树形差异不能太大，否则显得不调和，二株树要距离靠近，两树之间的距离不要大于树冠半径之和。这样才能形成一个整体。

体量不同，配合和谐　　　　树种不同，动势和谐

图 6—19　二株合植

②三株配植（见图 6—20）。三株树组成树丛，树种搭配不宜超过 2 种。栽植的三株忌在一条直线上，也忌成等边三角形，三株树中最大的一株和最小的一株要靠近，形成一不等边三角形。在树种选择上要避免体量、树形差异太悬殊，最好选择同一树种而体量、姿态不同的进行配植。如采用两种树种，最好选择相类似的树种，如水杉与池杉、落羽杉，石榴与红叶李，茶花与桂花，桃花与樱花等。

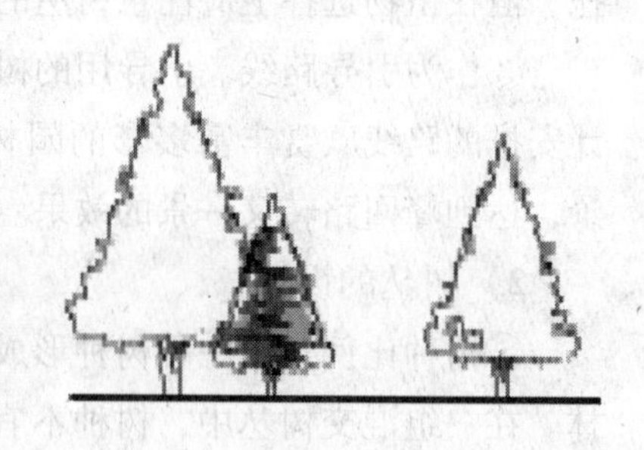

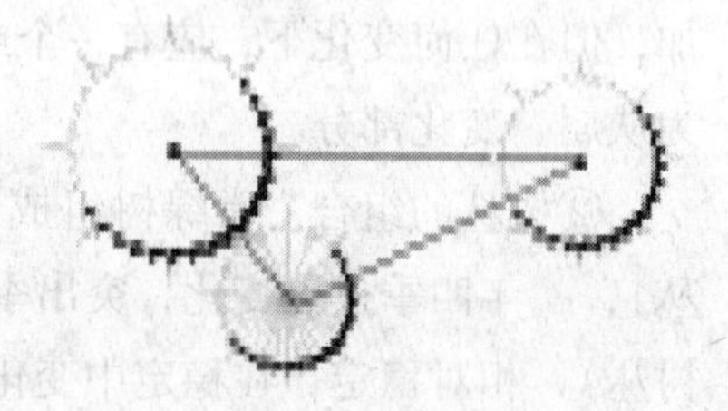

图 6—20　三株的配合

③四株配植（见图 6—21）。四株配合平面可有两个类型，一个为外形不等边四边形，一个为不等边三角形，成 3∶1 组合，而四株中最大的一株必须在三角形的一组内，四株配植不能有任何三株成一直线排列，单独一株不能离三株单元太远。此外，四株配植不能以 2∶2 进行组合，这样容易形成两个单独的树丛，缺乏整体感。

④五株配植（见图 6—22）。树丛配植，株数越多越复杂，但分析一下，孤植树与二株配合是基本单元，三株是二株与一株的组合，四株是三株与一株的组合，五株是三株与二株或四株与一株的组合。以此类推，都是通过几组树丛的相互组合。株数少，树种不宜多，株数增加，则树种也可随之增加。一般来讲，七株以下树种不宜超过 3 种，15 株以下不超过 5 种。

（5）附植。用乔木、灌木、藤本、地被、花卉植物依附于某一载体上，增进立面和顶面绿视率的种植形式。

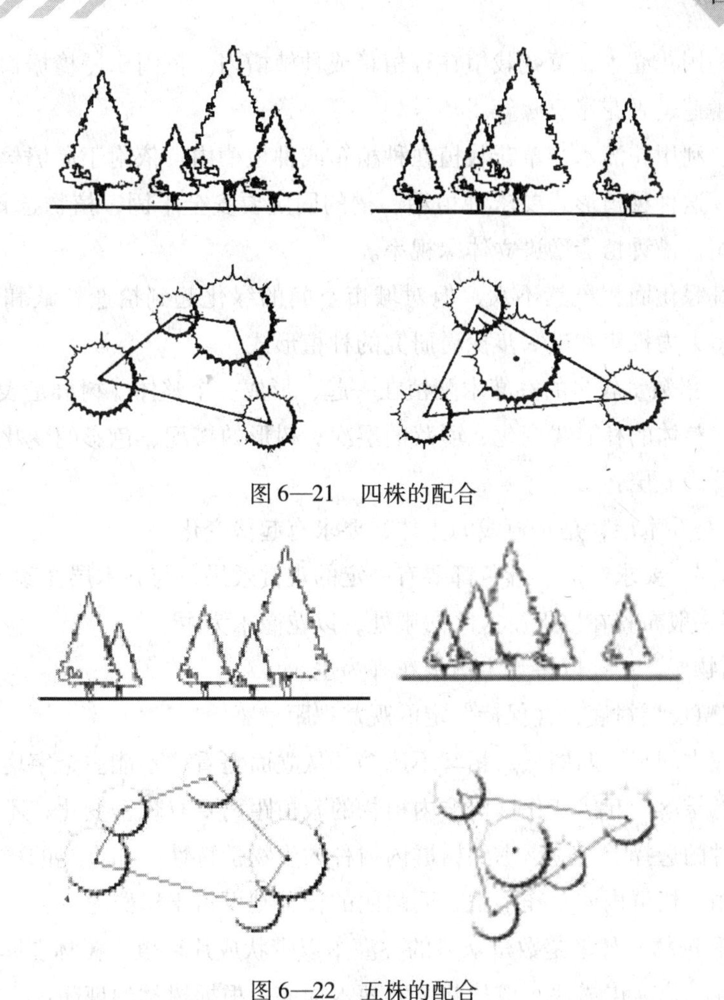

图 6—21　四株的配合

图 6—22　五株的配合

1）环境特点。附植的运用一般是环境空间较小，缺乏植物生长的空间或是环境无种植地，缺乏植物生长的立地条件。

2）载体类型

①墙面。利用枝条柔软的乔木或灌木贴植，或利用藤本植物爬植，增进立面绿视率。乔灌木贴植一般采用枝条纤细柔软的植物，可以贴植成一定的图案，这种形式要经常加以修剪整形。或贴植成自然形状，任其植物自然生长，不加修剪整形。藤本爬植可以利用吸盘、气生根植物，如爬山虎、地锦、络石、薜荔、凌霄。无须任何牵引，可爬植到 5 ~ 6 m 以上。利用木本缠绕、蔓性植物，如葡萄、紫藤、金银花、月季、木香，这些植物需要一定的牵引手段，如铁丝、麻绳、尼龙绳，可以满爬，也可以爬成一定的图案，一般爬到 5 m 左右。利用草本缠绕、蔓性植物，如茑萝、牵牛、丝瓜、扁豆、观赏瓜、葫芦，这些植物需要一定的牵引手段，每年需更换，效果短，一般爬植在 3 m 以下。

②棚架。利用花灌木、草花栽植在种植箱或种植槽内，依附于屋檐檐口、鸡血藤、腺萼南蛇藤、西番莲、香花崖豆藤等。

③箱、槽。利用花灌木、草花栽植在种植箱或种植槽内，依附于屋檐檐口、窗台、阳台、栏杆边缘。这种种植形式要求种植箱、槽的固定要安全牢固，植物选择柔软下垂型，介质要保湿。箱、槽种植能增进立体绿视率。

附植形式其绿化面积虽然不大，但对城市空间的绿化起到拾遗补缺和画龙点睛的作用，是一种值得大力推广和进一步探讨研究的种植形式。

（6）群植。指数量较多的乔灌木配植在一起，形成一个整体。树群是表现植物组合的群落美，观赏其整体的林冠线变化、群落的层次、树形的搭配、色彩的变化等。完整的混交林树群一般分为五层：

1）最高层是乔木层，是林冠线的主体，要求有起伏变化。

2）亚乔木层，要求叶形、叶色都要有一定的观赏效果，与乔木层在颜色上形成对比。

3）灌木层一般布置在接近游人的向阳处，以花灌木为主。

4）地被植物层，主要以多年生宿根花卉为主。

5）最后以草皮层衬底，并保持一定的观赏视距。

整个树群应中间高、四周低，相互不遮挡。从立面上看，不能像金字塔那样机械、呆板，而应该高低错落，起伏变化。树群内植物的栽植距离要有疏密变化，不能成行成排等距栽植。在树种的选择上，应考虑到树群内树种的生物学特性，如喜光的树种一般植于树群外缘，不宜植于树群内或是作下木，而耐阴的树种则可植于树群内。

（7）林带和树林。林带是数量众多的乔灌木以带状成片种植。树林在园林绿地面积较大的风景区用途较广，以成块、成片栽植乔灌木构成。根据树林的郁闭度，可分为密林和疏林两种，密林的郁闭度达70% ~100%，疏林的郁闭度达40% ~70%。根据树林的配植方式，可分为纯林和混交林。一般来讲，纯林景观单调、平淡，但树种相同，生长速度一致，整齐纯粹。而混交林树种多变，林冠起伏，色彩丰富，景观富于变化。根据功能可分为防护林和风景林，防护林一般选用纯林的形式，而风景林则一般选用混交林的形式，如图6—23所示。

（8）绿篱的种植。绿篱是由耐修剪的灌木，以相等距离的株行距，单排或双排种植，构成规则的绿篱。按绿篱的修剪方式可分为规则式和自然式，根据绿篱的高度可分为高绿篱（1.2 m以上）、中绿篱（0.5 ~1.2 m）、矮绿篱（0.5 m以下）。

1）绿篱的类型

①常绿绿篱。由常绿灌木或小乔木组成，一般常修剪成规则式。常用树种：珊瑚、大叶黄杨、冬青、小叶女贞、海桐、蚊母、龙柏、石楠等。

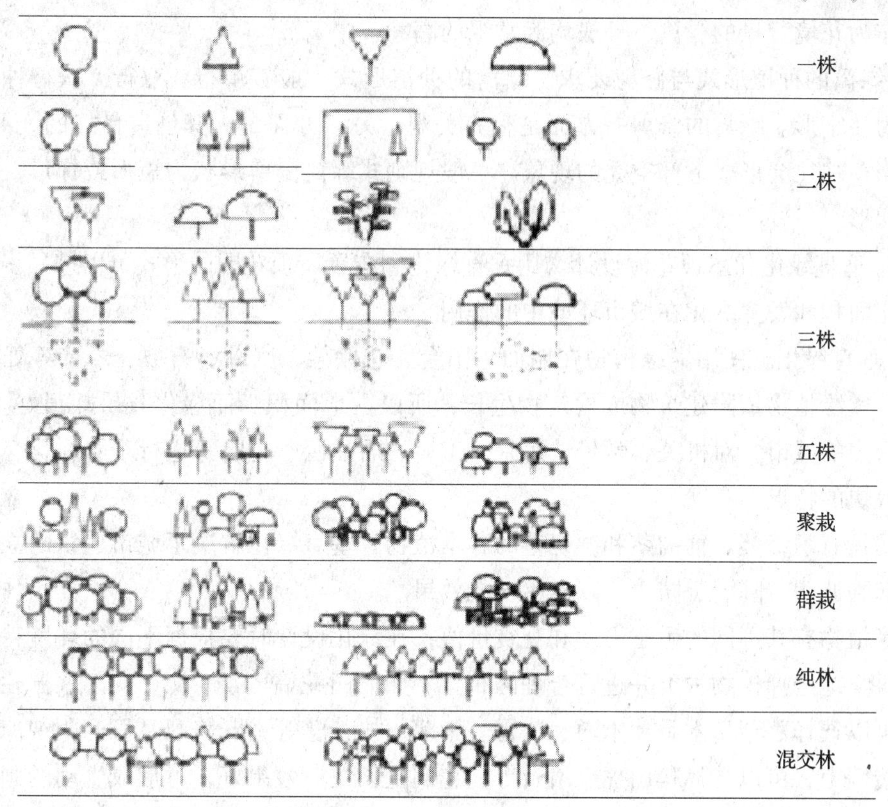

图 6—23 树木株数组合式样

②花篱。由开花灌木组成，一般任其自然生长，不修剪成规则式。常用树种：金丝桃、栀子花、迎春、黄馨、六月雪、红花檵木、杜鹃等。

③果篱。由果实鲜艳有观赏价值的灌木组成，秋季结果，景观别具一格。常用树种：十大功劳、南天竺、火棘、枸骨、胡颓子等。果篱一般不做大的修剪，如修剪过度，结果率降低，影响观赏效果。除此之外，还有刺篱、编篱、蔓篱等。

2）绿篱在园林绿地中的应用

①防护、防范作用。如公园、居住区、工厂、学校、部队、机关等绿地，种植绿篱以形成隔离，避免行人任意穿行。

②分隔空间和屏蔽视线。将活动空间与安静休息空间分隔开来，减少相互干扰。在自然式布局与规则式布局之间也可以绿墙隔离，使强烈对比、风格不同的布局形式得到缓和。

③修剪成模纹式图案，作为规则式园林的装饰性材料。以矮篱作为花坛、花境、观赏草坪的图案花纹。其中以雀舌黄杨最为理想，因其生长缓慢，纹样不易走样，比较持久。

④作为花境、雕塑、喷泉的背景。常用常绿篱修剪成各种形式的绿墙，作为喷泉和雕塑的背景，其高度一般要与喷泉和雕塑的体量相协调，色彩以选用没有反光的暗绿色树种

为宜。作为花境背景的绿篱，一般均为常绿的高篱或中篱。

3）绿篱的种植形式与修剪要求。绿篱的种植形式一般有单行、双行。双行种植一般平面上为品字形。绿篱的修剪一方面是整齐美观，另一方面是为其创造良好的光照条件，修剪不当，往往会形成下部空秃的现象。一般规则式绿篱修剪形状为矩形或梯形，切忌修剪成倒梯形。

（9）垂直绿化和屋顶花园设计。用垂直绿化和布置屋顶花园的形式可以进一步增加城市的绿化面积和发挥绿化在城市环境中的作用。

1）垂直绿化。使用攀缘植物在墙面、阳台、花棚架、庭廊、石坡、岩壁等处进行绿化。由于攀缘植物依附建筑物或构筑物生长，所以占地面积少而绿化效果却很好。因此，在建筑密集的城市，对机关、学校、医院、工厂、居住区、庭院等进行垂直绿化，具有省工、见效快的特点。

采用具有攀缘茎、匍匐茎和缠绕茎的藤本植物。垂直绿化解决了城市建筑的立面，同时也可起到遮阴、降温、防尘、隔离等功能效果。

攀缘植物有其不同的生态习性和观赏价值，在绿化设计时要根据不同的环境特点、设计意图科学地选择植物种类并进行合理的布置。如大门花墙、亭、廊、花架、栅栏、竹篱等处，可以选择蔷薇、木香、木通、凌霄、紫藤、扶芳藤等，既美观又可遮阴纳凉。在白粉墙及砖墙上，可以选择爬山虎、络石等，它们生长快、效果好，可形成生动的画面，秋季还可观赏叶色的变化。

①住宅或公共建筑物的攀缘植物种植。用攀缘植物垂直绿化墙壁，依攀缘植物的习性不同，攀缘形式有以下几种情况：

a. 直接贴附墙面。植物有吸盘或气生根，用不着其他装置便可攀附墙面，如爬山虎、霹雳等。

b. 借助支架攀缘。植物本身不能吸附墙面，要求利用墙面露出部分或在缝间设支架，供植物攀附缠绕，如葡萄及常春藤等。

c. 要引绳牵引。一二年生草本攀缘植物，体量轻，地上部分冬天枯萎，只要在生长季节用铅丝或绳子引导就可以攀缘，如牵牛、茑萝、瓜、豆等。

在住宅建筑墙进行垂直绿化时，如墙面宽大，可以采用多年生攀缘植物为主，一般低层建筑或高层建筑的底层，宜用一二年生草本植物，或选择生长不高的木本植物，如木香、蔓性蔷薇等。在选用观花的攀缘植物时，宜选花色与墙壁的颜色相对比的种类，如在灰白墙采用凌霄比在红墙上攀上凌霄效果好多了。

②独立布置攀缘植物。独立布置攀缘植物常利用棚架、花架作成半露天的庇荫设施，有时也作为局部空间构图的焦点。棚架、花架植物种植，一般采用同一树种，一株或数株

植于棚架周围，也可以采用形态类似的几种植物，如蔷薇科各种攀缘植物种在一起。为了弥补多年生植物幼年不能覆盖棚架的问题，可以临时种植一些草本攀缘植物，或先不建棚架，让植物在地面上自然生长，长成了再搭上架。除了棚架、花架以外，篱栅、板墙、拱门、胸墙等也可以用攀缘植物装饰。

③土坡、假山攀缘植物的种植。土坡的斜面角度超过允许的斜角时，便会产生不稳定和冲刷现象，在这种情况下，用根系庞大、牢固的攀缘植物来覆盖，覆盖地面既可稳定土壤，又起到美化的作用。在我国园林中利用假山石点缀的很多，大部分过于偏重欣赏山石本身的体型。但山石全部裸露，有时显得缺乏生气，除了布置乔灌木和草本植物外，还可适当运用一些攀缘植物，以取得良好效果。运用攀缘植物和山石搭配时，在选用植物种类和确定覆盖度等方面都要结合山石的观赏价值和特点，不要影响山石的主要观赏面而喧宾夺主。

2）屋顶花园。屋顶花园自古就有，早在公元前600年左右，新巴比伦国就在宫殿附近的幼发拉底河沿岸建造了一座空中花园，高达25 m，上下共分三层，其上层建有宫殿，栽植了各种名花异草，形成一个自然山林野趣的环境，花木常年郁郁葱葱，四季鲜花不断，远望犹如花园悬于空中，故又有“悬园”之称。目前，在我国许多城市的百货大楼、宾馆饭店的大楼顶上也开始建造屋顶花园，布置各种花门、棚架、花木、草坪、花台、水池、喷泉、坐凳及幽静的散步小道、休息场地等。

建造屋顶花园，在工程方面先要正确计算花园在屋顶上的承重量，合理建造花池和排水系统。土壤要有30～40 cm深，根据树木的大小，局部可设计60～100 cm深，草坪20 cm即可。种植池中要选用肥沃、排水性能好的壤土，或是用人工配制的轻型土壤，台壤土1份，多孔页岩沙土1份或腐殖土1份和混合土，也可用腐熟过的锯末或蛭石土等。植物种类的选择一般是选择那些姿态优美、矮小、浅根、抗风能力强的花灌木和竹类等。

（10）草地种植设计

1）草坪的类型（见表6—4）

表6—4　草坪的类型

划分形式	类型	介绍
按草坪使用功能不同	游憩草坪	供人们散步、休息、游戏、户外活动等，多用在公园、小游园、花园中
	观赏草坪	专供观赏使用，不允许游人入内或践踏，多用在小游园、小花园、花坛中
	体育草坪	供体育活动使用的草坪，如足球、网球、高尔夫球、武术场、儿童游戏场等
	另外，还有牧草地、飞机场草地、森林草地、林下草坪、护坡草坪等	

续表

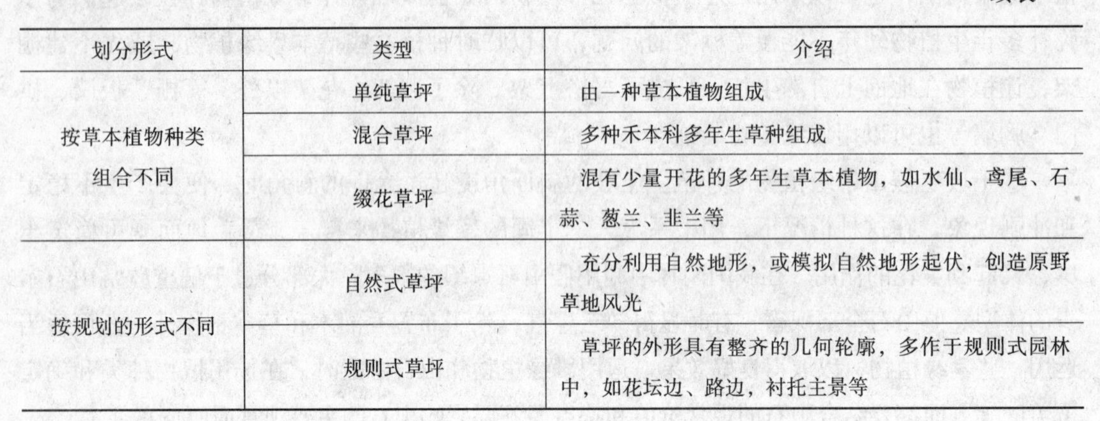

划分形式	类型	介绍
按草本植物种类组合不同	单纯草坪	由一种草本植物组成
	混合草坪	多种禾本科多年生草种组成
	缀花草坪	混有少量开花的多年生草本植物，如水仙、鸢尾、石蒜、葱兰、韭兰等
按规划的形式不同	自然式草坪	充分利用自然地形，或模拟自然地形起伏，创造原野草地风光
	规则式草坪	草坪的外形具有整齐的几何轮廓，多作于规则式园林中，如花坛边、路边，衬托主景等

2）草种选择

①暖季型草坪。暖季型草春天开始萌发生长，秋天发黄休眠，其中老虎皮有地下匍匐茎，狗牙根有地上匍枝，故耐踩踏，适合作为运动场草坪。常用的有：结缕草属（老虎皮、马尼拉、天鹅绒）、狗牙根属（狗牙根、杂交狗牙根）、假俭草属。

②冷季型草坪。冷季型草不耐热，夏天生长不良。常用的有黑麦草属（多年生黑麦草）、早熟禾属、羊茅属（高羊茅）、剪股颖属。

草坪植物一般都喜阳，狗牙根稍耐阴。为了达到一年四季常青，常在暖季型草如结缕草中追播冷季型的多年生黑麦草。混播草坪能达到四季常青的效果，但养护管理较麻烦，更新日期较短。

③草地的种植。草地种植前必须首先进行地坪整理。因为草地种植与其他园林植物种植不同，在铺完草地后，地形和土壤条件很难再进行改变。为了使草地的设置符合要求，对自然地形需要整理和进行土壤改良。

属于自然式草地，可利用其原有的地形起伏适当整理，过于平坦的，则可增加坡度不大的土丘，利用地面排水，草地中间不能有低洼地，如地形难以改造，则草地中间低洼地需铺设管道以利排水。对于规则式草地，如面积较小，平整后可不必考虑铺设排水管道，如面积较大，可适当隔一定距离铺设暗道。

草地的种植一般在早春及晚秋进行，有整块铺设及播茎铺种两种。

（11）花卉的种植。花卉具有种类繁多、色彩鲜艳、繁殖较快的特点，是园林绿地中用做重点装饰的植物材料，在城市绿化中，多布置在公园、交叉路口、道路广场、主要建筑物之前和林荫大道、滨河绿地等风景视线焦点处，起装饰点缀的作用。花卉种植按构图的形式可分为花坛、花台、花境、花池等几种类型。

1）花坛。外部平面轮廓具有一定几何形状，种以各种低矮的观赏植物，配植成各种图案的花池称为花坛。一般中心部位较高，四周逐渐降低，倾斜面在5°～10°，以便排水，边缘用砖、水泥、瓶、磁柱等做成几何形矮边。根据设计的形式不同，可分为独立花坛、带状花坛、花坛群；因种植的方法不同，又可分为花丛花坛和模纹花坛。

①独立花坛。外部平面具有一定几何形状的花坛，又作为局部构图的主体称为独立花坛。长轴与短轴之比一般不大于3∶1为宜。种植材料常以一二年生或多年生的花卉及灌木为主，多布置在公园、小游园、林荫道、广场中央、交叉路口等处，其形状多种多样。

②带状花坛。花坛平面的长度为宽度的3倍以上者称为带状花坛。较长的带状花坛可以分成数段，其中除使用草本花卉外，还可点缀木本植物，形成数个相近似的独立花坛连续构图。在园林绿地中常作主景使用，多布置在街道两侧、公园主干道中央，也可作配景布置在建筑墙垣、广场或草地边缘等处。

③连续花坛。由独立花坛、带状花坛成行排列组成一个有节奏的、不可分割的构图整体称为连续花坛。有平面和斜面造型。常布置在干道台阶中央、长形广场中轴线上，或以水池、喷泉、雕像来强调连续景观的起点、高潮、结尾。

④花丛花坛。常用开花繁茂、色彩华丽、花期整齐的一二年生的花卉为主体。花坛花色要求明快、搭配协调，主要表现花卉群体的色彩美。在城市公园中，大型建筑前广场上人流较多的热闹场所应用较多，常设在视线较集中的重点地块。

⑤模纹花坛。又称镶嵌花坛、毛毡式花坛。在城市园林绿地中常布置在各种倾斜坡地上。用不同色彩的观叶植物组成各种精美的装饰图案，表面修剪成整齐的平面或曲面，形成毛毯一样的图案画面称为毛毡模纹花坛；在平整的花坛表面修剪具有凹凸浮雕花纹，为浮雕模纹花坛。凸的纹样通常由常绿小灌木修剪而成，凹陷的平面常用草本植物。花坛中的观叶植物修剪成文字、肖像、动物、时钟等形象，使其具有明确的主题思想称为标题式花坛，常用在城市街道、广场的缓坡之处。

2）花台和花池。花台是我国传统的花卉布置形式，常见于古典园林中，其特点是整个种植床高出地面许多，而且用假山石叠层护边，形状自然，由于高出地面、排水良好、观赏点近，故常用于观赏价值较高又适于近距观赏的名贵花卉，如牡丹、芍药、山茶、品种杜鹃等。花池整个种植床与地面相平，边缘也用砌石铺砌，池中可种植花卉及配置假山石，一般布置成自然式。

3）花境（见图6—24）。花境是一种模仿自然界中林地边缘地带多种野生花卉交错生长的状态，运用艺术手法设计的一种花卉应用形式。在国外园艺发达的国家，花境的运用历史悠久且形式丰富。花境在园林绿地中是作为从规则式到自然式过渡的一种花卉种植形式。从平面轮廓来说，它可以是规则式的，类似带状花坛，但花境内部植物的配植方式则是自然群落式。花境常用于建筑物前沿、道路两侧、林缘、角隅、庭院、水边、岩石园等处，根据形状可分为带状花境、岛状花境、单行式花境、对称式花境等；根据色彩可分为暖色系花境、冷色系花境及纯色系花境等；根据花境内植物品种可分为混合式花境和专类花境，如观赏草花境、菊科花境、鸢尾科花境等。在花境的布置上应注意以下5方面的问题：

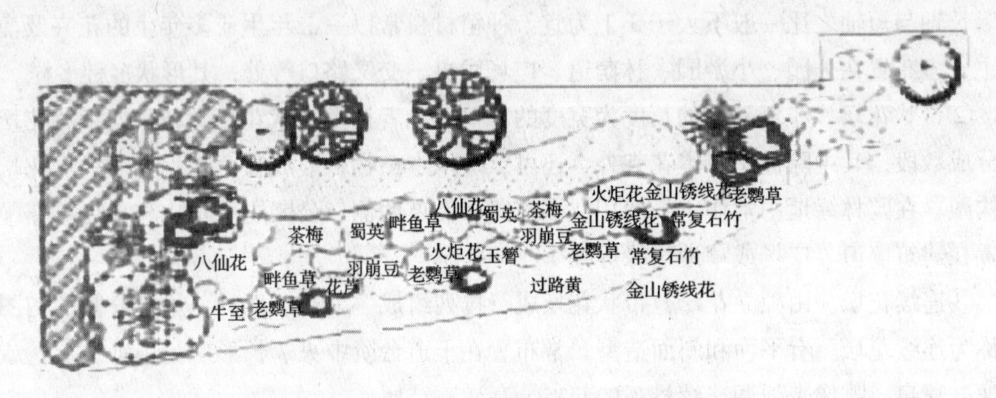

图6—24 花境局部平面图

①首先花境的选点应选择在疏林下、绿地边缘等小气候较好的绿地内，便于花境内植物的生长及日后的管理，同时要处理好与背景的关系，使花境与整体环境自然过渡，相互融合，以提高花境的整体景观效果。

②做好前期准备工作，如平整场地、土壤改良、局部微地形处理等，这些都是直接影响日后花境成效后的整体景观的关键因素。

③在花境的选材上，以宿根花卉为主，配以花灌木、球根花卉、一二年生花卉及观叶植物和观赏草等。品种不是越多越好，而是要讲究植物品种的合理搭配组合。从层次上考虑，可适当选择一些色叶或开花灌木作为花境的背景，再选择各季主要观赏的几种骨干品种，配以一些观叶、镶边植物材料等。最好在花境前缘留有一定的草皮，保持一个观赏视距。

④在植物的配植上，平面上采用各种花卉自然斑块状混交，切忌面积等同的成块状种植，块面应根据花境整体体量而定，大小变化。通过植材常绿、落叶的搭配，观花、观叶的搭配，以及色彩、花期的变化来表现花境的季相景观，同时在种植密度上应考虑近、远期相结合；立面上则高低错落，充分利用植物的株形、株高、花序等观赏特性，如水平型植株形成水平方向的动势，而直立型植株则形成明显的纵线条，创造出丰富自然的立面景观。此外，由于花境在冬季的景观较差，在设计时一方面要充分考虑常绿品种的衔接，尽量保持冬季花境的骨架，另一方面可在冬季运用地面覆盖物或是适当补充时令花卉进行

弥补。

⑤花境种植后，随时间的推移会出现局部生长过密或空秃的现象，应加强花境的后期养护工作，及时进行修剪、补植、间苗等，以保证花境最佳的观赏效果。此外，增加土壤肥力及病虫害的防治也是必不可少的养护措施。

（12）水生植物的种植设计

1）水生植物在园林绿化中的作用。园林绿地中的水面，不仅起到调节气候，解决园林中蓄水、排水、灌溉和创设多种水上活动的作用，而且在园林景观上也起到重要作用。而种植水生植物可打破水面的平静，为水面增加情趣，又可减少水面蒸发，改进水质。水生植物生长迅速，适应性强，栽培粗放，如有的水生植物可作蔬菜和药材，如莲藕、慈菇、菱角等。

2）水生植物种植设计的要点

①根据水的深浅选择水生植物。水生植物与环境条件中关系最密切的是水的深浅，在园林中运用水生植物，根据其习性不同可分为以下几种：

a. 沼生植物。它们的根浸在泥中，植株直立挺出水面，大部分生长在岸边沼泽地带，如千屈菜、荷花、水葱、芦苇、荸荠、慈菇等。一般均生长在水深不超过 1 m 的浅水中，在园林中宜把这类植物种植在不妨碍游人水上活动，又能美化岸边风景的浅岸部分。

b. 浮水植物。它们的根生长在水底泥中，但茎并不挺出水面，如睡莲、芡实、菱等，这类植物自沿岸浅水处到稍深的水域都能生长。

c. 漂浮植物。全植株漂浮在水面或水中。这类植物大多数生长迅速，培养容易，繁殖又快，能在深水与浅水中生长，大多具有一定的经济价值。这类植物在园林中宜作平静水面的点缀装饰，在大的水上面可以增加曲折变化，如水浮莲、浮萍等。

②留有一定的水面空间。在水体中种植水生植物时，不宜种满一池，使水面看不到倒影，失去扩大空间作用和水面平静感觉；也不要沿岸种植水生植物，可以占 1/3 左右的水面积，留出一定水中空间，产生倒影效果。

③植物的选择与搭配。种植水生植物时，种类的选择和搭配要因地制宜。种类选择可以是单纯一种，如在较大水面种植荷花或芦苇等；也可以几种混种，混植时的植物搭配除了要考虑植物生态要求外，在美化效果上要考虑有主次之分，以形成一定的特色，在植物间形体、高矮、姿态、叶形、叶色的特点以及花期、花色上能互相对比协调。如香蒲与慈菇配在一起有高矮姿态变化，又不互相干扰，宜为人们欣赏，而香蒲与荷花种在一起，高矮差不多，互相干扰就显得凌乱。

④为了控制水生植物的生长，常需在水下安置一些设施。最常用的方法是设水生植物种植床。最简单的是在池底用砖或混凝土作支墩，然后把盆栽的水生植物放在墩上（如果

水浅就不用墩），这种方式在水面种植数量少的情况下适用。大面积栽植可用耐水湿的建筑材料作水生植物栽植床，把种植地点范围起来，可以控制植物生长。规则式水面上种植水生植物，多用混凝土栽植台，安装水的不同深度要求分层设置，也可利用缸来栽植。

第 4 节　城市园林绿地种植设计

学习目标

➢了解居住区、工厂、学校、幼儿园及医院绿化种植设计

➢掌握街道绿地种植设计

知识要求

一、街道绿地种植设计

道路绿地是城市园林绿地系统的重要组成因素，它们以网状和线状形式联系着城市中分散的“点”和“面”的绿地，将整个城市绿地连成一个整体，组成完整的城市园林绿地系统。道路绿地具有美化街景，改善街道小气候，组织交通等功能。道路绿地以其丰富的景观效果、多样的绿地形式和多变的季相色彩影响着城市景观空间和景观视线。

1．道路绿地规划设计原则

道路绿地规划设计应统筹考虑道路功能性质、人行车行要求、景观空间构成、立地条件、市政公用及其他设施的关系，并应遵循以下原则：

（1）体现道路绿地景观特色。

（2）发挥防护功能作用。

（3）道路绿地与交通组织相协调。

（4）树木与市政公用设施相互统筹安排。

（5）道路绿地树种选择要适合当地条件。

（6）道路绿地建设应考虑近期和远期效果相结合。

2．道路绿地规划设计

（1）行道树。行道树是街道绿地最基本的组成部分，在温带及暖温带北部为了夏季遮阴，冬天街道能有良好的日照，常常选择落叶树作为行道树，在暖温带南部和亚热带则常常种植常绿树以起到较好的遮阴作用。如在我国北方哈尔滨常用的行道树有柳、榆、杨、樟子松等，北京常用槐、杨、柳、椿、白蜡、油松等，而在广州、海南等地则常用大叶榕、白兰花、棕榈、榕树等，上海则常用悬铃木、香樟、银杏、女贞、栾树等。许多城市都以本市的市树作为行道树栽植的骨干树种，既发挥了乡土树种的作用，又突出了城市特色。同时每个城市根据城市的主要功能、周围环境、行人行车要求的不同，采用不同的行道树，可以将道路区分开来，形成各街道的植物特色，容易给行人留下较深的印象。

1）种植形式

①树池式。在人行道狭窄或行人过多的街道上多采用树池种植行道树，树池形状一般为方形，其边长或直径不应小于1.5 m，长方形树池短边不应小于1.2 m；方形和长方形树池因较易和道路及建筑物取得协调，故应用较多，圆形树池则常用于道路圆弧转弯处。

为防止行人踩踏池土，保证行道树的正常生长，一般把树池周边做成高于人行道路面，或者与人行道高度持平，上盖盖板以减少行人对池土的踩踏，或植以地被草坪或散置石子于池中，以增加透气效果。盖板属于人行道路面铺装材料的一部分，可以增加人行道的有效宽度，减少裸露土壤，美化街景。树池的营养面积有限，会影响树木生长，同时因增加了铺装面积提高了造价，造成利用效率不高，而且要经常翻松土壤，增加管理费用，故在可能条件下应尽量采取绿带种植形式。

②种植带式。种植带是在人行道和车行道之间留出一条不加铺装的种植带。种植带是在人行横道处或人流比较集中的公共建筑前留出的通行道路。

种植带宽度应不小于1.5 m，除种植一行乔木用来遮阴外，在行道树之间还可以种植花灌木和地被植物，以及在乔木与铺装带之间种植绿篱来增强防护效果。宽度为2.5 m的种植带可种植一行乔木，并在靠近车行道一侧种植一行绿篱；5 m宽的种植带则可交错种植两行乔木，靠近车行道一侧以防护为主，靠近人行道一侧则以观赏为主。中间空地可栽植花灌木、花卉及其他地被植物。

2）布局形式

①一板两带式（见图6—25）。它是最常见的道路绿地形式，中间是行车道，在车行道两侧的人行道上种植一行或多行行道树，其特点是简单整齐、管理方便，但当车行道较宽时遮阴效果比较差，相对单调。多用于城市支路或次要道路。

②两板三带式（见图6—26）。这种道路绿地形式除在车行道两侧的人行道上种植行道树外，还用一条有一定宽度的分车绿带把车行道分成双向行驶的两条车道。分车绿带中种植乔木。这种道路形式在城市道路和高速公路上应用较多。

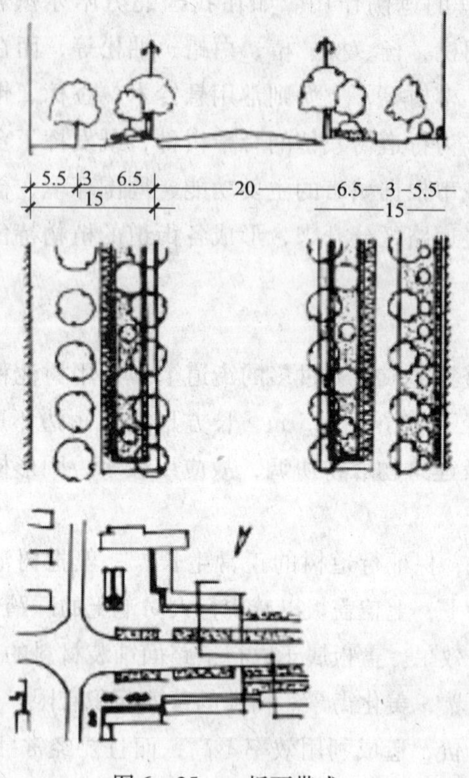

图 6—25　一板两带式

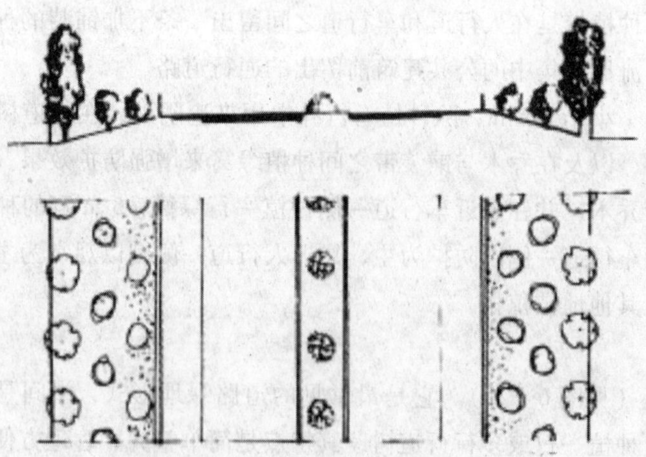

图 6—26　两板三带式

③三板四带式（见图 6—27）。用 2 条分车绿带把车行道分成 3 块，中间为机动车道，两侧为非机动车道，加上车道两侧的行道树共 4 条绿带，绿化效果较好，并解决了机动车

和非机动车混合行驶的矛盾。分车绿带以种植 1.5 ~2.5 m 的花灌木或绿篱造型植物为主，分车宽度在 2.5 m 以上时可种植乔木。

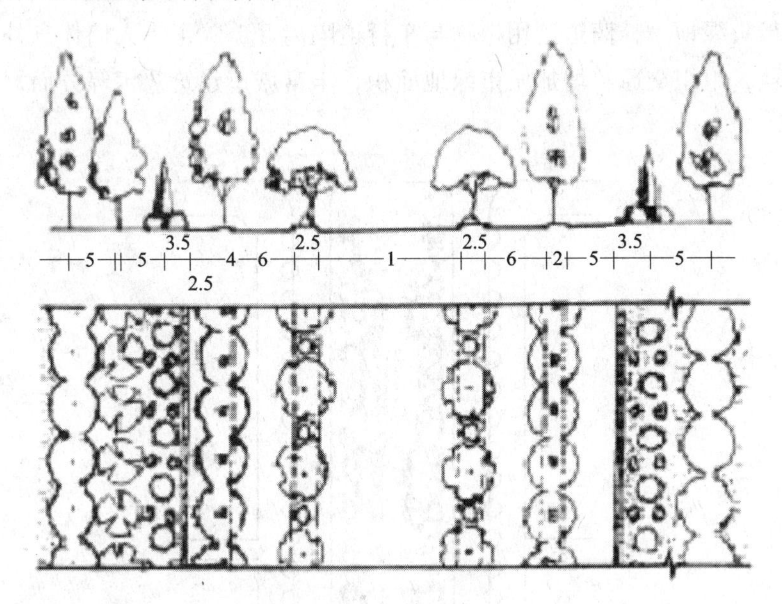

图 6—27　三板四带式

④四板五带式。利用 3 条分隔带将行车道分成 4 条，使机动车和非机动车都分成上、下行而各行其道互不干扰，车速和安全都有保障，这种道路形式适于车速较高的城市主干道。

我国城市多数处于北回归线以北，在盛夏季节南北街道的东边，东西向街道的北边受到日晒时间较长，因此行道树应着重考虑路东和路北的种植。在东北地区还要考虑到冬季获取阳光的需要，所以东北地区行道树不宜选用常绿乔木。

3）行道树树种选择的标准

①适应性强，抗病虫害能力强，苗木来源容易，成活率高。

②树龄长，树干通直，树姿端正，体形优美，冠大荫浓，春季发芽早，秋季落叶晚且整齐。

③花果无异味，无飞絮、飞毛，无落果。

④分枝点高，可耐强度修剪，愈合能力强。

⑤选择无刺和深根性树种，不选择萌蘖力强和根系特别发达隆起的树种。

⑥种苗来源丰富，大苗移植易于成活。

此外，由于行道树土壤条件差，生长环境恶劣，故在苗木规格上宜选用 4 年以上的规格较大的树木。

（2）林荫道（见图6—28）。林荫道是城市街道绿化中比较特殊的形式，在街道比较宽阔的条件下可采用此形式。林荫道是与道路平行并具有一定宽度的带状绿地，也可称为带状的街头绿地。林荫道利用植物与车行道隔离开，除了供人们休息外，对改善城市小气候环境，组织交通，增加城市绿地面积，丰富城市建筑艺术等方面，均有很大的作用。

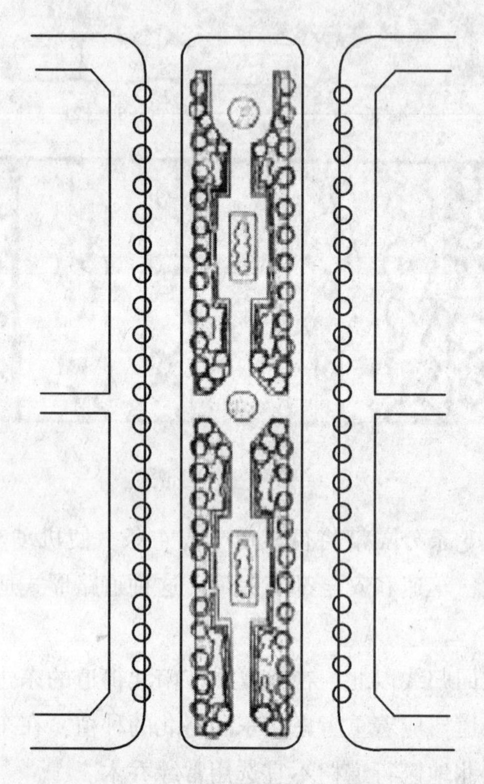

图6—28　林荫道绿化设计

林荫道在道路位置上的选择，取决于道路的性质、绿地条件及周围环境，一般可分为以下3种：

1）设在道路中央的林荫道。适于街道宽广、车流量又较少的情况。其优点是绿地整体对称美观，对组织上下行车流有利，但人们进入林荫道须横穿马路，对人身安全不利，且两面噪声污染较重。

2）设在道路一侧的林荫道。这种形式往往受地形的影响，如街道一侧是河流、密集建筑群或有地形限制等。由于林荫道设立在道路一侧，减少了行人与车行的交叉，因此在交通比较频繁的街道多采用此种类型。其优点是大部分行人不横穿马路就可自由出入，但对于街道整体来说缺乏对称感。

3）设在道路两侧的林荫道。这种形式在街道比较宽阔的条件下可采用。由于林荫道与人行道相连，行人及附近居民不必穿越车行道，比较安全方便，同时，能避免行道树成行种植的单调感，丰富城市街景。

林荫道的布置形式可分为规则式与自然式，一般宽度在 8 m 以下按规则式布置，8 m 以上可按自然式布置。但无论采用何种形式，在绿地周边应种植高大乔木与车行道隔离。林荫道的分段和出入口是为了方便行人的出入和穿越街道而设的，一般与两旁主要建筑出入口相应而设，分段不宜过多，否则会影响整体感和内部的安静。且出入口不宜种植较高较密的植物，以免遮挡行人视线，影响交通安全。整条绿带的设计在构图上应保持完整性，林荫道两头出入口，是整条绿带的开端与结尾，应做重点处理。

（3）环岛、立交（见图 6—29）。环岛又称交通岛或转盘。其主要功能是分隔车辆行驶，组织环线交通，提高交叉口的通行能力，因此不宜设置成供人休息的小游园形式，常采用封闭式，以低矮灌木或花坛组成装饰性的图案等。环岛周边切忌种植高大乔木，以免遮挡行车驾驶员视线。

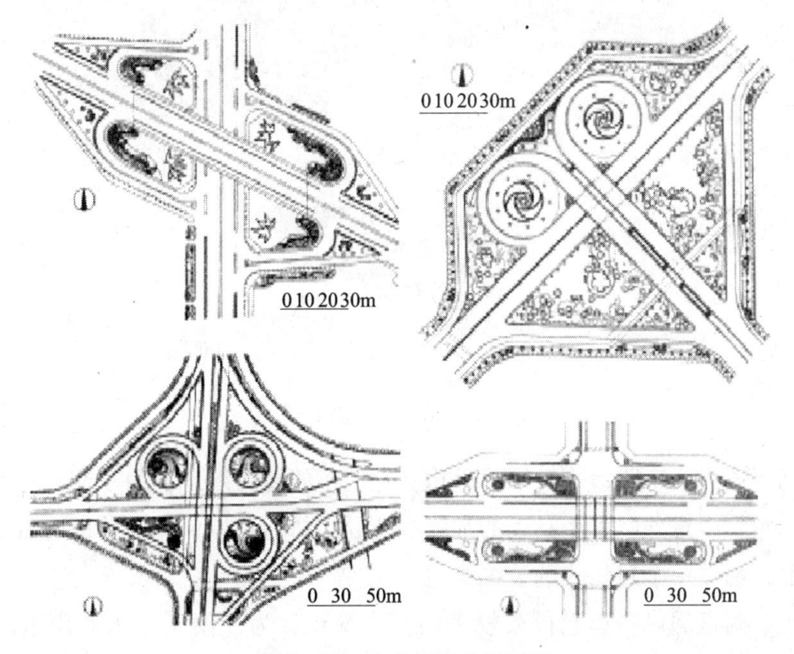

图 6—29　立交桥绿化平面图

立交桥绿地布置应服从该处的交通功能，使司机有足够的安全视距，出入口应有指示性标志的种植。立交桥绿地应主要以草坪和花灌木、植物图案为主。在草坪上点缀三五成丛的观赏价值较高的常绿树或落叶树也可得到较好的效果。

（4）街头绿地（见图 6—30）。凡是地处城市道路交叉口或道路的一旁，供行人或附近居民短时间休息的绿地都可称为街头绿地。城市街头绿地的主要功能是美化市容，为市民提供游乐、休憩的公共绿地空间，是城市中分布较广泛的公共绿地。街头绿地根据所占面积的大小、周围建筑状况、地段交通情况和使用功能等综合因素，一般可采用规则式、自然式及混合式布局。

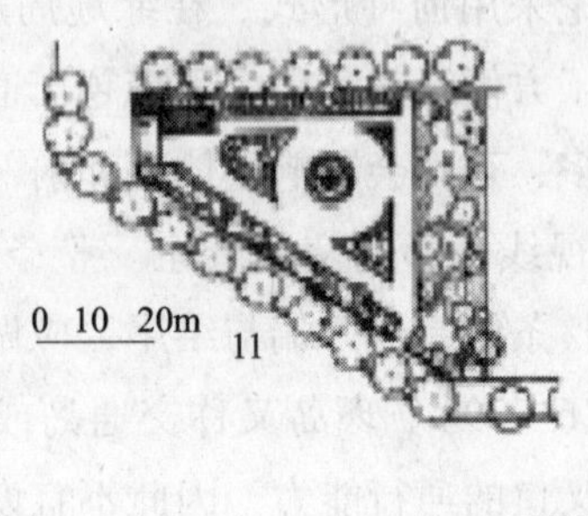

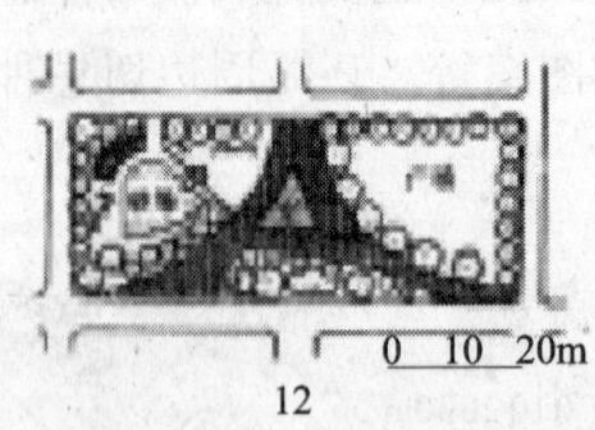

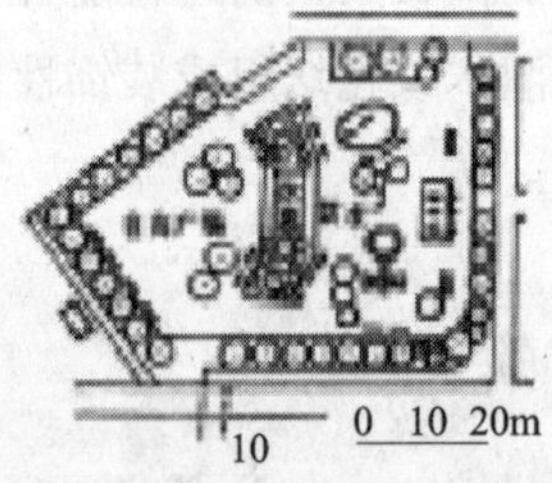

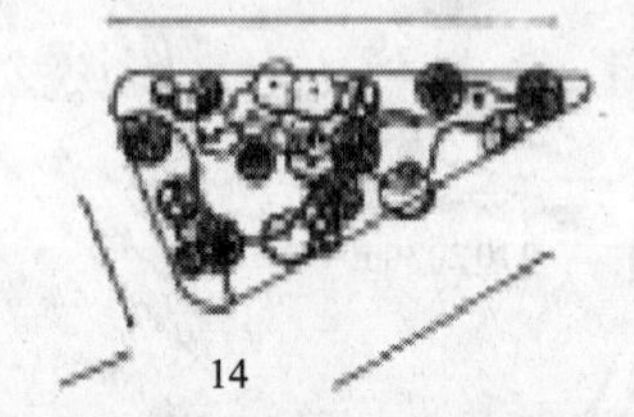

图 6—30　街头绿地

位于交通干道或十字路口，且绿化面积又比较小的街头绿地，由于交通繁忙，为了避免行人穿越街道发生意外，可用高大的常绿落叶混交林为背景，在其前面配置花灌木，设立雕塑等小品，形成一个封闭式的装饰绿地。

面积较大、附近居民密集而行人较多的街头绿地，为了便于行人和附近居民就近休息，可采用开放式的布局，设置一定的休息和活动空间，如亭、廊、坐椅等，绿地中道路和活动地坪一般占整个绿地面积的 30% ~60%。小游园的外围与车行道相邻，应种植高大乔木、绿篱及花灌木等，使小游园与车道之间有较好的隔离。如小游园外围与人行道相邻，也可适当留出透视线，让路人也能欣赏到园内景色。总体绿化布局要与街景及周边环境相协调，对于不美观的建筑可通过植物适当遮挡。

二、居住区绿地规划设计

居住区绿地是城市园林系统中的重要组成部分，是改善城市生态环境的重要环节，同时也是城市居民使用最多的室外活动空间，还是衡量居住环境质量的一项重要指标。居住区绿地应以宅旁绿地为基础，以小区公共绿地为核心，以道路绿化为网络，使小区绿地自成系统，并与城区绿地系统相协调。

一般来说，生活居住用地占城市用地的50%～60%，而居住区绿地占居住用地的30%～60%，这么大面积的居住区绿地，是城市绿地点、线、面相结合的“面”上的重要一环，其面广量大，在城市绿地中分布最广，最接近居民，最为居民所经常使用。人们喜欢生活、休息在花繁枝茂、富有生机、优美舒适的环境中。随着人们生活水平的提高，更要求居住区环境“园林化”，贴近自然，成为天然绿色家园。今后良好的居住环境将逐渐成为人们生活的第一要素，成为居民生活中不可缺少的一项内容。随着人民物质、文化水平的提高，不仅对居住建筑本身，而且对居住环境的要求也越来越高，居住区绿地定额指标则是衡量居住环境的一项重要数字。我国规定居住区绿地面积至少应占总用地的30%，一般新建区绿地率要在40%～60%，旧区改造不低于25%。

1. 居住区绿地类型

居住区绿地主要分为居住区公共绿地、宅旁绿地、居住区道路绿地3种类型。

（1）居住区公共绿地。它为全区居民公共使用的绿地，其位置适中，并靠近小区主路，适宜于各年龄组的居民使用，服务半径以不超过300 m为宜。具体应根据居住区不同的规划组织结构类型设置相应的中心公共绿地，根据中心公共绿地大小不同，又分为居住区公园、小游园、居住生活单元组团绿地以及儿童游戏场和其他的块状、带状公共绿地。居住区公共绿地集中反映了小区绿地质量水平，一般要求有较高的规划设计水平和一定的艺术效果。

（2）宅旁绿地。宅旁绿地，也称宅间绿地，是最基本的绿地类型，多指在行列式建筑前后两排住宅之间的绿地，其大小和宽度决定于楼间距，布局形式要根据建筑的高低、建筑朝向、地形起伏等因素。朝南靠近房基处应避免种植高大乔木，以免遮挡窗户，影响居民采光和通风。即使要种植也应离开建筑红线约50 m，且树种最好选择落叶树种。朝北一侧地下管线较多又背阴，应选择较耐阴的植物品种。建筑东西两侧可配植落叶乔木，以遮挡夏季日晒并能遮挡建筑立面的空白。靠近房基还可以考虑增加竖向的垂直绿化，适当种植爬藤植物，以美化生硬的建筑立面。此外，宅旁绿地既要注重与小区整体格调统一协调，又要保持各栋之间绿化特色，以便于居民识别。

（3）居住区道路绿地。居住区道路绿地是居住区内道路红线以内的绿地，其靠近城市干道，具有遮阴、防护、丰富道路景观等功能，根据道路的分级、地形、交通情况等进行布置。

2. 居住区绿地规划布局

居住区绿地是居民日常生活经常使用的公共场所，居民几乎每天都与它接触，利用频率较高，尤其对于老年人和儿童。居住区绿地的基本任务就是为居民创造一个安静、卫生、舒适的生活环境，促进居民的身心健康。居住区绿地规划布局要运用人性化的设计原理，以人为本，从使用功能出发，创造良好的功能环境和景观环境，做到功能性与艺术性的有机结合。

（1）居住区绿地规划布局的原则

1）居住区绿地规划应在居住区总图规划阶段同时进行、统一规划，绿地均匀分布在居住区域小区内部，使绿地指标、功能得到平衡，居民使用方便，使居住区绿地能妥善地与周围城市园林绿地衔接，融于城市绿地中。

2）居住区总体绿地布局应与小区建筑布局形式相协调。如行列式布局的住宅，则绿地布局可结合地形的变化采用高低错落的形式，借以打破其建筑布局的单调。如建筑是周边式布局，其中部有较为完整的空间，可形成组团绿地，成为这一区域的绿地中心；如住宅为高层塔式建筑，日照和四周的视线较好，外围绿地面积较大，可用自然园林的布局手法。

3）以人为本，服从居民居住的需要。如满足通风、采光的需要，为老人和儿童提供就近休息的场所等。由于居住区绿地空间较分散，应尽量为居民提供绿地面积相对集中、较开敞的游憩空间，满足居民相互沟通、了解的需求。

4）要充分利用原有自然条件，因地制宜。充分利用地形、原有树木、建筑，以节约用地和投资。尽量利用坡地、洼地及水面作为绿化用地，并且要特别对古树名木加以保护和利用。

5）居住区绿化应以植物造景为主，充分利用植物组织和分隔空间，改善环境卫生与小气候。居住区各组团绿地也应突出自身特点，体现地域特色，既要保持格调的统一，又要在立意构思、布局方式、植物选择等方面做到多样化，在统一中追求变化。

6）发展阳台、窗台与墙面垂直绿化。有条件的可发展屋顶花园，形成立体绿化、空间绿化，丰富居住区的绿色景观，增加垂直绿化的层次，打破其建筑呆板单调的不足。

7）居住区的文化内涵是丰富小区特色，增强小区活力的重要因素。因此，在居住区绿地设计中要充分渗透文化因素，形成独具地方特色的文化品位。

（2）居住区绿地植物配置。居住区的植物配置应以生态园林的理论为依据，模拟自然生态环境，让更多自然的气息融入居民的居住空间当中，同时还应考虑到居住区绿地特有的环境和特殊功能。植物配置原则如下：

1）应根据当地的土壤及气候条件、居民爱好以及景观变化的要求，力求创造特色，使居民有一种认同感和归属感。窗前门旁不宜种植带刺、有毒的树木，并且尊重居民的习惯和风俗等。

2）植物种类不宜繁多，注重基调树种的统一。在统一的基调的基础上，树种力求变化，体现区域特点。要避免配置形式的单调，应通过各种植物品种的不同组合，达到植物景观的多样化。创造出优美的林冠线和林缘线，打破建筑群体的单调和呆板感。

3）充分利用植物的观赏特性体现季相变化，使之与居民春夏秋冬的生活规律同步。营造春则繁花吐艳，夏则绿荫暗香，秋则霜叶似火，冬则翠绿常延的季相特色。

4）在树种选择上，应注意选择乡土树种，乔灌木结合，常绿落叶结合，速生与慢生结合，保证种植的成活率和近、远期的效果。在树种搭配上，既要满足植物的生物学特性，又要考虑景观因素，如图6—31和图6—32所示。

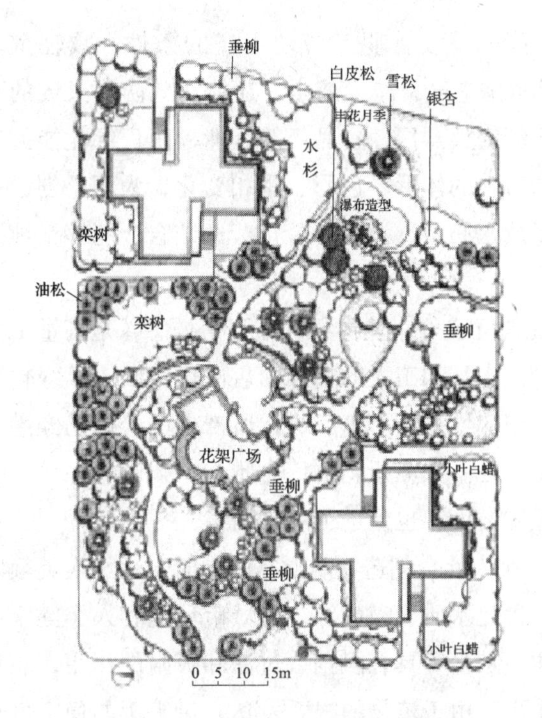

图6—31　小区集中绿地平面图

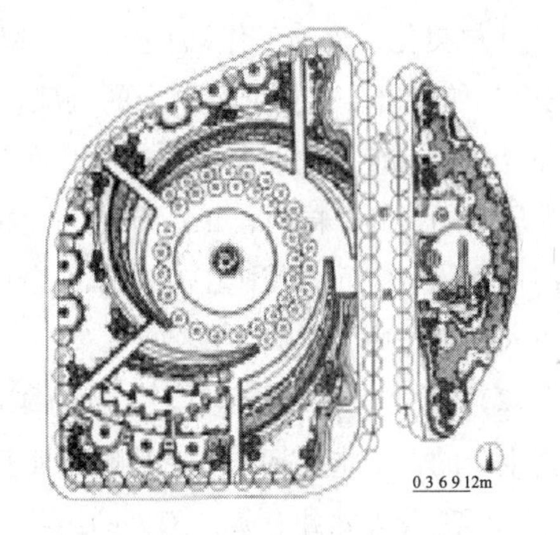

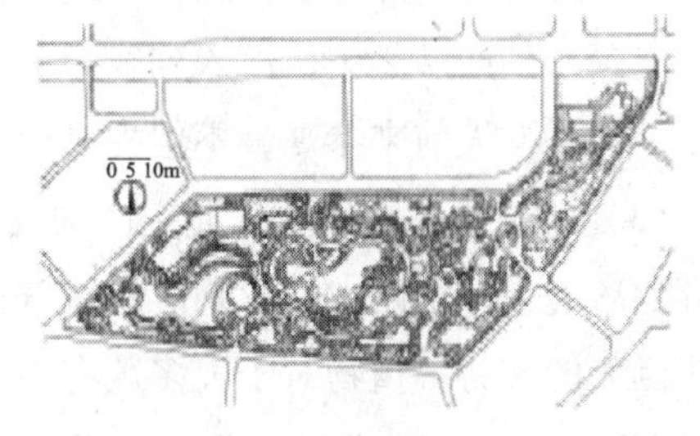

图6—32　花园集中绿地平面图

三、工厂绿地种植设计

工业厂区的环境绿化是城市园林绿化的重要组成部分，也是改善城市整体环境质量的重要一环。

工厂园林绿化不但能美化厂容，为广大职工提供一个清新优美的劳动环境，振奋精神，提高劳动效率，同时也是工厂文明的标志、信誉的体现。

1. 工厂绿化的功能作用（见图6—33）

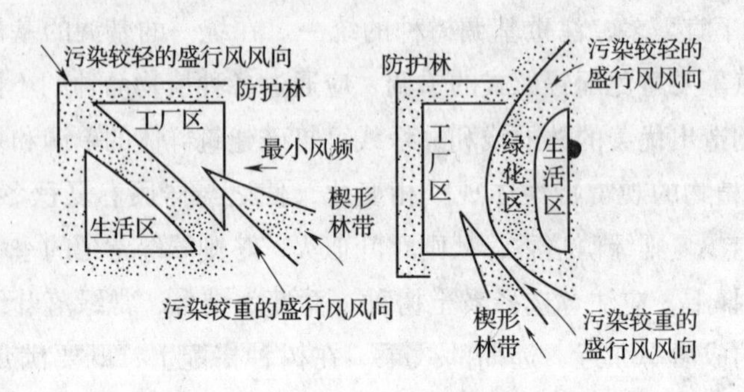

图6—33　工厂防护林离污染源的距离

（1）美化、改善工作环境。工厂绿化首先是改善职工劳动生产的条件，减轻企业“三废”的危害，保护人民群众的健康。能净化空气，减少灰尘，还能有效防止火灾的蔓延和合理组织企业内部人流和运输。在一些精密仪器厂、食品厂等企业，工厂绿化能促进产品质量的提高。同时，工厂绿化利用植物材料的体形、色彩、季相变化，为职工创造一定的户外休息空间，使职工在工作之余可以放松心情，消除疲劳，劳逸结合，能够精神振奋投入到工作中，提高工作效率。

（2）树立工厂文明形象。工厂的绿化能树立良好企业形象，增强信誉感，是衡量工厂文明生产的一个重要标志。它反映出工厂管理水平和工人的精神面貌。优美的工厂绿化反映出工厂的管理井井有条，工人的组织性、纪律性严谨。工厂绿化所产生的价值已经潜移默化地深入到产品之中，深入到客户的思想深处。如苏州刺绣厂古雅的苏州园林绿化，吸引了国内外友人前来参观，不但提升了企业知名度，也促进了产品销售。

（3）维护生态平衡。工业生产的发展，在为社会创造物质财富的同时，也给人类赖以生存的环境带来了巨大的影响。有害气体、毒化水质、噪声等，对城市环境和人类健康造成了巨大的威胁。植物对于大多数有害气体、灰尘等具有阻挡、过滤和吸附的作用，还具有减弱噪声、杀菌、防火、隔离、隐蔽等作用。由于植物的根系发达，对土壤的稳定也具有良好的作用。因此，工厂绿化在维护城市生态平衡中起到了举足轻重的作用。

（4）创造经济效益。工厂绿化应根据气候、土质等条件，因地制宜，结合生产种植一些果树、油料、药用等经济作物，在美化环境的同时，还可增加工厂企业的经济效益。如花坛、花池可种植牡丹、芍药等，既可观赏又有药用价值；种植桃、李、梅、石榴等果

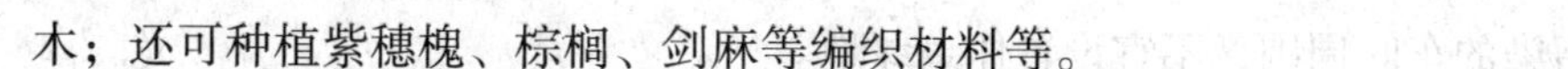

木；还可种植紫穗槐、棕榈、剑麻等编织材料等。

2. 工厂绿地规划设计

工厂绿地规划设计必须从实际出发，不必强调个别绿化配置的完整性。要从全局出发，抓好园林绿化的总体规划，科学地选好树种，提高工厂园林绿化的水平，使工厂花园化。

（1）工厂绿化基本原则和要求

1）满足生产和环境保护的要求，将安全生产放在首位。

2）厂区应有合适的绿地面积，提高绿地率。

3）工厂绿化应根据厂区特点，充分为生产服务和为工人服务。

4）绿化应与建筑主体相协调，统一规划，合理布局。

（2）工厂绿地各分区绿化设计要点

1）厂前区绿化。厂前区包括主要入口广场、行政区等，是厂内外人流集散的中心。厂前区在一定程度上代表着工厂的形象，体现工厂的面貌，也是工厂文明生产的象征。厂前区是厂内外衔接过渡的区域，绿化布局应注意方便交通与厂外街道绿化连成一体，注意景观的引导性和标志性。入口广场上，可布置花坛、喷泉或体现本厂特色的雕塑等。厂前区绿化布局因功能要求不同而不同。当人流、车流量较大，并有停车要求时，常布置成广场形式，绿化多为大乔木配置在广场四周，以庭荫树为主；当无上述要求，可与厂区小游园相结合，以方便职工和客户短时间休息。

2）生产区绿化。生产区是生产场所，污染重、管线多、空间小、绿化条件差，因此绿地对环境保护的作用更突出，是工厂绿化的主体。生产区绿化总体上主要以带状绿地为主。根据生产性质的不同而分别规划。

①实验室、精密仪器车间。要求车间周边洁净程度高，绿化布局要求清洁、防尘、降温、美观，有良好的通风和采光。选择无飞絮、无花粉、无飞毛，且吸附空气中粉尘能力强的树种。同时注意低矮的地被和草坪的应用，固土并减少扬尘。

②产生强烈噪声的车间周围。应选择枝叶茂密、树冠矮、分枝点低的乔灌木，多层密植形成隔音带，以减少噪声的扩散污染。从种植方式来讲，自然式的种植形式要比规则式的减噪效果好。

③高温生产车间。工人长时间处于高温中，容易疲劳，应在车间周围设置有良好的绿化环境的休息场所，且要有良好的遮阴和通风，可选择叶子不反光、叶色黯淡、花色清雅的树种及花灌木。同时可设置水池、坐椅等小品供职工休息、调节精神、消除疲劳。

④产生环境污染的车间。关键是有针对性地选择抗性树种，有合理的绿化布局。在产生污染的车间附近，特别是污染较重的盛行风向下侧，不宜密植树木，可设开阔的草坪、地被、疏林等，以利于通风，稀释有害气体，与其他车间之间可与道路相结合设置绿化隔

离带。在有严重污染的车间周围，不宜设置休息绿地。

生产车间的类型很多，其生产特点各不相同，对环境的要求也有所差异。因此，实地考察工厂的生产特点、工艺流程、对环境的要求和影响、绿化现状、地下地上管线等，对于做好工厂绿化设计十分重要。

3）工厂游憩绿地（见图6—34）。工厂企业根据厂内的立地条件设置集中绿地，因地制宜地开辟小游园，满足职工业余休息、放松、消除疲劳的需要。通过对各种观赏植物、园林建筑小品、道路铺装、水池、休息坐椅等的合理安排，创造优美自然的园林环境。小游园四周宜用高大乔木围合，形成幽静的独立空间。布局形式可采用自然式、规则式及混合式，根据厂区性质、环境及用地条件等灵活采用。

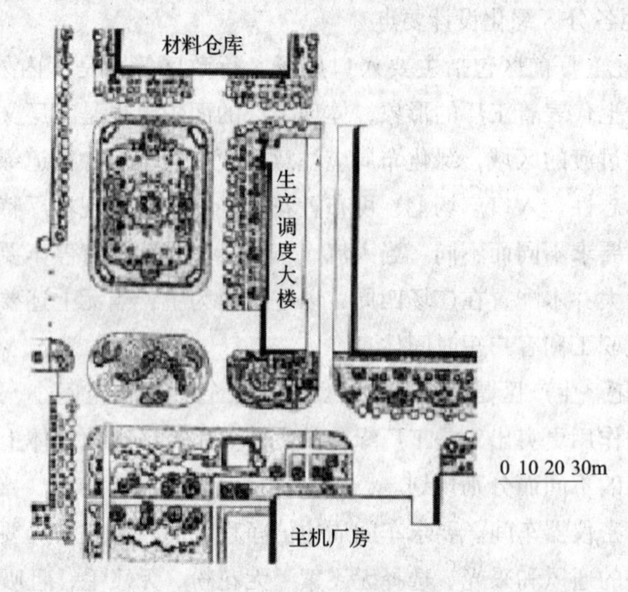

图6—34　厂区绿地平面图

3. 工厂绿化树种选择（见图6—35和图6—36）

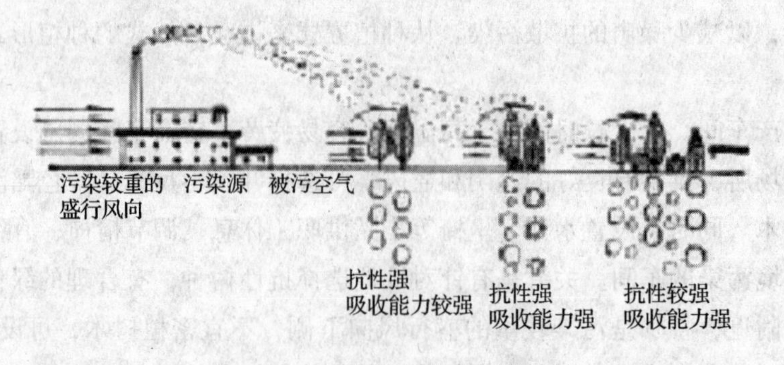

图6—35　工厂防护林的树种特性

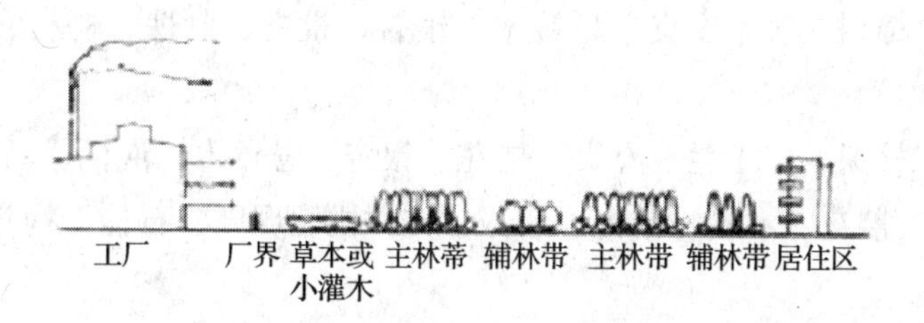

图 6—36　混合排放时的防护林带布置

（1）工厂绿化具有双重目的，除美化环境外，更重要的是其环境保护的功能。要根据工厂企业的特点、环境条件、植物的生态要求、工人休憩需求等各方面因素，本着对工人健康有利、对生产有利的原则，进行树种选择，做到适地适树。

1）一般工厂绿化树种应选择观赏和经济价值较高且有利于环境卫生的树种。

2）要认真选择适应当地气候、土壤、水分等自然条件的乡土树种，特别是选择对有害物质抗性强或净化能力较强的树种。

3）一般来讲工厂企业绿化面积大、管理人员少，因此绿化树种应选择便于管理的当地产、价格经济、补植方便的树种。

4）树种选择要注意速生和慢生相结合，常绿和落叶树结合，以满足近、远期绿化效果的需要，四季景观和防护效果的需要。

5）由于工厂土地利用多变，还应选择易移植的树种。

6）工厂厂址往往选择在土壤较瘠薄的地方，因此应选择既能耐瘠薄，又能改良土壤的树种。

（2）工厂绿化常用树种

1）抗二氧化硫（钢锯厂、大量煤烟的电厂等）。广玉兰、棕榈、女贞、侧柏、银杏、梧桐、合欢、槐树、皂荚、构树、黄杨、海桐、蚊母、山茶、夹竹桃、凤尾兰、枸骨、十大功劳等。

2）抗氟化氢（铝电解厂、磷肥厂、炼钢厂、砖瓦厂等）。棕榈、侧柏、龙柏、槐树、银杏、香椿、皂荚、构树、夹竹桃、花石榴、黄杨、海桐、蚊母、山茶、凤尾兰等。

3）抗氯气。广玉兰、棕榈、女贞、龙柏、侧柏、臭椿、合欢、槐树、柳树、构树、夹竹桃、木槿、海桐、蚊母、山茶、黄杨、凤尾兰、枸骨、紫薇等。

4）抗氨气。樟树、广玉兰、女贞、柳杉、杉木、银杏、石楠、石榴、紫薇、紫荆、木槿等。

5）抗二氧化氮。樟树、广玉兰、女贞、棕榈、龙柏、乌桕、合欢、臭椿、泡桐、柳树、刺槐、石榴、夹竹桃、大叶黄杨等。

6）抗臭氧。樟树、日本女贞、悬铃木、银杏、枇杷、刺槐、柳杉、美国鹅掌楸、夹竹桃、冬青、连翘等。

7）抗烟尘。樟树、广玉兰、女贞、桂花、银杏、悬铃木、泡桐、乌桕、槐树、臭椿、三角枫、五角枫、樱花、木槿、蜡梅、紫薇、夹竹桃、珊瑚、石楠、枸骨、黄杨、栀子花等。

8）滞尘能力强。樟树、广玉兰、女贞、银杏、悬铃木、臭椿、槐树、柳树、黄杨、海桐、珊瑚、夹竹桃、石楠、枸骨等。

9）防火树种。山茶、油茶、海桐、冬青、蚊母、八角金盘、女贞、杨梅、厚皮香、珊瑚、枸骨、罗汉松、银杏、榉树等。

四、学校、幼儿园及医院绿化种植设计

1. 校园绿地种植设计

校园绿化作为学校文化的一个窗口，必须在更深层次上反映校园的精神与文化内涵，为培养未来的人才创造良好的学习环境，符合师生工作、学习和生活的需要，有利于促进身心健康。校园规划设计要点如下：

（1）校园主楼前广场绿地突出学校特色。绿地布局要与建筑主体相协调，并对建筑起到美化、衬托的作用。主楼前广场设计应以大面积铺装为主，结合花坛、草坪、喷泉等园林小品点缀。草坪应选择种质优良、绿期长的观赏草坪为主，主要体现开敞、简洁的布局形式，应注意其开放性、综合性的特点，适合学生的活动、集散、交流，场地的空间处理应具有较高的艺术性和思想内涵。同时在平面构图上，还应考虑师生在楼上的俯瞰视觉效果。

（2）充分发挥绿地功能，提升校园文化品位，创造多种适合于学习、活动的绿地空间。在校园绿地中，学生集体活动、相互交往的需求较强，应根据校园绿地的功能和满足学生学习生活的不同要求，创造出不同类型的绿地空间，如开敞的活动空间（草坪空间、铺装广场、疏林广场空间等）、半封闭空间（庭院空间、小游园等），以及只适合一两个人活动的私密性较强的空间等，满足不同的使用功能。此外，在校园绿地中设立一些写实性、抽象性的雕塑，丰富校园的文化内涵，对学生来说是一种潜移默化的精神上的启迪，教育学生奋发向上，为祖国的未来贡献力量。

（3）结合教学要求布置绿地，达到科普教育的目的。在校园当中，根据教学活动的需要，还可设立一些种植园、饲养园、气象观测站等自然科学园地，通过对自然现象和生物的观察，让学生亲自动手实践，增长自然科学知识。应选择在阳光充足、排水良好、接近水源、地势平坦的地方，自然地配置树木花草，周围可以低矮的绿篱或栅栏作为围栏，以

便于管理。

（4）绿地内道路系统简洁明快，符合学生学习生活要求。绿地内道路布局应简洁明快，不宜过于曲折，特别是主要建筑周围绿地。由于学校具有在短时间内完成大量人流集散的特点，所以应考虑到这一特殊群体的行为规律，以人为本，充分考虑方便交通的功能，使人少走“冤枉路”。而在以园林空间为主的环境中，还是应尽量满足园林布局的要求，如以休息、晨读、学习为主要目的的小游园，园路则可曲径通幽，创造多种园林空间，满足师生游览、休憩等使用功能。

（5）注意运动场与校园其他建筑之间的分隔。体育运动场与教学区建筑之间应以高大乔木或绿篱等形成树带，以免上课时受到场地活动声音的干扰。在树种选择上，常绿与落叶树相互搭配，注意选择季相变化较显著的树种，如榉树、乌桕、五角枫等，使体育场随季节变化而色彩丰富。同时还应考虑夏季遮阴和冬季阻挡寒风的要求等。应少植花灌木，以留出较多的活动空间。

（6）植物配置上体现校园绿地的特色，力求品种多样化。在开敞的广场空间可采用简洁流畅的规则式布局，而在小游园等游憩性绿地则采用自然式布局。以高大浓荫的乔木为主，配以色彩丰富、明快的花灌木。由于学校夏、冬季大多时间处于假期，因此，校园绿地应重点突出春、秋两季的季相景观，多选择一些春季开花、秋季赏色的观花和色叶树种。此外，还可选择一些具有寓意的园林植物，如桃树、红叶李包含桃李满天下的寓意；石榴有硕果累累的含义；而松、竹、梅“岁寒三友”则代表着一种高尚的气节和不屈不挠的精神等，使学校的师生寓教于绿地环境之中。有条件的还可设置一些花坛、亭廊、花架等建筑小品，创造一个清新向上、朝气蓬勃、对学生身心有益的园林空间。

2. 幼托机构绿地规划设计

幼儿园是对3~6岁幼儿进行学龄前教育的机构，要求建筑与室内外环境都应符合幼儿心理，使用方便，为幼儿所喜爱。创造一个优美、安全、色彩明快的室外活动环境。

（1）公共活动场地。这是幼儿集中活动、游戏的场地，也是绿地的重点地区。在场地内常设置沙坑、涉水池、小动物造型、组亭及花架和各种活动器械等。在活动器械及活动场地附近，应以种植树冠宽阔遮阴效果好的落叶乔木为主，使儿童及活动器械免受夏日灼晒，冬季亦能晒到阳光。

（2）班组活动场地。分班活动场地一般不设游乐器械，通常是无毒无刺的绿篱围合起来的一个单独空间，并种植少量病虫害少、遮阴效果好的落叶乔木。还可设置棚架，种植开花的攀缘植物，如紫藤、金银花等。在角隅里及场地边缘种植不同季节开花的花灌木和宿根花卉，以丰富季相变化。

（3）休息场地。在建筑附近，特别是儿童主体建筑附近，不宜栽高大乔木以避免使室内通风透光受影响，一般乔木应距建筑 8 ~ 10 m 以外，而在建筑附近栽植低矮灌木及宿根花卉作基础栽植，在主要出入口附近可布置儿童喜爱的色彩鲜艳、造型活泼的花坛、水池、坐椅等。它们在起到美观及标志性作用之外，还可为接送儿童的家长提供休息场地。

（4）绿地铺装。幼儿园绿地中的铺装要特别注意其平整性，不要设台阶，以免幼儿在奔跑时注意不到而跌倒，道牙尽量不要高于道路，道路广场宜与绿地高度取平或稍低，以保证幼儿行走活动的安全。为达到安全保护的效果，幼儿所使用的道路广场可采用柔性铺地，如塑胶铺地等。绿地中宜铺设大面积的草皮，选择绿期长、耐践踏的草坪，以方便幼儿的活动。

（5）植物选择。幼儿园的植物选择应充分考虑到幼儿成长的需要。树种选择要多样化，株型优美、色彩鲜艳、季相变化明显的树种，使环境丰富多彩，气氛活泼，激发儿童的好奇心，同时，也使儿童了解自然、热爱自然，增长自然科普知识。植物选择在满足景观要求的同时，还要避免栽植多飞毛、多刺、有毒、有臭味，易产生过敏的植物，如悬铃木、皂角、夹竹桃、海州常山、凤尾兰等。并且绿地中落叶树应占到一定的比例，以保证冬季幼儿晒太阳的要求。

3. 医疗机构绿地规划设计

医院绿化的目的是卫生防护隔离、阻滞烟尘、减弱噪声，创造一个幽雅安静的绿化环境，以利人们防病治病，尽快恢复身体健康。据测定，在绿色环境中，人的体表温度可降低 1 ~ 2.2℃，脉搏平均减缓 4 ~ 8 次/min，呼吸均匀，血流舒缓，紧张的神经系统得以松弛，对高血压、神经衰弱、心脏病和呼吸道疾病能起到间接的治疗作用。现代医院设计中，改善环境作为基本功能已不容忽视，具体来说，将建筑与绿化有机结合，使医院在改善心理及生理方面的功能上得到更好的发挥。

（1）医疗机构绿地的作用。医院中的园林绿地一方面可以创造安静的休养和治疗环境，另一方面也是卫生防护隔离地带，对改善医院周围的小气候有着良好的作用，如降低气温、调节湿度、降低风速、遮挡烟尘、减弱噪声、杀灭细菌等，既美化医院的环境，改善卫生条件，又有利于促进病人的身心健康，使病人除药物治疗外，还可在精神上受到优美的绿化环境的良好影响，对于病人早日康复有良好的作用。

（2）医疗机构绿地规划设计。医院绿地应与医院的建筑布局相协调。建筑前后绿地不要影响室内采光、日照和通风。植物选择以常绿树为主，选择无飞絮、飘毛、浆果的植物，也可选用一些具有杀菌及药用的、少病虫害的乔木、花灌木和草本植物，并考虑夏季防日晒及冬季防寒风。植物配置要靠四季景观，特别是大门入口处和住院部。

医院的绿地布局根据医院各部门功能要求的不同，其绿地布置亦有不同的形式。现分述各个部分规划要求：

1）门诊区。门诊区靠近医院的入口，入口绿地应该与街景调和，也要防止来自街道和周围烟尘和噪声的污染。所以在医院外围应密植 10 ~ 15 m 宽的乔灌木防护林带。另外，门诊部是病人候诊的场所，其周围人流较多，是城市街道和医院的结合部，需要有较大面积的缓冲场地，场地及周边应作适当的绿地布置，以美化装饰为主，可布置花坛、花台，有条件的还可设喷泉和主题性雕塑，形成开朗、明快的格调。

2）住院区。住院区常位于医院比较安静的地段，位置选在地势较高、视野开阔、四周有景可观、环境优美的地方。可在建筑物的南向布置小游园，供病人室外活动，中心部位可以设置小型装饰广场，点缀水池、喷泉、雕像等园林小品，周围设立坐椅、花棚架以供坐息，亦是亲属探望病人的室外接待处。面积较大的可以利用原地形挖池叠山，配置花草、树木，并建造少量园林建筑、装饰性小品、水池、岗阜等，形成优美的自然式庭园。植物布置要有明显的季节性，使长期住院的病人能感受到自然界的变化，季节变换节奏感宜强烈些，使之在精神、情绪上比较兴奋，从而提高药物疗效。

(3) 医疗机构绿地植物品种的选择。医疗机构绿化宜多建植保健型人工植物群落，利用植物的配置形成一定的植物生态结构，从而利用植物分泌物质和挥发物质，达到增强人体健康、防病治病的目的。其中枇杷安神明目，丁香止咳平喘，广玉兰散失风寒。此外，多选择具有较强杀菌能力的树种，如松、柏、樟、桉树等，许多香花树种如含笑、桂花、广玉兰、栀子等，均能挥发出具有强杀菌力的芳香油类植物，银杏叶含有氢氰酸，其保健和净化空气能力较强。有条件的还可以种些经济树种、果树、药用植物，如核桃、山楂、海棠、柿、梨、杜仲、槐、白芍药、牡丹、杭白菊、垂盆草、枸杞、醉蝶花、丹参、鸡冠花、长春花、藿香等，都是既美观又实用的种类，使绿化同医疗结合起来，这是医疗机构绿化的一个特色。

思 考 题

1. 城市绿地的规划原则及主要类型有哪些？
2. 园林绿地设计的基本程序及各程序主要内容是什么？
3. 园林绿化制图的线条类型及各类型适用范围是什么？
4. 园林植物种植类型有哪些？
5. 花坛的设计有哪些形式？
6. 行道树种植的主要形式包括哪些？
7. 居住区绿地规划布局的原则是什么？

第 7 章

种植施工和养护

第 1 节　种植施工和养护概述　/320

第 2 节　植物的生长发育　/322

第 3 节　植树工程　/325

第 4 节　花坛、花境施工及养护　/344

第 5 节　草坪施工及养护　/351

第 6 节　园林绿地日常养护　/359

第1节　种植施工和养护概述

学习目标

➤了解种植施工和养护性质、特点、主要内容

➤熟悉种植施工和养护的要求

➤了解种植施工和养护与城市发展的关系

知识要求

一、种植施工和养护概念

种植施工和养护可分为种植施工和养护两部分。

1. 种植施工

种植施工就是把种植设计的平面图转变成立体图，把设计理念变为现实。

2. 养护

养护即是用科学的方法养护管理种植施工后的绿地、行道树等绿化，使其体现绿化设计的意图，充分发挥生态效益。

二、种植施工和养护的性质

种植施工和养护是一门实践性较强的应用学科，它不仅需要植物学、土壤肥料学、造园学等基础知识，而且需要生理学、生态学、环境学等知识，才能保证种植施工和养护质量。

在园林绿化设计中，是以园林植物为主体，并以建筑、自然山水与园林植物有机结合的艺术风格，这就需要施工人员能充分领会和理解设计者的意图。园林种植施工具有很强的科学性，其施工工艺和操作方法随着施工条件（如水文地质、气象条件变化）、施工对象和植物材料的变化而变化，施工人员必须具有一定的科学技术知识，懂得现场施工的有关技能，如苗木的准备、运输、种植方法以及养护管理技术。

三、种植施工和养护特点

1. 群众性

园林工程施工和养护具有广泛的群众性。在《上海市植树绿化条例》中明确规定，我国年龄 11 周岁至男 60 周岁、女 55 周岁的公民有义务植树的义务。

2. 科学技术性

种植施工和养护是一项复杂的工作，它同许多相关的专业，如假山、道路铺设、水景工程等有着密切的关系。就绿化种植而言，其施工时间、施工工艺和养护技术都具有很高的要求，为此制定了很多的操作规程和养护标准。

3. 艺术性

园林绿化又具有很强的艺术性，要求施工人员合理地进行树木的配植和养护，要充分考虑绿化的景观效果，特别要注意树木的树姿、假山、置石等。

四、种植施工内容和要求

种植施工和养护有狭义和广义之分，广义内容包括种植工程和土建工程（土方工程、房建工程、园路工程、铺地工程、给排水工程、假山工程、水景工程、园林供电工程）的施工和养护。狭义内容指园林绿化植物种植施工和养护。

种植施工和养护要求施工养护单位不仅要因地制宜地降低工程成本，而且应尽可能加快工程建设速度，缩短工期，以提高经济效益和劳动生产力。施工组织者和施工人员应依据这些原则，掌握园林种植的规律，有计划、有步骤地完成整个工程建设。

五、种植施工和养护与城市发展

园林绿化是城市建设的一个重要组成部分，而种植施工和养护是园林绿化的主体工作，因此种植施工养护也直接影响城市的繁荣。

种植施工和养护的问题和建议如下：

1. 植物配置不合理。提高园林绿地设计、配置艺术水平，使园林植物有机组合，向群落化、生态化、多层次化方向发展。

2. 苗木生产无组织。改进苗木生产工艺，推行工厂化、良种化生产技术和工艺，以便培养优质苗木，培育优良品种。

3. 施工作业机械化低。改进园林施工工艺，提倡规范化、机械化操作，提高劳动生产率，降低成本。

4. 植物品种不丰富。不断推广应用适生植物品种，丰富植物品种，坚持生物多样性原则。

5. 生态环境保护力度不够。不断研制和推广应用无公害生物药剂，改善城市生态环境，建设生态和环保城市。

第 2 节　植物的生长发育

学习单元 1　植物各器官的生长发育

学习目标

➢掌握植物各器官的生长发育特点

知识要求

一、根系生长

树木的根系没有自然休眠，其生长势的强弱和生长量的大小主要受温度、水分、通气和树体营养状况的影响。上海地区由于气候条件的影响，根系在一年中生长呈周期性变化，往往和地上部分交替进行。

立春地温回暖根先开始生长，进入第一次生长高峰；当夏季高温来临时，地上部分即停止生长，根系进入第二个生长高峰；在冬季来临前，根系进入第三次生长高峰。

二、树梢生长

春季气温逐渐升高，根系生长减慢，地上部分开始发芽，进入生长高峰期（春梢）；进入秋季时，地上部分进入第二次生长高峰（秋梢），根系生长减缓。新梢的生长主要有春梢和秋梢两个生长时期，其生长量受树木品种、有机养分、栽植环境等因素的影响。

新梢生长遵循“慢—快—慢”的节奏变化规律，即在开始生长的初期生长较慢，然后进入旺盛生长期，叶片和节间迅速伸长，最后进入缓慢和停止生长期。

三、叶的生长

叶幕指树冠内叶的集中分布区，是叶面积总量的反映。

不同树种或同一树种的不同生长时期其叶幕会有很大的区别，如香樟的叶幕是椭圆形，水杉的叶幕是宝塔形等。养护管理的措施也会使叶幕发生很大的变化，如杯状形修剪的行道树悬玲木的月牙形等。

叶是植物光合作用的器官，叶片的正常生理活动和叶幕结构是树木生长的基础。

四、花的形成

1. 花芽分化

芽内生长点的分生组织，在内外一定条件下发生向花原基转化，并逐渐形成花或花序的过程，叫花芽分化。树木的花芽分化与树种习性有关，不同树木其花芽分化的时期是不同的，特别对观花观果植物。

了解花芽分化的时期是进行树木养护的关键。

根据树木花芽分化的时期和特点，可以把树木分成4种类型：

（1）夏秋分化型。绝大多数早春和春夏开花的树木，它们的花芽都是在前一年的夏秋6—8月份开始分化的，有的可延迟到9—10月份分化，然后经过低温春化才能使花器官成熟。这类树木我们统称为夏秋分化型，如海棠类、迎春、玉兰、紫藤、丁香、牡丹、樱花等。

（2）冬春分化型。原产暖地的某些树木，常在12月至次春分化花芽，如柑橘类。

（3）当年分化型。许多夏秋开花的树木，都是在当年新梢上形成花芽并开花，不需低温春化，如木槿、紫薇、槐、荆条、石榴等。

（4）多次分化型。有些树木在一年中能多次抽梢，每抽一次就分化一次花芽并开花的树木，如茉莉、月季、枣、葡萄、无花果等。

2. 开花

当树木花芽分化后，在适合的生长环境下，树木的花蕾和花冠就展开，叫“开花”。树木开花有早有晚，花期有长有短。

按照树木开花与展叶的关系，树木开花分为3类：

（1）先花后叶类。树木在春季萌动前已完成花器的分化，花芽萌动后即开花，先开花后展叶，如银柳、紫荆、白玉兰、蜡梅等。

（2）花叶同放类。树木在春季萌动前也已完成花器的分化，开花和展叶几乎同时进行，如榆叶梅、苹果、海棠、某些品种紫藤等。

（3）先叶后花类。树木往往在上一年形成的混合芽抽生的新梢上萌芽开花，一般在夏秋开花，如木槿、紫薇、凌霄、桂花等。

五、果实生长

果实的生长源于树木开花受精合子的生长，其中包括细胞分裂、组织分化、种胚发育、细胞膨大和细胞内营养物质的积累和转化等过程，在生长过程中常出现花果的脱落现象，致使一部分花果不能形成果实，这种现象叫“落花落果”，分为生理落果和人为落果。防止落花落果的措施是创造良好的树木生长条件，促使其花芽分化形成优质花，配植受粉树，保证授粉受精，提高树体营养水平，调节养分合理分配，并可使用一定的生长激素促进坐果，减少外来影响。

了解树木果实的生长发育规律，对观果树木的栽培养护有着重要的意义。

学习单元2　树木年周期和生命周期

学习目标

- 了解树木生长的生命周期
- 了解树木生命的年周期

知识要求

一、树木的生命周期

在树木一生中，树木的生长遵循着一定的规律，从幼苗开始营养生长以积累足够的养分，树体营养积累到一定程度时，树木经过生长、开花、结果，而后衰老死亡。这个过程我们称之为树木的生命周期。

在整个生命周期中，树木的各器官呈现出有规律变化。

1. 幼青期

根伸入土壤，逐年形成根系，向深广发展称离心生长；茎向上离心生长，形成各级分枝，外围生长越来越茂，内膛光照变差而自然疏枝，也称离心秃裸。

2. 青壮期

此期树木继续离心生长，树木营养积累量增大，进入正常的生长、开花、结果周期循环，地上部分和地下部分生长保持旺盛。

3. 衰老期

由于树木品种和生长环境的影响，树木生长到一定的大小和范围时，树木离心生长就会受到影响，树木顶端因养分供应不足而产生枯枝，在顶端以下形成徒长枝更新，称向心更新生长。

在整个生命周期中，树木的根系和树体是密切相关的，在幼青期，根系分布大于树冠垂直投影范围；在青壮期，树木根系分布范围与树冠投影相一致；在衰老期，根系分布小于树冠垂直投影范围。由于地上部分与地下部密切联系，通常地上部分受到影响时，局部生长就会生长转旺，建立新平衡。

二、树木的年周期

树木生长一年中，由于气候条件的变化，树木也呈现一定的规律性变化，树木从萌芽、抽枝展叶或开花、新芽形成或分化、果实成熟、落叶（落叶树）进入休眠期，树木这种随环境周期的变化而出现形态和生理机能的变化，称为树木的年生长周期。

园林树木的年周期遵循一定的变化规律，可明显分为生长期和休眠期。

1. 生长期

落叶树即从春季开始萌芽生长，至秋季落叶前为生长期（其中成年树的生长期表现为营养生长和生殖生长），常绿树从春季萌芽到秋季树木停止生长为生长期。

2. 休眠期

落叶树从树木秋季落叶后到翌年萌芽期为休眠期，常绿树从秋季停止生长到春季萌芽为休眠期。树木休眠期长短与树木品种和环境条件有关。常绿树因一年四季常绿，故年周期变化在外观上不很明显。常绿树每年春季新梢生长时，开始换叶。

第3节 植 树 工 程

学习单元1 植树工程概述

学习目标

➤了解种植施工的原则

➢熟悉树木成活的原理

➢掌握提高树木成活率关键措施

知识要求

一、种植施工的原则

1. 严格按图施工

充分理解设计意图，严格按图样进行施工。凡发现图样与现场不符，则应及时向设计人员提出，如需要变更设计则必须得到设计方的同意，不得擅自变更。

2. 遵循自然规律

必须根据植物的生活习性和生长规律，采取相应的技术措施，保证种植的成活率。

3. 紧抓种植季节

不同树木种植季节不同，须抓紧种植季节，保证工程顺利完成。

4. 遵照技术标准

严格执行种植工程技术规范和操作规程。

二、树木成活的原理

正常生长树木，其根系与土壤密切结合，地上部和地下部生理代谢（水分吸收与蒸腾）是平衡的。移植会破坏根系与原有土壤的密切关系，影响根系的吸收功能，破坏树木的水分平衡，因此，如何使移植后的树木及时恢复以水分代谢为主的平衡，是移植成活的关键，也是植树施工保证成活率的原则。而这种新平衡建立的快慢，与植物的习性、年龄阶段、栽植技术、物候状况以及与影响生根和蒸腾为主的外界因子，都有密切关系。

三、提高树木成活率的关键措施

1. 合理选择苗木

（1）控制苗木质量。树木是有生命的绿色植物，其生长情况受其生境的影响较大。同一品种、同龄的苗木的苗木质量有时相差很大，其栽植成活率和适应能力会有很大差异。通常生长健壮、无病虫害和机械损伤的苗木，移植成活率较高；生长旺盛以致徒长的苗木，因其抗逆性差，不易成活和适应。

乔木及灌木质量要求见表 7—1 和表 7—2。

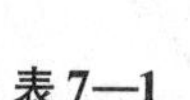

表 7—1　乔木质量要求

栽植种类	树干	树冠	根系
重要地点栽植材料（广场、主要景点）	树干挺直，胸径大于8 cm	树冠茂盛，针叶树叶色苍翠，层次清晰，无病虫害	根系完整
一般绿地栽植材料	主干挺直，胸径大于6 cm	同上	同上
防护林带和大片绿地	树干弯曲不超过2处	具抗污能力	同上

注：①道路上机动车道旁乔木，主干分叉点不小于3.5 m，分叉3～5个，分布均匀，斜出水平角以45°～60°为宜。

②胸径系树木离地面1.3 m高处树干的直径。

表 7—2　灌木质量要求

栽植种类	地上部分	根系
重点栽植材料	树冠茂密，圆整，分枝均匀，不偏冠	根系发达
一般栽植材料	树冠稍密，基本圆整，不偏冠	同上
防护林和大片绿地	树冠较密，不偏冠	同上
花篱	树冠丰满，分枝低	同上

（2）选择适龄苗木。绿化设计中宜多选用中青龄规格苗木。一般幼苗植株小，起掘方便，根部损伤率低，而且营养生长旺盛，再生力强，因移植损伤的根系及修剪后的枝条容易恢复生长。但是，由于幼树植株矮小，容易遭受外界的损伤，故一时难以发挥绿化效果。大规格壮龄树（老树）树体高大，虽移植后很快就能发挥绿化效果，但是大规格壮龄树营养生长已经逐渐衰退，且规格过大移植操作困难，施工技术复杂，工程造价高，树体恢复慢，成活率低。因此，除特殊重点绿化工程外，一般不宜选用过大规格的壮龄树木。

2. 选择适宜的移植季节

就上海地区而言，植树季节是春季、秋季和梅雨季节。

（1）春季栽植。春季树木开始生理活动，上海地区土壤水分比较充足，春季是主要栽植季节。园林工人又称春季为植树的黄金季节。

（2）梅雨季节栽植。梅雨季节虽已进入高温月份，但上海地区经常阴晴相间，雨水较多，抓住连阴雨的有利时机栽植。但要注意，有时光强温高，容易使新植树木水分代谢失调，需加强管理。

（3）秋季栽植。秋季气温逐渐下降，蒸腾量较低，土壤水分状态较稳定。耐寒的落叶树，秋季栽植后，根系在土温尚高的条件下，还能恢复生长。

3. 选择合适的移植方法

在长期的自然选择和人工培育过程中，树木对环境条件的适应性有很大的差异，移植施工中必须根据各种树木的不同特性而采取不同的技术措施。

（1）裸根移植法。具有较强的再生能力，比较容易移植成活的落叶树木，如杨、槐、泡桐、枫杨、臭椿等，在休眠期移植可选用裸根移植法移植。

（2）带土球包装法。移植再生能力较差，不易成活的常绿树（如香樟、广玉兰、雪松）、竹类或生长季节的落叶树，可选用带土球包装法移植。

学习单元2　植树工程施工准备

学习目标

- 了解植树工程概况
- 掌握施工组织设计编制内容

知识要求

一、了解工程概况

通过工程主管单位和设计单位了解工程的详细情况。

1. 工程的范围和工程量

了解整个单位工程项目，如植树、花坛、草坪的数量、面积和质量要求。

2. 工程的施工期限

了解工程的开工日期和竣工日期，即工程的总进度，以及各个单项工程的进度和要求。

3. 工程投资

包括工程主管部门批准的总投资和设计预算的定额依据，以备编制施工预算计划。

4. 设计意图

设计人员预想达到的绿化目的和绿化工程完成后达到的绿化效果。

5. 搞清施工现场的地下和地上情况

了解地上物的处理要求和地下管线的分布情况与设计的协调，特别要了解地下电缆的分布情况。

6. 定点和放线的依据

了解测定标高的水准基点和测定平面位置的导线点，并作为定点放线的依据。

7. 工程材料来源

了解各项施工材料的来源渠道，其中最主要的是树苗的出圃地点、时间和质量、规格要求。

8. 机械和运输条件

主要了解有关部门的机械、运输车辆的供应条件。

二、现场踏勘

在了解上述工程概况后，施工人员必须到现场做好仔细的踏勘工作，搞清以下情况：

1. 施工现场土质情况

确定是否换土，以此估算客土量及客土来源。

2. 交通状况

考察施工现场是否有施工通道，合理地安置机械作业通道。

3. 水源、电源

考察施工现场的水源、电源情况

4. 各种地上物情况

现场如果有树木、房屋、农田设施、市政设施等，需办理的拆迁手续。

5. 施工期生活实施。

如何安排施工期生活实施。

三、编制施工组织设计

施工组织设计是为实现园林工程设计所定目标而制订的详细措施和计划，涉及从园林施工的整体部署到各单项工程的施工内容设计。施工组织设计应分施工组织总设计（也称施工组织大纲）、单项工程组织设计和分项工程作业设计三个层次。前者包括整个园林工程中各单项工程的总体部署，后者分别按单项工程和其中某一工种或工序编制。以上三个层次的设计在时间和空间上必须互相协调、上下衔接。施工组织设计包括：

1. 施工组织

指挥部及下设的职能部门，如生产指挥、技术指挥、劳动工资、后勤供应、政工安全、质量检验等。

2. 确定施工进度计划

以对季节有严格要求的植物种植工程为中心，协调各单项工程的进度；按需要和现场所具备的条件安排各项目的施工秩序，做到既互不干扰，又可以同时进行。

3. 安排劳动计划

根据工程任务量和劳动定额，计算出每道工序所需用的劳力和总劳力。根据劳动计划，确定劳动力的来源和使用时间以及具体的劳动组织形式。

4. 安排材料、工具供应计划及施工进度表

根据工程进度的要求，提出苗木、工具、材料的供应计划，包括用量、规格、型号、使用进度等。

5. 机械运输计划

根据工程需要提出所使用的机械、车辆，及机械、车辆的型号、日用台数、班数及具体日期。

6. 制定技术措施和要求

按照工程任务的具体要求和现场情况，制定具体的技术措施和质量、安全要求等。

7. 绘制平面图

对于比较复杂的工程，必要时还应在编制施工组织设计的同时绘制施工组织设计布置图。图上需标明测量基点、临时工棚地点、苗木假植地点、水源及交通路线等。

8. 制定施工预算

以设计预算为主要依据，根据实际工程情况、质量要求和当时市场价格，编制合理的施工预算，作为工程投资的依据。

9. 技术培训

开工前应对全部参加施工的劳动人员所具备的技术操作能力进行分析，确定传授施工技术和操作规程的方法，以搞好技术培训。

总之，绿化工程开工之前，合理细致地制定施工组织设计，保证整个工程中每个项目相互衔接合理，互不干扰，保证以最短的时间，最少的劳动力，最节省的材料、机械、车辆、投资实现最好的质。

四、施工现场的准备

1. 拆迁

拆迁是施工现场准备的第一步。主要是把施工现场内不必要的市政设施、房屋等进行拆除和迁移。在拆除和迁移前必须调查清楚，恰当处理。

2. 清理平整

清理平整是施工现场准备的第二步。主要是清除石砾、建筑垃圾、杂草等，然后按照设计图纸进行地形整理。

3. 土壤改良

土壤改良是施工现场准备的第三步。由于不同树种对土壤的要求不同，因此在绿化工程施工中，应尽可能做到对不适宜植物生长的土壤，如重黏土、沙砾土、强酸性土、盐碱土、深层土、工矿生产污染土等进行先期改良。改良后的土壤应达标。

树坛土的主要理化性状见表7—3。

表7—3　　树坛土的主要理化性状

项目 指标 类别	pH值	EC值 $Ms\cdot cm^{-1}$	有机质 $g\cdot kg^{-1}$	容重 $Mg\cdot m^{-1}$	通气孔隙度%	有效土层 cm	石灰反应 $g\cdot kg^{-1}$	石砾	
								粒径 cm	含量 %
乔木	6.0~7.8	0.35~1.20	≥20	≤1.30	≥8	≥100	10~50	≥5	≥10
灌木	6.0~7.5	0.50~1.20	≥25	≤1.25	≥10	≥80	<10	≥5	≥10
行道树	6.0~7.8	0.35~1.20	≥25	≤1.30	≥8	长、宽、深≥100	10~50	≥5	≥10

学习单元3　植树工程的施工

学习目标

➤熟悉植树工程的主要环节

➤掌握植树工程各环节的施工方法

知识要求

一、定点放线

定点放线就是现场放出苗木栽植位置和株行距。

1. 公园绿地放样法

公园绿地定点放线，常用的有以下3种方法：

（1）平板仪定点。适用于范围较大、测定基点准确的绿地。

（2）网格法（坐标定点法）。适用于范围大而地势平坦的绿地。

（3）交会法。适用于范围较小，现场内建筑物或其他标记与设计图相符的绿地。

2. 行道树（行列）放线法

一般行道树的定点是以路侧石或道路的中心为依据，可用皮尺、测绳等，按设计的株距，每隔 10 株钉一木桩作为定位和栽植的依据。定点放线是为有利于树木的生长，应避让电杆、管道、变压器、建筑物等障碍物。

树木与架空线的距离控制及树木与公共设施的距离控制见表 7—4 和表 7—5。

表 7—4　树木与架空线的距离控制

电线电压（V）	树枝至电线的水平、垂直距离（m）
380	1
3 300 ~ 10 000	3

表 7—5　树木与公共设施的距离控制　m

设施名称	距乔木中心	距灌木中心
电杆	≥2	≥0.75
地下管线	≥0.95	≥0.50
道路侧石外缘	≥0.75	不宜种
变压器	≥3	不宜种
高 2 m 的围墙	≥1	≥0.5
高 2 m 以上的围墙	≥2	≥0.5
外墙无窗门	≥2	≥0.5
外墙有窗门	≥4	≥0.5
警亭	≥3	不宜种
路牌、交通指示牌、车站标志	≥1.2	不宜种
消防龙头、邮筒	≥1.2	不宜种
天桥边缘	≥3.5	不宜种

二、挖穴

在挖穴过程中，除按设计确定位置外，还应根据根系或土球大小、土质情况来确定穴径大小，一般应比规定的根系或土球直径大 40 cm，根据树种根系类别确定穴的深浅。穴的口径应上下一致，切忌锅底形或倒梯形，以免植树时根系不能舒展或填土不实，如图 7—1 所示。

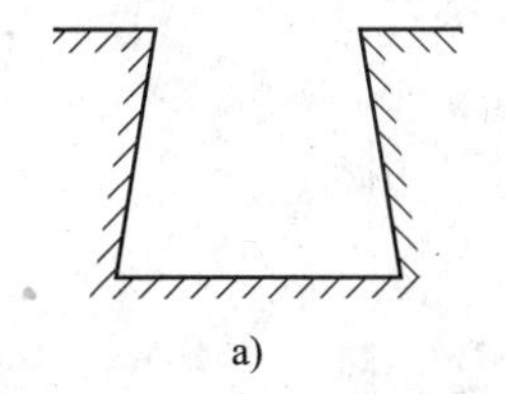

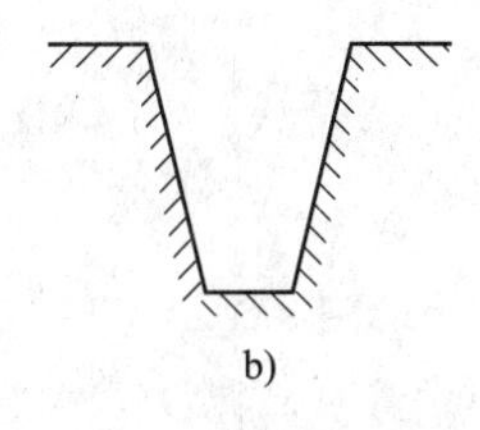

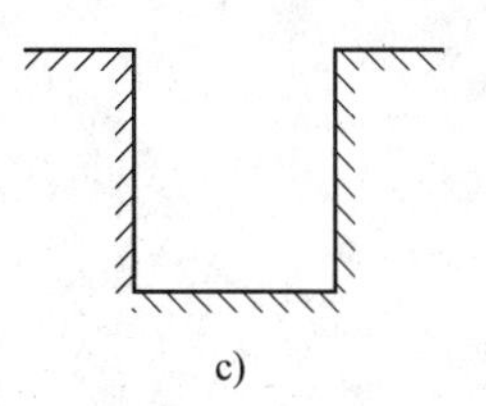

图 7—1　穴的形式

a)，b）不正确　c）正确

挖穴的要求如下：

1．位置要准确，树穴规格达到要求。

2．挖（刨）出的表土应堆放于穴边。表层土壤有机质含量较高，植树填土时，应先填入穴下部，底土填于上部和作开堰用。行道树挖穴时，土应堆于与道路平行的树行两侧，不要堆在行内，以免影响栽树时的瞄准视线。

3．在斜坡上挖穴应先将斜坡整成一个小平台，然后在平台上挖穴。穴的深度以坡的下沿口开始计算。

4．在新填土方处挖穴，应将穴底适当踩实。

5．土质不好的，应加大穴的规格，将有害物清运干净，换上种植土。

6．挖穴时发现电缆、管道等，应停止操作，及时找有关部门配合解决。发现有严重影响操作的地下障碍物时，应与设计人员协商进行设计调整。

7．绿篱等株距很小的可以挖成沟槽栽植。

三、掘苗

1．掘苗的方法

常用的挖掘方法有裸根法、带土球掘苗法两种，如图 7—2 所示。

裸根法即在挖掘时按根系长度范围挖掘，保留须根，不带土球，裸根挖掘。此方法适用于处于休眠状态的落叶乔、灌、藤本。其优点是操作简便，节省人力和物力；缺点是须根易损伤，根系易失水，恢复慢。

带土球掘苗即在挖掘时按规定要求确定根系范围，带土球挖掘。此方法适用于常绿树木、竹类、非正常季节移植的落叶树。其优点是须根不易损伤，并带有原适合生长的土壤，移植过程中水分不易损失，容易恢复；缺点是操作困难，费工、费材料，运输难。

2．挖掘的规格

（1）土球和根系范围的确定。乔木以地径为依据，灌木以根丛周长为依据。

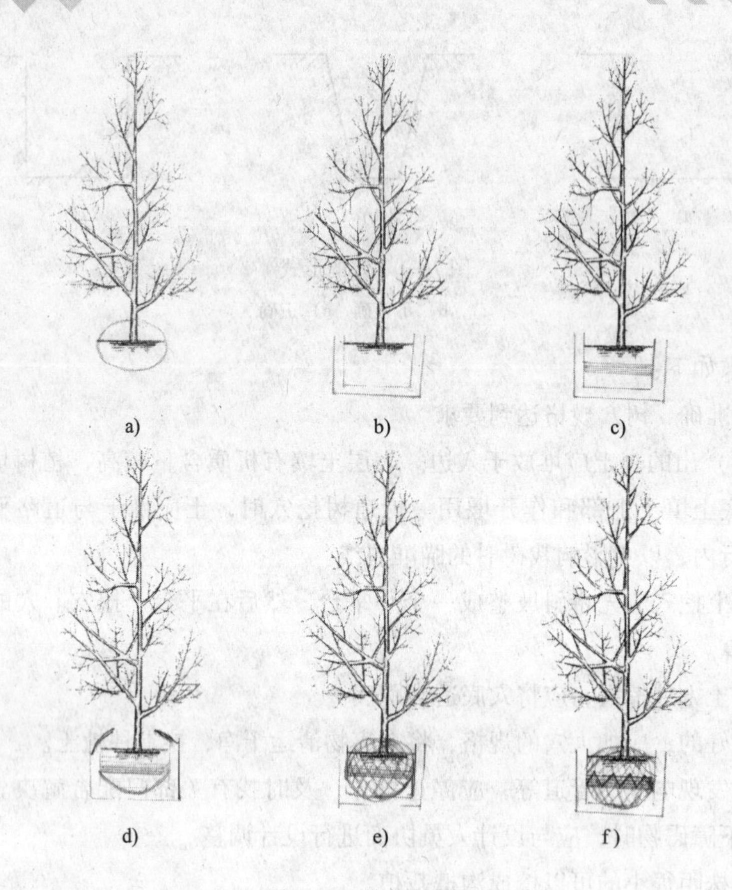

图 7—2　挖掘的过程

a）土球的大小　b）挖球（垂直）　c）扎腰鼓　d）去宝盖削底　e）打网络　f）打腰鼓系腰绳

乔木：地径小于 4 cm，根系或土球直径为 45 cm。

地径在 4 ~ 20 cm，根系或土球直径 =（地径 −4）×5 +45 cm。

地径大于 20 cm，根系或土球直径 = 地径 ×2π（允许偏差 3% 以内）。

灌木：有主干参照乔木。

无主干根系或土球直径取根丛周长的 1.5 倍。

（2）高度确定。土球的高度应取土球直径的 2/3（允许偏差 3% 以内）。

（3）底径确定。土球的底径应取土球直径的 1/3 左右（允许偏差 3% 以内）。

3. 挖掘准备

苗木挖掘前需做好以下五项准备工作：

（1）选苗。选苗应根据设计的意图，选择规格、株型适宜，生长健壮，无病虫害的苗木。对选择的苗木可采用挂牌、喷漆等方法进行标记。

（2）排灌。在挖掘前，对苗木地土壤过于干燥和过于潮湿的应进行排灌。

（3）扎蓬。对侧枝较低的常绿树或灌丛较大的灌木树用草绳把侧枝按其生长方向向上拢起的过程。

（4）工具的准备。铁锹、枝剪、手锯必须锋利，带土球挖掘时还应准备草绳、蒲包等包装材料，且货源要充足。

（5）试掘。对苗木产地的土壤情况不清楚时，在正式挖掘前可试挖 1 ~ 2 棵，以便了解土壤情况，制定相应的技术措施。

四、运苗

"随挖、随运、随种"是保证植树成活率的关键。苗木装车前要认真仔细地核对苗木品种、规格、质量，对不符合要求的苗木应向苗木供应方提出更换。

1. 装车

裸根苗的装车：装车时应树根朝前、树梢朝后，顺序安放；在车厢板上应垫上草包、麻片等软垫物，以防碰上树根、树皮；树梢不得拖地，必要时可用绳子围拢吊起，以防止拖地，在捆绳子处垫上软垫物，不使勒伤树皮；装车不得超高，也不能压得紧；苗木装车后需用油毡布盖严，以防水分大量蒸发；长途运输要对树木喷水保湿，尤其须根部分。

带土球苗装车：装运 2 m 以下苗木可采用立装方式，装运 2 m 以上的苗木可平放或斜放；装车时土球向前、树梢向后；小土球码放 2 ~ 3 层，土球间必须紧密，以防摇动；土球大于 80 cm 只装一层，并用木架或绳子把土球和树冠固定，防止运输过程中移动；土球上不准堆放重物和站人，以防将土球压碎和发生危险。

2. 运输

苗木运输需有专人押送，经常检查苗木情况，发现问题及时处理。短途运输，不要休息，尽量缩短运输时间；长途运输，可采用喷水来保持树木根系湿润，休息应选择阴凉处停车，防止太阳直射。

3. 卸车

苗木卸车时应轻拿轻放。裸根苗木卸车要按序进行，严禁从中间抽取和整车推卸。带土球苗木应一人抱土球，一人拉树冠卸车，切忌只拉树冠卸车，土球应轻轻放置地面。较大的土球可在车箱后斜放一块木板，沿木板轻轻滑下，不要滚动土球。

五、假植

苗木移植时，最忌根部失水，最好能够随掘、随运、随栽。苗木运至工地来不及种植时，必须采用临时种植措施保护苗木，进行"假植"。

1. 裸根苗的假植

（1）短期假植。即临时性假植，适合于1～2天内可完成种植的裸根苗木。通常在种植地附近选择合适的地点，用油毡布或草包盖严，再喷水保湿。

（2）长期假植。合施工期较久才能完成种植任务的裸根苗木。一般在苗木运到种植地前，在施工现场附近选择假植地，视树木根系大小挖好深度为30～40 cm、宽度为50～200 cm左右的种植槽，苗木运到以后，即分类排码，树头最好顺风方向放置，依次安放一层苗木，埋一层土。全部假植完毕后，仔细检查一遍根部是否埋严，发现有漏土的及时补救。

2. 带土球苗木的假植

带土球的苗木运到工地后，若在1～2天内不能完成种植任务，也需进行假植。方法是在工地附近选择适宜的地点，将苗木分类排码，树头也是顺风方向，土球之间的间距为15～30 cm，然后在土球四周培土，如假植时间较长，在土球间隙中也应培土，最后将树冠用草绳围拢。

对假植的苗木要经常注意适量灌水或喷雾保湿，确保根部吸水和叶片不失水。

六、修剪

移植苗木，为解决移植后树木地上和地下部分的平衡，提高移栽成活率，常需对苗木进行修剪。

1. 修剪的目的

苗木移植修剪的目的主要是保持水分代谢为主的平衡、造型、防台抗灾。

2. 种植修剪的原则

树木的种植修剪遵循依据树木在城市绿地中的应用形式和功能要求，如绿地、行道树、林带等；依据树木本身的生物学特性，如有无中央领导干、萌芽率等原则。

3. 修剪的顺序

为便于修剪操作，通常高大乔木因种植后操作不便，应于栽前修剪；小苗、灌木栽植后操作较为方便，可于栽后修剪。

4. 修剪的方法

乔木修剪凡具有明显中央领导干的树种（如银杏、广玉兰、龙柏、水杉、马褂木、意杨等见图7—3），应尽量保护或保持中央领导干的优势。无中央领导干的树种（如香樟、槐、柳等见图7—4），可采用梳枝结合短截的方式进行修剪。行道树苗木修剪方法基本相同。但要注意行道树的分枝高度应控制在3.5m以上，同一道路分枝点基本一致。

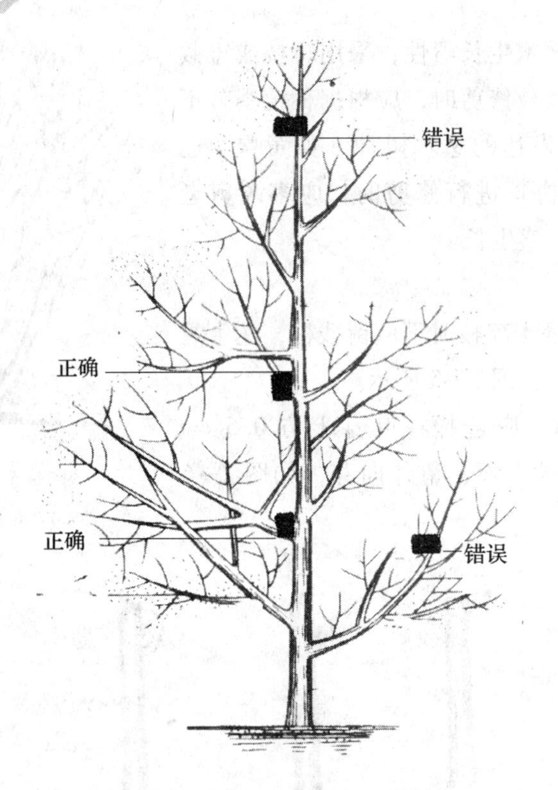

图 7—3　有中央领导干树木修剪图

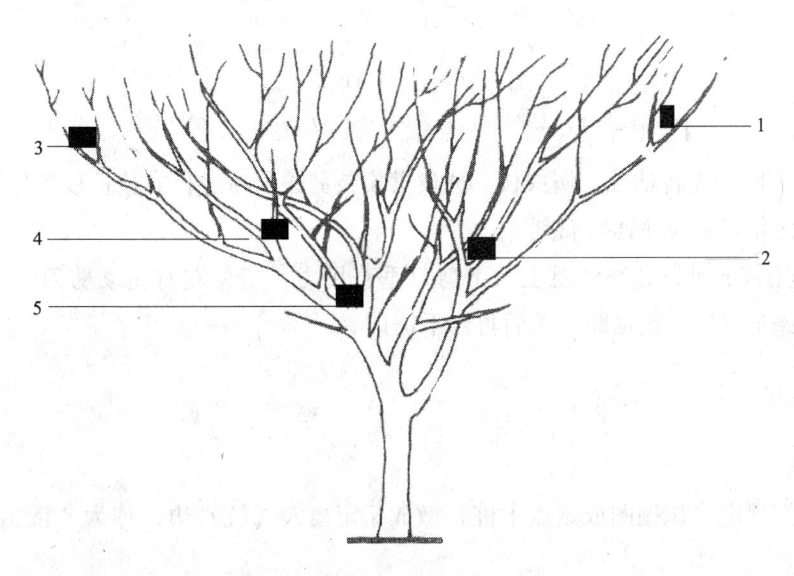

图 7—4　无中央领导干树木的修剪

1，3—短截　2，4，5—梳枝

灌木修剪应根据灌木生长习性，采用疏枝或短截两种方法。灌木进行疏枝修剪时，应根据种植季节不同控制修剪量；根蘖发达的丛木树种（如黄馨、迎春、黄图金条、珍珠梅）进行修剪时，应多疏剪老枝，使其不断更新、旺盛生长。

5. 修剪的要求

（1）乔木和独本灌木疏枝时不应留残桩，丛生灌木疏枝应与地面平齐，如图 7—5 所示。

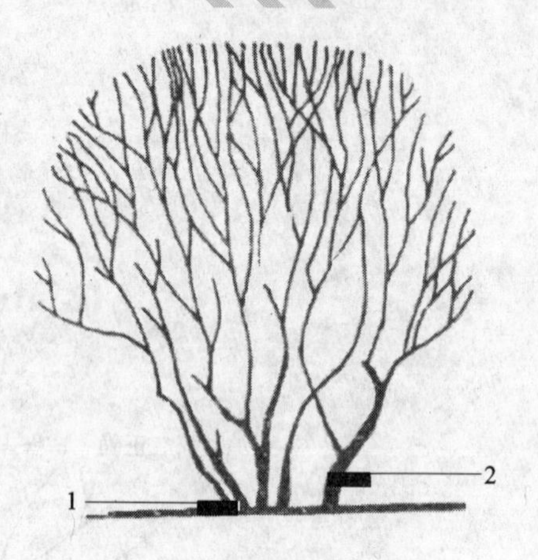

图 7—5　丛生灌木修剪

1—正确　2—不正确

（2）短截枝条时，应选择在叶芽上方 0.5 cm 处，剪口应朝向背芽的一面，留外向芽，如图 7—6 所示。

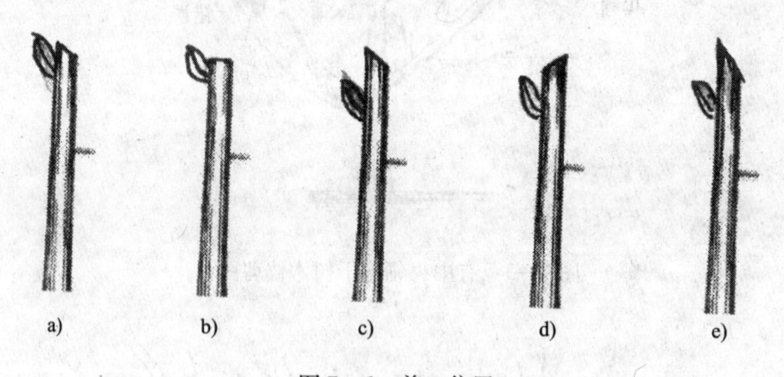

图 7—6　剪口位置

a）合理　b）太平　c）离芽太远　d）方向反　e）切口太直

（3）修剪时应先将枯枝、病虫枝、树皮劈裂枝剪去。对过长的徒长枝应加以控制。较大的剪、锯之伤口，应涂抹防腐剂。

（4）使用枝剪时，必须注意上、下剪口垂直用力，切忌左右扭动剪刀，以免损伤剪口。粗大枝条最好用手锯锯断，然后再修平锯口。

七、栽植

1. 散苗

将树苗按规定（试掘图或定点木桩）散放于定植穴（坑）边，称为“散苗”。散苗要注意以下几点：

（1）要爱护苗木，轻拿轻放，不得损伤树根、树皮、枝干或土球。

（2）散苗速度应与栽苗速度相适应，边散边栽，散毕栽完，尽量减少树根暴露时间。

（3）假植沟内剩余苗木露出的根系，应随时用土埋严。

（4）用做行道树、绿篱的苗木应事先量好高度将苗木进一步分级，然后散苗，以保证邻近苗木规格大体一致。其中行道树相邻的同种苗木高度不超过 50 cm，干径不超过1 cm。

（5）应把常绿树树型较好的一面朝向主要的观赏面。

（6）对有特殊要求的苗木，应按规定对号入座。

（7）散苗后，要及时用设计图纸粗略核对，发现错误立即纠正，以保证植树位置的正确。

2. 栽苗

散苗后将苗木放入坑内扶直，分层填土，提苗至适合程度，夯实固定的过程，称为“栽苗”。

以下是栽植苗木的质量要求。

（1）树身上、下应垂直，如果树干有弯曲，其弯曲应朝向当地的主风方向。

（2）行列式植树，必须保持横平竖直，左右相差最多不超过树干的一半。

（3）不同的苗木栽植深度有不同的要求，但应保证在土壤下沉后根茎和地表等高。

（4）灌水堰应在树穴外缘，切忌小于树穴。

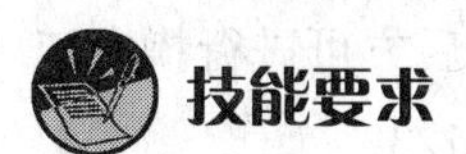

技能要求

小 树 移 植

操作准备

1. 工具准备。准备挖树常用铁锹、手锯、双剪。

2. 材料准备。准备适量包扎草绳。

操作步骤

步骤 1 挖穴

挖穴方法有手工操作和机械操作两种方法。

（1）手工操作法。工具主要有锹和十字镐。操作时以定点标记为圆心，以规定的穴径（直径）先在地上画圆，沿圆的四周向下垂直挖掘到规定的深度，然后将穴底挖松、作平。栽植裸根苗木的穴底，挖松后在中央堆个小土丘，以利于树根的舒展。

（2）机械操作法。工具为挖穴机，必须选择合适的规格、型号。操作时轴心一定要对准定点位置，挖至规定深度，整平坑底，必要时可加以人工辅助修整。能熟练挖掘和种植小树。

步骤2 挖掘

（1）裸根苗掘苗法。根据树木胸径，计算确定裸根长度，然后按裸根长度要求，以树木主干为中心，在树木周围用石灰粉画圈，沿圆圈外围垂直向下挖到一定深度，碰到侧根全部剪断，然后从一侧深挖，碰到粗根剪断。为使粗根不劈裂，大于2 cm的粗根须用手锯锯断，切断底根。挖掘时尽量多留须根，以提高移栽成活率。

（2）带土球掘苗法。带土球挖掘的操作过程和要求如下：

1）根据树木胸径，计算确定土球直径。

2）树木主干为中心，按土球规格在地面上用石灰粉或草绳画圈。

3）去除圆圈内表层的浮土，以不伤及表层树根为限。

4）沿圆圈外缘垂直下挖。为便于操作，宜留沟槽宽度50～80 cm，且保持沟槽上下垂直，在挖掘过程中切忌碰撞泥球，挖至泥球厚度。

5）直径大于50 cm土球，可在此时用一根准备好的竹扦离上沿1/3处打入土球，一端系上草绳，沿泥球腰部缠饶，边缠边用木槌或砖块轻轻敲草绳，俗称“打腰鼓”。腰鼓一般为土球厚度的1/3。

6）直径小于50 cm的土球挖掘，在第四步完成后，直接沿土球厚度的1/3处由底圈向内45°挖，称为“掏底”；直径大于50 cm的土球挖掘，须第五步完成后方可进行掏底工作，适当保留底土中心土，支柱土球，以利包扎。底径应为土球直径的1/3。

7）直径小于50 cm的土球包扎，可采用蒲包法包扎。对土壤质地较好的土球可采用单包法，即将土球抱出穴后用草包包扎；对土壤质地较疏松的土球，采用双包法，即在挖掘穴内，将两个大小合适的蒲包沿一边剪至中心，用一边兜底，一边盖顶，两个蒲包结合处用草绳固定。

直径大于50 cm的土球包扎，可采用网络法包扎。即在完成第四步和第五步后，用草绳一端系在树干根颈部，缠绕几圈固定，后沿土球与垂直方向成30°斜角缠至土球底部，边缠边用木槌或砖块轻轻敲草绳，使草绳与土球紧密结合，不松动，一直形成网络。网络要求在8～10 cm之间。

8）直径大于50 cm的土球，在网络完成后，须在网络外的土球中部捆几道草绳，称“系腰绳”，而后再上下用草绳呈斜向将纵向（网络）草绳和横向（腰绳）草绳串结起来，不使腰绳滑脱。

9）凡在挖掘穴内打包的土球，打包后轻轻将苗木推倒，用蒲包或草绳将土球底部包严，防止漏土，此称为“封底”。

挖掘包扎后的树苗应立即出穴待运，并及时将挖掘穴填平。

步骤3 栽植

（1）裸根苗栽植

1）将苗木轻轻放入穴内。

2）一人将树苗放入扶直，另一人用坑边好的表土填入，填土至一半。

3）将苗木轻轻提起，使根茎部位与地表相平，使根自然向下呈舒展状态，然后边填土边用木棒夯实，继续填土，直到比穴（坑）边稍高一些，再用力夯实。

4）用土在穴的外缘作灌水堰，种植完毕。

（2）带土球苗栽植

1）需先量好坑的深度与土球高度是否一致，如有差别应及时挖深或填土，不能盲目入坑，造成来回搬动土球。

2）轻轻把土球抱入穴，先在土球底部四周垫少量土，将土球固定，注意使树干直立。

3）将包装材料剪开，并尽量取出（易腐烂之包装物可以不取）。

4）先填入好的表土至穴的一半，用木棒在土球四周夯实。

5）继续用土填满穴并边填土边夯实，注意夯实时不要砸碎土球。

6）在穴的外缘作灌水堰，种植完毕。

学习单元4　植树工程的栽后养护

学习目标

➢了解植树工程栽后养护的主要内容

➢掌握植树工程栽后养护的要点

知识要求

植树工程栽后养护包括包扎、支撑、浇水、扶正封堰、防病等多项内容。

一、包扎

为提高新种树木的成活率，对较大规格的乔木和灌木需进行树干包扎，包扎一般用草绳。

二、支撑

新种苗木为了防止被大风吹倒，应在栽植后立支柱支撑。小树支撑可用单桩支撑、扁担支撑和网格支撑。

1. 单桩

单桩常被用于行道树种植中（见图 7—7），上海地区常用的单桩有水泥桩和钢管桩。树桩长度为 3.5 m，其中打入地下 1.1 m，留在地上部分为 2.4 m。单桩支撑应立于上风向，对上海地区来讲，一般台风时主导风向为东北风，故在南北向道路上桩立在树木的北侧，在东西向道路上立在树木的东侧，支柱与树干之间的距离为 30 ~ 35 cm，并在树桩顶部 20 cm 处用三角带与树木绑扎，绑扎的方法为八字形（∞）。

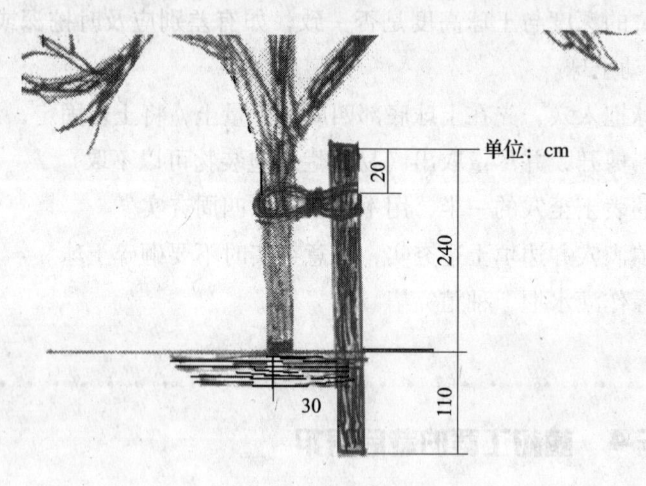

图 7—7 行道树单桩

2. 扁担桩

扁担桩（见图 7—8）常被用于绿地中的孤植树木。扁担桩通常用木桩，树桩长 2.3 m，打入土中 1.2 m，水平桩离地 1 m。扁担支撑是用两根木桩在树干两侧垂直钉入土中，桩位应在根系和土球范围外，在木桩顶部下 10 cm 处放置水平桩，将水平桩用麻绳固定，然后用麻绳将树干与水平桩固定，并在扎缚处垫上软物，以防止擦伤树皮。

3. 网格支撑

网格支撑（见图 7—9）常被用于成片成行种植绿地树木中，网格支撑通常用毛竹。先将毛竹绑扎于树干上，为便于技术工人养护操作，高度宜在 1.8 m 左右（小苗可适当降低高度），然后对片林的四周树木用毛竹三角撑加固。

三、浇水

水是保证树木成活的关键，栽植后应立即浇水，如遇干旱季节必须每隔一定时间连续浇水。

110
120
单位：cm

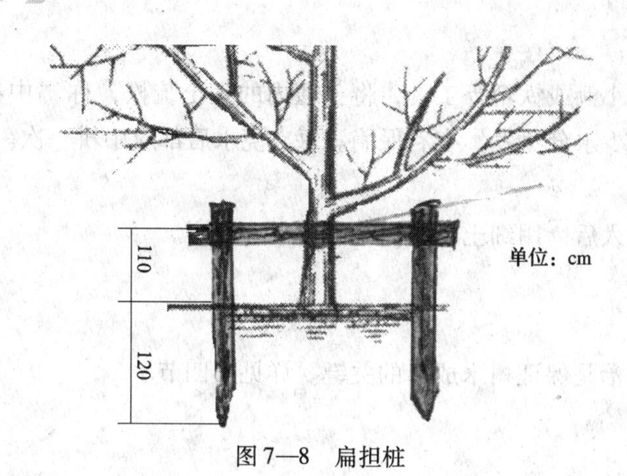

图 7—8　扁担桩

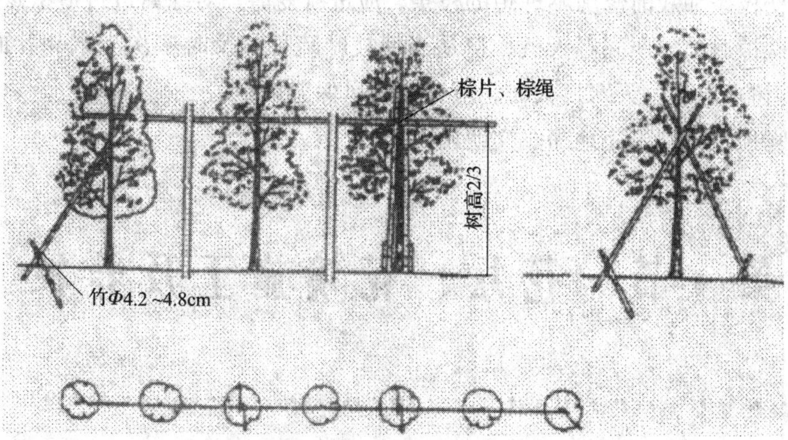

棕片、棕绳
树高2/3
竹Φ4.2 ~4.8cm

图 7—9　淡竹网格支撑

1. 开堰

苗木栽好后，先用土在原树坑的外缘部起高约 15 cm 圆形地堰（俗称酒酿团），并用铁锹和锄头等工具将土拍打牢固，以防漏水。

2. 浇水

苗木栽好后，无雨天气在 24 h 之内必须浇上第一遍水。水要浇透，使土壤充分吸收水分，有利土壤与根系紧密配合，这样有利于成活。

四、扶正封堰

1. 扶正

浇第一遍水后的第二天，应检查苗木是否有倒和歪的现象，发现后应及时扶正，将苗木固定好。

2. 中耕

水分渗透后，用小锄或铁耙等工具，将土堰内的表土疏松，称“中耕”。中耕可以切断土壤的毛细管，减少水分蒸发，有利保墒。每次浇水后都应中耕一次。

3. 封堰

浇水并待水分渗入后，用细土将堰内缝隙填平、填实。

五、防病

加强病虫害的防治是保证树木成活的关键。详见第四节。

六、其他措施

1. 对受伤枝条和栽前修剪不理想的枝条，应进行复剪。对绿篱进行造型修剪。

2. 树木栽植后，如遇高温天气，应适当使枝叶疏稀，及时多次浇水和叶面喷水，或搭荫棚以保持树木湿润。天寒风大时，应采取防风保温措施。

3. 清理场地，做到工完地净、文明施工。

第4节　花坛、花境施工及养护

学习单元1　花坛、花境概述

学习目标

➢了解花坛、花境概念

➢熟悉花坛、花境类型

知识要求

一、概念和分类

1. 花坛的概念

花坛是将同期开放的多种花卉或不同颜色的同种花卉，根据一定的图案设计，栽种于特定规则或自然式的床地内，以发挥群体美的一种花卉应用形式。花坛配置精细，材料多采用一二年生（或观叶植物）植物，植株整齐，花期一致。

2. 花坛的类型

花坛的类型，依据其视维空间、材料选用可分为多种类型。按视维空间分为平面花坛、立体花坛，按花卉材料选用分为花丛花坛、模纹花坛。

二、花境的概念和分类

1. 花境的概念

花境是指是利用宿根花卉、球根花卉及一二年生花卉，栽植在树丛、（绿篱）绿地边缘及建筑物前，以带状自然式栽种的花卉布置形式。

2. 花境的类型

花境依据设计形式和材料应用可分为不同的类型。按设计形式分为单面观赏花境、双面观赏花境、对应式花境等，按植物材料分为宿根花卉花境、混合式花境、专类花卉花境。

学习单元2 花坛、花境施工

学习目标

➢了解花坛、花境施工环节

➢掌握花坛、花境施工方法

知识要求

一、花坛施工

花坛施工包括场地准备、放样、栽植等几个环节。

1. 场地准备

花坛施工之前，一定要先整地，将土壤深翻 40 ~ 50 cm，土质较差时，则必须换土；平整后撒施基肥，施肥后应进行一次约 30 cm 深的耕翻，使肥与土充分混匀；种植前应彻底消灭杂草，清除杂草可铲除杂草并深挖草根或使用内吸传导型除草剂消灭杂草。

花坛植床应处理成一定的坡度，并根据花坛所在位置和实际需求整成不同的形状。若需四面观赏，可处理成尖顶状、台阶状、圆丘状等形式；若需单面观赏，则可处理成一面坡的形式，如图 7—10 所示。

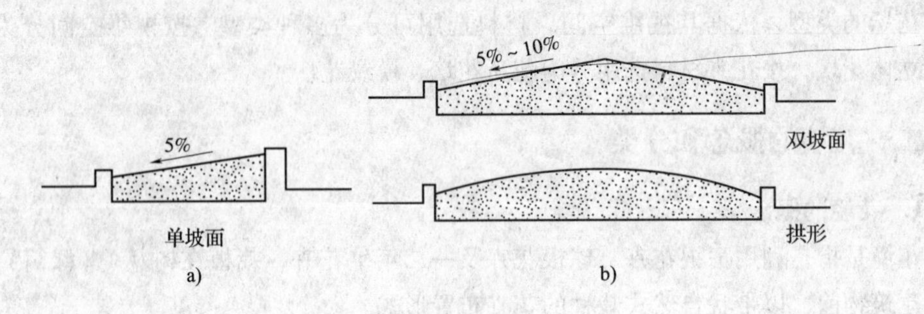

图 7—10　花坛形状

a）单面观赏　b）四面观赏

花坛土壤主要理化性状要求见表 7—6。

表 7—6　花坛土壤主要理化性状要求

项目/指标/类别	pH 值	EC 值（Ms · cm^{-1}）	有机质（g · kg^{-1}）	容重（Mg · m^{-1}）	通气孔隙度（%）	有效土层（cm）	石灰反应（g · kg^{-1}）	石砾 粒径（cm）	石砾 含量（%）
一级花坛	6.0～7.0	0.5～1.50	≥30	≤1.00	≥15	≥30	<10	≥1	≥5
二级花坛	6.0～7.5	0.5～1.50	≥25	≤1.20	≥10	≥30	<10	≥1	≥5

2. 放样

栽花前，按照设计图，先在地面上准确画出花坛位置和范围的轮廓线。放线方法可灵活多样。

（1）直接丈量法。花丛式花坛根据设计图样，直接用皮尺量好实际距离，并用灰点、灰线作出明显标记。

（2）网络法。模纹花坛是图案较简单的花坛，可采用网格法放样。即在设计图样上画好方格，按比例相应地放大到地面。

（3）模板法。有连续和重复图案的花坛。有些模纹花坛的图案是互相连续和重复布置的。为保证图案的准确性，可以用较厚的纸板（如马粪纸等），按设计图样剪好图案模型，在地面上连续描画出来。

3. 栽植

（1）起苗。裸根苗应随栽随起，尽量保持根系完整。带土球苗，起苗时要保持土球完整、根系完好。盆育花苗，栽时最好将盆脱去，但应保证盆土不散，也可连盆一起埋入花坛。

花坛花卉的质量标准见表7—7。

表7—7　　花坛花卉的质量标准

类别	质量
主干	株高一致，主干矮，具有粗壮的茎秆，基部分枝强健，分蘖3~4
根系	根系完好，生长茂盛，无根部病虫害
花期	花蕾露色，开花及时，体现最佳效果，花期一致
花色	花色亮丽，花色一致
植株	无病虫害，无机械损伤，无脱水症状

（2）花坛栽植方式。一般花坛，如花苗就具有一定的观赏价值，可以将幼苗直接定植，保持合理的株行距；也可直接在花坛内播好花籽，出苗后及时间苗管理。重点花坛，一般应事先在花圃内育苗，待花苗基本长成后，于适当时期选择符合要求的花苗，栽入花坛内。

（3）栽前准备。运来的花苗应存放在阴凉处，并适当进行保湿。花苗株高不整齐时，应进行整理。

（4）栽植时间。栽植花坛花卉应在早晨、傍晚或阴天进行。

（5）栽植顺序。单个的独立花坛，应由中心向外的顺序退栽；一面坡式的花坛，应由上向下栽；高、低不同品种的花苗混栽者，应先栽高的，后栽低的；宿根、球根花卉与一二年生花混栽者应先栽宿根花卉，后栽一二年生草花；模纹式花坛应先栽好图案的各种轮廓线，然后再栽内部填充部分；大型花坛可以分区、分块栽植。

（6）栽植距离。花苗的栽植间距要以植株的高低、分蘖的多少、冠丛的大小而定，以栽后不露地面为原则，也就是说，其距离以相邻的两株（棵）花苗冠丛半径之和来决定。当然，栽植尚未长成的小苗，应留出适当的生长空间。在现场施工时，模纹花坛植株间距应适当小些；规则式的花坛，花卉植株间呈梅花状（或叫品字形栽植）排列。

（7）栽植的深度。栽植过深，花苗根系生长不良，甚至会腐烂死亡；栽植过浅，则不耐干旱，而且容易倒伏。一般栽植深度以所埋土刚好与根颈处相齐为最好。球根类花卉的栽植深度应更加严格掌握，一般覆土厚度应为球根高度1~2倍。

二、花境施工

1. 场地准备

花境栽植地的准备工作基本同花坛，也需要进行翻土、清除杂草、施肥和整地，但花境翻土要比花坛翻土稍深些，可到50~60 cm。

花境土壤主要理化性状要求见表7—8。

表 7—8　　花境土壤主要理化性状要求

项目/指标/类别	pH 值	EC 值（Ms·cm⁻¹）	有机质（g·kg⁻¹）	容重（Mg·m⁻¹）	通气孔隙度（%）	有效土层（cm）	石灰反应（g·kg⁻¹）	石砾 粒径（cm）	石砾 含量（%）
一级花境	6.5～7.5	0.35～1.20	≥25	≤1.25	≥10	≥50	10～50	3	10
二级花境	7.1～7.5	0.35～1.20	≥20	≤1.30	≥5	≥50	10～50	3	10

2. 放样

花境图样的放样可采用网格法或模具法。

网格法基本同模纹花坛放样法同，先在图样上打上网格，然后在实地拉网格，再按图上坐标在实地定位。网格大小视图样而定，一般可在 50 cm 左右。

模具法放样是将花境设计的形状用纸板事先做成模具，然后将模具放在实地，用石灰粉画出轮廓线。

3. 栽植

（1）起苗。花境多采用多年生宿根、球根植物，大多为露地种植，起苗后应注意遮阴、保湿。

花境花卉的质量标准见表 7—9。

表 7—9　　花境花卉的质量标准

类别	质量
植株	苗木健壮，无病虫害，无机械损伤，无脱水症状，绿叶期较长
根系	根系完好，无根部病虫害，并具有 3～4 个芽
休眠期	休眠期短，且不需要将地下部分挖出
花色	花色亮丽，花色一致
观叶植物	叶色鲜艳，观赏期长，盆栽苗或移植苗

（2）栽前准备。种植前浇水湿润土壤。花境种植时品种较多，容易混杂，因此在种植前可先将不同品种按设计图纸定位，等确定无误后进行栽植。

（3）栽植方法。花境的方法基本与花坛相同。

技能要求

平面花坛种植

1. 操作准备

（1）设计图样。

（2）按照布置花坛的面积、设计图样准备适当成品花苗。

（3）准备种花刀、皮尺、石灰粉等材料工具。

2．操作步骤

（1）整地。按照图样用四齿耙进行细整。

（2）放样。按照花坛图样，用石灰粉进行放样。

（3）花苗整理。根据花苗的情况进行整理并确定栽植顺序、间距和深度。

（4）按照土球或根系的直径确定穴的大小。用种花刀（专用工具）进行挖穴，栽植穴要挖大一些，保证苗根舒展。

（5）栽入后用手压实土壤，并随手将余土整平。

学习单元3　花坛、花境栽后养护

学习目标

➢掌握花坛、花境养护的基本环节和要点

知识要求

一、花坛的养护

花坛景观面貌主要取决于日常的养护管理。花坛的养护管理工作，需要精心、细致地进行，否则不能发挥其应有的观赏效果。

1．浇水

花苗栽好后，在生长过程中要不断浇水，以补充土壤水分不足。浇水的时间、次数、灌水量则应根据气候条件及季节的变化灵活掌握。浇水时间夏季一般应安排在上午10点前或下午16点以后。冬季在中午进行。浇水量要适度，浇水时应控制流量，不可太急，避免冲刷土壤，更不能用皮管对着冲。

2．施肥

草花所需的肥料，主要依靠整地时所施入的基肥。在定植后的生长过程中，也可根据需要，进行追肥，品种以磷、钾肥为主。追肥时，注意不要污染花叶，施肥后应及时浇水。

3. 中耕除草

花坛内的杂草要及时清除。为保持土壤疏松，应经常中耕、松土。但中耕松土要适当，不要损伤花根。

4. 修剪

为控制花苗的植株高度，促使茎部分蘖，保证花丛茂密、健壮以及保持花坛整洁、美观，应随时清除残花、败叶，经常修剪。一般花草在开花时期每周剪除残花 2～3 次。模纹花坛更应经常修剪，保持图案明显、整齐。球根类花卉，开花后应及时剪去花梗，以便清除枯枝残叶，并可促使球根发育良好。

5. 补植

花坛内如果有缺苗现象，应及时补植。补植花苗的品种、色彩、规格一致。

6. 立支柱

生长高大以及花朵较大的植株，为防止倒伏、折断，应设立支柱。将花茎轻轻绑在支柱上。支柱的材料可用细竹竿，有些花朵多而大的植株，除立支柱外，还应用铁丝编成花盘将花朵托住。支柱和花盘都不可影响花坛的观瞻，最好涂以绿色。

7. 更换花苗

由于草花生长期短，要经常做好更换花苗的工作。

二、花境的养护

花境花卉品种较多，在养护管理中应根据不同植物的习性进行养护工作。

1. 浇水

应按照不同花卉品种进行浇水。

2. 补植

对生长中出现过密或稀疏的现象，需及时抽稀或补苗。

3. 修剪

开花后应及时修剪残花。

4. 施肥

可用增施有机肥的方法来改良土壤，增加土壤肥力。

5. 病虫害防治

对休眠的宿根花卉可采用有机物覆盖等方式以保证花境的最佳观赏效果。

第 5 节　草坪施工及养护

学习单元 1　草坪分类

学习目标

➢了解草坪分类

➢掌握上海常见的草坪种类

知识要求

草坪亦称草地，是指自然或人工建造的草本植物群落。它具有一定的景观和生态效益，人工草坪现被广泛用于园林绿地、工厂、运动场等绿地建设。

一、草坪草的类型

用于建设人工草坪的植物，大多是质地纤细、株枝低矮，具有扩散生长的根茎型和匍匐型多年生草本植物，它们能耐修剪并具有较高的观赏价值，我们称为草坪草。草坪草有很多种类，按照气候条件和地域分布可分为以下两类：

1. 暖地型草坪草

这类草坪草最适合生长温度 25 ~ 30℃，主要分布在长江流域和以南的沿海地区。它的主要特点是冬季呈休眠状态，在早春返青复苏后生长旺盛，进入晚秋，一经初霜，其茎叶枯萎休眠变黄。

2. 冷地型草坪草

这类草坪草最适合生长温度为 15 ~ 25℃，主要分布在华北、东北和西北等长江以北的我国北方地区。它的主要特征是耐寒性较强，在夏季不耐炎热，春、秋两季生长旺盛。

二、上海地区常见草坪草的品种

1. 暖地型草种

（1）结缕草【*Zoysia japonica L*】。

（2）中华结缕草【*Zoysia japonica Hance*】。

（3）细叶结缕草【*Zoysia tenuifolla Willd. et Trin.*】。

（4）沟叶结缕草【*Zoysia matrella Merr.*】。

（5）狗牙根【*Cynodon dactylon L.*】。

（6）百慕大【杂交狗牙根】。

2. 冷地型草种

（1）高羊茅【*Festuca arundinacea Schreb.*】。

（2）多年生黑麦草【*Lolium perenne L.*】。

（3）早熟禾【*Poa*】。

常见草坪草品种的生长习性见第四章。

学习单元2 草坪建植

学习目标

➢了解草坪建植的常用方法

➢熟悉草坪建植的施工程序

➢掌握草坪播种、铺植的方法

知识要求

一、坪床准备

栽植草坪，必须事先按设计标高整理好坪床，坪床准备工作主要包括地面清理、平整土地、土壤消毒、施基肥等。

地面清理指在建坪的场地上清除不利于草坪生长的障碍物。

1. 清除石砾和杂草

杂草清除常采用人工拔除，也可以用化学药剂。坪床以下 40 cm 草根、树根、瓦块、石砾等杂物应清除，多瓦砾土层应用 10 cm × 10 cm 的网筛过一遍。

2. 初平

在杂草、杂物清除后应按设计图样初平一次，如果设计图样有地形，必须按设计图样

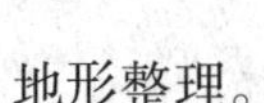

地形整理。

3. 施基肥及耕翻

平整后施用一些优质的有机肥作基肥，如猪粪、鸡粪、豆饼等，但不要用马粪，然后普遍进行一次耕翻，使土壤疏松、通气良好，有利于草坪植物的根系发育，也便于播种或栽草。施有机肥的用量在每亩 2 500 ~ 3 000 kg。在耕翻过程中，如发现局部地段土质欠佳或混入的杂土过多，则应换土。

草坪土壤主要理化性状要求见表 7—10。

表 7—10　草坪土壤主要理化性状要求

项目 / 指标 / 类别	pH 值	EC 值 ($Ms \cdot cm^{-1}$)	有机质 ($g \cdot kg^{-1}$)	容重 ($Mg \cdot m^{-1}$)	通气孔隙度（%）	有效土层（cm）	石灰反应 ($g \cdot kg^{-1}$)	备注
一般草坪	6.5 ~ 7.5	0.35 ~ 0.75	≥20	≤1.30	≥8	≥25	10 ~ 50	直播时土块 <2 cm 且不允许有石砾
运动场草坪	6.5 ~ 7.5	0.5 ~ 1.50	≥30	≤1.30	≥10	≥25	10 以下	

4. 防虫

为防止地下害虫、保护草根，可于施肥的同时，施以适量的农药。注意施药均匀，避免药粉成团块状，影响草坪的成活率。

5. 细平

为确保草坪的平整，需对坪床作细平。细平前，应耕翻，对坪床灌一次透水或滚压 2 遍，使土壤充分沉降。细平可用一条绳子拉一个钢垫或板条来耙平。

小面积草坪一般采用自然排水，整地时注意自然坡度（一般采用 0.3% ~ 0.5% 的坡度）；大面积草坪需设置地下排水系统，在一定面积内修一条缓坡的沟道。

二、草坪建植

草坪的建植方法有很多，如播种法、栽植法、铺植法、草坪植生带、追播法等方法，其中以铺草块的方法应用最为普遍。

1. 播种

播种法繁殖草坪，适用于结籽量大且种子容易采集的草种。

（1）播种种子的质量标准纯度和发芽率两个指标。一般要求纯度在 90% 以上，发芽率在 50% 以上。

（2）播种量应根据草种、种子发芽率等而定，一般用量为 10～20 g/m²。

上海常用草坪草种的播种量：

冷地型草：多年生黑麦草 25 g/m²，高羊茅 30 g/m²，剪股颖 5～8 g/m²。

暖地型草：矮生百慕大 18～20 g/m²，脱壳 15 g/ m²，日本结缕草 18 g/m²。

相关链接

$$播种量（g/m^2）=\frac{留苗量（m^2）\times 千粒重（g）\times 10}{100\times 纯度\times 发芽粒}$$

按照上述公式计算出的播种量为理论播种量，实际播种量还应加 20% 左右的损耗量。

（3）播种前需对种子加以处理，如结缕草种子用 0.5% 的 NaOH 浸泡 24 h，用清水冲洗再播种，野牛草种子可用机械的方法搓掉硬壳等。

（4）播种应根据草种的生长特性和气候条件来确定，一般选择播种期在温度和水分条件最适合生长的季节之前进行播种。暖季型草种最适宜生长的温度在20～25℃，因此适合的播种季节是春末夏初。冷季型草种最适宜生长的温度在15～25℃，因此适合的播种季节是秋季。

（5）播种的方法有人工播种和机械喷播两种。

相关链接

人工条播法播种方法是在整好的场地上开深 5～10 cm 的沟，沟距 15 cm，用等量的细土或砂与种子拌匀撒入沟内。

人工撒播法播种的方法是在整好的坪地上，先在地上作 3 m 宽的条畦，并灌水浸地，水渗透稍干后，用特制钉耙（齿距 2～3 cm）纵横搂沟，深度 0.5 cm，然后将处理好的种子用等量的细土或砂与种子拌匀后均匀撒在坪地上，一般需来回重复一次或纵横重复撒播（也称回纹法）（见图 7—11），在用坪耙轻轻耙土，最后用 200～300 kg 的碾子镇压使种子入土 0.2～1 cm。

机械喷播法是将草种配以种子萌发和幼苗期生长所需要的营养元素，并加入一定数量的保湿剂、除草剂、绿色材料（其他颜色）、质地松软的添加剂、黏着剂和水等养分搅拌混合，配制成具有一定黏性的悬浊液，通过装有空气压缩机的高压喷浆帮机组组成的喷播机，将搅拌好的悬浊浆液，高速度喷射到需要播种的地方。

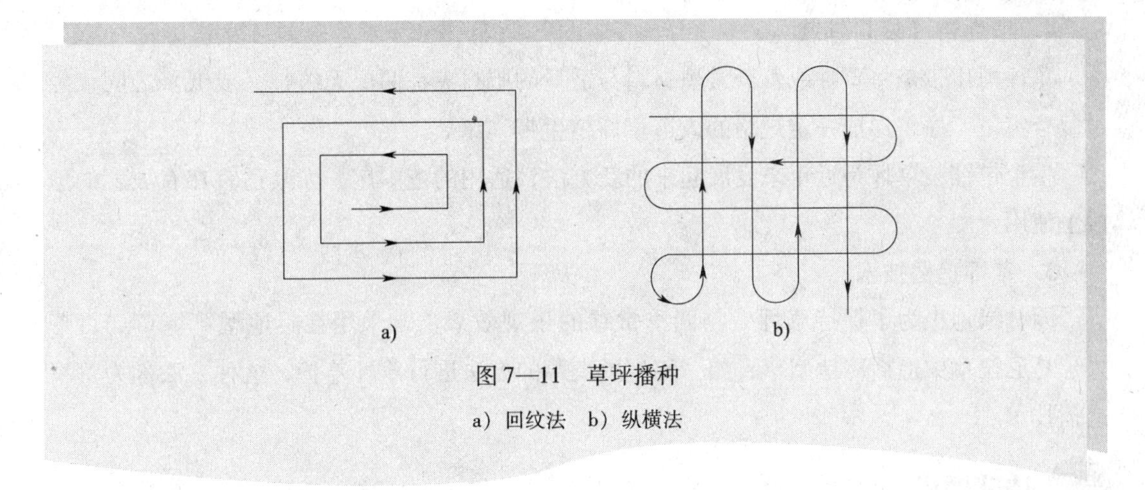

图 7—11　草坪播种

a）回纹法　b）纵横法

（6）播种后的草坪宜用一定的覆盖材料（如无纺布、塑料薄膜等）覆盖。覆盖坪床面应保持一定的缝隙，以免妨碍幼苗对光线的吸收。幼苗基本出齐时，应及时撤去覆盖物，以免捂伤幼苗和影响幼苗生长发育。撤除覆盖物的时间一定要在阴天或晴天的傍晚。

（7）播种后，要充分保持土壤湿度，可保证出苗和幼苗生长。栽植法因成坪主要靠匍匐茎蔓生，所以对一些没有匍匐茎的冷地型草种，不宜使用。

2. 栽植法

根据栽植方法不同可分为点栽法、条栽法两种。

（1）点栽法铺草坪的优点是最节省草皮材料，一般可节省草坪 50% 左右，但成坪时间最长。

（2）条栽法建植草坪的优点是比较节省人力，用草量也较少，一般可节省草坪 30% 左右，成坪速度也较慢。

3. 铺植法

铺植法建坪是目前草坪建植中最常用的一种方法，铺植草坪一般为 30 cm × 30 cm、厚为 2 ~ 3 cm 的草皮块。

草坪铺植方法有无缝铺栽法、有缝铺栽法、间铺法 3 种。

（1）无缝铺栽法尤适用于无匍匐茎的草种（如高羊茅等一些冷地型草种）。这种方法成坪快，但草皮需要量与草坪面相同（100%）。

（2）有缝铺栽法适用于有匍匐茎的草种。铺植时在各块草皮相互间留有一定的缝，缝的宽度为 3 ~ 4 cm，这样可以节省草皮 10% ~ 30%。

（3）间铺法也仅适用于有匍匐茎的草种。铺植时把草皮块按品字形或梅花形的形式相间排列，展现了较为美观的图案，这样可以节省草皮 50%。

4. 植生带（袋）铺栽

草坪植生带是将草种或营养繁殖材料与适量的肥料夹在两层无纺布（或纸）之间，经过复合定位工序，形成一定规格的人造草坪植生带（纸）。

植生带铺装草坪是近年来发展起来的新方法，适用的范围广，尤其适宜在有坡度的地段上使用。

5. 草坪追播技术

园林绿地中为了保持草坪一年四季常绿的景观效果。常采用在暖地型草坪草如百慕大、马尼拉草中追播冷地型草，如一年生黑麦草的方法进行草坪养护，这种方法称为草坪追播技术。

技能要求

草 坪 铺 植

操作准备

准备适量草皮，30 cm×30 cm。

操作步骤

步骤 1　在事先准备好的坪地上铺植，铺植时草皮一块块紧紧相连，不留缝隙。

步骤 2　铺完以后用 0.5 ~1 t 重的滚筒或木夯夯紧夯实，压紧后的草坪应是草面和四周土面都平整，使草皮与土壤接触紧密，无空隙。

步骤 3　立即进行均匀适度的浇水，以固定草皮和促进根系生长。

步骤 4　坪地有低凹面，可以覆以松土使之平整。

学习单元 3　草坪养护

学习目标

➢了解草坪养护的内容

➢掌握草坪养护的要点

知识要求

草坪质量的关键在于养护。常用养护管理的措施包括灌水、施肥、修剪、除杂草、病虫害防治等。

一、灌水

新种草坪，除雨季外，每周浇水2~3次，渗水深度应达到10~15 cm，以后可以逐渐减少浇水的次数，但每次的浇水量则要逐渐增大。

小面积草坪或没有安装喷灌设施的草坪，应采用人工水管直灌或自制洒水车浇水。浇水时间一般应在早晨进行。不要在中午烈日下进行灌溉，此时浇水易引起叶片的灼伤；也避免在晚上灌溉，容易感染病害，特别是冷地型草坪。

二、修剪

草坪修剪是草坪养护中的重要手段。一般新建草坪的草长到7~8 cm时，应该进行第一次修剪，剪草高度应根据草种特性而定，冷地型草修剪高度为5~8 cm，暖地型草修剪高度为4~8 cm。林下草地的留茬高度可适当高些，高度可达6~8 cm。草坪修剪的时间以每天早晨草叶挺直的时候最为适宜。在草坪修剪过程中，应按顺序修剪，保持草坪的清洁整齐。修剪下来的草屑，应该收集并运出草坪，以免草屑覆盖草坪草而引发疾病，甚至死亡。

三、施肥

草坪植物生长最需要的是氮肥，其次是磷、钾肥，因此，施肥应根据具体情况确定肥料种类、施肥量、施肥的时间。

1. 基肥

为保证草坪草的土壤有足够的养分，一般草坪每1~2年应追施一次基肥，基肥可采用腐熟的有机肥，如厩肥、人粪尿、植物枯枝叶、淤泥等，但不能用马粪。施肥时间从晚秋至早春的休眠期为宜，施肥量每次施用1.5 kg/m^2，施肥方法是先对草坪草进行修剪一次，然后将肥料均匀撒施在草坪的表面，施肥后喷水压肥。

2. 追肥

为保证草坪草正常的生长，在草坪草生长季节有时需施追肥，追肥以化肥为主，应采用含氮量高，并且含有适量磷、钾的复合肥料，也可追施尿素或含50%氮的缓效化肥。追肥一般采用喷施的方法，施用量为10~20 g/m^2，喷肥应按比例稀释（尿素为1:50），追肥一年2~3次。对于新建的草坪，因根系较弱，应采用少量多次的方法进行追肥。每次施肥后应适量喷水，对刚修剪后的草坪不宜施化肥，否则会使剪口枯黄，一般在一星期后才能施肥。

四、除草

杂草是草坪的大敌，草坪管理若不善，就会有杂草侵入，轻则影响观赏，重则会侵吞草坪草。因此，草坪除草是草坪养护工作的重点。

常用的除草方法有人工除草和化学除莠的方法。

1. 人工除草

人工除草即是利用手工操作，人工用小刀将杂草挖除。人工除草是一种传统的除草方法，虽然除草费工大，效果不理想，但对养护工人的技术要求低，故至今被广泛应用。

2. 化学除莠

化学除莠即是利用化学除莠剂对杂草的杀伤力进行有选择的使用，从而控制杂草对草坪的危害。目前常用的化学除莠剂有很多，如二甲四氯、西马津等，但除草剂对杂草的选择性非常强，如二甲四氯对双子叶杂草有效。因此，使用除草剂需有生产单位专业指导，不可盲目使用。应根据杂草的种类，选择合适的杂草除莠剂种类、合适的用量和用药方法。

五、围护

草坪养护中为了防止人为的破坏，需在生长期和建植初期进行拉网围护。

六、更新复壮

草坪草选用的大多为多年生的草本植物，其生命周期较短，为延长草坪的使用年限，必须对草坪更新复壮。常用草坪更新复壮的方法有：

1. 带状抽条法

本方法适用于暖地型草的更新复壮，其原理是利用暖地型草匍匐茎的生长。

方法：在暖地型草生长3~4年后，可以间隔50~60 cm抽条25~30 cm一行，整平土壤，施一定量的有机肥，一年后草坪可恢复。这样轮换更新，2~3年即可进行草坪的全面更新。

2. 断根法

用特制的钉筒（10 cm）或草坪打洞机将地面扎以小洞，断其老根，后施以有机肥。

七、草坪追播

草坪养护中为满足景观要求，保持暖季型草坪在冬季可以观赏到绿色，常采用追播技术。

八、防治病虫害

详见前第四节。

技能要求

草 坪 追 播

操作准备

1. 种子准备。根据追播面积准备适量种子，为保证出苗率一般播种量为25 g/m²。

2. 工具材料准备。按照面积准备割草机、耙子、细土、塑料。

操作步骤

步骤1 强修剪

在暖地型草停止生长时，修剪时逐渐降低草坪修剪高度，在9月底，进行一次强修剪，使草坪留茬高度在1.0～2.0 cm，清除草坪上的碎屑，以防止原有草坪的阻碍，影响种子与土壤间接触。

步骤2 地膜覆盖

草坪补播后，为保持地面湿润，可采用地膜覆盖。

步骤3 揭膜

出苗（一周左右）后揭取地膜，保证幼苗生长。

步骤4 修剪

新建草坪成坪后应立即修剪，留茬高度为5 cm左右。

第6节 园林绿地日常养护

学习单元1 园林绿地养护概述

学习目标

➢了解园林养护重要性

➢熟悉园林养护内容

知识要求

一、日常养护的重要性

园林树木的养护管理，在城市绿化建设中具有极其重要的地位。在城市绿地的建设过程中，园林树木种植施工可以在较短时间内完成，但是绿地的养护管理却是一项长期的工作，其养护质量直接会影响城市绿地的景观质量。因此，人们形容园林树木的种植施工与养护管理的关系是“三分种植，七分养护”，养护是种植施工的保证。

二、日常养护管理的内容

养护管理的含义，严格来说包括两个方面的内容，一方面是“养护”，即根据不同园林植物的生长需要和某些特定的要求，及时对绿地采取施肥、灌水、中耕除草、修剪、防治病虫害（以下凡属病虫害防治均略去，具体内容请参照本教材第五章）等园林技术措施。另一方面是“管理”，如维护绿地的清扫保洁工作。对种植工程的养护管理应按照上海市有关的园林养护技术规程进行操作。

学习单元 2　灌溉和排涝

学习目标

➢了解“灌溉”的含义

➢掌握灌溉和排水的内容和方法

知识要求

一、灌溉

1.“灌溉”的含义

在树木生长所在地上部分的水量消耗过大的情况下，应设法人工供水，这种人工补充水分供应的措施，叫“灌溉”。

短期水分亏缺，会造成“临时性萎蔫”，即树叶表现出萎蔫，一旦补充了水分，树叶又会恢复过来；而长期缺水，超过树木所能忍耐的限度后，就会造成“永久性萎蔫”，即缺水死亡。

2. 灌溉的顺序、季节和时间

抗旱浇水往往受设备及人力的限制，必须分轻重缓急来进行。对新栽的苗木需要优先浇水，对定植多年的树木和针叶树可后浇水。

上海地区夏季和初秋常有伏旱，高温无雨，易引起树叶干枯，此时应注意灌溉，灌溉时间以傍晚为宜。但如果春季、冬季连续干旱，也需灌溉，但此时气温较低，可以在中午前后浇水。

3. 浇水量

浇水量应适当。灌水量因树种、植株大小、生长状况、水源气候、土壤等的不同而有差异，应依据树木的需水量和环境条件决定浇水量，既要满足树木生长需要，也要考虑节约用水。

4. 浇水的方法和要求

浇水可以采取小水灌透的原则，使水分缓慢渗入土中，有条件的应推广喷灌和滴灌技术。对树木浇水时可构筑水堰俗称酒酿潭，水堰一般应开在树冠垂直投影范围。灌水后，应及时封堰（盖细土）或中耕。

二、排涝

1. 排涝的含义

人工安排排除积水，即称“排涝”。

2. 排涝方法

常用的排灌方法有地表径流法、明沟排水、暗沟排水。

新建绿地时就应考虑排水问题，常采用地表径流法，使地面有一定坡度（0.3% ~ 0.5%），以保证雨水能从地面顺利地排到河、湖及下水道。

对容易积水的绿地，可在表面挖明沟，将低洼处的积水引至河、湖及下水道中。沟底坡度一般以 0.3% ~0.5% 为宜。

暗沟排水即在地下埋设管道或用砖砌筑暗沟将低洼处的积水排出的方法。

学习单元3 中耕除草

学习目标

➢了解中耕和除草作用

知识要求

一、中耕

在养护过程中，土壤常因浇水、降雨及人畜走动而板结，致使土壤的通气性和透水性下降，影响树木根系的生长，因此需经常适时的中耕、松土，一般大乔木可以一年中耕松土一次（结合施肥），小乔木及灌木宜一年多次。

中耕的时间以秋冬树木休眠期为好，此时有利于土壤风化和消灭越冬病虫源，而且损伤部分根系对树木生长影响不大。

中耕深度以不影响根系生长为限，大乔木一般深20 cm，中小乔木和灌木10 cm左右，中耕范围以树冠垂直投影为限。夏季，中耕深度宜浅，主要结合除草，疏松表土，减少蒸发，切忌损伤根系。

二、除草

在春季，树木根部常杂草丛生，不但影响绿地景观，而且与树木争夺水分、养分，所以及时消除杂草也是园林树木养护工作之一。乔木、灌木根部的大型杂草必须铲除，方法可结合中耕连根锄掉。为防止杂草生长，需将杂草清理到绿地外，有条件的可进行堆肥还田。如果杂草严重，也可用化学除草，但要注意选择适当的除草剂，以免发生药害。

学习单元4 施肥

学习目标

➢了解施肥的作用

➢掌握施肥的方法

知识要求

一、施肥的作用

1. 施肥的概念

树木在定植后，需要不断补充养分，提高土壤肥力，以满足植物生长需要，这种人工补充养分或提高土壤肥力以满足植物生长需要的措施，称为“施肥”。

2. 施肥的作用

（1）提供树木生长所需要的养分。

（2）有效改善土壤的团粒结构，提高土壤透水、通气和保水功能，促进植物根系生长。

（3）促进土壤微生物的活动，从而促进树木对土壤无机盐的吸收，有利树木生长。

二、肥料种类

常用的肥料种类有有机肥和无机肥两大类。

有机肥有人粪尿、厩肥、绿肥、骨粉、油饼等，无机肥料有尿素、硫酸铵、过磷酸钙等。

三、施肥量

树木施肥量应根据树种、树龄、生长期以及土壤理化性状等条件而定。一般乔木胸径15 cm 以下的，每 3 cm 胸径应施堆肥 1.0 kg；胸径 15 cm 以上的，每3 cm胸径应施堆肥1.0 ~2.0 kg。树木青壮年期欲扩大树冠及观花、观果植物，应适当增加施肥量。

四、施肥方法

施肥方法有基肥和追肥 2 种。

1. 基肥

基肥是可供树木长时间吸收利用的肥料，一般以有机肥为主，树木的休眠期和栽植前可施基肥。基肥的施肥方法有穴施法、环沟施法、辐射状施肥法三种。

2. 追肥

追肥是供树木生长季节需要，促使其生长而使用的速效肥料，一般以无机肥为主，但有时也可用有机肥。树木的生长期可施追肥，追肥的施肥方法有根施法、根外施肥两种。

根外追肥又称叶面施肥，是将水溶性肥料或生物性物质的低浓度溶液喷洒在生长中的树木叶片上的一种施肥方法。可溶性物质通过叶片角质膜经外质连丝到达表皮细胞原生质膜而进入植物内，用以补充树木生长期中对某些营养元素的特殊需要或调节作物的生长发育。

五、施肥时间

施肥时间因肥料种类和生长的季节而有所差别。多数有机肥为迟效性肥料，可作为基肥，一般在冬季或秋季落叶后施用。冬施基肥可保温、蓄水，促进第二年根系生长发育。速效性肥料一般作追肥，多在生长季节施用，尤其在生长旺盛季节到来之前使用，以补充植物在生长季节的消耗。对于观花观果树种，首先要弄清花芽分化的时期，一般从经验上看是在花前果后施肥，秋季施肥不能过迟，以免秋梢生长未木质化而容易使其遭受冻害。

根外追肥的时间宜选择在傍晚进行。

技能要求

植物施肥

操作准备

1. 肥料准备。按照施肥对象准备相应的肥料。

2. 施肥工具准备。根据施肥的形式选用合适的施肥工具。

操作步骤

步骤1 基肥的使用

1. 穴施法

在树冠垂直投影半径范围以内，挖深30 cm、直径 20 ~ 25 cm 的施肥穴（见图7—12），挖好后施肥盖土。

2. 环沟施法

以树冠的垂直投影画一圆圈，生长健壮的在垂直投影以外，衰老树在垂直投影以内，挖深约 30 cm、宽 25 ~ 30 cm 的环状沟，将肥料放入后覆土。

3. 辐射状施肥法

以树干为中心，按半径方向挖成辐射状沟，然后施肥于沟内后覆土。

步骤2 追肥

1. 根施法

按适合的施肥量，用穴施法将肥料埋于地表 10 ~ 20 cm 处，然后灌水，或结合灌水将肥料施于灌水内，随水渗入，供树木吸收。

2. 根外追肥

根外追肥的方法是将矿质肥料制成低浓度溶液，通常为 1‰ ~ 5‰，用喷雾器或喷粉器

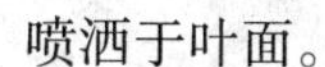

喷洒于叶面。

注意事项

1．有机肥料要充分发酵、腐熟，而化肥必须完全粉碎成粉状。

2．施肥后（尤其是追施化肥后），必须及时适量浇水，使肥料渗入，否则会造成土壤溶液浓度过大对根系生长不利。

3．城市绿地施肥不同于农村，在选择施肥方法、肥料种类以及施肥量时，应考虑到环境卫生。

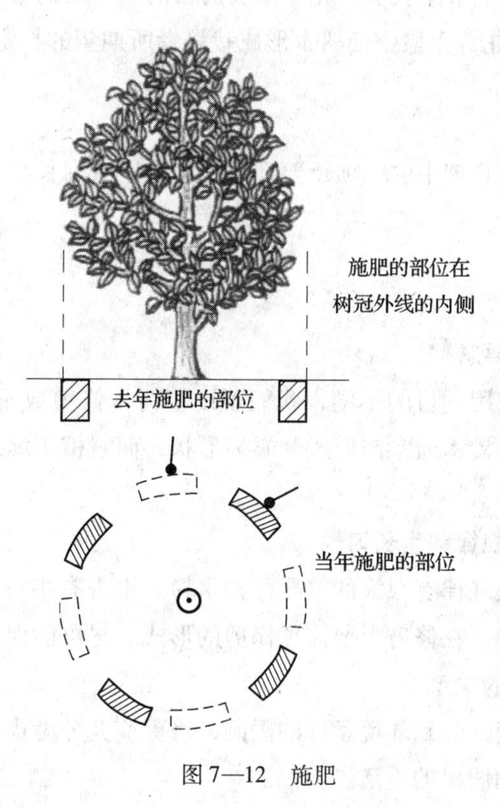

图 7—12　施肥

学习单元 5　修剪

学习目标

➢了解植物修剪的原理

➢掌握常见植物修剪的方法

知识要求

一、修剪的概念

修剪有广义和狭义之分。狭义的修剪是指对树木的某些器官（如枝、叶、花、果等）加以疏删或短截，以达到调节生长、开花、结实的目的。广义的修剪包括整形，所谓“整形”，是指用剪、锯、捆扎等手段，使树木形成栽培者所期望的特定形状。

二、修剪的作用

树木修剪是绿地养护管理中的一项重要环节。其作用有促控生长、培养树形、减少伤害、调节矛盾等。

三、修剪的依据

1. 根据园林的功能要求

在园林绿地中，因应用的目的不同，我们可以将树木修剪成不同的姿态，有自然式、造型式，如作行道树的悬铃木通常修剪成开心杯形状，而栽植于绿地中的悬铃木通常修剪成自然型（卵圆形）。

2. 根据树木的分枝规律和生长习性

树木分枝形式和分枝规律有很大的差异，如水杉、银杏有中央领导干，而香樟、女贞则是自然宽卵形树冠为主，在修剪上要注意修剪的形式，尽可能保持树冠的自然形态。

3. 根据树木与环境的关系

园林树木生长的空间常受到环境条件的限制，修剪应充分考虑树木生长不影响周边的设施，特别是公共设施和居民的生活。

四、修剪的类型

树木修剪按修剪的方式可分为以下两类：

1. 自然型修剪

不同树木有其不同的树形，体现着植物体的个体美。在园林修剪养护中，以树木分枝特性为依据，自然生长形成的冠形为基础进行的修剪称“自然型修剪”。

2. 造型修剪

在园林修剪养护中，为了达到造园的某种特殊目的，人为地将树木修剪成各种特定的形态，称为“造型修剪”。在实际应用中常把树木剪成各种整齐的几何形体（正方形、球形、圆锥形）或不规则的人工形（如鸟、兽等动物形）；把亭、门等做成绿雕塑或者把四向生长的枝条，整成扁平的垣壁式。

五、修剪常用方法

修剪一般分为休眠期修剪与生长期修剪。前者是在树木停止生长后与树液流动之前进行，后者在生长季节内修剪。

1. 休眠期修剪

常用的休眠期修剪有短截和疏枝。把无用的枝条在枝基部剪去，称“疏枝”。截去枝条的先端一部分或大部分，保留基部枝条的剪法，叫“短截”。

2. 生长期修剪

常用的生长期修剪措施有剥芽、摘心、摘叶、环剥、摘蕾、摘果等措施。

在树木萌芽生长的初期，徒手剥去枝干没用的芽，叫“剥芽”。

在树木生长季节，除去枝条先端嫩梢，称“摘心”。

除去主干上或根部萌发的没用枝条，叫“去蘖”。

对一些无主轴的乔木，如果树冠已经衰老，病虫严重，或因其他损伤已无发展前途，而主干仍很健壮者，可将树冠自分枝点以上全部截除，使之重发新枝，叫“抹头更新”。

在树木的干枝或新梢上，用刀或环剥器切剥一圈皮层组织的措施称“环剥”，如图7—13所示。

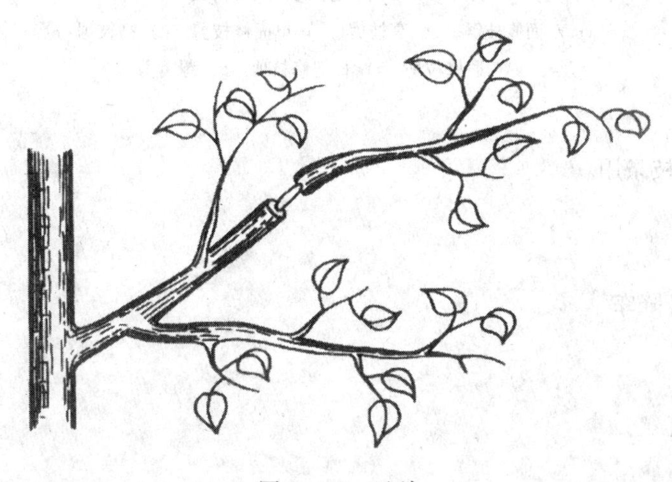

图7—13　环剥

在树木生长过程中，有时为了保证树木开花结果，要进行部分摘蕾、摘果。

六、整形修剪常用的工具（见图7—14）

1. 枝剪

剪截3 ~4 cm以下枝条用。

2. 高枝剪

剪高处细枝用。

3. 手锯

锯截不太粗的枝条用。

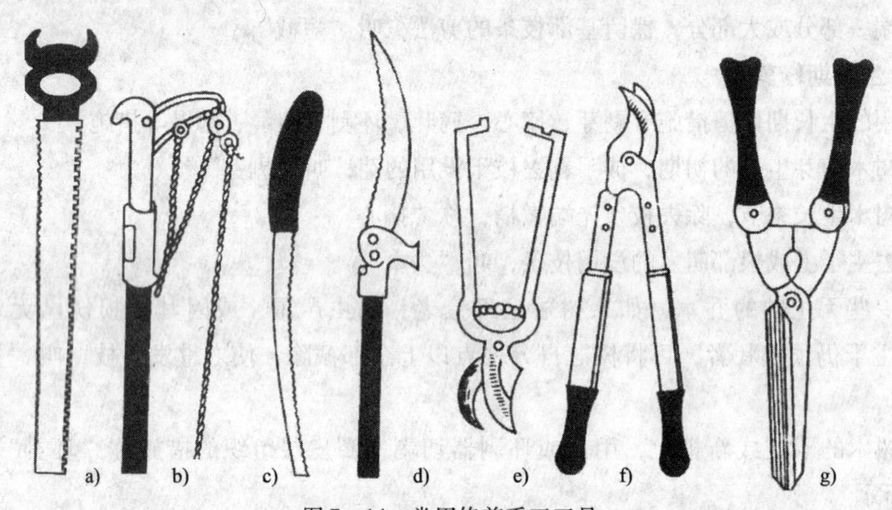

图7—14 常用修剪手工工具

a）双面修枝锯 b）高枝剪 c）单面修枝剪 d）高枝锯

e）普通修枝剪 f）长把修枝剪 g）绿篱剪

4. 油锯

锯截较粗的枝条用。

5. 大平剪

整修绿篱用。

6. 梯子或升降车

上树修剪用。

7. 安全带

劳保用具。

8. 安全绳

劳保用具。

七、树木的修剪形式

1. 成片树林的修剪

有主干领导枝的树种，要尽量保护中央领导干。如果中央领导枝已枯死，应选择一个较强的侧生嫩枝，扶直培养成新的领导枝，并适时修剪主干下部侧生枝，使枝条能均匀分布在适合的分枝点上。一些主干短，但树木已长大，不能再培养成独干的树木，也可以培养成多干式。松柏类树木的整形修剪，一般是采用自然式的整形。在大面积人工林中，常进行人工梳枝，将处在树冠下方生长衰弱的侧枝剪除，但梳枝多少，必须根据栽培目的及对树木生长的影响而定。

无中央领导干的树木，修剪时应注意保持树木原有的姿态，进行适量的梳枝，保持良好的通风透光条件。

2. 行道树的修剪

行道树的生长环境复杂，常受外界条件的影响。为便于车辆通行，行道树分枝点一定要控制在3.5 m以上，同一道路的行道树分枝点应高度一致。

无架空线的道路，可采用自然修剪的方法，每年或隔年将病、枯枝截去并适当抽稀疏枝，解决树冠通风透光问题。

有架空线道路，为解决树木与架空线的矛盾，宜采用杯状形修剪或造型修剪，随时剪去碰线路的枝条，避让架空线。特别是斜侧树冠，遇大风易倒伏的，应尽早重剪侧斜方向上的枝条，对另一方应轻剪，能使偏冠得以纠正。

行道树的整形修剪应规范操作，从人员配备、劳保用具、修剪工具等方面保证安全。尤其在行道树上修剪作业时，树上树下要密切配合。

3. 灌木

灌木修剪，在修剪之前应充分了解修剪树木的开花习性，按其不同的生长习性选择合理的修剪时间和修剪方法。

灌木修剪的时间应根据其花芽分化的时间（详见第二节）来确定。当年分化型，一般在夏秋开花，花在一年生枝条上，如紫薇、木槿、石榴、玫瑰等，可在冬季修剪；夏秋分化型，一般在冬季或第二年春季开花，花在二年生枝条上，如蜡梅、海棠、桃李、迎春等，可在花后二周内进行修剪，而不可在冬季修剪，否则会影响开花；多次开花型，在生长季开花，如月季、米兰、茉莉等，应在每次开花后都进行修剪。

灌木修剪应按照植物生长分枝规律选择合适的修剪方法。有主干的灌木，如红叶李、垂丝海棠、桃等，应保留一定高度的主干，选留3~5根方向合适的分枝，进行合理的疏枝抽稀工作，并控制合适的高度，进行短截修剪，保持树冠圆整。

无主干的灌木，如蜡梅、紫荆、连翘、迎春、贴梗海棠等，可将老枝齐地面重剪，促使发出强壮的新枝条，以充分发挥其树姿特点。

4. 绿篱的修剪

绿篱修剪整形的形式很多，关键是要保证阳光能照射到株基部，使植株基部分枝茂密。绿篱一旦枝叶枯落，就失去其观赏价值。规则式的绿篱需经过人工修剪整枝，最普通的形式是标准水平式，即把绿篱修剪成矩形式，此外还有半圆球形、波浪形等，但切忌将绿篱修成倒梯形，如图 7—15 所示。

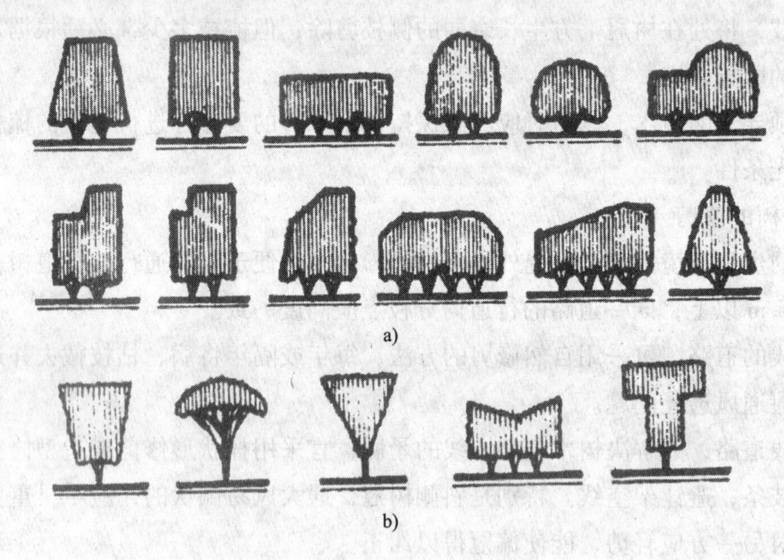

图 7—15　绿篱修剪的形式

a）正确的修剪形式（横断面）　b）不正确的修剪形式

绿篱高度有高有矮，通常可分为 4 类：矮篱 20 ~ 25 cm，中篱 50 ~ 120 cm，高篱 120 ~ 160 cm，绿墙 160 cm 以上。

修剪的方法是在绿篱定植后，按照规定的高度和形状及时剪除。粗大的主枝的修剪应低于外围侧枝，这样可促使侧枝生长，将粗大的剪口掩盖住。定植后的绿篱每年可修剪数次。

技能要求

不同类型树木的修剪

操作准备

1. 工具准备。根据修剪树木的不同准备常用工具。

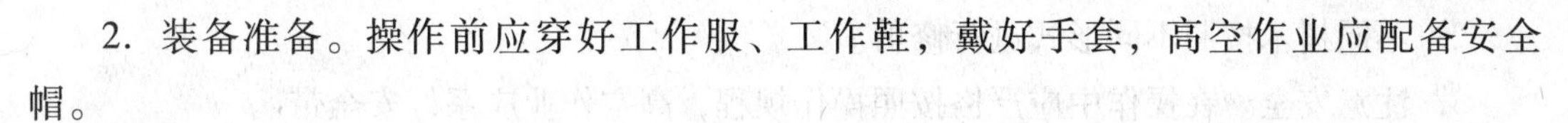

2. 装备准备。操作前应穿好工作服、工作鞋，戴好手套，高空作业应配备安全帽。

操作步骤

步骤1 疏枝

剪口应与着生枝干平齐，不留残桩，丛生灌木枝应与地面平齐（也称去蘖）。严格地讲去蘖也属梳枝范围，往往在生长初期进行修剪，在蘖枝幼嫩时可徒手去蘖。去蘖应尽早，当枝条木质化以后，则应用剪子剪或平铲铲，但要防止撕裂树皮或遗留枯桩。

步骤2 短截或剥芽或摘心

1. 短截

可根据不同需要确定剪去部分与保留部分的比例，剪口的位置应选择健壮饱满的芽上约0.5 cm处，剪口应成斜面，并要求平滑。选择的剪口芽一定要注意方向，修剪中心主枝延长枝时，剪口芽的方向应于上年枝条方向相反，避免偏离中心轴线；修剪主侧枝的延长枝时，一般选延伸方向的外侧方，只有在水平枝、下垂枝等情况下，才选择上侧方向；有时修剪时为改变主侧枝的延伸方向，剪口芽可选择需要生长的方向。

2. 剥芽

应注意选留分布和方向合适的芽。对有用的芽注意保护，不要损伤。为了防止留下的芽受到意外的损伤，影响以后萌发新枝，每个枝条上应多保留1~3个后备芽，待发枝后再次选择疏剪。

3. 摘心

可控制植物的顶端优势。在树木养护中，为促进树木的分枝或花芽分化、果实的形成，经常可对树木进行摘心。

步骤3 清场

修剪完成后应清理场地，将修剪后的枝条用绳子捆扎后搬运到垃圾堆放处，对较长的枝条应进行切分。

注意事项：

1. 严格按修剪程序。树木修剪的程序，归纳起来“一知、二看、三剪、四清”。

一知——参加修剪人员必须知道操作规程。

二看——修剪前应仔细观察，对树木修剪做到心中有数。

三剪——根据因地因树修剪的原则合理修剪，严格修去病虫枝、徒长枝、交叉枝、并生枝、下垂枝、枯枝烂头等枝条。

四清——修剪后应及时处理挂在树梢上和地面的枝条，做到工完场清。

2. 不同树木按照不同形式进行修剪。

3. 注意安全。在操作中应严格按照操作规程，高空作业应系好安全带。

学习单元6　防寒

学习目标

➢了解低温危害的类型和原因

➢掌握常见防寒措施

知识要求

一、低温危害类型

园林植物低温的危害分两大类。一类是寒害，植物受到高于零摄氏度的低温(0～10℃)的伤害，叫“寒害”（冷害、寒伤）；另一类是冻害，植物有时会受到零下低温的侵袭，发生冰冻所引起的伤害，叫“冻害”。

二、低温危害的部位与原因

树木低温危害的部位和原因有很多，有树木自身条件的影响，也有外界条件的影响，归纳起来有以下几个方面：

1. 根系冻害

因根系没有自然休眠，抗冻能力较差，所以靠近地表的根常容易遭受冻害，尤其在冬季沙质土壤上生长的树木更易遭受冻害。

2. 根颈冻害

由于根颈停止生长最晚开始活动较早，抗寒能力差，同时接近地表的温度变化大，所以根颈易受低温和较大温差的伤害，使皮层受冻（一面或呈环状变褐而后干枯或腐烂）。

3. 主干和枝杈冻害

主干冻害分冬季日灼和冻裂。日灼主要由于初冬和早春温差大，皮部组织随日晒温度增高而活动，夜间温度剧降而受冻引起。冻裂主要由于初冬气温骤降，皮层组织迅速冷缩，木质部产生应力而将皮撑开或细胞间隙结冰而产生张力，造成裂缝。

三、常用的防寒措施

只有针对受低温危害的器官和部位以及危害原因采取必要的防寒措施，才能使植物安全越冬。上海地区主要防寒措施有以下 5 种：

1. 根颈培土

冬水灌完后，结合封堰在树木根茎部培起直径 80～100 cm、高 40～50 cm 的土堆，防止冻伤根颈和树根，同时也能减少土壤水分的蒸发。

2. 覆土

在土地封冻以前，可将枝干柔软、树身不高的乔灌木压倒固定，盖一层干树叶，覆细土 40～50 cm，轻轻拍实。这种方法不仅可防冻，还能保持枝干湿度，防止枯梢。对不耐寒的树苗、藤本多用此法防寒。

3. 涂白与喷白

用石灰加石硫的混合剂对枝干涂白，可以减少向阳皮部因昼夜温差大引起的危害，还可以杀死一些越冬病虫害。对花芽萌动早的树种进行树身喷白，可延迟开花，以免早霜危害。此法在公路上应用较多。

4. 春灌

早春土地开始解冻后，应及时浇水，经常保持土壤湿润，这样可以降低土温，延迟花芽萌动与开花，避免早霜危害，还可防止春风吹干枝条。

5. 卷干、包草

对不耐寒的树木（尤其是新栽树木），可用草绳道道紧接地卷干或用稻草包裹主干和部分主枝防寒。包草时，不要把草衣去掉，草梢向上，开始半截平于地面，从干基折草向上，连续包裹，每隔 10～15 cm 横捆一道，逐层向上至分枝点。干矮的可再包部分主枝。此法防寒，应于晚霜后拆除，不宜拖延。

学习单元 7　防台

学习目标

➢了解防台的作用

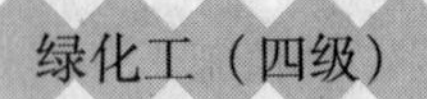

➤掌握防台方法

知识要求

一、防台的作用

夏秋季为上海地区台风多发季节，树木枝杈常遭风折，又由于雨水多，土壤潮湿松软，大风加上下雨，更容易造成树木被吹倒的现象。轻者影响树木生长，重者造成死亡，甚至还会造成人身伤害和其他事故。因此在夏季多风季节到来之前，应采取一些防风措施。

二、防台的措施

常用防台措施包括疏枝、培土、竖桩、扶正、绑扎、打地桩等。

1. 疏枝

对浅根性树木或因土层浅薄、地下水位高而造成浅根的高大树木，以及长在迎风处树冠过于浓密的高大树木，应在台风季节前及时适当加以疏剪删枝，以利于透风，减少负荷。对高处过长枝条和受蛀干害虫危害过的树条，也应截除。

2. 培土

种植穴出现低洼、积水现象的树木，应于根部培土，防止倒伏。

3. 竖桩

为增加树木的抗风能力，必要时可在下风方向立木桩或水泥柱等支撑物，但应注意支撑物与树皮之间要垫一些柔软的东西，以防擦破树皮（详见第三节和第四节）。

4. 扶正

一般在树木休眠期进行。但台风过后，对歪倒树木应行重剪，然后用扶正器进行扶正，用草绳卷干并立柱，加土夯实；对已连根拔起的树木，视情况处理或重栽。

5. 绑扎

绑扎是一项临时性的措施，宜采用 8 号铅丝或麻绳绑扎树枝，绑扎点应衬垫橡皮，不得损伤树枝，另一端必须固定，也可串联起来再行固定。

6. 打地桩

打地桩是一项应急的措施，适合于行道树的防台。主要针对迎风树干的基部横置树桩，利用人行道边的侧石将树桩截成树干和侧石等距离长度，使树桩一端顶住树干基部，另一端顶住侧石，以防止树木随风倾斜。

学习单元8　损伤维护

学习目标

➢了解损伤的类型

➢掌握损伤的处置方法

知识要求

一、损伤的类型

树木损伤分为两类。一类是由人、畜、机动车辆碰撞等引起的机械损伤；另一类是由自然灾害，如雷击、病虫害、台风等引起的自然损伤。

二、损伤处置方法

1. 损伤初期的处理

树木受损后整块树皮会松动或脱落。如剥离的树皮同没有受伤的树皮相连，损伤部位是湿润的，应立刻将伤皮固定在树干的木质部分上，并把树皮边缘削平，用虫胶涂抹伤口，这样有可能使树皮重新长好；如伤皮已干，应将整片松动的伤皮从树干连接处切掉，再涂上虫胶，并定时检查，以防爆裂。

2. 树洞修复

城市绿地中的树木，在遭受机械或自然损伤后，如缺少维护会产生树洞。不同树洞采用不同的修补方法。

（1）开放法。适合树洞不深或树洞过大。将树洞内腐朽木质部彻底清除，刮去洞口边缘的死组织，直至露出新的组织为止。用药剂消毒并涂上防护剂，同时改变洞形，以利于排水，也可以在洞底最下端插入排水管。完成后要经常检查，防护剂每半年重涂一次。

（2）封闭法。树洞经过处理消毒后，在洞口表面钉上板条，以油灰和麻刀灰（油灰是用生石灰和熟桐油以1∶0.35拌和，也可以用安装玻璃用的油灰），再涂上白灰乳胶，颜料粉面，以增加美观，还可以在上面压树皮状纹或钉上一层真树皮。

（3）填充法。填充物最好是水泥或小石砾的混合物。具体方法如下：

1）对需补洞的应先铲除遗留物。补洞前先将朽木挖清并取出。

2）对树洞伤口做好清洗消毒工作。清除朽木后，喷杀菌剂以防止木质部进一步腐朽。药剂可用1∶800倍百菌清或1∶2 000倍烯脞醇液，要求喷匀喷透。

3）对空洞先用碎石添实。喷药稍干后即加入填料，填料后，表面用石灰纸巾水泥封口，并使表面光滑，高低与原木质部相平，有利于皮层愈合。

4）按照水泥、黄沙的配比进行封口。

5）最后进行削皮，使表面光滑而不留孔隙。填料封面结束后，洞口四周皮层稍挑除坏死部分，让其见新鲜皮层，然后在新鲜皮层处涂上羊毛脂（配有生长激素混合物），有利皮层愈合并防止伤口病菌进一步感染。

6）在大的封面上涂抹有色（与树皮颜色相似）的防护剂。

思 考 题

1. 种植施工和养护的性质和特点是什么？
2. 简述植物各器官生长发育的特点。
3. 简述种植施工的原则和树木移植成活的原理。
4. 植树工程包括哪些环节？各环节的要点是什么？
5. 花坛种植的要点有哪些？
6. 草坪建植施工的关键是什么？
7. 简述园林绿化养护的主要环节和内容。

参考文献

1　金银根．植物学．北京：科学出版社，2006

2　叶创兴，朱念德，廖文波等．植物学．北京：高等教育出版社，2007

3　李景侠，康永祥．观赏植物学．北京：中国林业出版社，2007

4　毛龙生．观赏树木学．南京：东南大学出版社，2008

5　崔丽萍．绿化工（中级）．上海：上海人民美术出版社．2003

6　刘克锋，刘建斌，贾月慧等．土壤、植物营养与施肥．北京，气象出版社，2006

7　北京林业大学．土壤学．北京：中国林业出版社，1994

8　崔晓阳，方怀龙．城市绿地土壤及其管理．北京：中国林业出版社，2001

9　北京市园林学校．土壤肥料学．北京：中国林业版社，2001

10　蒋杰贤，严巍．城市绿地有害生物预警及控制．上海：上海科学技术出版社，2007

11　王焱．上海林业病虫．上海：上海科学技术出版社，2007

12　上海市绿化管理局，上海市房屋土地资源管理局．居住区绿化养护管理手册．上海：上海科学技术出版社，2006

13　夏宝池，赵云琴，沈百岩．中国园林植物保护．南京：江苏科学技术出版社，1992

14　陆家云．植物病害诊断（第二版）．北京：中国农业出版社，1997

15　魏初奖．植物检疫及有害生物风险分析．长春：吉林科学技术出版社，2004

16　曾玲，陆永跃，陈忠南等．红火蚁监测与防治．广州：广东科技出版社，2005

17　张孝羲等．昆虫生态与预测预报．北京：农业出版社，1985

18　余树勋，吴应祥．花卉词典．北京：农业出版社，1993

19　叶剑秋．花卉园艺．上海：上海文化出版社，1997

20　熊济华．菊花．上海：上海科学技术出版社，1998

21　傅玉兰．花卉学．北京：中国农业出版社，2001

22　蔡俊清．插花技艺．上海：上海科学技术出版社，2002

23　中国标准出版社第一编辑室．花卉逼走汇编．北京：中国标准出版社，2002

24　蔡仲娟．插花员．北京：中国劳动社会保障出版社，2003

25　朱迎迎．花卉装饰技术．北京：高等教育出版社，2005

26　俞仲辂．新优园林植物选编．杭州：浙江科学技术出版社，2005

27　潘文明．园林技术专业实训指导．苏州：苏州大学出版社，2009

28　冯采芹，蒋筱荻，詹国英．中外园林绿地图集．北京：中国林业出版社，1992

29　贾建中．城市绿地规划设计．北京：中国林业出版社，2001

30　王晓俊．风景园林设计．南京：江苏科学技术出版社，2000

31　蔡镇钰．建筑设计资料集 3．北京：中国建筑工业出版社，1994

32　胡长龙．园林规划设计．北京：中国农业出版社

33　北京市园林学校主编．园林规划设计．北京：北京科学技术出版社，1988

34　上海园林局职工教育教材编写组．种植施工与养护．上海：上海市园林职工学校，1982

35　宋希强．风景园林绿化规划设计与施工新技术实用手册．北京：中国环境科学出版社，2001

36　吴涤新．花卉应用与设计．北京：中国农业出版社，1999